U0301571

药用资源化学与药物分子工程丛书

梁 宏　总主编

药物及其中间体的电化学合成

潘英明　主编

莫祖煜　唐海涛　蒙秀金　副主编

化学工业出版社

·北京·

内容简介

《药物及其中间体的电化学合成》全书共十章，第一章系统地介绍了有机电化学合成的发展历史、基本原理以及基本装置等；第二章介绍了吲哚衍生物的电化学合成和官能团化修饰；第三章介绍了电化学构建含硫醚键、磺酰基以及硫杂环的药物分子及其中间体；第四章介绍了电化学介导芳环-芳环偶联和芳烃氧化环加成反应及其在药物分子合成中的应用；第五章介绍了电化学介导碳氢三氟甲基化、烯烃的胺（醇、酯）化三氟甲基化、烯酸的脱羧三氟甲基化以及电化学介导三氟甲基化环化反应等；第六章介绍了电化学介导胺的非环化以及胺的环化反应合成各类含氮天然产物；第七章主要介绍了电化学介导烯烃非环双官能团化和不饱和烃的环化反应在天然产物以及生物活性分子合成方面的应用；第八章介绍了电化学合成螺环丙烷化合物、螺吲哚酮化合物、螺环己二烯酮化合物以及其他杂螺环化合物等；第九和第十章分别对电化学构建的含 C—O 键和 C—Se/P 键、杂杂键的药物分子进行了详细的介绍。

《药物及其中间体的电化学合成》既适合电化学、电催化、有机合成、药物合成、天然产物合成等研究领域的研究生使用，也可供从事电化学及相关领域的科研工作者参考。

图书在版编目（CIP）数据

药物及其中间体的电化学合成 / 潘英明主编；莫祖煜，唐海涛，蒙秀金副主编. —北京：化学工业出版社，2023.4
（药用资源化学与药物分子工程丛书）
ISBN 978-7-122-42917-9

Ⅰ. ①药… Ⅱ. ①潘… ②莫… ③唐… ④蒙… Ⅲ. ①药物-中间体-电化学-化学合成 Ⅳ. ①TQ460.31

中国国家版本馆 CIP 数据核字（2023）第 024778 号

责任编辑：褚红喜　姚晓敏　　文字编辑：朱　允
责任校对：宋　夏　　装帧设计：关　飞

出版发行：化学工业出版社
（北京市东城区青年湖南街 13 号　邮政编码 100011）
印　　装：河北鑫兆源印刷有限公司
787mm×1092mm　1/16　印张 16¼　字数 351 千字
2023 年 6 月北京第 1 版第 1 次印刷

购书咨询：010-64518888　　售后服务：010-64518899
网　　址：http://www.cip.com.cn
凡购买本书，如有缺损质量问题，本社销售中心负责调换。

定　　价：128.00 元

药用资源化学与药物分子工程丛书

总序

药物化学是建立在化学和生物学基础上，利用化学的理论和方法发现、确证和开发药物，涉及发现、修饰和优化先导化合物，从分子水平上揭示药物及具有生理活性物质的作用机制，研究药物及生理活性物质在体内的代谢过程的一门综合性学科。药物分子工程是研究和阐明在药物分子水平上贯通药物性能、结构和制备之间三元关系的规律和原理，以新药物实体的发现与相关技术发明为目标，以天然药物化学、药物合成化学、生物合成等为重要基础，阐明药物化学性质，研究药物分子与机体、组织、细胞乃至生物大分子之间相互作用规律并指导新药技术产业化的交叉性应用性学科。药物化学作为一门历史比较悠久的基础学科，从早期以化学为基础，转化发展为如今以化学-生物学为基础的现代药物化学，它的发展方向越来越多元化，越来越交叉融合。现代药物化学生物学的主要任务是探索、研究和发现新的高效低毒药物，这也是药物化学发展的动力。

《药用资源化学与药物分子工程丛书》是广西师范大学-省部共建药用资源化学与药物分子工程国家重点实验室的相关研究团队，结合近年各自相关研究领域的国内外最新进展，总结团队研究成果，试图给药物化学生物学领域相关研究人员和研究生提供一些有益参考而编著。该系列著作拟包括《药物及其中间体的电化学合成》《环状分子药物化学》《瑶药小分子药物化学》《壮药小分子药物化学》《天然活性配体金属抗肿瘤药物化学生物学》《智能生物医用材料》《药物化学生物学新技术》等。该系列著作拟重点介绍以下内容：近年来一些较为绿色高效的天然产物、药物及其中间体的合成方法及分离技术；各类天然活性配体抗肿瘤金属配合物的设计与合成，并从分子和细胞水平上介绍各类金属配合物的抗肿瘤作用机制；基于内源性蛋白质的药物载运体系构建；智能生物医用高分子材料的设计与合成，及其在组织再生/修复可降解支架、干细胞治疗载体等方面的应用；对生命和药物分析化学如纳米和微流控芯片分析、药物成分分析及药物活性成分的筛选等研究进展也进行了总结和介绍。该系列丛书力图为读者了解和认识现代药物化学生物学的一些发展方向，发展更加科学先进的药物研究的新方法和新思路，并通过对药物分子设计及对先导化合物的化学修饰获得新化学实体进而创制新药提供一些启发。

2023 年 3 月 30 日

前言

19 世纪以来，电化学逐渐发展成熟，应用于储能、冶金、化学合成等研究领域。近年来，在绿色有机合成的背景下电化学合成逐渐发展成为一种公认的环境友好的合成方法，并成为国内外科学界的研究热点。与传统合成方法相比，电化学有机合成具有无需氧化剂及还原剂、反应条件温和、操作方便、容易控制、底物适用性广等优点，而且还可以实现传统方法无法实现的一些反应。因此，电化学有机合成方法在精细化工、环境保护、医药、农用化学品等领域和工业界均得到了广泛的运用。

药物及其中间体的合成是有机化学研究领域中一个重要的研究方向，其不仅能够促进有机合成方法学的发展与进步，同时在创新药物发现等方面也发挥着不可替代的作用。从 1828 年化学家维勒人工合成尿素开始，经过近 200 年的发展，有机合成化学取得了巨大的进步。然而，如何简洁高效地合成药物及其中间体是目前合成化学家们面临的新挑战。针对这一问题，近年来，许多新的有机合成方法被陆续开发出来，利用电子作为氧化剂的有机电化学合成已被证明是一种多用途和环境友好的合成方法，并在药物分子合成上得到了广泛的运用。

目前，专门介绍电化学合成药物分子及其关键中间体方面的书籍，特别是中文书籍，仍然比较缺乏。基于此，我们总结、评述了近年来国内外化学家们的研究成果和进展，编写了《药物及其中间体的电化学合成》一书，介绍了有机电化学合成在构建复杂药物分子及其中间体、天然产物中的应用实例，涵盖了近十年最新的进展。本书共十章，内容包括了电化学基本原理及电化学在天然产物、药物及其中间体合成中的运用。

第一章“有机电化学简介”系统地介绍了有机电化学合成的发展历史、基本原理以及基本装置等。

第二章“电化学合成含吲哚骨架的药物分子”介绍了吲哚衍生物的电化学合成和官能团化修饰，并对电化学在异赖氨酸、Hinckdentine A、Teleocidins B 和巴多昔芬等药物的关键中间体合成中的运用进行了详细的介绍。

第三章“电化学合成含 C—S 键的药物分子”介绍了电化学构建含硫醚键、磺酰基以及硫杂环的药物分子及其中间体。

第四章“电化学介导芳环反应合成药物分子”主要介绍了电化学介导芳环-芳环偶联和电化学介导芳烃氧化环加成，并对电化学合成天然产物 Alliacol A、双四氢呋喃类木脂素、Asatone、Discorhabdin C 以及 Ossamycin 等关键中间体进行了详细的介绍。

第五章“电化学合成含三氟甲基的药物分子”介绍了电化学介导碳氢三氟甲基化、烯烃的胺（醇、酯）化三氟甲基化、烯酸的脱羧三氟甲基化以及电化学介导三氟甲基化环化反应。

第六章“电化学介导胺类化合物反应合成药物分子”介绍了电化学介导胺的非环化以及胺的环化反应合成各类含氮天然产物，例如生物碱、雄激素受体调节剂、天然产物 Phenalaydon 等。

第七章“电化学介导不饱和烃的反应合成药物分子”主要对电化学介导烯烃非环双官能团化和不饱和烃的环化反应在天然产物以及生物活性分子合成方面的应用进行了详细的介绍。

第八章“电化学合成含螺环骨架药物分子”对电化学合成螺环丙烷化合物、螺吲哚酮化合物、螺环己二烯酮化合物以及其他杂螺环化合物进行了介绍。

第九章和第十章分别对电化学构建的含 C—O 和 C—Se/P 键、杂杂键的药物及生物活性分子进行了详细介绍，并对目前电化学构建这些生物活性分子所存在的局限性进行了综合评述。

本书内容既注重电化学反应类型及反应机理的介绍，同时又重点阐述了电化学在天然产物、药物分子及其中间体合成中的运用。因此，本书既适合电化学、电催化、有机合成、药物合成、天然产物合成等研究领域的研究生使用，也可供从事电化学及相关领域的科研工作者参考。

本书由潘英明任主编，莫祖煜、唐海涛、蒙秀金任副主编。另外，研究生周鹤洋、欧楚鸿、潘永周、黄小英和王倩也对本书的编写作出了一定的贡献。

本书的出版得到广西师范大学-省部共建药用资源化学与药物分子工程国家重点实验室的资助，在此表示感谢！

本书在编写过程中参考了国内外电化学书籍的一些内容，在此深表谢意。鉴于编者学术水平及学术视野有限，难免有不当和疏漏之处，恳请读者批评指正。

编者

2023 年 4 月

目录

第一章 有机电化学合成简介

1.1 有机电化学合成发展简介

1786年，Galvani在青蛙的腿上进行了第一次电化学实验；1800年，Volta发明了第一个电池模型；1834年，Faraday提出了“电解”“阳极”和“阴极”等专业术语，定义了电解的主要定律；1848年，Kolbe进行了第一次有机电化学合成分析，为化学家将电化学纳入化学动力学研究奠定了基础。

在随后的一个世纪里，有机电化学合成有了巨大发展，1847年报道的Kolbe电解反应，实现了羧酸的电化学氧化（阳极氧化）产生烷基自由基；此外，还有一些经典的电化学人名反应如Shono反应（电化学氧化环戊胺α位）和Simons电氟化等。这些早期的尝试构建了当今电化学反应过程的模型：电源通过电极接触到反应底物，底物在电极上发生电子转移，从而生成用于反应的中间体[1]。

1940年以后，电化学装置以及电解过程动力学研究的发展加快了有机电化学动力学的研究步伐，各种有机化合物电解氧化和还原实验不断发展，并出现了面向实用化的研究，部分产品甚至实现了工业化量产。但与当时有机化学其他领域取得的研究进展相比（例如有机催化合成），有机电化学装置还处于初级发展阶段，有机电化学合成相较于其他方法缺乏竞争力，又逢战乱，有机电化学合成的发展遇到了阻碍。

战争结束后，随着科技革命的发生，电化学装置得到发展，有机电化学合成再次展现蓬勃生机。美国孟山都公司Baizer教授研究的丙烯腈电解二聚法合成己二腈实现了大规模工业化，年产量达2万吨；随后纳尔柯公司实现了四乙基铅电解合成的工业化生产。这两项有机电化学合成项目的成功在世界化学化工领域产生了巨大影响，成为近代有机电化学合成的开端。

近二十年来，这一技术实现了崭新的应用。有机合成工作者对于有机电化学合成的报道愈发详细，这大大丰富了有机电化学合成的数据库，例如雷爱文课题组报道了一系列电化学脱氢偶联反应，徐海超课题组采用二茂铁作为电子介导体合成了一系列含氮杂环化合物，梅天胜课题组采用金属介导的电化学反应实现了C—H官能团化，曾程初课题组基于有机电化学合成实现了工业电化学等。近年来，“以可持续的方式实现分子官能团化”的关键电化学合成理念被提出，如林松课题组创新了烯烃双官能团化，罗三中课题组实现立体选择性杂环合成，潘英明课题组和余达刚课题组实现了电化学条件下CO_2化学转化。

1.2 有机电化学合成基本原理

有机电化学合成方法是一种简洁、高效、可调控的构建化学键的方法，其以电子为试剂，通过电子得失实现有机化合物的氧化还原反应生成具有反应活性的中间体，被视为“绿色可持续”化学的代表。它能够最大限度地提高原子效率，同时用电子替代化学计量的氧化还原试剂，最大限度地减少试剂的浪费。

电子和原子核之间的静电引力作为化学中最基本的力，是电化学的主要研究对象。电解池需要通过直接施加电势从分子间相互作用中添加或除去电子，因此引入了电势这一概念，电势（电压）通常作为氧化还原过程的推动力，这一点在能斯特方程中也有提及。通过已知的氧化或者还原电势，可计算出反应所需要的理论吉布斯自由能，进而换算为理论电流密度等，这一参数可用于电流效率的评价（见 1.4.2）。电源将电子从阳极推向阴极，从而在阴极产生还原性环境，在阳极产生氧化性环境。电子的定向移动形成了电流。

典型的电化学电解池由外部电源、电极（一个阳极和一个阴极）、电解溶液组成。通过将电极浸入含有底物和添加剂的溶液中，以确保溶液具有足够的导电性，使用外部电源在两个电极之间施加电势差。传统的电解实验有四个关键特征：①氧化反应发生在阳极；②还原反应发生在阴极；③溶液中电荷的守恒意味着阳极和阴极的界面电子转移速率必须相等，从而实现反应平衡和反应的氧化还原中性；④溶液必须有足够低的电阻，以使电流在两个电极之间流动，这通常需要在反应混合物中使用可溶的支持电解质[2]。在许多有机电化学合成中，只有两个电极中的一个（工作电极）生成有用的产品，在对电极上则发生副反应，如氧化脱氢偶联反应在阳极为工作电极上发生氧化反应，此时析氢（即质子还原为氢气）是在阴极常发生的副反应。对于电还原反应，阳极本身（如 Zn、Mg、Al、Cu）的牺牲氧化是常见的副反应。虽然许多电化学合成可以通过未分隔电解池来实现分离的两个半反应（阳极氧化反应和阴极还原反应）[图 1-1（a)]，但在此条件下要求反应的起始物料、中间体和产物不易在相反的电极处发生反应生成副产物或消耗产物。当不符合此条件时，电化学反应的两个半反应的分离可以通过使用分隔电解池来完成［图 1-1（b)]，但为了保持溶液中的电荷守恒，需要一种方法来实现电子从一个半电解池移动至另一个，即通过盐桥连接两个半槽中的两种溶液，或通过使用分离器直接连接溶液，例如烧结玻璃熔块、多孔陶瓷、多孔聚合物片或半透性离子选择膜，其中 Nafion 全氟磺酸基膜因为具有优异的热稳定性和机械稳定性，是有机合成中最常用的离子交换膜，其他阳离子交换膜材料包括聚苯乙烯、聚酰亚胺和聚芳醚的磺化聚合物。阴离子交换膜包括聚酮、聚芳烯，以及冠醚或三吡啶的金属配合物。

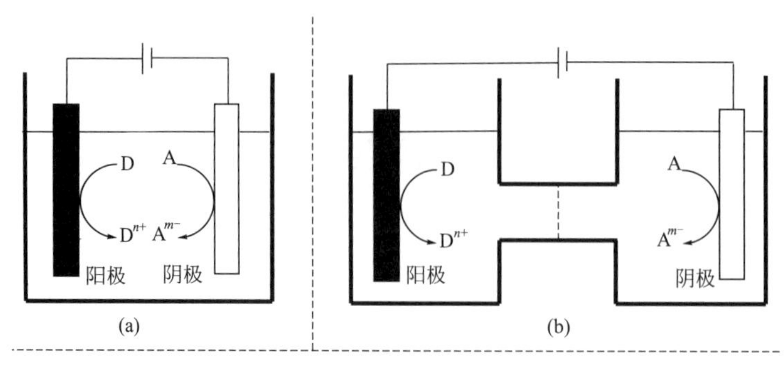

氧化反应（阳极）: $D \longrightarrow D^{n+} + ne^-$

还原反应（阴极）: $A + me^- \longrightarrow A^{m-}$

总反应:（氧化还原中性） $mD + nA \longrightarrow mD^{n+} + nA^{m-}$

图 1-1 有机电化学基本原理

1.3 有机电化学合成装置

1.3.1 电源及常见电解方式

外部电源可以有多种形式，在文献中经常会遇到分别用恒电流仪或恒电位仪进行恒电流（恒电流条件）或恒电位（恒电位条件）实验的情况。现在用于电化学合成的商业电源可以执行两种电解模式，俗称稳压器。

① 恒电流电解：电源输出恒定电流于电极两端，该电解方式的优势在于对反应装置要求较低，实验设置较为便捷，反应物转化较为完全。但电流恒定无法准确控制电极表面电位，难以实现选择性氧化/还原反应底物，因此该条件下反应选择性较差，同时无法避免产物的过氧化。

② 恒电位电解：依托三电极体系，通过参比电极的校准，电源输出电流使得电极间电位差恒定，即二者电势恒定，因此可以实现选择性氧化还原部分底物，具有较好的选择性。然而，相较于恒电流电解，其反应装置要求更高、实验操作更复杂；且随着反应进行，受溶液浓度变化、电极表面超电势的影响，反应物无法完全转化。

1.3.2 电极

化学电解池的另一个主要组成部分是电极，电极的结构、表面积和稳定性在不同实验条件下存在差异，当电子转移发生在电极表面上时，电极材料的选择会对反应的结果产生重大影响。电极选择的考虑因素主要有以下几点[3]。

（1）实用性

电极材料在反应中的性能（反应产率、反应选择性、电流效率、耐腐蚀程度、成本、可用性和可加工性）是选择时需要考虑的因素，但每种性能的相对重要性会因具体反应而异。例如，在侧重能源或大宗商品生产的情况下，电极材料的成本是主要的考虑因素；而在规模相对较小的实验室有机合成反应中，反应产率则是主要的考虑因素。这是因为优化工艺所需的电极材料成本和工时必须与试剂成本和产品价值相平衡，例如，与反应混合物的含量相比，电的价格通常较低，因此实现电流效率的小幅增长并不是优化反应时最先考虑的因素，只有在规模扩大、产品价值降低的情况下，电流效率才会成为一个考虑因素。

原则上电极可以由任何导电材料制成，但为了使其能适用于反应，选择电极材料时需要考虑许多机械性质和电化学性质。理想的电极材料应该是廉价、无毒，且在较宽的温度、压力和溶剂范围内具有较好的稳定性，并且能够被加工成各种形状的电极，例如棒、针、板、泡沫和网状。虽然大多数电极是由单一材料组成，但是随着研究的深入，化学家们也开始尝试着将电极与具有电活性的涂层相结合以修饰其性能。例如，在比水体系具有更高电阻的有机溶剂中，使用三维和高表面积的电极对反应是有利的，因为它们会降低体系的电流密度和电极电位。

（2）反应性能

电极上电子转移的机理通常发生在两种极限情况之间（如图 1-2）。在第一种极限情况下，电极表面与电子转移机理密切相关，并在反应中起催化剂的作用，即电催化［图 1-2（a)］。在这种情况下，电极反应的产物、机理和动力学高度依赖于电极材料的组成，这意味着组成电极的材料即使存在微小差异也可能会对反应产物产生很大的影响。相反，在第二种极限情况下，电极是完全惰性的，仅提供或接受电子，电子以外球方式在底物和电极之间转移，所生成的产物和反应机理与电极材料无关［图 1-2（b)］。

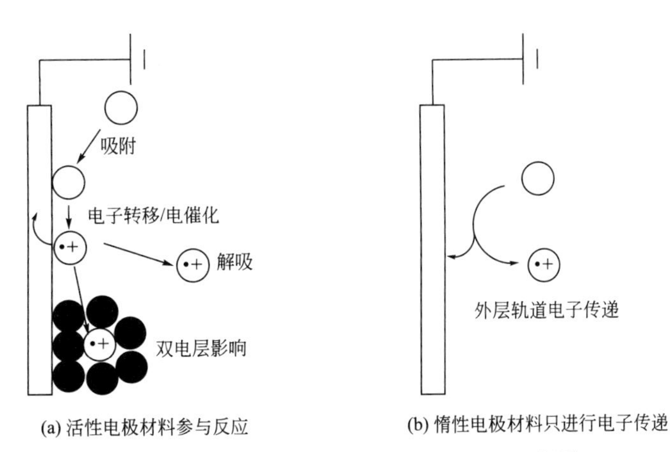

图 1-2　电极参与反应的两种极限情况示意图

超出以实际速率驱动反应所需的电势称为过电势（η）。在特定体系中观察到的过电势是该反应过程中每个步骤的单个过电势的总和，例如吸附、电荷转移、解吸和质量传输（扩散、对流和迁移）等的过电势。由于电极材料决定了电子转移的机理，因此它是导致整个反应过程发生过电势的最大因素。

使用新型电极材料降低过电势是许多反应研究的重点，例如析氢反应（HER）或析氧反应（OER）。因为当这些反应大规模进行时，即使是微小的效率增益也将转化为巨大的成本节约。然而，对于有机电化学合成而言，更重要的是如何抑制副反应，由于这些副反应是由不同电极材料上每个过程的不同过电势引起的，因此在底物还原反应中可以通过选择对此过程具有高过电势的阴极材料来抑制竞争性质子还原（HER）。事实上，对于 HER 和 OER，常见的电极材料上的过电势差异很大。氧化还原反应所需的低过电势不仅可以确保反应更有效地进行，还能提高竞争过程的选择性。在不同的电极材料上，溶剂氧化或还原的过电势也存在很大差异，这种差异影响了反应可用的溶剂范围，从而对可进行的氧化还原反应的范围产生影响。

电极的稳定性对于其使用寿命有重要影响，同时，反应底物或在电极上产生的中间体的稳定性对于产物产率也很重要。化学家报道了将有机化合物接枝到电极表面进行特殊改性的策略，可优化电极性能，例如将胺类物质接枝到金属电极表面可以防止电极腐蚀，将羧酸盐接枝到碳上可以降低电极氧化电势等；然而在有机电化学合成反应中也可能伴随着不可控的无意接枝，产生的结果是形成电绝缘层而钝化电极，降低电极的活性。电极钝化可以通过循环伏安法（CV）实验进行检测。电极钝化会导致电流随着每次循环而减小，但清洁电极后发现电流能恢复到其原始值。导致电极钝化的主要原因：①在阳极高电位下形成金属致密氧化膜、不溶性氧化产物；②通过烯烃、芳香族化合物的阳极氧化产生聚合物沉积物等。优化电极材料是减小这种影响的关键手段，其中脉冲电解、超声处理、改变电极的极性等已被证明是有效的方法，但改变电极的极性也会影响反应的选择性或产率。

1.3.3 溶剂与电解质

一个电解池单元除了电源和电极外，还需要溶剂和电解质，这样才能形成闭合回路。像常规电路一样，增加反应体系的电导率或降低电阻是非常重要的。在电化学反应中，溶剂和电解质在很大程度上决定了电阻这一变量。因此，在反应中最常用的溶剂是极性非质子性溶剂，因为这类溶剂可以溶解电解质、底物和反应物，从而降低电阻。溶剂导电能力如图 1-3 所示。此外，溶剂的选择还需要考虑其在电解条件下的稳定性[4]。如希望底物于阴极发生还原反应，可选用二氯甲烷或极性质子溶剂作为牺牲物种在阳极发生氧化。

虽然溶剂的极性与导电能力有直接相关性，但溶液能够导电的本质还是因为溶液中存在可定向移动的正负离子，而常见的有机溶剂自身电解产生离子的能力是有限的，因此通常需要向溶剂中加入电解质，以增加溶液中游离的正负离子浓度，从而增强溶剂导电能力，图 1-4 是常见电解质提供的离子。在反应过程中，选择电解质同样需要考虑其在电解条件下的稳定性，特别是要避免与底物发生反应。铵盐和碱金属盐是电化学反应中最常用的电解质。值得注意的是，如果电解质包裹电极表面（类似双电层现象）会影响中间体的解吸，从而影响反应进行。

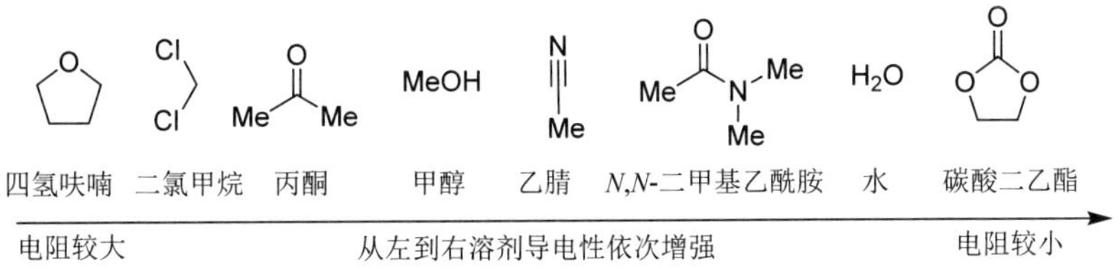

四氢呋喃 二氯甲烷 丙酮 甲醇 乙腈 *N*,*N*-二甲基乙酰胺 水 碳酸二乙酯

电阻较大 从左到右溶剂导电性依次增强 电阻较小

图 1-3 溶剂的导电性

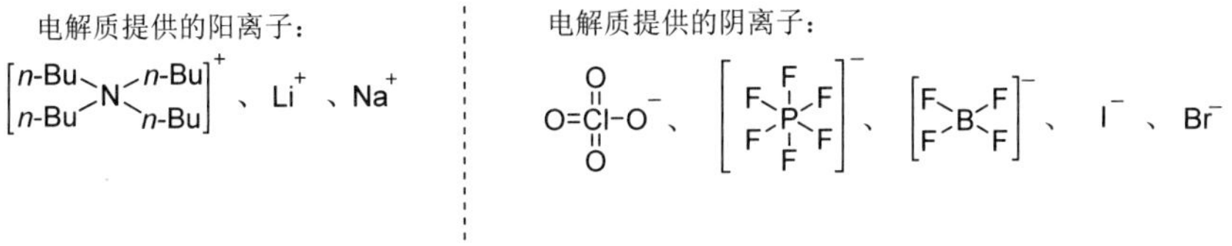

电解质提供的阳离子：$[n\text{-}Bu_4N]^+$、Li^+、Na^+

电解质提供的阴离子：ClO_4^-、$[PF_6]^-$、$[BF_4]^-$、I^-、Br^-

图 1-4 常见电解质提供的离子

1.3.4 溶剂中的双电层体系

电化学有机合成的半反应通常只发生在电极表面而不是本体溶液中，因此电极材料的选择对反应具有较大影响。在电化学有机合成反应中，电极与溶液会形成双电层体系[5]。Helmholtz 和 Grahame 等研究了溶液中的这一现象，他们向电极施加电荷（例如施加正电荷时）并观察其产生的现象。结果表明由于高浓度的带负电荷的离子被吸引到带正电荷的电极上，因此在阳极表面的溶液中产生强电场。反过来，这些带负电荷的离子又会从溶液中吸引更多带正电荷的离子，并在靠近溶液一侧形成另一个电场，这个新形成的第二个电场明显较弱，因为阳极补偿了大部分由负离子产生的电场。随着电荷层离电极越来越远，电场的有效电势会逐渐减小。双电层包括两种模型，分别为致密内层模型和扩散层模型。

① 致密内层模型：最内层（在图 1-5 中显示为从电极到 d_1 的距离）被称为致密内层，通常只有几埃（Å），该层的电位随着与电极距离的增加而呈线性下降。其结果是在致密内层或外 Helmholtz 平面的末端，电极和溶液之间的大部分电位差都消失了。

② 扩散层模型：一旦达到 d_1，通过扩散层（d_1～d_2）的电势呈指数下降，该扩散层可距电极表面几十到几百埃。一旦到达扩散层的最外区域，电位就与大部分溶液相同。

对于有机电化学合成反应而言，通常电活性物质的氧化/还原一般发生在致密内层的电极表面上，由于在动力学上分子氧化还原生成中间体的速率比分子直接通过内层扩散快，因此当亲核试剂和质子溶剂存在下，溶液中存在高反应性自由基阳离子和自由基阴离子中间体。

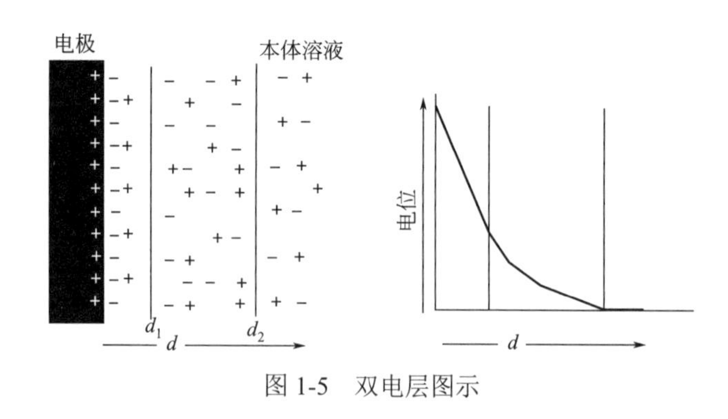

图 1-5 双电层图示

1.3.5 常见的实验室有机电化学合成装置

随着电化学有机合成的飞速发展，电化学有机合成装置也得到较大发展。目前，在电化学有机合成中，常用的电解装置有未分隔电解池和分隔电解池，如图 1-6（a）、图 1-6（b）和图 1-6（c）所示。由于有机电化学合成对于设备要求较低，因此合成工作者可以通过使用不同规格的电化学反应装置、制式和大小不同的电极，进行有机电化学合成，这一类电化学反应装置统称为自制电化学反应装置[6,7]。根据反应量级，还有克级反应装置［图 1-6（d）］。

随着电化学近年来的蓬勃发展，为了更好地实现有机电化学合成反应的可重复性，商用电化学反应装置应运而生［如图 1-6（e）］。相较于自制反应装置，商用电化学反应装置规格统一，从而确保了反应的可重复性。同时商用电化学装置还结合了电化学工作站的部分功能，可以进行循环伏安实验。另外，随着有机电化学合成研究的不断深入，在学科交叉推动下，光电有机合成结合了光化学和电化学的优势，正在迅速发展，光电有机合成反应装置［如图 1-6（f）］也因此诞生[8]。

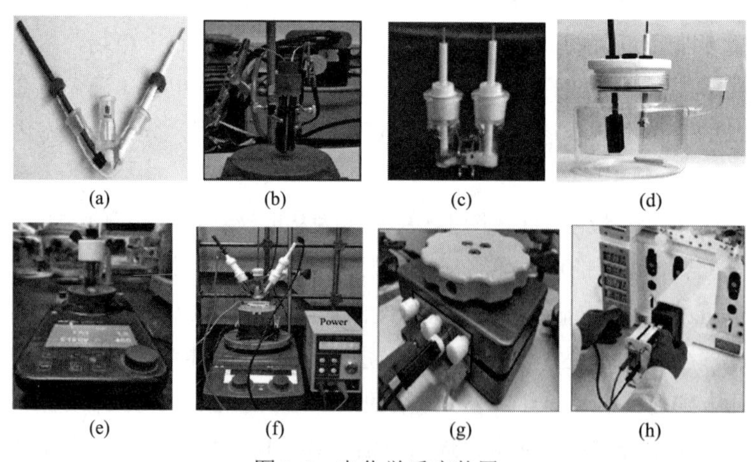

图 1-6 电化学反应装置

由于缺乏标准统一的设备和反应条件，自制电化学装置得到的结果往往重复性较差，同时由于有机溶剂的导电性差，通常需要加入大量电解质来降低电阻，这也给放大反应带来了困难。微反应器技术和流动化学技术可以为目前电解反应存在的局限性提供实用的解决方案[9]，微反应器［如图 1-6（g）］具有高的表面积与体积比，可以非常精确地控制反应参数，例如温度、停留时间、流速和压力等，从而有利于反应条件的一致。另外，结合有机电化学合成和流动化学的优势，合成工作者设计出了电化学流动反应器［如图 1-6（h）］，它能实现更安全、更具选择性、更可控、更高效、更经济和更环保的化学反应。

1.4　有机电化学合成反应监测

在实际电解过程中，可能存在多种反应机理，如图 1-7 所示。Testa 和 Reinmuth 对电化学转化机理进行了深入研究并分类，他们用字母 E 和 C 分别表示电子转移和化学反应步骤，Y 和 P 分别表示起始原料和产物，X 表示另一组分起始原料 O 和 R 分别表示底物的氧化态和还原态，下标 r 和 i 分别表示可逆和不可逆，e^-表示一个电子，Z 表示化学步骤中形成的通用中间体，例如，C_i 表示一个不可逆的化学步骤；C_i'表示再生催化介质是一个不可逆的化学步骤。

a. 可逆电子转移过程（E_r）	E: $O + e^- \rightleftharpoons R$
b. C_rE_r机理（C是可逆的）	C: $Y \rightleftharpoons O$ E: $O + e^- \rightleftharpoons R$
c. E_rC_i机理（C是不可逆的）	E: $O + e^- \rightleftharpoons R$ C: $R \longrightarrow P$
d. E_rC_r机理（C是可逆的）	E: $O + e^- \rightleftharpoons R$ C: $R \rightleftharpoons P$
e. 催化再生（E_rC_i'）	E: $O + e^- \rightleftharpoons R$ C': $R + Y \longrightarrow O + P$
f. $E_rC_iE_i$机理（C是不可逆的）	E_1: $O + e^- \rightleftharpoons R$ C: $R \longrightarrow Z$ E_2: $Z + e^- \longrightarrow Z^-$
g. $E_rC_iE_iC_i$机理	E_1: $O + e^- \rightleftharpoons R$ C_1: $R \longrightarrow Z$ E_2: $Z + e^- \longrightarrow Z^-$ C_2: $Z^- + X \longrightarrow P$

图 1-7　电化学常见反应机理

当前，大部分电化学反应主要是在阳极发生氧化反应或在阴极发生还原反应（简称不成对电解），而此类氧化或还原反应与溶剂、电解质或牺牲物质（试剂或电极）的氧化还原性有关。为了最大限度地节约能源和减少浪费，电化学合成工作者设计了成对电解反应，能够一步实现阳极氧化和阴极还原。一个完整的电化学反应由氧化和还原两个反应构成，图 1-8 展示了几种常见的成对电解方式示意图。

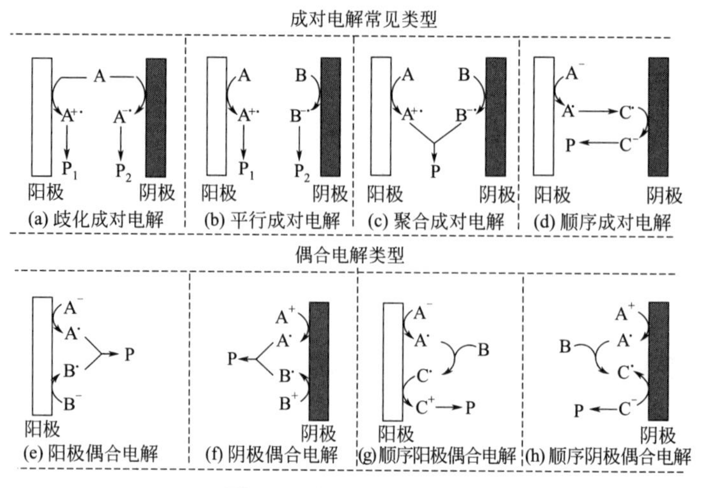

图 1-8 电解方式示意图

图 1-8（a）描述的是歧化成对电解，即同一物质可以同时被氧化和还原，从而生成两种不同的产物。例如，葡萄糖可以被氧化为葡萄糖酸盐，也可以被还原为山梨醇，这一过程已实现工业化应用。

图 1-8（b）描述的是平行成对电解，这种电解模式使用两种不同的起始原料，一种原料在阳极被氧化，另一种原料在阴极被还原，每个电极上产生的中间体不发生相互作用，从而生成两种不同的产物（P_1 和 P_2）。经典的一个平行成对电解反应是巴斯夫公司通过邻苯二甲酸二甲酯合成邻羟甲基苯甲酸内酯，反应途径是：邻苯二甲酸二甲酯在阴极还原，各种有机物（例如 4-叔丁基甲苯）在阳极发生氧化反应，它们构成一组平行成对电解反应。

聚合成对电解［图 1-8（c）］是两个电极产生的中间体结合在一起形成一个产物。为实现聚合反应，聚合成对电解通常选用有两个电子可发生转移的氧化/还原试剂，因为其产生的离子中间体比自由基寿命更长。Shono 氧化就是一个经典的聚合成对电解反应，胺在阳极失去两个电子，氧化生成相应的亚胺，然后与一种亲核试剂（例如醇类化合物在阴极还原产生的醇负离子）发生反应。

顺序成对电解（多米诺电解）是依次利用两个电极上的氧化或还原过程，从而获得目标产物的电解，其可以由阳极氧化引发反应，也可以由阴极发生还原引发反应。为了简单起见，我们选择说明两种情况中的一种，如图 1-8（d）所示。一个典型的顺序成对电解实例是肟在阳极先氧化为腈氧化物，随后在阴极还原为相应的腈[10,11]。

除了上述四类成对电解方式，随着有机电化学机理研究不断深入，电化学合成工作者还提出了另外四种电解过程。

阳极偶合电解［图 1-8（e）］是由两个不同的底物（A 和 B）分别在阳极上发生氧化反应，然后它们的活性中间体发生偶合反应产生预期的目标产物（P）。林松课题组报道的烯烃氯化/三氟甲基化双官能团化反应 [12]是阳极偶合电解机理的一个实例。

阴极偶合电解［图 1-8（f）］与阳极偶合电解相似，不同之处是此反应发生在阴极。

图 1-8（e）所示的反应机理要求底物 A 和 B 各自的氧化电势接近，从而使它们可以以适当的速率产生较匹配的自由基 A•和 B•。同理在图 1-8（f）中，底物也需要相近的还原电势。电化学合成大位阻胺[13]是阴极偶合电解机理的一个实例。

顺序阳极偶合电解［图 1-8（g）］是通过底物 A 发生氧化生成中间体，顺序阴极偶合电解［图 1-8（h）］则是通过底物 A 还原生成中间体。随后与底物 B 反应得到中间体 C，最终 C 再氧化或还原生成产物 P，这种机理已用于许多烯烃的邻近双官能团化（见第八章）。

1.4.1　循环伏安法

循环伏安法（图 1-9）是测量氧化还原电位的一种很好的方法，同时也能洞察反应的机理和可逆性。图 1-9 展示了可逆还原过程的循环伏安曲线，以及几个关键物理量：阳极峰电流（$i_{p,a}$），阴极峰电流（$i_{p,c}$），阳极峰电位（$E_{p,a}$）和阴极峰电位（$E_{p,c}$），可逆反应的半波电位（$E_{1/2}$）是简单地取阳极和阴极峰电位的平均值，如下式：

$$E_{1/2} = 0.5\times(E_{p,a} + E_{p,c})$$

Nernst 方程

$$E = E^{\ominus} + \frac{RT}{nF}\ln\frac{[O]}{[R]}$$

描述了反应在可逆条件下生成氧化（O）和还原（R）产物的电位（E）基于其标准电位（$E^{\ominus}$），其中 R 是理想气体常数［R=8.31447J/(mol•K)］，F 为法拉第常数（F=96487C/mol），n 为参与氧化还原反应的电子数（$A + ne^- \rightarrow A^{n-}$），$E_{1/2}$ 数值近似 $E^{\ominus}$。循环伏安法作为识别反应机理的工具[14,15]，可提供不同扫描速率（v）下测量的 $i_{p,a}$ 与 $i_{p,c}$ 之间的比值以及 $E_{p,a}$ 和 $E_{p,c}$ 之间的差值，为判断氧化还原过程的可逆性或反应机理提供了有力的证据。

对于符合 Nernst 方程的电极反应，在 25℃时

$$\Delta E_P = E_{p,a} - E_{p,c} = \frac{57\sim63}{n}(\text{mV})$$

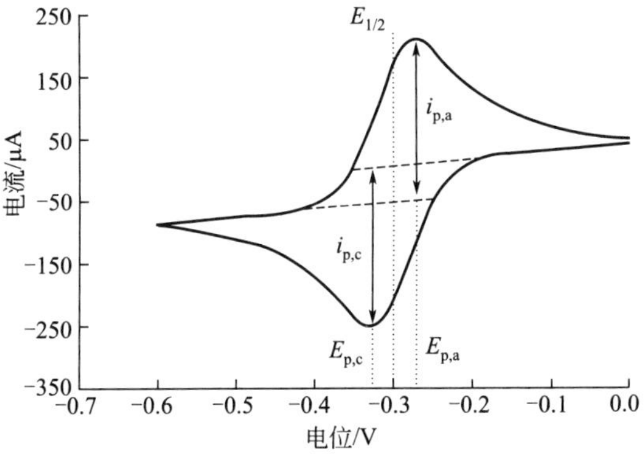

图 1-9　循环伏安曲线

阳极峰电位（$E_{p,a}$）与阴极峰电位（$E_{p,c}$）的差值通常在 $57/n$～$63/n$ mV 之间，确切的值与扫描中经过阴极峰电位之后多少毫伏再回扫有关。一般在过阴极峰电位之后再回扫，ΔE_p 值为 $58/n$ mV。峰电位与标准电极电位的关系如下式：

$$E^{\ominus}_{\mathrm{OxRed}} = \frac{E_{p,a} + E_{p,c}}{2} + \frac{0.029}{n} \lg \frac{D_{\mathrm{Ox}}}{D_{\mathrm{Red}}}$$

该式表明，标准电极电位等于两峰电位之和除以 2 再加上一个很小的数值，$D_{\mathrm{Ox}}/D_{\mathrm{Red}}$ 接近于 1。所以只要反应符合 Nernst 方程，且反应产物是稳定的，则 $i_{p,a} = i_{p,c}$，由此可见循环伏安法是测量标准电极电位的一种较为方便的方法。

由于循环伏安法是一种很方便的定性方法，在较短时间内可以提供很多电化学信息，因此，下面简单介绍循环伏安法的有关应用。

（1）电化学反应体系研究

循环伏安法可用于研究电化学反应新体系。一般来说，阳极电流表示氧化反应，阴极电流表示还原反应，而峰值电流密度则表示在该条件下反应能够进行的最大速率及其稳定性。如果不存在干扰因素的话，对于某电极体系，在恒电位控制下，相同的电极反应发生在相同的电位下，并以同样的速率进行。如果把电流-电位曲线换算成电流-时间曲线，则电流峰下面的面积就代表该电化学反应所消耗的电量。因此可以用循环伏安法来研究电极体系可能发生的反应和反应的最大速率及其反应产物的稳定性。

（2）电化学反应历程研究

通常而言，不同底物发生氧化还原反应对应的反应电势是不同的，在循环伏安曲线上表现为不同位置的氧化峰、还原峰，其位置对应不同的氧化电势或还原电势。以有机电化学合成阳极氧化为例，通过分析底物在循环伏安曲线中的氧化峰对应的氧化电流，可以分析是哪个底物在阳极失电子发生氧化反应，从而为推测反应机理提供依据。一般情况下，电势差值明显的两种底物，氧化电势更低者优先氧化，电势高者不易在阳极发生氧化；电势相近则二者均可在阳极发生氧化。此外，往往还需要对产物进行循环伏安法研究，明确产物的氧化电势，确保产物在该反应条件下可以稳定存在。

1.4.2 电流效率

无论是实验室电解合成，还是工业化电解生产，实际电解得到的产物往往比理论产物少，这就存在着电流效率（η）的问题[16]。

通常，我们把实际生成物质的量（实际产量）与按法拉第定律计算生成物质的量（理论产量）之比称作电流效率，表示如下：

$$\eta = \frac{\text{实际产量}}{\text{理论产量}} \times 100\%$$

另外，电流效率也可以按生成一定数量物质所必需的理论电量（$Q_{理}$）与实际消耗的总电量（Q_r）之比来计算：

$$\eta = \frac{Q_{理}}{Q_r} \times 100\%$$

式中，理论电量（$Q_{理}$）可按法拉第定律计算：

$$Q = \int It = \frac{m}{A} nF$$

式中　I——电流强度；

m——产物的质量；

A——产物的摩尔质量；

n——反应电子数；

F——法拉第常数。

电流效率通常小于100%，这主要是由电解过程中存在副反应、次级反应（或是逆向反应）或电极上不止发生一个反应所引起的。

在电解合成过程中，电流效率是十分重要的技术、经济指标。电流效率越高，电流损失越少，产物的产率越高。所以，在每一个电化学合成体系中，我们必须找出影响电流效率的主要因素，并采取措施加以改进，寻找最理想的反应条件以及选择最合适的电极材料或催化剂，从而达到最高的电流效率。

1.5　有机电化学在药物合成中的应用

有机电化学合成是一个与有机化学、电化学等学科相关的研究领域。有机电化学合成是用电化学的方法进行有机合成的技术，通过有机分子或催化介质在"电极/溶液"界面上的电荷传递、电能与化学能相互转化实现旧键断裂和新键形成，是一种比较绿色的合成工具。

目前，我国已成为全球药品的生产和出口大国，在产能规模、成本控制、生产技术等方面均具有较强的竞争力。近年来，如何简洁、高效地合成药物及其中间体是合成化学家们的重点研究目标之一。传统的药物及其中间体的合成方法通常需要使用金属催化剂和氧化剂，而这些氧化剂和催化剂的使用，不但会造成反应过氧化、生成副产物以及环境不友好等问题，而且可能在产品中存在金属残留，从而限制了其在药物化学中的应用。有机电化学合成因其绿色环保、条件温和、操作方便、容易控制、底物适用性广等优点，在药物及其中间体的合成上具有显著优势。本书对近年来国内外关于有机电化学合成药物及其中间体的研究进行了归纳总结，并对该领域未来的发展进行了展望。

参考文献

[1] (a) M Yan, Y Kawamata, P S Baran. Synthetic Organic Electrochemical Methods Since 2000: On the Verge of a Renaissance [J]. Chem Rev, 2017, 117(21), 13230-13319. (b) T Meyer, I Choi, C Tian, et al. Powering the Future: How Can Electrochemistry Make a Difference in Organic Synthesis? [J]. Chem, 2020, 6: 2484-2496.

[2] N E S Tay, D Lehnherr, T Rovis. Photons or Electrons? A Critical Comparison of Electrochemistry and Photoredox Catalysis for Organic Synthesis [J]. Chem Rev, 2022, 122(2): 2487-2649.

[3] D M Heard, A J J Lennox. Electrode Materials in Modern Organic Electrochemistry [J]. Angew Chem Int Ed, 2020, 59(43): 18866-18884.

[4] C Kingston, M D Palkowitz, Y Takahira, et al. A Survival Guide for the "Electro-curious" [J]. Acc Chem Res, 2020, 53(1): 72-83.

[5] J B Sperry, D L Wright. The Application of Cathodic Reductions and Anodic Oxidations in the Synthesis of Complex Molecules [J]. Chem Soc Rev, 2006, 35(7): 605-621.

[6] K J Jiao, Y K Xing, Q L Yang, et al. Site-Selective C—H Functionalization via Synergistic Use of Electrochemistry and Transition Metal Catalysis [J]. Acc Chem Res, 2020, 53(2): 300-310.

[7] P Xiong, H C Xu. Chemistry with Electrochemically Generated *N*-Centered Radicals [J]. Acc Chem Res, 2019, 52(2): 3339-3350.

[8] P Xu, P Y Chen, H C Xu. Scalable Photoelectrochemical Dehydrogenative Cross-Coupling of Heteroarenes with Aliphatic C-H Bonds [J]. Angew Chem Int Ed, 2020, 59(34): 14275-14280.

[9] M Elsherbini, T Wirth. Electroorganic Synthesis under Flow Conditions[J]. Acc Chem Res, 2019, 52(12): 3287-3296.

[10] M F Hartmer, S R Waldvogel. Electroorganic Synthesis of Nitriles via a Halogen-Free Domino Oxidation-Reduction Sequence [J]. Chem Commun, 2015, 51(91): 16346-16348.

[11] C Gütz, A Stenglein, S R Waldvogel. Highly Modular Flow Cell for Electroorganic Synthesis [J]. Org Process Res Dev, 2017, 21(5): 771-778.

[12] K Y Ye, G Pombar, N Fu, et al. Anodically Coupled Electrolysis for the Heterodifunctionalization of Alkenes [J]. J Am Chem Soc, 2018, 140(7): 2438-2441.

[13] D Lehnherr, Y H Lam, M C Nicastri, et al. Electrochemical Synthesis of Hindered Primary and Secondary Amines via Proton-Coupled Electron Transfer [J]. J Am Chem Soc, 2020, 142(1): 468-478.

[14] N Elgrishi, K J Rountree, B D McCarthy, et al. A Practical Beginner's Guide to Cyclic Voltammetry [J]. J Chem Educ, 2018, 95(2): 197-206.

[15] A Molina, M López-Tenés, E Laborda. Unified Theoretical Treatment of the E_{irrev}, CE, EC and CEC Mechanisms Under Voltammetric Conditions [J]. Electrochem Commun, 2018, 92: 48-55.

[16] 马淳安. 有机电化学合成导论[M]. 北京: 科学出版社, 2002: 157-158.

第二章

电化学合成含吲哚骨架的药物分子

吲哚作为一种重要的药物骨架广泛分布于自然界中，是第四大普遍的杂芳族化合物。吲哚类生物碱可作为细胞内信号分子，吲哚骨架存在于天然氨基酸、神经递质血清素、植物生长激素中。据报道，吲哚环存在于24种当前市售药物中[1]，如舒马曲坦（治疗偏头痛药物）、吲哚美辛（消炎药）和昂丹司琼（止吐药物）均含有吲哚骨架（图2-1）。

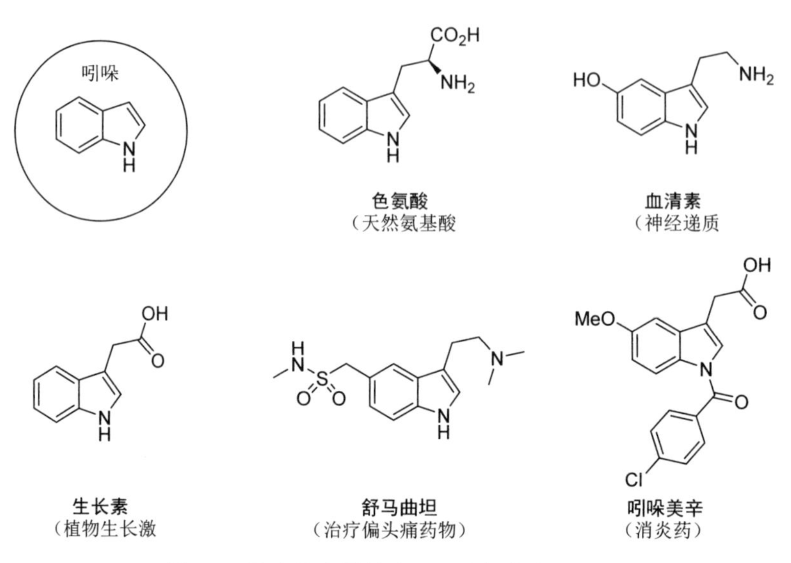

图2-1 具有代表性的含吲哚骨架的药物分子

自1866年Baeyer首次用锌粉还原吲哚酮制备吲哚以来，吲哚的合成和官能团化一直受到有机合成工作者的关注，诸多吲哚类化合物的合成方法不断被报道，包括许多经典的吲哚人名反应如Fisher[2]、Gassman[3]、Bischler[4]、Batcho-Leimgruber[5]、Larock[6,7]等，但这些反应往往依托于金属与氧化剂协同作用。因此，有机合成化学家们从未停止对吲哚及其衍生物的理想化合成和官能团化探索的脚步，迫切希望采用更绿色、可持续的方式来合成含吲哚骨架的药物分子。

随着电化学合成的发展，已经报道了许多通过直接或间接氧化的电化学方法实现吲哚衍生物的合成或吲哚骨架的官能团修饰。本章主要介绍吲哚衍生物的电化学合成和官能团修饰，希望读者能从已有方法中获得启发，以开发更高效、选择性更好的吲哚衍生物合成方法。

2.1 电化学构建吲哚骨架

有机合成化学家们从吲哚经典氧化还原合成反应中获得启发，他们发现利用持续电流代替传统的化学氧化剂/还原剂也可以实现吲哚环骨架的构建。此外，在电化学条件下，底物通常可产生具有更好反应活性的自由基中间体，并且反应选择性更好。同时，间接电解策略的使用进一步增强了反应的选择性，能够实现更宽的底物范围和更好的官能团耐受性。

2.1.1　电化学氧化构建吲哚骨架

厦门大学徐海超课题组近年来基于电化学策略对构建吲哚骨架进行了一系列的研究。2016 年，该课题组报道了一种炔胺 **2-1** 的电化学分子内 C—H/N—H 官能化合成多取代吲哚衍生物 **2-2** 的方法（图 2-2）[8]。反应采用二茂铁为氧化还原介质，可以兼容仲胺、羟基、呋喃、手性 Boc 氨基酯、二肽等官能团。

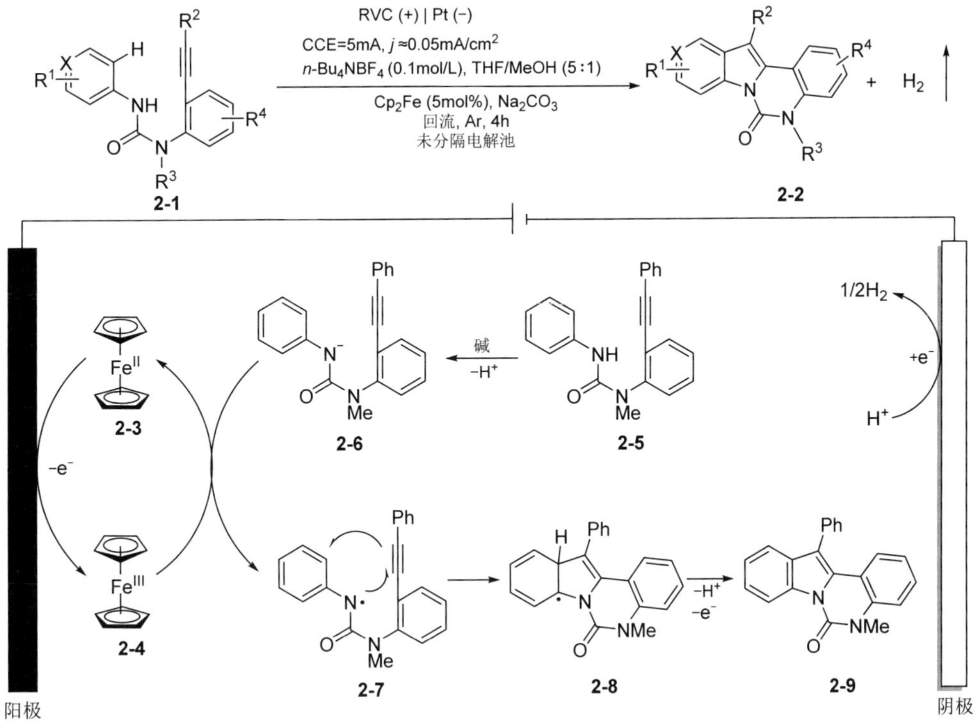
RVC (+) | Pt (−)
CCE=5mA, j ≈0.05mA/cm2
n-Bu4NBF4 (0.1mol/L), THF/MeOH (5∶1)
Cp2Fe (5mol%), Na2CO3
回流, Ar, 4h
未分隔电解池
2-1
2-2
+ H2
Fe II
2-3
−e−
Fe III
2-4
碱
−H+
2-6
2-5
2-7
2-8
2-9
−H+
−e−
1/2H2
+e−
H+
阳极
阴极

图 2-2　电化学介导 C—H/N—H 官能团化合成（氮杂）吲哚

二茂铁的循环伏安曲线显示，$[Cp_2Fe]^+$ **2-4** 和酰胺负离子 **2-6** 之间发生了一个有效的单电子转移（SET）过程，生成了一个缺电子的酰胺自由基 **2-7**，随后发生分子内偶联环化。

该反应策略对于复杂底物结构修饰具有较好的适用性，例如口服避孕药中的活性成分乙炔基雌二醇经过后期修饰可以得到吲哚官能团化的雌二醇衍生物（图 2-3）。

此外，该电化学方法还可以用于构建具有生物活性的天然产物异赖氨酸（图 2-4）。首先将 *N*-甲基-2-碘代苯胺 **2-10** 转化为电解底物 **2-11**，随后通过电解炔烃环化、酸化水解，生成了产率为 63%的甲酰基取代吲哚 **2-12**。在碱的作用下，化合物 **2-12** 转化为异赖氨酸。

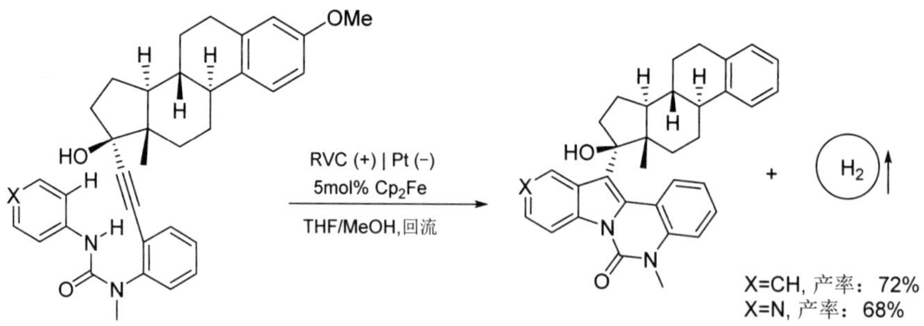

图 2-3 雌二醇的吲哚官能团化反应

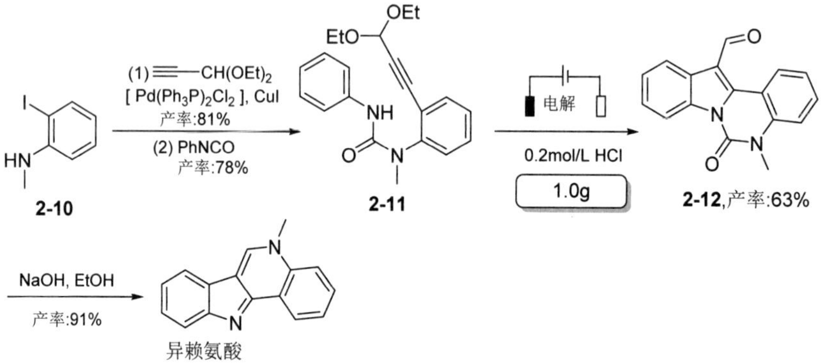

图 2-4 异赖氨酸的电化学合成

随后，该课题组在此基础上，将炔烃改为烯烃，酰胺自由基经历分子内环化，可以快速构建吲哚多环衍生物 **2-14**（图 2-5）[9]。该反应具有非常广泛的官能团相容性，即使在合成复杂取代基的吲哚啉时，反应也能顺利进行。

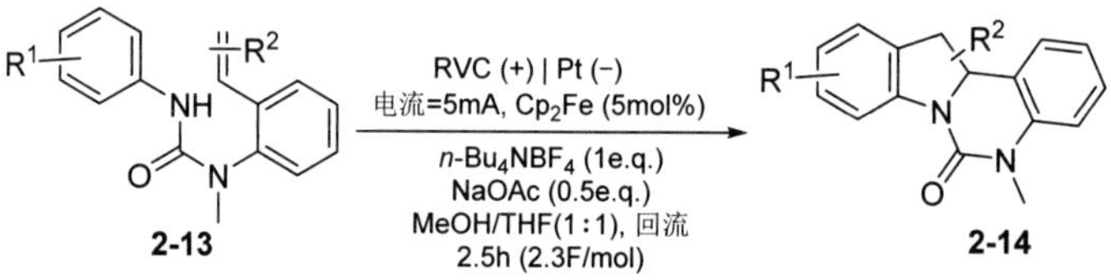

图 2-5 电化学[3 + 2]环化合成（氮杂）吲哚啉

Hinckdentine A 是从海洋苔藓中分离出来的一种五环生物碱，该化合物的全合成之前已有报道，但合成步骤较长，仅中间体 **2-15** 就需要 21 步 [10]。徐海超课题组使用新开发的电化学环化反应策略合成了 **Hinckdentine A** 的关键中间体 **2-15**（图 2-6）。该方法首先选用市售化合物 **2-16** 和 **2-17** 为起始原料，通过 5 步合成得到电解前体 **2-18**，然后进行电化学环化反应，生成 **Hinckdentine A** 的关键中间体 **2-15**，随后对中间体 **2-15** 依次进行选择性三溴化，脱去苄基，扩环生成(±)-**Hinckdentine A**。这与传统的 **Hinckdentine A** 全合成方法相比，大大缩短了合成步骤。

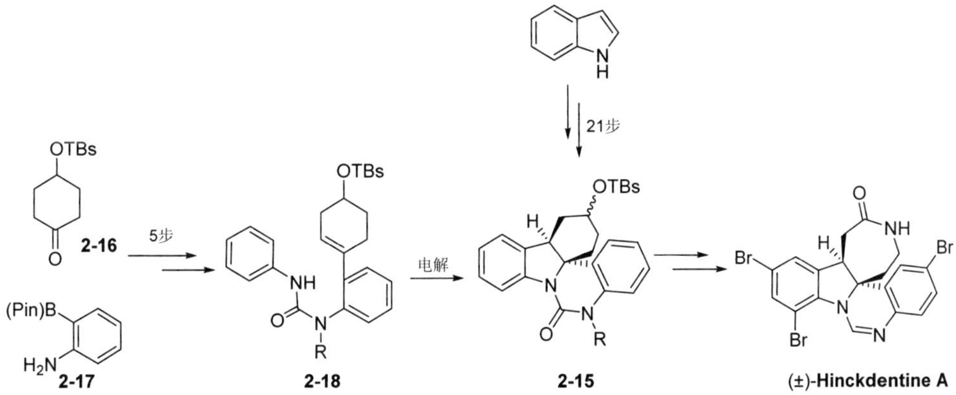

图 2-6　(±)-**Hinckdentine A** 的合成路线比较

不饱和烃类与胺类化合物的脱氢偶联是形成吲哚骨架的常用策略，卤代烷烃在电化学氧化策略下产生自由基也是成环的一种有力方式。与三氟甲基和二氟烷基自由基的丰富化学性质不同，单氟烷基自由基受到的关注要少得多，这可能是由于缺乏生成此类自由基的有效方法。为了应对这一挑战，徐海超课题组于 2017 年开发了一种二茂铁催化的电化学单氟烷基自由基生成方法，用于合成 3 位含氟吲哚衍生物 **2-20**（图 2-7）[11]。研究表明，二茂铁催化剂和环戊二烯锂协同作用是提高反应效率的关键，仅单独添加二茂铁催化剂或环戊二烯锂时，目标化合物的产率都很低。环戊二烯锂在配位亲核试剂存在下可以稳定$[Cp_2Fe]^+$，

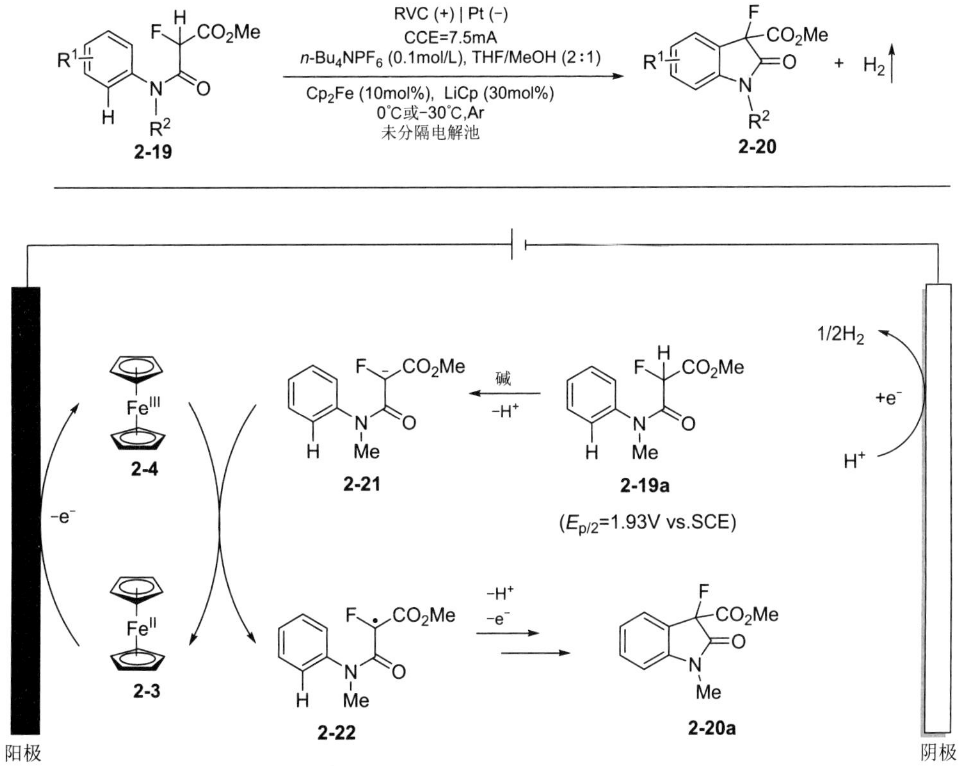

图 2-7　电化学介导交叉脱氢偶联合成 3 位氟代吲哚衍生物

因此目标产物产率较高。通过循环伏安曲线和控制实验研究，作者提出该反应可能的机理如下：二茂铁 **2-3** 在阳极发生氧化反应形成$[Cp_2Fe]^+$ **2-4**，**2-19a** 的共轭碱 **2-21** 与 $[Cp_2Fe]^+$ **2-4** 通过单电子转移形成单氟烷基自由基 **2-22**，其通过分子内环化、氧化、脱质子等过程形成目标产物 **2-20a**。

该电化学氧化过程与三氟甲基、三氟甲氧基、对氧化剂/还原剂敏感的吡咯、双键、三键、羟基等多种官能团都具有相容性，此外，该电化学方法可以用于药物分子的修饰，比如可应用于口服避孕药中的活性成分乙炔基雌二醇的后期修饰以得到 3 位含氟吲哚官能化的雌二醇衍生物 **2-24**（图 2-8）。

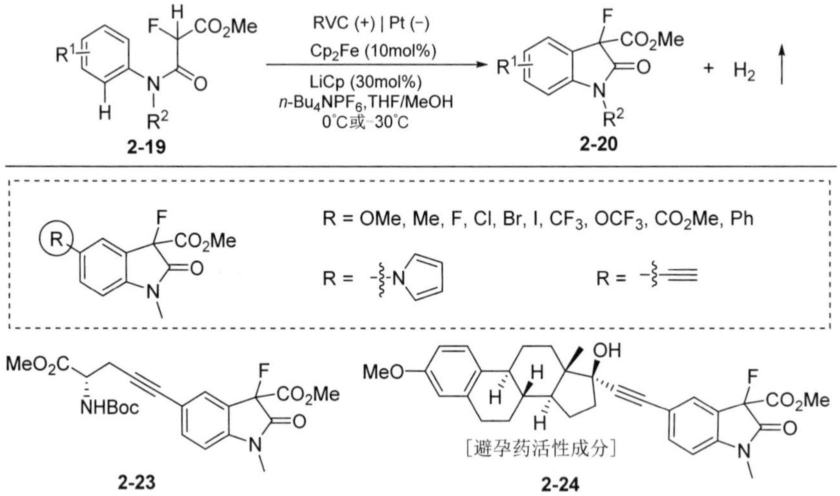

图 2-8　电化学合成 3 位氟代吲哚衍生物

除了采用电化学氧化卤代烷烃形成自由基中间体成环，三氟甲磺酸钇与甲醇锂在电化学条件下同样能实现类似的脱氢环化反应。徐海超课题组在 2018 年开发了 α-烷基取代的 1,3-二羰基化合物通过二茂铁催化构建吲哚骨架的电化学方法，这种产生自由基的方法可以实现分子内的 C—H/Ar—H 交叉偶联反应（图 2-9）[12]。

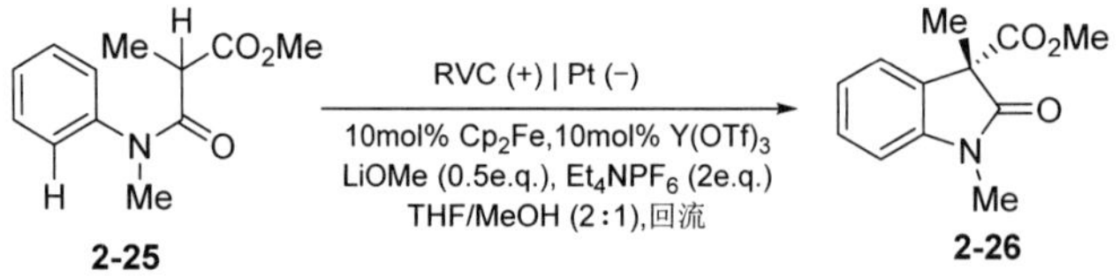

图 2-9　电化学介导 C—H/Ar—H 分子内交叉偶联反应

该电化学条件还可以促进丙二酸酯与吡咯环的分子内脱氢交叉偶联形成 2,3-二氢-1*H*-吡咯嗪 **2-28**，然后再通过皂化、脱羧两步即可将其转化为消炎药——酮咯酸（图 2-10）。

电化学具有优异的选择性，而金属具有强大的配位催化能力，近年来，金属催化与电化学手段相结合成为一种强有力的合成手段。2018 年，徐海超课题组开发了一种钌催化苯胺衍生物和炔烃的[3+2]脱氢环化反应合成吲哚的电化学方法（图2-11）[13]。反应在空气、水溶液、未分隔电解池条件下即可进行，十分温和。

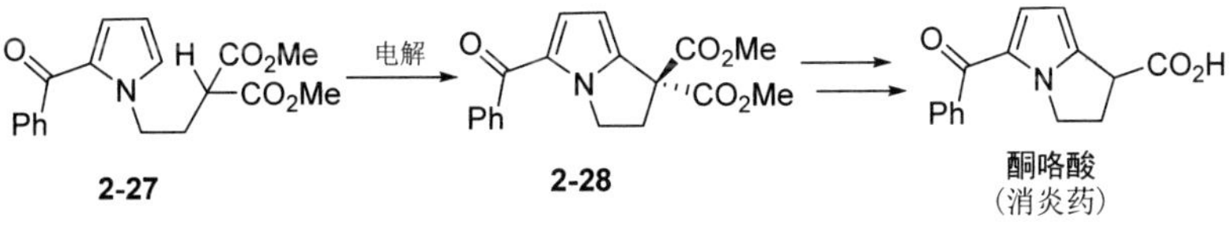

图2-10 电化学合成消炎药——酮咯酸

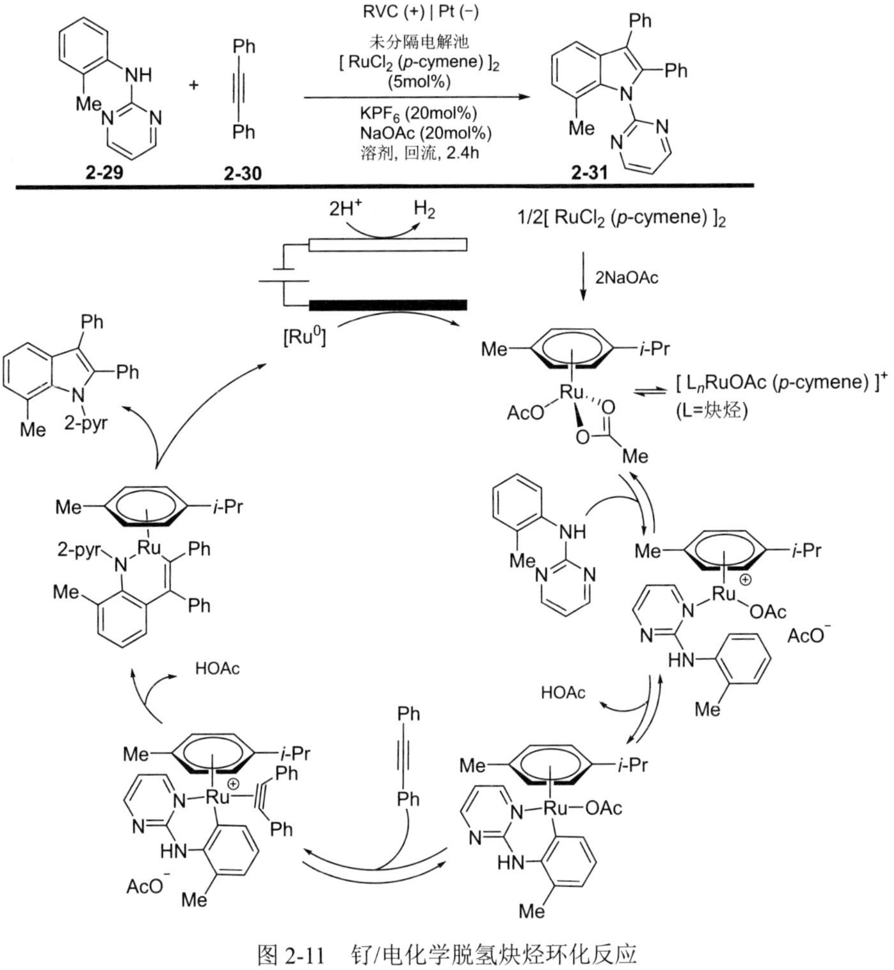

图2-11 钌/电化学脱氢炔烃环化反应

化合物**2-32**和**2-33**的克级电化学环化反应证明了该电化学方法的实用性，以88%的产率（10.6g）获得了目标吲哚衍生物**2-34**（图2-12）。然后按照已报道的方法脱除2-嘧啶基，可获得抗骨质疏松药——巴多昔芬的合成关键中间体**2-35**。

雷爱文课题组也报道了许多基于电化学氧化策略构建吲哚骨架的方法。该课题组报道了*N*-杂环**2-36**在电化学催化无受体脱氢条件下（ECAD）合成杂芳烃（包括吲哚、喹啉、异喹啉、四氢喹唑啉和苯并噻唑）**2-37**的方法（图2-13）[14]。杂环化合物析氢过程由于高度吸热，在熵增方面有利，但在热力学上不利。他们巧妙采用 2,2,6,6-四甲基哌啶氧化物作为氧化还原介质，使直接电解过程中的非均相电子转移过程变为均匀状态，避免了过氧化或还原，从而获得了较高的产率和选择性。

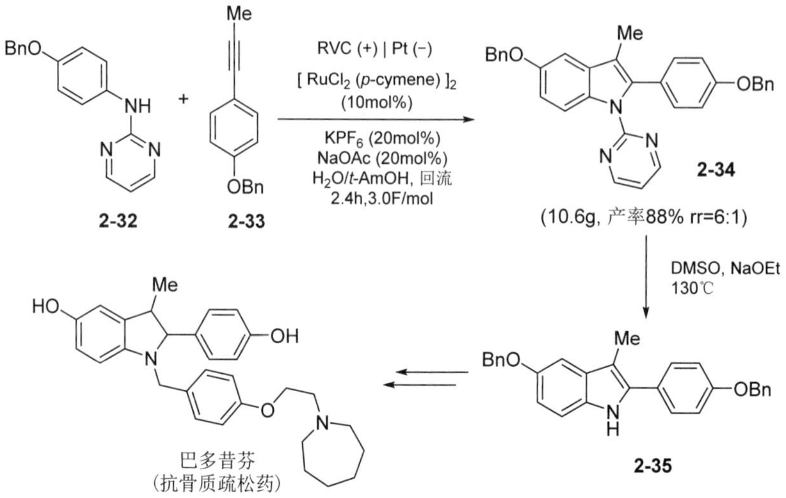

BnO　NH　N　N　2-32　+　Me　OBn　2-33

RVC (+) | Pt (−)
[$RuCl_2$ (*p*-cymene) $]_2$ (10mol%)
KPF_6 (20mol%)
NaOAc (20mol%)
H_2O/*t*-AmOH, 回流
2.4h,3.0F/mol

BnO　Me　OBn　N　N　N　2-34
(10.6g, 产率88% rr=6:1)

DMSO, NaOEt
130℃

BnO　Me　OBn　N H　2-35

HO　Me　OH　N　O　N
巴多昔芬
(抗骨质疏松药)

图 2-12　电化学合成巴多昔芬中间体

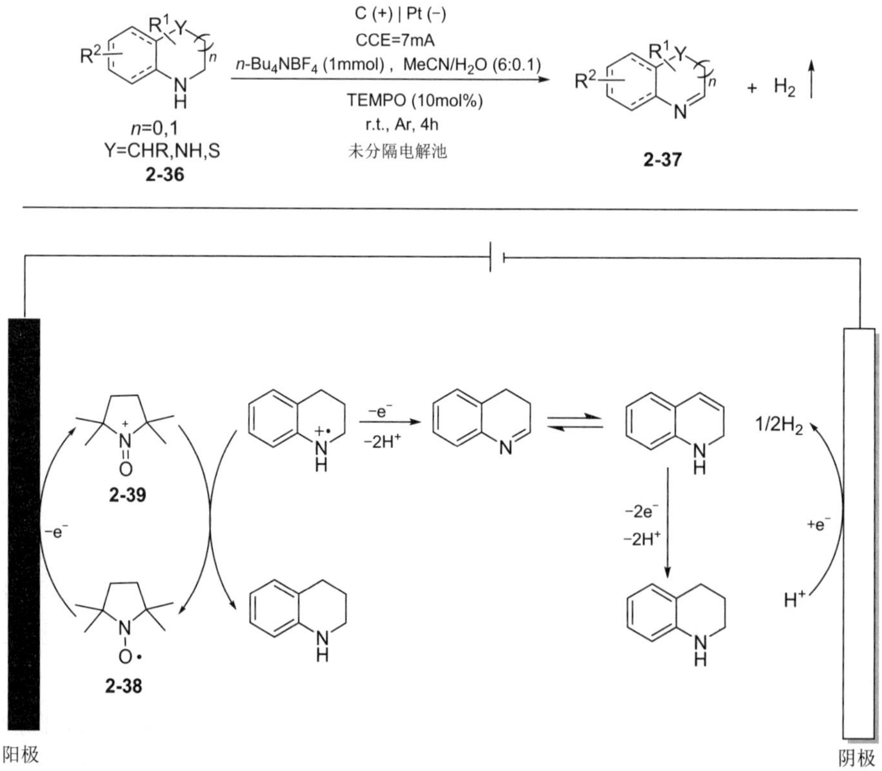

R^2　R^1　Y　*n*　N H
n=0,1
Y=CHR,NH,S
2-36

C (+) | Pt (−)
CCE=7mA
n-Bu_4NBF_4 (1mmol)，MeCN/H_2O (6:0.1)
TEMPO (10mol%)
r.t., Ar, 4h
未分隔电解池

R^2　R^1　Y　*n*　N　2-37　+ H_2↑

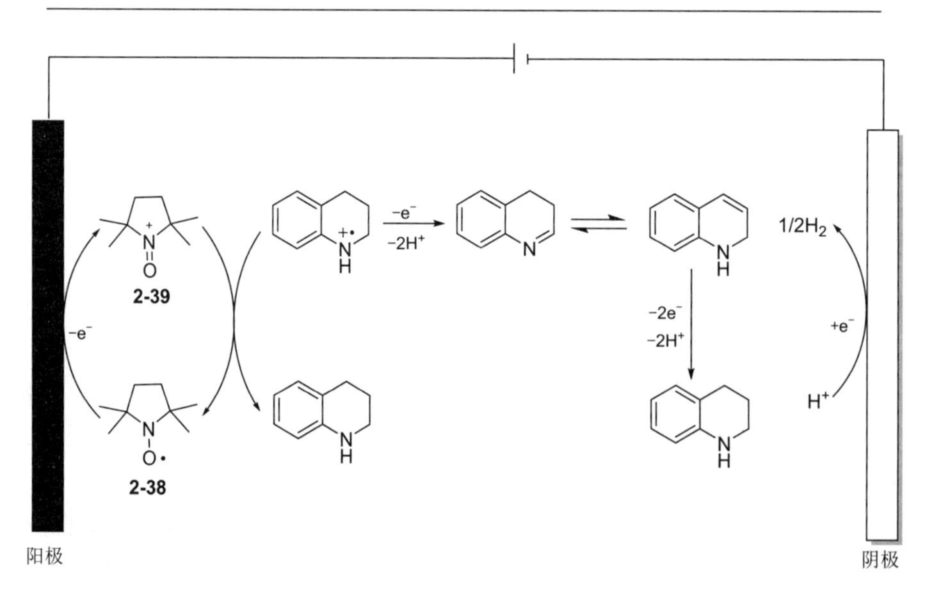

图 2-13　电化学催化无受体脱氢法合成 *N*-杂环化合物

2-苯基喹唑啉-4-(3*H*)-酮是一种有效的*β*-葡萄糖醛酸酶抑制剂。雷爱文课题组从底物**2-40**开始，通过ECAD策略高效合成了药物分子中间体**2-41**，然后参照已报道的方法实现了*β*-葡萄糖醛酸酶抑制剂**2-42**的快速合成（图2-14）。

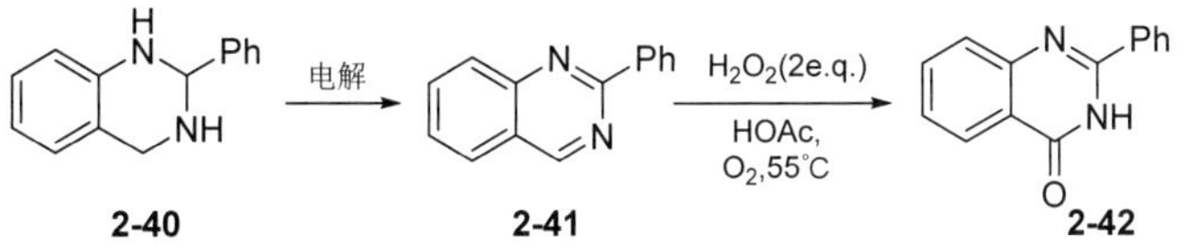

图2-14 电化学合成*β*-葡萄糖醛酸酶抑制剂的中间体

电化学辅助复杂偶联反应的能力引起了化学合成工作者的广泛关注。曾程初课题组在电化学条件下实现了邻苯二酚（**2-45**）和双亲核试剂（**2-43**或**2-44**）的反应，合成了吲哚衍生物（**2-46**和**2-47**，图2-15）[15]，反应经历阳极氧化、分子内环化。

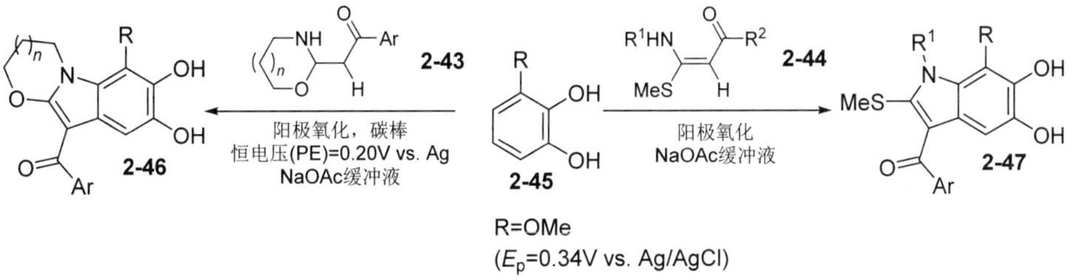

图2-15 邻苯二酚与双亲核试剂电化学合成吲哚衍生物

Asghari课题组报道了吡唑烷-3,5-二酮**2-48**和苯胺**2-49**高效合成多环吲哚衍生物**2-52**的方法（图2-16）[16]。反应溶剂为乙醇混合的磷酸盐缓冲溶液，他们通过库仑法、伏安法和光谱法证实了苯胺是以其氧化形式**2-50**与吡唑烷-3,5-二酮**2-48a**（或其烯醇形式**2-48b**）发生了两次迈克尔加成反应，获得了目标产物多环吲哚**2-52**。

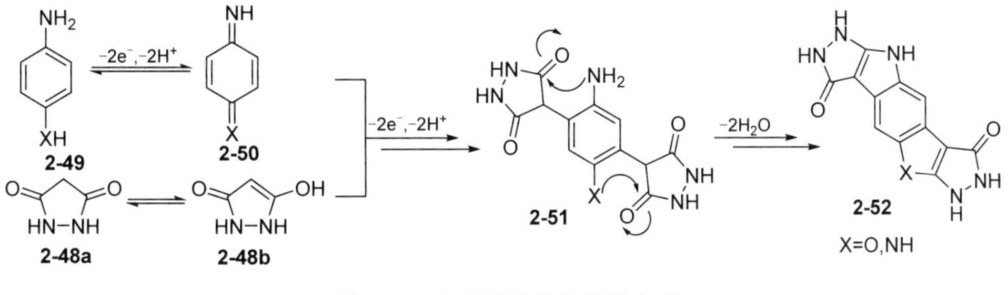

图2-16 多环吲哚的电化学合成

梁英课题组最近基于电化学氧化策略通过邻氨基苯乙烯**2-53**、二氧化碳、二级胺**2-54**三组分反应，合成了吲哚衍生物**2-55**（图2-17）[17]。通过控制实验和循环伏安曲线研究，他们提出反应机理为碘离子在阳极氧化为碘单质，碘单质与邻氨基苯乙烯形成中间体**2-56**，随后分子内环化得到**2-57**，**2-57**与二氧化碳和二级胺形成的氨基碳酸酯发生亲电取代生成产物**2-55**。值得一提的是，传统方法中在结构上引入氨基碳酸酯往往需要加入金属催化剂或外源性氧化剂，而在电化学条件下该方法一步即可实现吲哚骨架的构建和氨基碳酸酯的引入，创新且绿色。

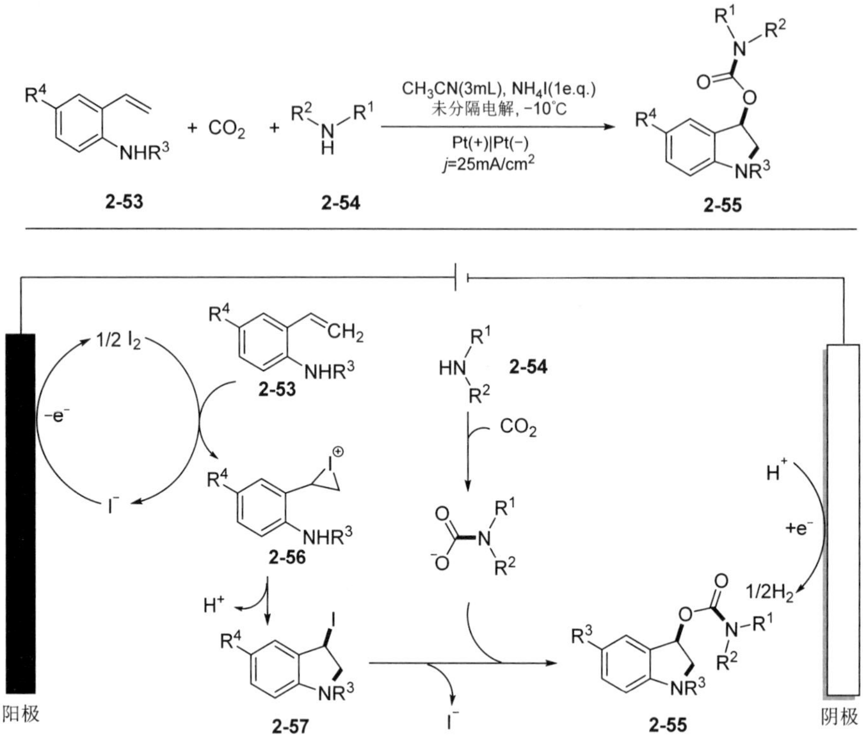

图 2-17 电化学氧化邻氨基苯乙烯、二氧化碳、二级胺的三组分反应

随着对有机电化学合成研究的不断深入，化学合成工作者发现电化学具有巨大潜力，尤其是与其他现代合成技术相结合时。例如，Fuchigami 课题组发现，超声波显著加速了 α-（苯硫基）乙酰胺类化合物 **2-58** 在氟离子介质中的阳极分子内环化反应（图 2-18）[18]。氟离子被认为有利于中间体 **2-60** 的转化，**2-60** 可以被相邻的苯基捕获得到 **2-61**，也可以被氟离子捕获得到 **2-62**。采用超声波提高了吲哚酮 **2-61** 的反应产率（当没有超声波时，**2-61** 的产率仅为 41%），显著抑制了氟加成物 **2-62** 的形成，原因可能是局部加热有利于分子内环化反应。

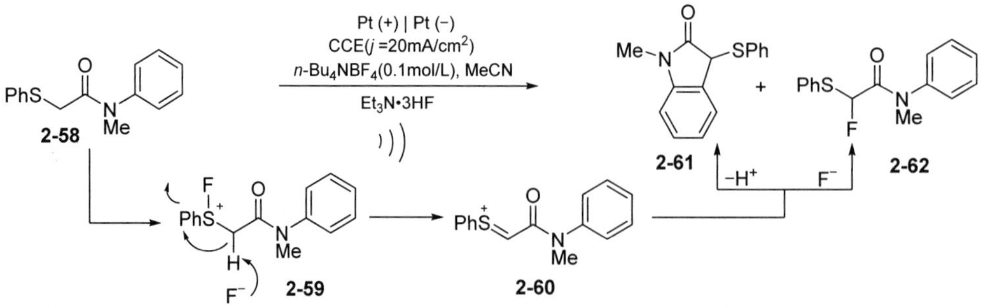

图 2-18 电化学/超声波介导的吲哚酮合成

2.1.2 电化学还原构建吲哚骨架

除了采用阳极氧化的策略构建吲哚骨架，也不断有阴极还原条件下构建吲哚骨架的报道涌现。

芳基卤化物电化学还原产生的芳基自由基通常需要很高的还原电位（−2.0V～−1.5 vs. SCE），较高的还原电位容易使对电位敏感的反应物发生反应，不利于有机电化学合成。相较之下，芳基偶氮盐是良好的单电子受体，且还原电势更低，因此可以在更为温和的条件下还原生成芳基自由基。Murphy 课题组采用电化学还原法对芳基偶氮盐 **2-63** 进行还原，生成芳基自由基 **2-64**，然后经历分子内环，生成一个新的碳中心自由基 **2-65**，脱除硫化物或亚砜基后即可获得吲哚啉衍生物 **2-66**（图 2-19）[19]。

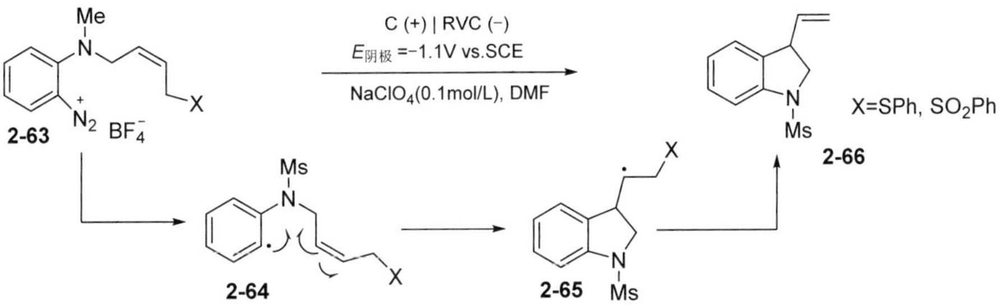

图 2-19 重氮盐电化学还原合成吲哚啉衍生物

邻硝基苯乙烯 **2-67** 在电化学还原条件下可转化为另一种类型产物——1*H*-吲哚 **2-68**（图 2-20）[20]。Peters 课题组在恒电位条件下实现了 **2-67** 构建芳基取代吲哚骨架，反应电势略低于 **2-67** 的还原电势。

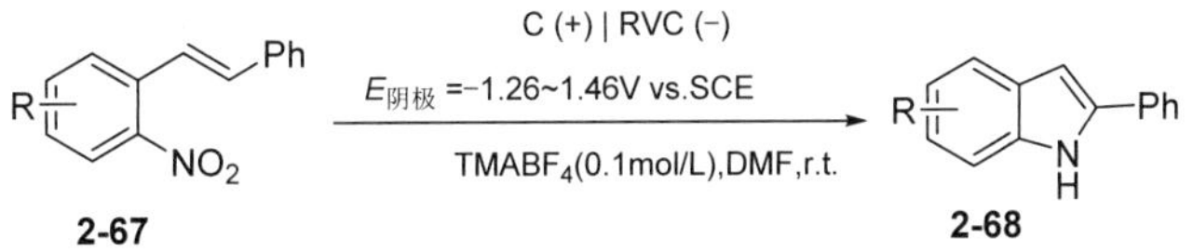

图 2-20 邻硝基苯乙烯电化学还原合成吲哚衍生物

2.2 电化学氧化修饰吲哚骨架

相较于依赖吲哚固有的亲核性实现官能团化，电化学能提供更多实现吲哚官能团化的策略。例如，在吲哚衍生物的电化学官能团化中，常采用电化学选择性氧化吲哚（部分失去电子的极性反转策略）。在吲哚衍生物的官能团化过程中，可选择性地氧化吲哚部分、非吲哚部分或同时在几个官能团（包括吲哚部分）实现吲哚骨架的结构修饰。

2.2.1 电化学直接氧化修饰吲哚骨架

黄精美课题组报道了以氯化镧为催化剂，由吲哚 **2-69** 和醚 **2-70** 高效合成双吲哚甲烷 **2-71** 的电化学方法（图 2-21）[21]。他们认为可能的反应机理如下：电化学生成的吲哚自由基阳离子 **2-72** 与四氢呋喃发生单电子转移，生成新的烷基自由基 **2-73**，该烷基自由基进一步被吲哚 **2-69a** 捕获，最终形成单吲哚基中间体 **2-74**。然而，直接阳极氧化生成的烷氧基正离子 **2-75** 似乎是比化合物 **2-74** 中更可行的中间体，控制实验表明中间体 **2-76** 在不通电条件下同样能以较好的产率生成目标产物 **2-71a**。

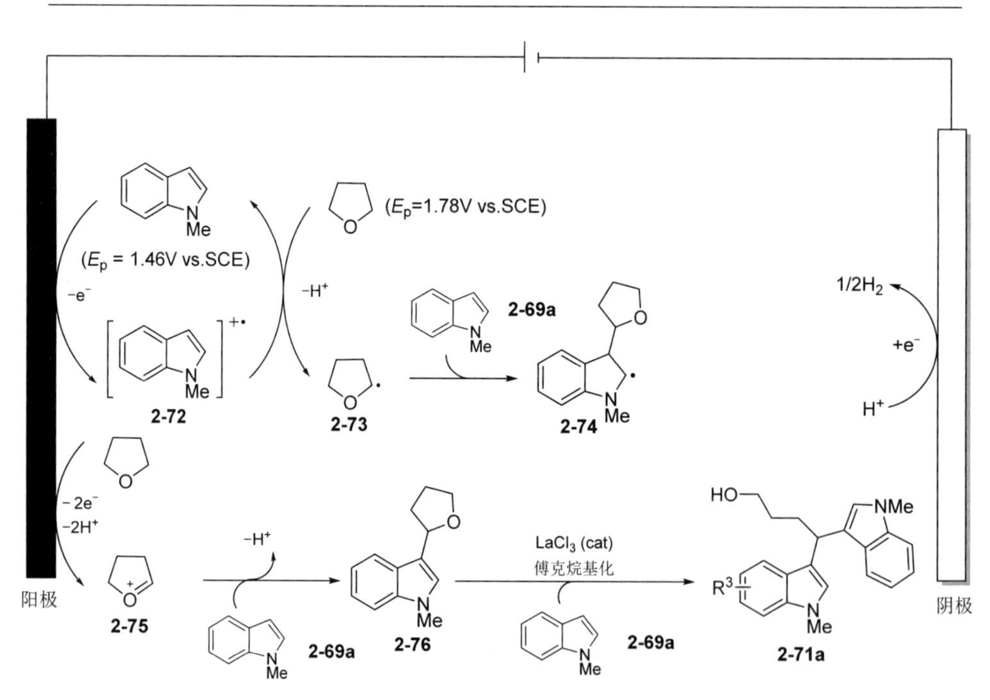

图 2-21 双吲哚甲烷的电化学合成

Vincent 课题组实现了电化学氧化吲哚的 2,3-双官能团化，同时构建两个碳氧键（**2-78**）或碳氮键（**2-79**）（图 2-22）[22]。该反应具有很好的官能团相容性，烯基、炔基、醇、氨基酸等都能兼容。当醇为亲核试剂时，主要生成 3 位单取代 *N*-酰基吲哚的反式二甲氧基化产

物 **2-78**。相反，2,3-二取代吲哚会生成顺式的苄基 C—H 官能化产物。机理研究表明，2,2,6,6-四甲基哌啶氧化物不是吲哚或叠氮基三甲基硅烷的氧化媒介。然而，确切的机理作用尚不清楚。自由基实验证实了吲哚加成烷氧基（或叠氮基）生成的 3 位吲哚自由基。因此，他们提出如下机理：*N*-取代吲哚 **2-77a** 首先被氧化成自由基阳离子中间体 **2-80**，然后亲核试剂进攻 3 位。随后氧化产生亚胺离子 **2-81**，可发生第二次亲核加成得到 **2-82**。在已经报道的文献中也可以发现烯烃（包括 *N*-乙酰吲哚）的电化学二甲氧基化反应和吲哚衍生物的氟化反应有类似机理的阐述。

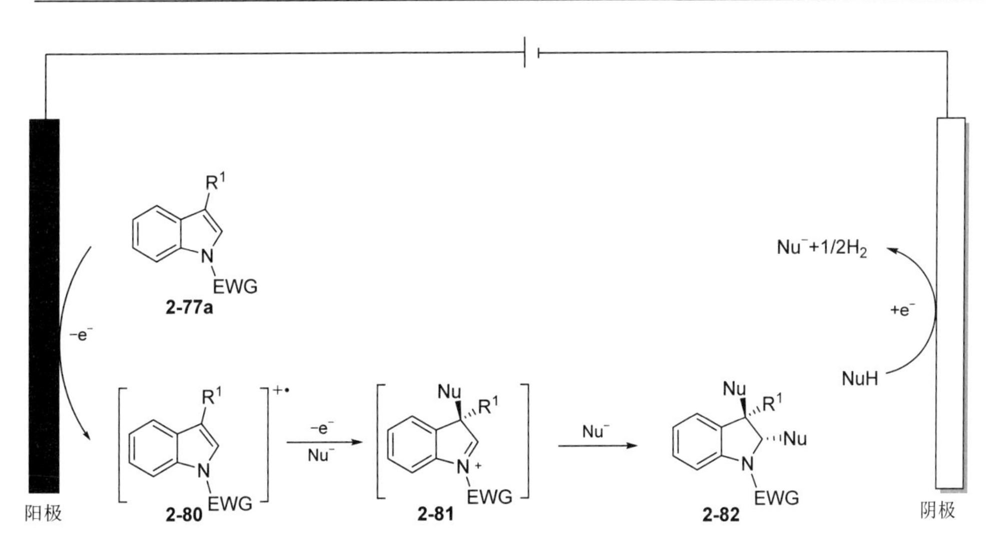

图 2-22　电化学氧化吲哚的 2,3-双官能团化

值得关注的是，溶剂对反应生成产物有显著影响。当反应在乙腈作溶剂时，*N*-酰基取代吲哚与叠氮基三甲基硅烷生成相应二叠氮化吲哚产物，并具有很高的对映选择性，且该重氮化反应具有良好的官能团耐受性（图 2-23）。此外，利用该反应条件还可以实现对于类固醇衍生的吲哚双叠氮化得到 **2-83**，表明该方法对于复杂底物同样具有良好适用性，具备直接修饰吲哚天然产物分子的潜力和优秀的对映选择性。此外，所生成的叠氮化二氢吲哚可被进一步转化为顺式-2,3-二胺吲哚或被还原为反式双三唑取代吲哚等。

潘英明课题组基于电化学阳极直接氧化策略实现了六氟异丙氧基吲哚的合成（图 2-24）[23]。通过循环伏安法和相关控制实验提出该反应可能的机理：*N*-乙酰吲哚 **2-84** 被直接氧化成自由基阳离子中间体，六氟异丙醇在阴极直接还原为六氟异丙氧负离子。然后，六氟异丙醇在吲哚阳离子中间体的 3 位发生反应，并在阳极进行氧化，形成的中间体被另一分子六氟异丙

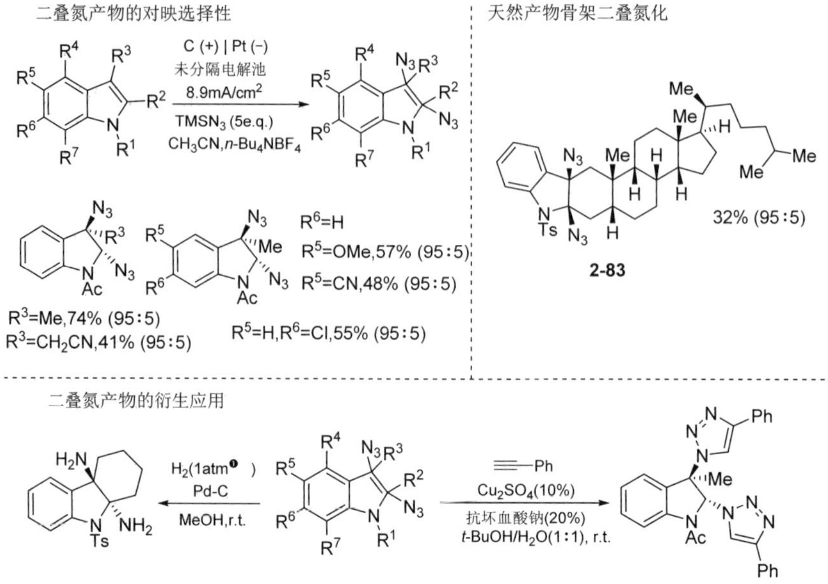

图 2-23 电化学氧化二叠氮化吲哚产物及其应用

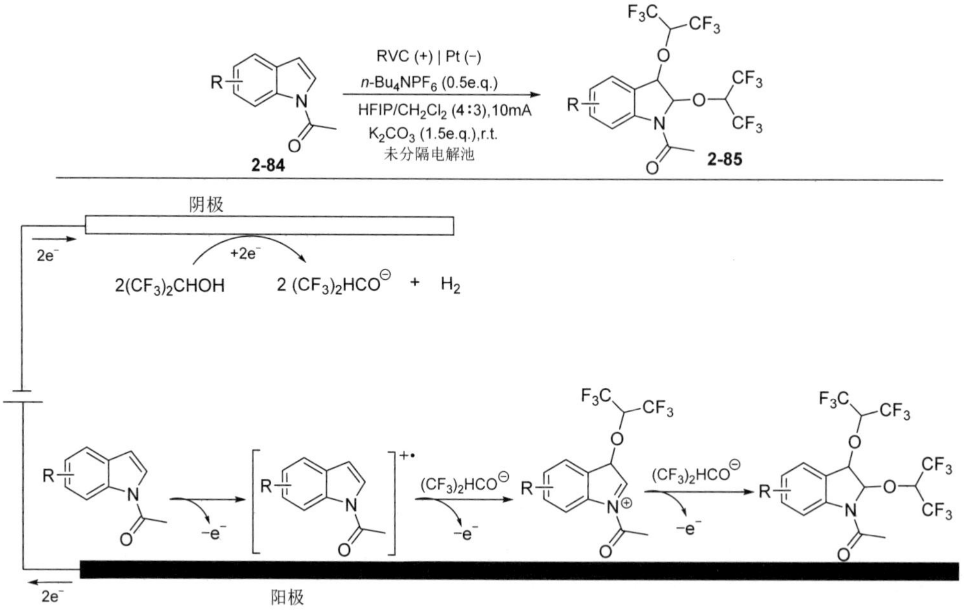

图 2-24 电化学实现六氟异丙氧基吲哚的合成

氧负离子捕获，最终获得 2,3-二六氟异丙氧基吲哚化合物 **2-85**。该方法还适用于酰胺的六氟异丙氧基化。药理研究表明，其中化合物 **2-85a** 具有较好的抗肿瘤活性（图 2-25）。

N, *N*-联二聚吲哚生物碱是一类开发较少的天然产物，现有的合成该化合物的方法十分有限且局限性较大。为了解决这一问题，Bran 课题组开发了一种电化学氧化二聚的方法，

❶ 1atm = 101.325kPa。

2-84a 2-85a

化合物	IC_{50}/(μmol/L)			
	MGC-803	T-24	HepG-2	HeLa
2-84a	>40	38.4 ± 1.4	>40	>40
2-85a	9.6 ± 0.5	5.2 ± 1.2	13.5 ± 0.7	4.3 ± 0.9

图 2-25 化合物对肿瘤细胞株的 IC_{50}（μmol/L）值

能够直接构建氮氮键（图 2-26）[24]。该方法同时也普遍适用于取代咔唑和 β-咔啉的二聚。为了证明该方法的工业化应用潜力，他们实现了克级反应。

C阳极
+1.2V vs. Ag/AgCl
Et_4NClO_4
DMF/MeOH (19∶1)

2-86 2-87

R=H,49%
R=CO_2Me,48%

66%

R=CO_2Me,32%
R=*t*-Bu,50%
R=SO_2Me,60%
R=CF_3 66%

图 2-26 电化学实现咔唑与咔啉的二聚反应

此外，该课题组通过该方法利用合成前体 **2-88**，一步电解生成 Dixiamycin B（图 2-27）。

7步

j-C阳极
+1150mV
Et_4NBr
DMF,MeOH

2-88 Dixiamycin B

图 2-27 Dixiamycin B 的电化学合成

2.2.2 电化学间接氧化修饰吲哚骨架

林松课题组开发了一种操作简单、环境友好的锰催化烯烃电化学重氮化反应，该策略具有广泛的底物适用性和优异的官能团兼容性特点（图 2-28）[25]。他们认为，叠氮转移剂 Mn^{III}-N_3 **2-93** 是由 Mn^{II}-X **2-91**（X = Br 或 OAc）与 Mn^{II}-N_3 **2-92** 经配体交换并在阳极氧化而得，随后 **2-93** 与吲哚环双键发生加成反应生成重氮产物 **2-90**，使用循环伏安法和分光光度法均证实了这一反应机理。

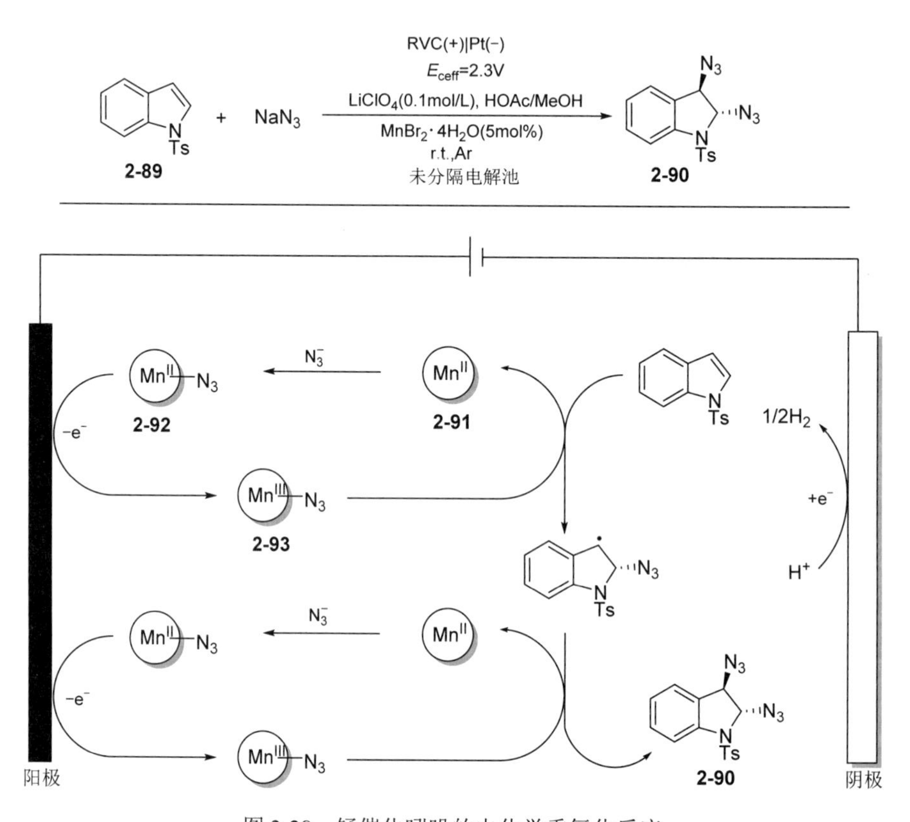

图 2-28 锰催化吲哚的电化学重氮化反应

江洪、孙林皓课题组报道了一种无过渡金属和氧化剂的硒取代吲哚化合物 **2-96** 的合成方法（图 2-29）[26]。他们认为碘化钾在该反应中同时作为电解质和催化剂，反应具有两种可能途径。在路径 A 中，碘离子在阳极氧化生成碘正离子（I^+），随后被吲哚捕获，生成 3-碘代吲哚 **2-97**，然后与二苯基二硒醚进行硒化反应，得到硒取代吲哚 **2-98**。另一种可能途径 B：碘离子在阳极氧化成 I_2，然后将二硒醚氧化为 RSeI，其异构化生成了强亲电性的中间体 RSe^+，然后与吲哚反应生成硒取代吲哚。

罗三中课题组开发了一种电化学介导吲哚与 *N,N'*-二苯氧基脲反应生成吲哚衍生物 **2-101** 的方法（图 2-30）[27]。循环伏安法研究表明，碱（MeO^-）的存在显著降低了 *N,N'*-二

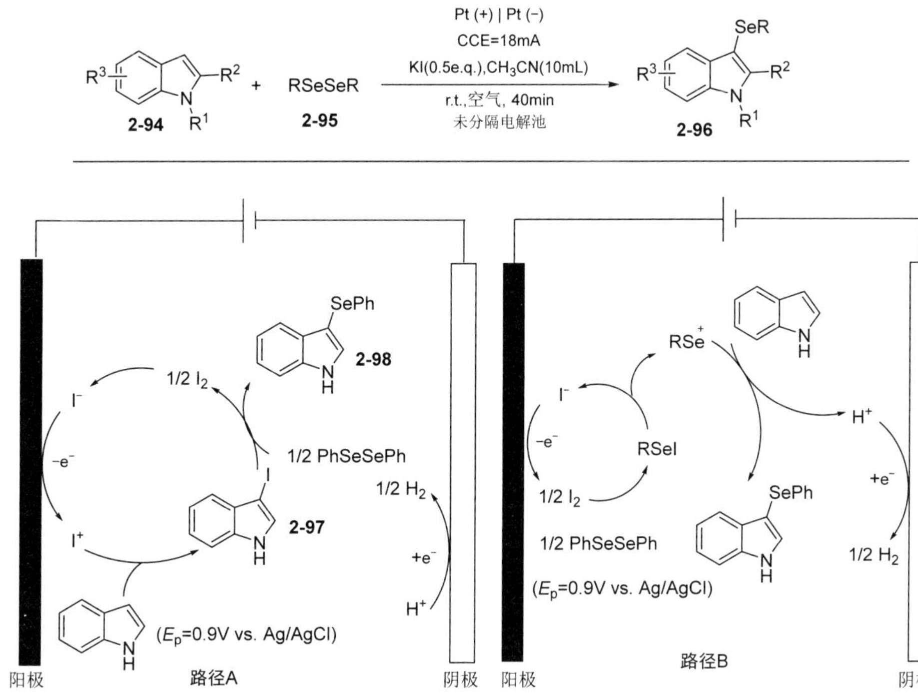

图 2-29 电化学介导吲哚 C—H 硒化反应

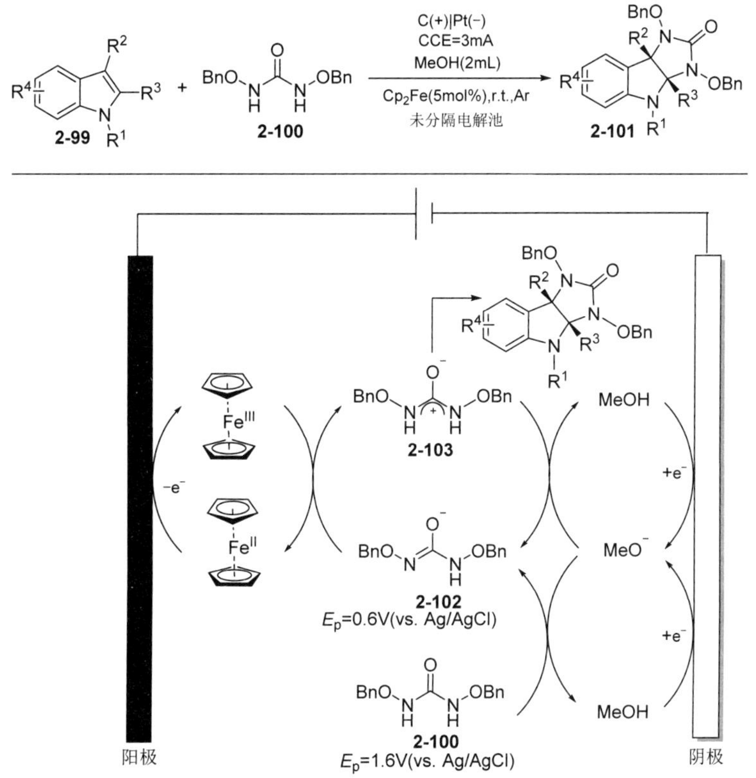

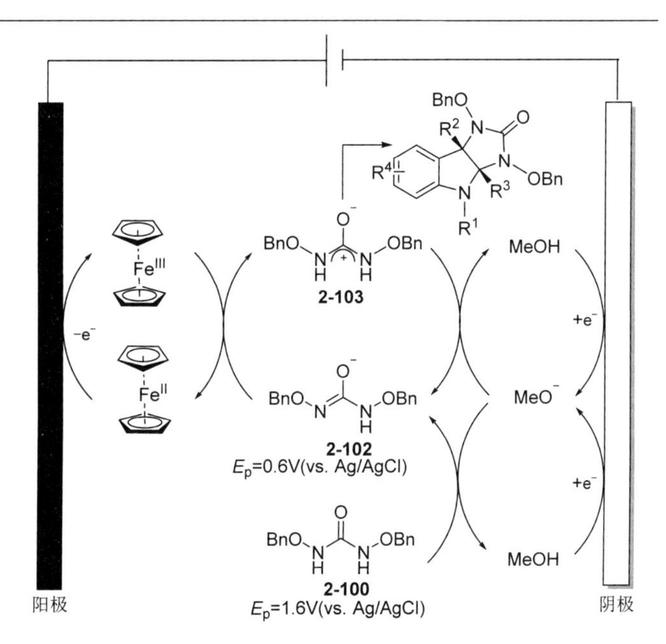

图 2-30 *N*,*N'*-二苯氧基脲与吲哚的电化学环化反应

苯氧基脲 **2-100** 的氧化电势，从 1.6V 降低到 0.6V（vs. Ag/AgCl）。由于二茂铁氧化电势低于底物 **2-100**，添加催化量的二茂铁作为氧化还原介质有利于防止产物过氧化。在该电解条件下，甲醇负离子既作为碱拔除底物 **2-100** 的一个质子形成 *N,N'*-二苯氧基脲阴离子 **2-102**，同时还辅助电氧化媒介二茂铁将中间体 **2-102** 氧化成为反应活性更高的二氮氧基阳离子 **2-103**，通常满足这一过程还需要外加氧化剂、碱，而在这种电化学条件下避免了外源氧化剂和碱的使用，具有“全绿色”的特点。另外，通过该方法可直接合成具有药理活性的二氢吲哚衍生物 **2-101**。

雷爱文课题组利用催化量的二茂铁作为氧化还原介质，在电化学条件下实现了吲哚衍生物 **2-105** 的分子内氧化 C—H/N—H 交叉偶联反应（图 2-31）[28]。他们认为该反应的可能机理是二茂铁先在阳极氧化成二茂铁阳离子，然后进一步氧化磺酰胺 **2-107** 生成氮自由基 **2-108**，随后经过自由基加成、单电子氧化和脱质子化得到产物 **2-110**。

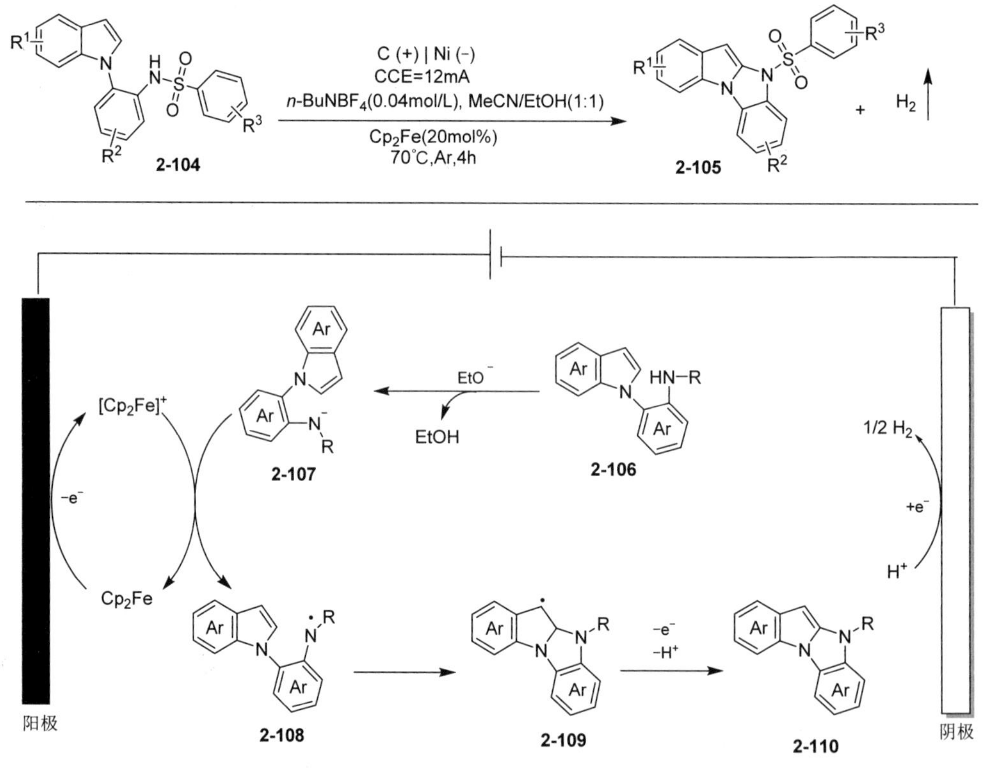

图 2-31　电化学氧化 C—H/N—H 交叉偶联反应

值得注意的是，噻唑衍生物也能兼容该反应条件，以中等至优秀的产率获得相应的 C—H/N—H 交叉偶联产物。在这种电化学氧化 C—H/N—H 交叉偶联反应中，不同的唑类和其他 *N*-亲核试剂也可被用作底物，其中 2-甲基-1*H*-咪唑、1*H*-苯并[*d*]咪唑、2-甲基-1*H*-苯并[*d*]咪唑、3,5-二甲基-1*H*-吡唑和吗啉都可实现相应转化得到目标产物，遗憾的是该方法不适用于长链脂肪胺（图 2-32）。

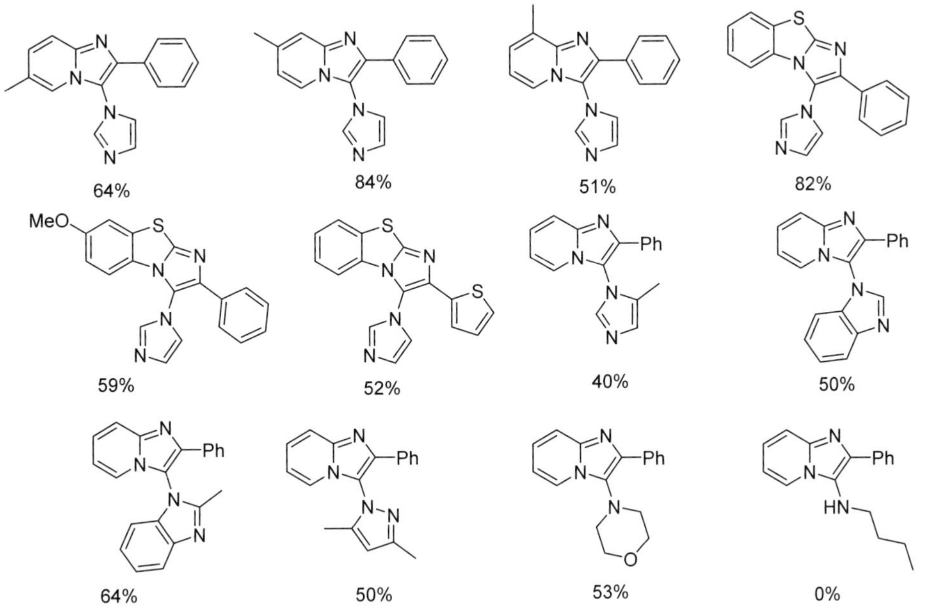

64% 84% 51% 82%

59% 52% 40% 50%

64% 50% 53% 0%

图 2-32 电化学氧化 C—H/N—H 的底物范围

Nematollahi 课题组开发了一种简便且区域选择性好的双吲哚对醌 **2-115** 电化学合成方法，该方法以水/乙腈混合溶液为反应溶剂，酚化合物 **2-111** 为反应底物（图 2-33）[29]。他们认为反应可能的机理：酚化合物 **2-111** 首先氧化为 **2-112**，然后与吲哚进行迈克尔加成反应得到 **2-113**，再与另一分子吲哚经氧化和迈克尔加成反应得到双吲哚加成物 **2-114**，最后经氧化、水解得到双吲哚对醌 **2-115**。

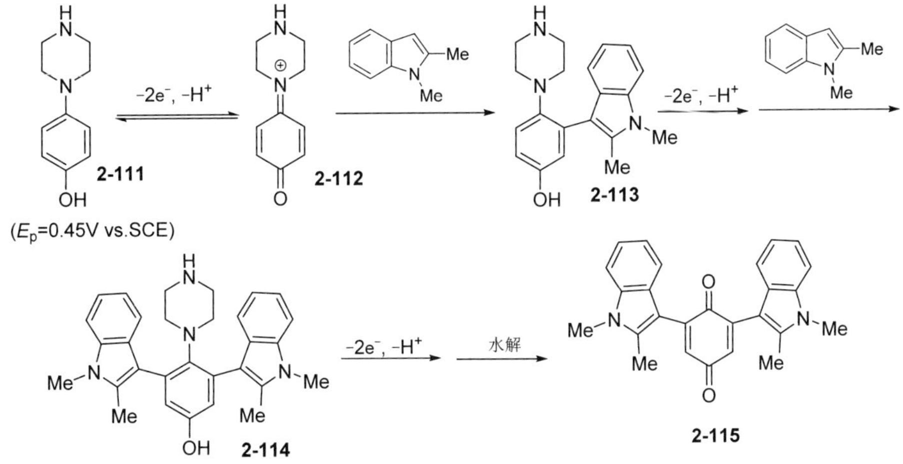

2-111 (E_p=0.45V vs.SCE) → $-2e^-, -H^+$ → **2-112** → **2-113** → $-2e^-, -H^+$ → **2-114** → $-2e^-, -H^+$ → 水解 → **2-115**

图 2-33 共轭双吲哚对醌的电化学合成

项金宝课题组报道了电化学介导 *N*-芳基四氢异喹啉与吲哚偶联的反应[30]。在这项工作中，无取代基团的吲哚可以与各种四氢异喹啉反应，以中等至良好的产率获得目标产物，而且区域选择性较好（图 2-34）。

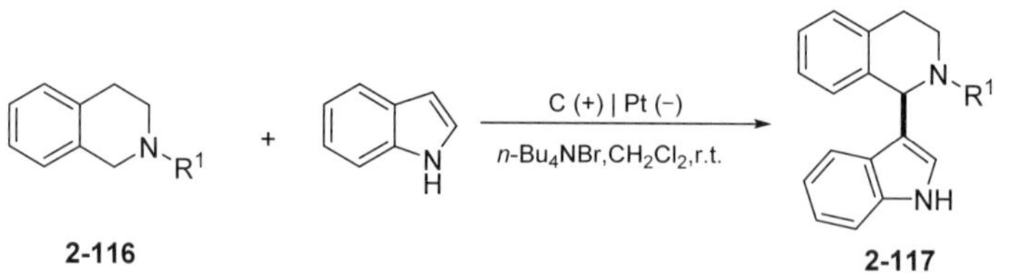

图 2-34　*N*-芳基四氢异喹啉原位生成亚胺离子的吲哚官能团化反应

2.2.3　电化学多组分氧化修饰吲哚骨架

近年来有机电化学合成工作者除了采用单组分氧化修饰吲哚结构，还通过选用氧化电势接近的底物，在电化学氧化条件下，一步实现了多组分氧化吲哚结构修饰。

雷爱文课题组报道了多取代吲哚 **2-118** 与芳基/杂芳基硫醇 **2-119** 之间的电化学 C—H/S—H 脱氢交叉偶联反应（图 2-35）[31]。2,2,6,6-四甲基哌啶氧化物或丁羟甲苯进行的自由基抑制实验（没有观察到目标产物）和亚磷酸三乙酯进行的自由基捕捉实验（得到吲哚磷酸化产物）都表明该反应可能是通过自由基途径进行的。另一方面，众所周知，硫自由基 **2-121** 在电化学条件下很容易二聚形成二硫化物 **2-122**。该课题组通过实验表明在这种 C—S 交叉偶联反应中，二硫化物 **2-122** 与硫酚所起的作用是一样的。此外，在电解过程中，二硫化物 **2-122** 的浓度保持恒定。因此，作者提出了电化学生成吲哚自由基阳离子中间体 **2-123** 与硫自由基 **2-121** 或其二硫化物 **2-122** 偶联的机理。同时该方法在克级反应下同样能以较好产率得到目标产物，具备工业化应用潜力。

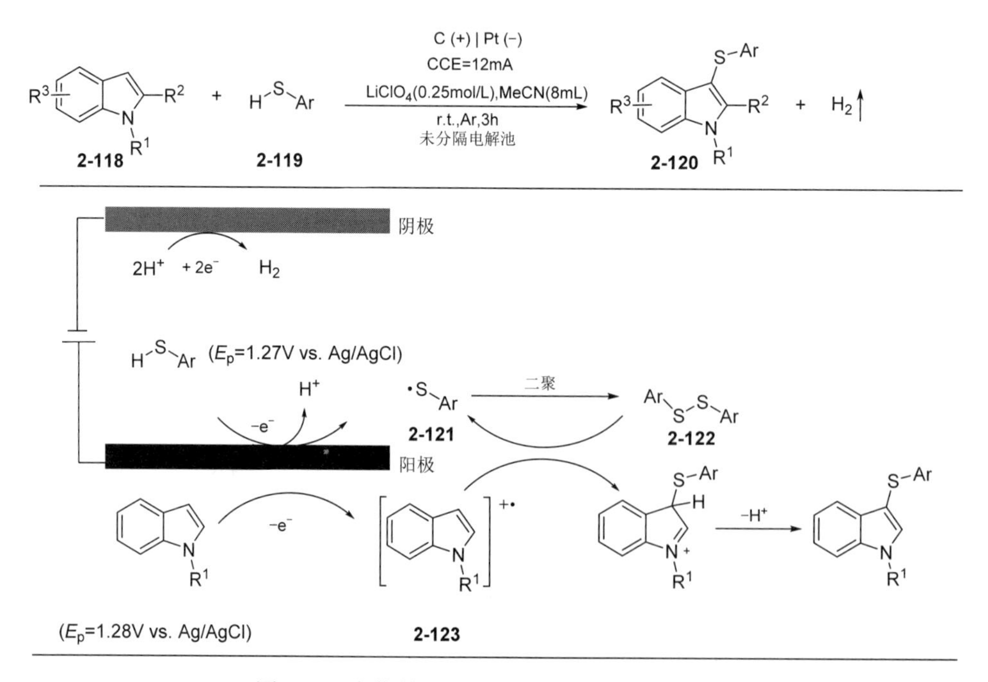

图 2-35　电化学 C—H/S—H 脱氢交叉偶联反应

利用类似的反应机理，雷爱文课题组开发了 *N*-乙酰吲哚 **2-124** 和酚 **2-125** 通过[3+2]环化反应合成苯并呋喃[3,2]吲哚 **2-126** 的电化学方法（图 2-36）[32]。反应在空气氛围下即可以高产率获得目标产物，克级反应也以 87%产率获得目标产物，表明该策略具有工业化应用前景。循环伏安法研究表明，*N*-乙酰吲哚 **2-124** 和酚 **2-125** 具有相似的氧化还原电位，因此在电解条件下，两种底物在阳极可同时被氧化。生成的吲哚自由基阳离子中间体 **2-127** 可选择性地与瞬态酚氧基自由基 **2-128** 结合，也可能与酚氧基自由基共振形式 **2-129** 偶联得到阳离子中间体 **2-130**，最后通过分子内环化和脱质子化得到[3 + 2]环化产物 **2-126a**。

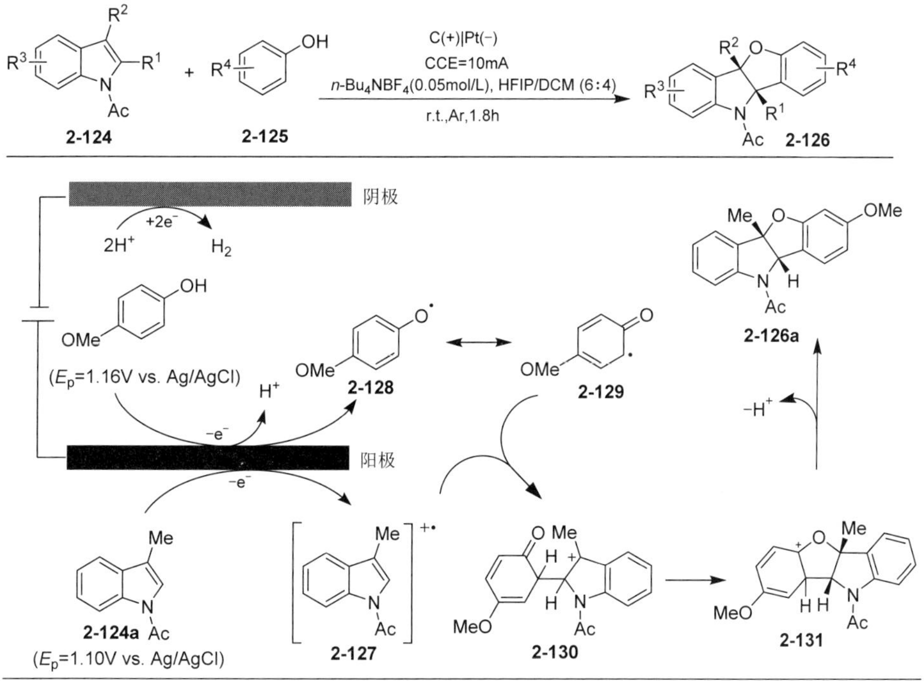

图 2-36　酚类化合物与吲哚衍生物的电氧化[3 + 2]环化反应

为了研究该反应的选择性，该课题组分别添加路易斯酸到 2-取代的 *N*-乙酰吲哚和 2,3-二取代的 *N*-乙酰吲哚与苯酚的环化反应中。结果表明当添加 2e.q. 氯化锌到 2,3-二甲基-*N*-乙酰吲哚和对甲氧基苯酚的反应中时，可以 26%的产率获得产物 **2-126b**［图 2-37（a）］。类似地，在 2,3-二甲基-*N*-乙酰吲哚和对甲氧基苯酚之间的反应加入 2e.q. 氯化锌，可以 25%的产率获得产物 **2-126c**［图 2-37（b）］。

与上述报道的电化学直接多组分氧化方式不同，潘英明课题组以溴化铵为电解质，通过间接氧化模式实现了吲哚的磺酰化反应（图 2-38）[33]。该反应选用吲哚 **2-132** 与磺酰肼 **2-133** 为底物，同时实现了吲哚 2 位磺酰肼化、3 位磺酰化反应，具有较好的区域选择性。根据机理验证实验和循环伏安实验结果，他们提出该反应可能的机理：溴离子在阳极被氧化成溴自由基，然后磺酰肼被一分子的溴自由基氧化脱去一分子氮气生成磺酰基自由基 **2-**

135。同时，吲哚被溴自由基氧化生成吲哚自由基阳离子中间体 **2-136**，然后与磺酰基自由基 **2-135** 偶联生成中间体 **2-137**。中间体 **2-137** 再与另一分子磺酰肼发生亲核加成，最后经选择性氧化、再芳构化得到目标产物。药理活性研究表明，部分产物具有良好的抗肿瘤活性（图 2-39）。

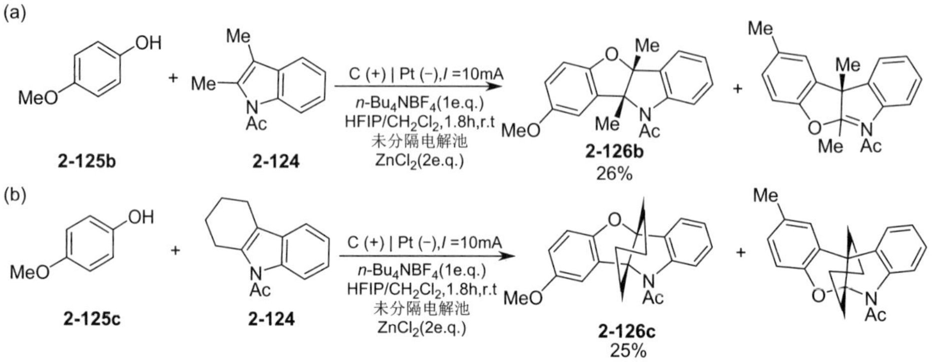

(a) **2-125b** + **2-124** → C (+) | Pt (−), I =10mA; n-Bu_4NBF_4(1e.q.); HFIP/CH_2Cl_2, 1.8h, r.t; 未分隔电解池; $ZnCl_2$(2e.q.) → **2-126b** 26% +

(b) **2-125c** + **2-124** → C (+) | Pt (−), I =10mA; n-Bu_4NBF_4(1e.q.); HFIP/CH_2Cl_2, 1.8h, r.t; 未分隔电解池; $ZnCl_2$(2e.q.) → **2-126c** 25% +

图 2-37　通过外加路易斯酸研究反应选择性

2-132 + **2-133** → RVC (+) | Pt (−); NH_4Br(2eq.); CH_3OH, 65°C, Ar, 5h → **2-134**

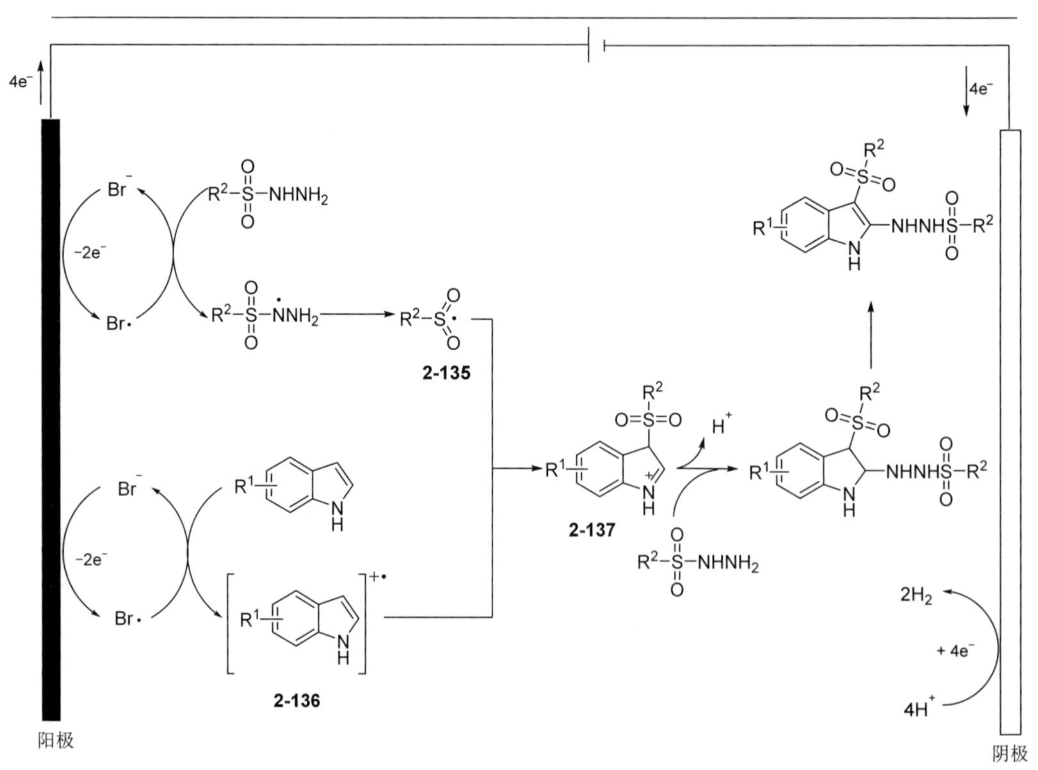

图 2-38　电化学介导吲哚的磺酰化肼化反应

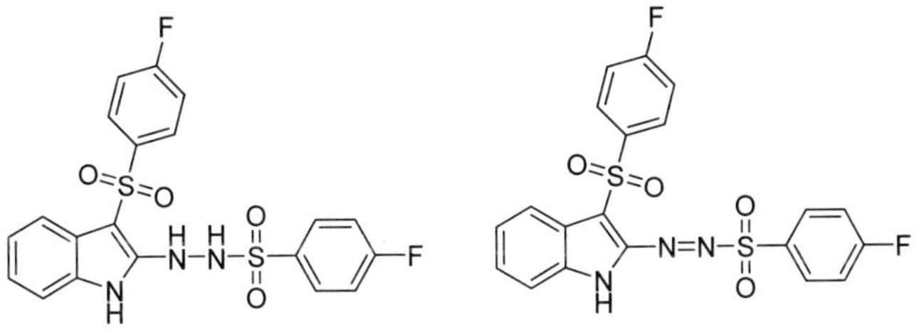

化合物	IC_{50}/(μmol/L)			
	MGC-803	T-24	HepG-2	SK-OV-3
2-134a	20.7 ± 0.7	12.4 ± 1.4	15.3 ± 0.9	25.1 ± 2.3
2-134b	38.9 ± 1.9	>40	26.8 ± 1.5	>40

图 2-39　化合物 **2-134a** 和 **2-134b** 对肿瘤细胞株的 IC_{50} 值（μmol/L）

除了对商用化合物进行电化学结构修饰，近年来研究人员开始对更为复杂的药物分子骨架结构修饰进行深入研究。值得注意的是，Harran 课题组在 2015 年初报道了一种电化学修饰 DZ-2384（**2-138**，一种经精制的二氮杂胺类似物，计划用于临床癌症治疗）的方法（图 2-40）[34]。与化学氧化剂醋酸碘苯促进的大环化反应机理不同，这种电化学转化发生在 **2-138** 的吲哚部分，而不是在苯酚处开始氧化，从而避免了传统方法中经常观察到的螺环己二烯酮副产物的形成。电化学在复杂分子后期官能团化的应用，不仅简化了产物分离步骤，而且大大加快了药物化学的合成进程。

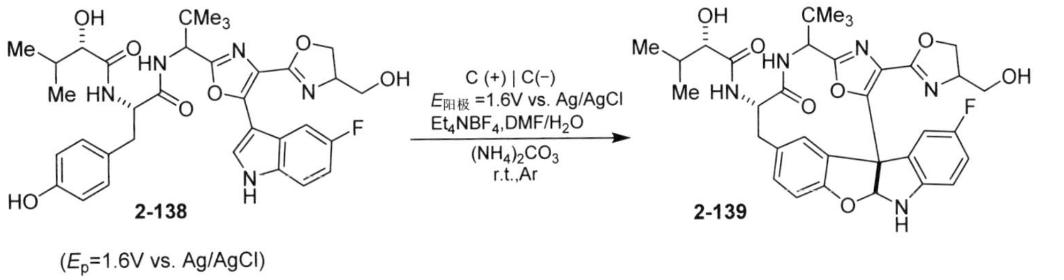

图 2-40　电化学实现 DZ-2384 的扩环反应

2.3　电化学还原修饰吲哚骨架

Troupel 课题组证明，在电还原条件下，以铁作为牺牲阳极，乙醇/甲醇为混合溶剂（体积比 1∶1），二溴-2,2′-联吡啶镍络合物为催化剂，可实现各种吲哚卤化物自身偶联反应[35]。他们以 5-溴吲哚 **2-140** 为该反应的底物，提出了两种可能的催化机理（图 2-41）。其中一条途径是在 Ni（Ⅱ/Ⅰ/Ⅲ/0）循环中（左），$ArNi^{Ⅱ}X$ **2-142** 首先被还原为 $ArNi^{Ⅰ}$ **2-143**，然后 ArX 插入 **2-143** 得到 $Ni^{Ⅲ}$络合物 **2-144**，随后发生还原消除反应，生成偶联产物 **2-145** 以及 **2-146** $Ni^{Ⅰ}X$，**2-146** 进一步发生还原反应生成 Ni^0。另一条途径是发生 Ni（Ⅱ/0）循环（右），$Ar_2Ni^{Ⅱ}$ **2-147** 通过两个 σ-芳基-镍（Ⅱ）配合物之间的复分解反应形成联芳基。在两种途径中，$ArNi^{Ⅱ}$可能是通过用芳基卤化物的氧化加成来完成催化活性的 $ArNi^{Ⅱ}X$ 配合物 **2-142** 的再生。

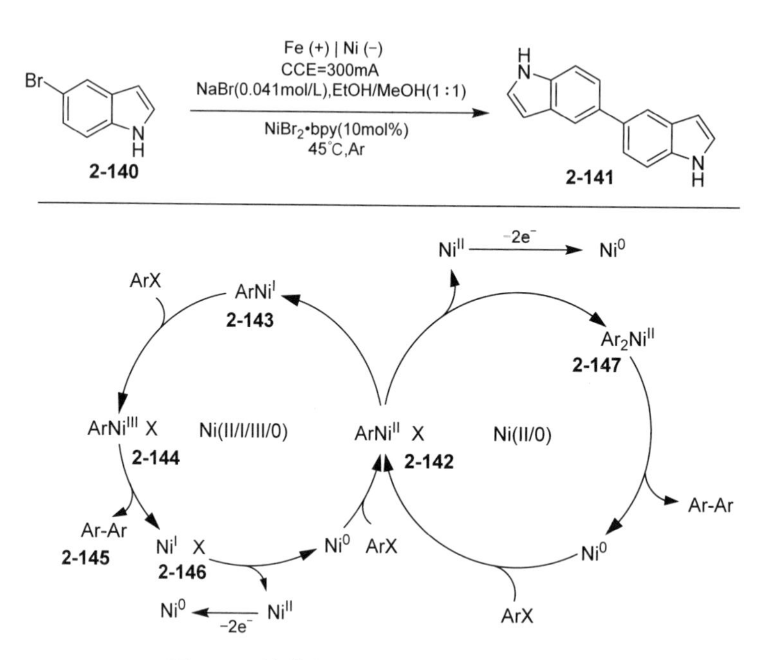

图 2-41 镍催化的 5-溴吲哚的电还原偶联

Kise 课题组利用电还原手段，以 1-吲哚链烷酮 **2-148** 为底物、异丙醇为溶剂，通过分子内偶联反应实现了反式环化产物 **2-149** 的立体合成（图 2-42）[36]。有趣的是，在相同的

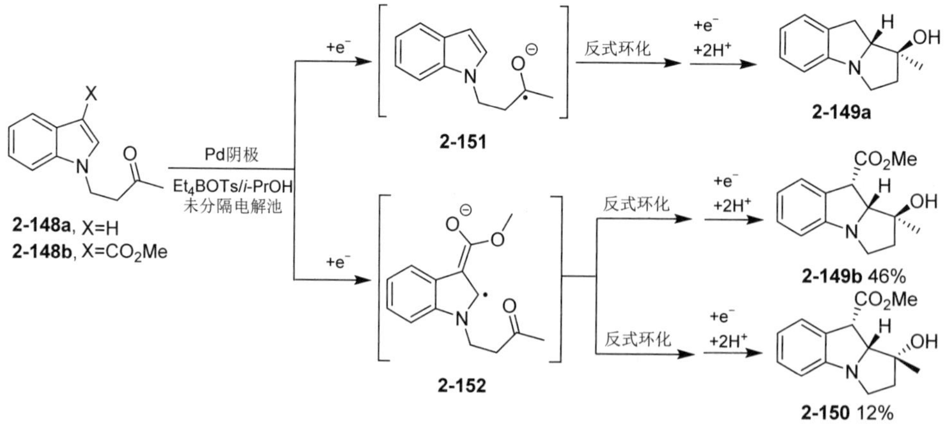

图 2-42 吲哚链烷酮的电化学还原分子内偶联反应

电化学反应条件下，3-甲氧基羰基-1-吲哚并烷酮不仅生成反式环化产物 **2-149b**（46%），而且生成了其顺式异构体 **2-150**（12%）。DFT 计算表明自旋密度最高位于 1-吲哚链烷酮中的羰基位和位于 3-甲氧基羰基-1-吲哚基烷酮中的 5 位。因此，**2-148a** 的电还原反应中间体为 **2-151**，而当 **2-148b** 为反应底物时，可能涉及 3-羰基吲哚的自由基阴离子 **2-152**。该电还原方案为具有五元、六元和七元环的稠合二氢吲哚提供了一种简便的立体选择性合成方法。

采用电还原策略时，通常需要牺牲阳极，或采用分隔电解池来避免反应物被还原后再被阳极氧化，因此电化学装置的设计往往较为复杂。值得一提的是，Baran 课题组最近在恒定电流电解条件下，在一个未分隔的电解池中实现了镍催化的脂肪族胺与芳基（拟）卤化物之间的 C—N 偶联反应（图 2-43）[37]。此外，该方法还可用于 **Teleocidin B** 系列衍生物中间体 **2-155** 的合成。

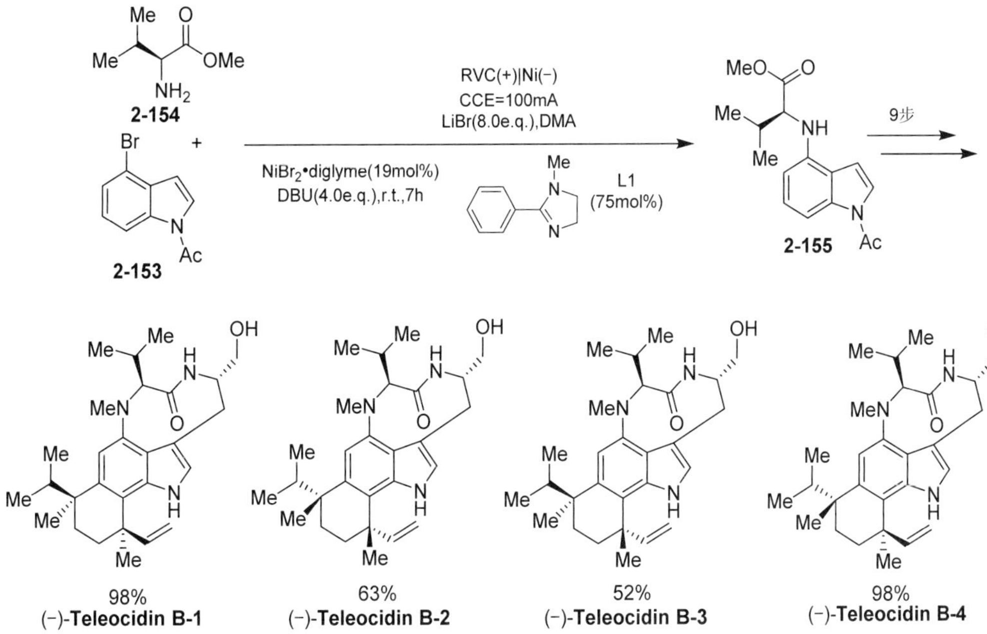

图 2-43 镍催化的电化学还原 C—N 偶联反应

芳基重氮盐通常在电化学还原条件下得到芳基自由基，有意思的是，唐海涛课题组发现芳基重氮盐在电化学还原条件下能生成重氮自由基，进而实现吲哚衍生物 **2-158** 的合成（图 2-44）[38]。通过机理实验和循环伏安曲线研究，他们提出该反应的可能机理为芳基重氮盐 **2-156** 在阴极还原生成重氮自由基 **2-159**，**2-159** 被吲哚 **2-157** 捕获得到自由基中间体 **2-160**，随后在阳极被氧化为正离子 **2-161**，最后脱去质子生成产物 **2-158**。

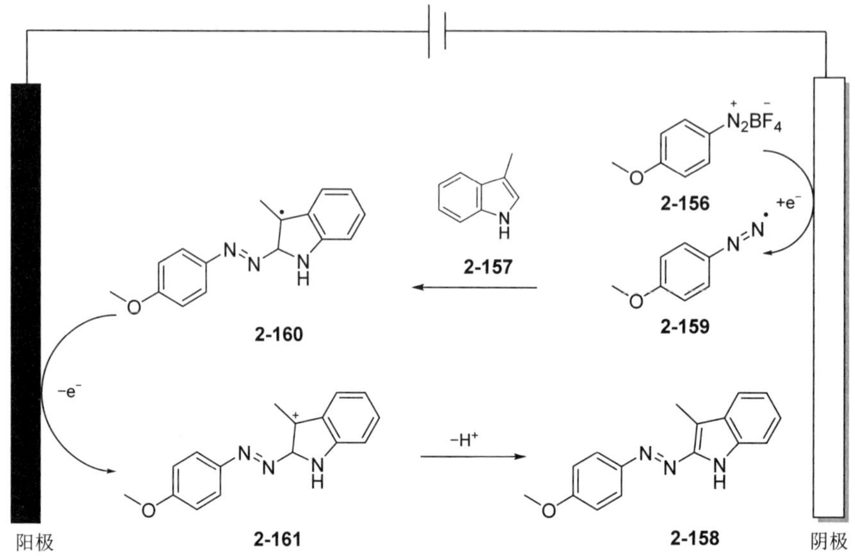

图 2-44 电化学还原芳基重氮盐与吲哚反应

2.4 总结与展望

在吲哚的合成和官能团化过程中，电化学的应用为新的反应和具有挑战性的成键反应带来了巨大的机遇。特别是，从这些研究中获得的机理见解肯定会激励有机合成化学家们开发更高效、更具选择性和可持续的电化学方法，用于杂环化合物的合成和官能团化，而不仅仅是吲哚骨架。

尽管迄今为止电化学合成吲哚衍生物取得了显著的进展，如利用电化学实现了异赖氨酸、**Hinckdentine A**、**Teleocidin B** 和巴多昔芬等药物的关键中间体合成；通过一步电解合成了 **Dixiamycin B**，并用电化学方法修饰了复杂药物分子 DZ-2384，简化了传统复杂的合成路线。但在这一领域仍有许多挑战需要解决，例如，关于吲哚衍生物的催化不对称电化学合成和官能团化几乎没有研究和报道。此外，电化学因其绿色、温和的特性是有机合成的未来选择，但在含有吲哚的复杂天然产物和药物的合成中，采用电化学方法是极为少见的。因此，电化学与其他催化方式（如离子液体、流动化学、光化学）相结合，电化学将成为实现吲哚等杂环的可持续合成和官能团化的一个有力手段。

参考文献

[1] S Anupam, S N Pandeya. Indole: A Versatile Nucleus in Pharmaceutical Field [J]. Curr Pharma Rev Res, 2011, 1(10): 1-17.

[2] (a) P A Roussel. The Fischer Indole Synthesis [J]. J Chem Edu, 1953, 30: 122. (b) B Robinson. Studies on the Fischer Indole Synthesis [J]. Chem Rev, 1969, 69(2): 227-250. (c) G R Humphrey, J T Kuethe. Practical Methodologies for the Synthesis of Indoles [J]. Chem Rev, 2006, 106(7): 2875-2911.

[3] (a) P G Gassman, T J Van Bergen, G Gruetzmacher. Use of Halogen-Sulfide Complexes in the Synthesis of Indoles, Oxindoles, and Alkylated Aromatic Amines [J]. J Am Chem Soc, 1973, 95(19): 6508-6509. (b) P G Gassman, T J Van Bergen, D P Gilbert, et al. General Method for the Synthesis of Indoles [J]. J Am Chem Soc, 1974, 96(17): 5495-5508. (c) P G Gassman, T J Van Bergen, Oxindoles. New, General Method of Synthesis [J]. J Am Chem Soc, 1974, 96(17): 5508-5512. (d) P G Gassman, G Gruetzmacher, T J Van Bergen. Generation of Azasulfonium Salts from Halogen-Sulfide Complexes and Anilines. Synthesis of Indoles, Oxindoles, and Alkylated Aromatic Amines Bearing Cation Stabilizing Substituents [J]. J Am Chem Soc, 1974, 96(17): 5512-5517.

[4] C J Moody, E Swann. N—H Insertion Reactions of Rhodium Carbenoids: A Modified Bischler Indole Synthesis [J]. Synlett, 1998, 2: 135-136.

[5] (a) G M Carrera Jr, G S Sheppard. Synthesis of 6- and 7-Arylindoles via Palladium-Catalyzed Cross-Coupling of 6- and 7-Bromoindole with Arylboronic Acids [J]. Synlett, 1994, 1: 93-94. (b) D R Witty, G Walker, J H Bateson, et al. Synthesis of Conformationally Restricted Analogues of the Tryptophanyl tRNA Synthetase Inhibitor Indolmycin [J]. Tetrahedron Lett, 1996, 37(17): 3067-3070.

[6] (a) R C Larock, E K Yum. Synthesis of Indoles via Palladium-Catalyzed Heteroannulation of Internal Alkynes [J]. J Am Chem Soc, 1991, 113(17): 6689-6690. (b) R C Larock, E K Yum, M D Refvik. Synthesis of 2,3-Disubstituted Indoles via Palladium-Catalyzed Annulation of Internal Alkynes [J]. J Org Chem, 1998, 63(22): 7652-7662. (c) S S Park, J K Choi, E K Yum, et al. A Facile Synthesis of 2,3-Disubstituted Pyrrolo[2,3-*b*]Pyridines via Palladium-Catalyzed Heteroannulation with Internal Alkynes [J]. Tetrahedron Lett, 1998, 39(7): 627-630.

[7] (a) P A Wender, A W White. Methodology for the Facile and Regio-Controlled Synthesis of Indoles [J]. Tetrahedron, 1983, 39(22): 3767-3776. (b) B S Thyagarajan, J B Hillard, K V Reddy, et al. A Novel Synthesis of Indole Derivatives via a Claisen Rearrangement [J]. Tetrahedron Lett, 1974, 15(23): 1999-2002. (c) T Kawasaki, K Watanabe, K Masuda, et al. Tandem Wittig reaction and Cope rearrangement of 2-Allyl, 2-Dihydroindol-3-Ones to 3-Indole Acetates [J]. J Chem Soc, Chem Commun, 1995, 3: 381-382.

[8] Z W. Hou, Z Y. Mao, H B. Zhao, et al. Electrochemical C—H/N—H Functionalization for the Synthesis of Highly Functionalized (Aza)indoles [J]. Angew Chem Int Ed, 2016, 55(32): 9168-9172.

[9] Z W Hou, H Yan, J S Song, et al. Electrochemical Synthesis of (Aza)indolines via Dehydrogenative [3+2] Annulation: Application to Total Synthesis of (±)-Hinckdentine A [J]. Chin J Chem, 2018, 36(10): 909-915.

[10] A J Blackman, T W Hambley, K Picker, et al. Hinckdentine-A: A Novel Alkaloid from the Marine Bryozoan Hincksinoflustra Denticulata [J]. Tetrahedron Lett, 1987, 28(45): 5561-5561.

[11] Z J Wu, H C Xu. Synthesis of C3-Fluorinated Oxindoles through Reagent-Free Cross-Dehydrogenative Coupling [J]. Angew Chem Int Ed, 2017, 56(17): 4734-4738.

[12] Z J Wu, S R Li, H Long, et al. Electrochemical Dehydrogenative Cyclization of 1,3-Dicarbonyl Compounds [J]. Chem Commun, 2018, 54(36): 4601-4604.

[13] F Xu, Y J Li, C Huang, et al. Ruthenium-Catalyzed Electrochemical Dehydrogenative Alkyne Annulation [J]. ACS Catal, 2018, 8(5): 3820-3824.

[14] Y Wu, H Yi, A Lei. Electrochemical Acceptorless Dehydrogenation of *N*-Heterocycles Utilizing TEMPO as Organo-Electrocatalyst [J]. ACS Catal, 2018, 8(5): 1192-1196.

[15] (a) C C Zeng, F J Liu, D W Ping, et al. One-Pot Electrochemical Synthesis of Fused Indole Derivatives Containing Active Hydroxyl Groups in Aqueous Medium [J]. J Org Chem, 2009, 74(16): 6386-6389. (b) Y X Bai, D W Ping, R D Little, et al. Electrochemical Oxidation of Catechols in the Presence of Ketene *N,O*-Acetals: Indole Formation Versus α-Arylation [J].

Tetrahedron, 2011, 67(48): 9334-9341; (c) X G Gao, N T Zhanga, C C Zeng, et al. Electrochemical Synthesis of Polyfunctionalized Indoles in Aqueous Medium from Catechols and Ketene *N*, *S*-Acetals [J]. Curr Org Synth, 2014, 11(1): 141-148.

[16] M Ameri, A Asghari, A. Amoozadeh, et al. A New Approach for One-Pot, Green Synthesis of New Polycyclic Indoles in Aqueous Solution [J]. Chin Chem Lett, 2017, 28(5): 1031-1034.

[17] T K Xiong, X Q Zhou, M Zhang, et al. Electrochemical-mediated Fixation of CO_2: Three-Component Synthesis of Carbamate Compounds from CO_2, Amines and *N*-Alkenylsulfonamides [J]. Green Chem, 2021, 23(12): 4328-4332.

[18] Y Shen, M Atobe, T Fuchigami. Electroorganic Synthesis Using a Fluoride Ion Mediator under Ultrasonic Irradiation: Synthesis of Oxindole and 3-Oxotetrahydroisoquinoline Derivatives [J]. Org Lett, 2004, 6(14): 2441-2444.

[19] F LeStrat, J A Murphy, M Hughes. Direct Electroreductive Preparation of Indolines and Indoles from Diazonium Salts [J]. Org Lett, 2002, 4(16): 2735-2738.

[20] (a) P Du, J L Brosmer, D G Peters. ElectroSynthesis of Substituted 1*H*-Indoles from *o*-Nitrostyrenes [J]. Org Lett, 2011, 13(15): 4072-4075. (b) P Du, D G Peters. Reduction of 1-(2-Chloroethyl)-2-Nitrobenzene and 1-(2-Bromoethyl)-2-Nitrobenzene at Carbon Cathodes: Electrosynthetic Routes to 1-Nitro-2-vinylbenzene and 1*H*-Indole [J]. J Electrochem Soc, 2010, 157(10): 167-172.

[21] K S Du, J M Huang. Electrochemical Synthesis of Bisindolylmethanes from Indoles and Ethers [J]. Org Lett, 2018, 20(10): 2911-2915.

[22] J Wu, Y Dou, R Guillot, et al. Electrochemical Dearomative 2,3-Difunctionalization of Indoles [J]. J Am Chem Soc, 2019, 141(7): 2832-2837.

[23] Z Y Mo, X Y Wang, Y Z Zhang, et al. Electrochemically Enabled Functionalization of Indoles or Anilines for the Synthesis of Hexafluoroisopropoxy Indole and Aniline Derivatives [J]. Org Biomol Chem, 2020, 18(20): 3832-3837.

[24] B R Rosen, E W Werner, A G O'Brien, et al. Total Synthesis of Dixiamycin B by Electrochemical Oxidation [J]. J Am Chem Soc, 2014, 136(15): 5571-5574.

[25] N Fu, G S Sauer, A Saha, et al. Metal-catalyzed Electrochemical Diazidation of Alkenes [J]. Science, 2017, 357(6351): 575-579.

[26] X Zhang, C G Wang, H Jiang, et al. Convenient Synthesis of Selenyl-Indoles *via* Iodide Ion-catalyzed Electrochemical C—H Selenation [J]. Chem Commun, 2018, 54(63): 8781-8784.

[27] L J Li, S Z Luo. Electrochemical Generation of Diaza-oxyallyl Cation for Cycloaddition in an All-Green Electrolytic System [J]. Org Lett, 2018, 20(5): 1324-1327.

[28] Y Yu, Y Yuan, H L Liu, et al. Electrochemical Oxidative C—H/N—H Cross-Coupling for C—N bond Formation with Hydrogen Evolution [J]. Chem Commun, 2019, 55(12): 1809-1812.

[29] A Amani, S Khazalpour, D Nematollahi. Electrochemical Oxidation of 4-(Piperazin-1-yl)phenols in the Presence of Indole Derivatives: The Unique Regioselectivity in the Synthesis of Highly Conjugated bisindolyl-*p*-quinone Derivatives [J]. J Electroanal Chem, 2012, 670: 36-41.

[30] W X Xie, N Liu, B W Gong, et al. Electrochemical Cross-Dehydrogenative Coupling of *N*-Aryl-tetrahydroisoquinolines with Phosphites and Indole [J]. Eur J Org Chem, 2019, 2019(19): 2498-2501.

[31] P Wang, S Tang, P F Huang, et al. Electrocatalytic Oxidant-Free Dehydrogenative C−H/S−H Cross-Coupling [J]. Angew Chem Int Ed, 2017, 56(11): 3009-3013.

[32] K Liu, S Tang, P F Huang, et al. External Oxidant-Free Electrooxidative [3 + 2] Annulation between Phenol and Indole Derivatives [J]. Nat Commun, 2017, 8(1): 775-783.

[33] Y Z Zhang, Z Y Mo, H S Wang, et al. Electrochemically Enabled Chemoselective Sulfonylation and Hydrazination of Indoles [J]. Green Chem, 2019, 21(14): 3807-3811.

[34] H Ding, P L DeRoy, C Perreault, et al. Electrolytic Macrocyclizations: Scalable Synthesis of a Diazonamide-Based Drug Development Candidate [J]. Angew Chem Int Ed, 2015, 54(16): 4818-4822.

[35] V Courtois, R Barhdadi, M Troupel, et al. Electroreductive Coupling of Organic Halides in Alcoholic Solvents. An Example: The ElectroSynthesis of Biaryls Catalysed by Nickel-2,2′ Bipyridine Complexes [J]. Tetrahedron, 1997, 53(34): 11569-11576.

[36] N Kise, T Mano, T Sakurai. Electroreductive Intramolecular Coupling of 1-Indolealkanones [J]. Org Lett, 2008, 10(20): 4617-4620.

[37] H Nakamura, K Yasui, Y Kanda, et al. 11-Step Total Synthesis of Teleocidins B-1-B-4 [J]. J Am Chem Soc, 2019, 141(4): 1494-1497.

[38] M X He, Y Z Wu, Y Yao, et al. Paired Electrosynthesis of Aromatic Azo Compounds from Aryl Diazonium Salts with Pyrroles or Indoles [J]. Adv Synth Catal, 2021, 363(11): 2752-2756.

第三章

电化学合成含C—S键的药物分子

C—S 键存在于许多药物和天然产物中（图 3-1）。例如：在生物系统中的谷胱甘肽是一种含硫化合物，广泛分布于人体各器官内，在维持细胞生物功能方面起着重要作用；维莫德吉是一种具有选择性 Hedgehog 信号通路的新型口服类药物，可治疗基底细胞癌；杀虫磺对水稻螟虫、马铃薯甲虫、小菜蛾等鳞翅目和鞘翅目害虫有很强的杀灭作用。

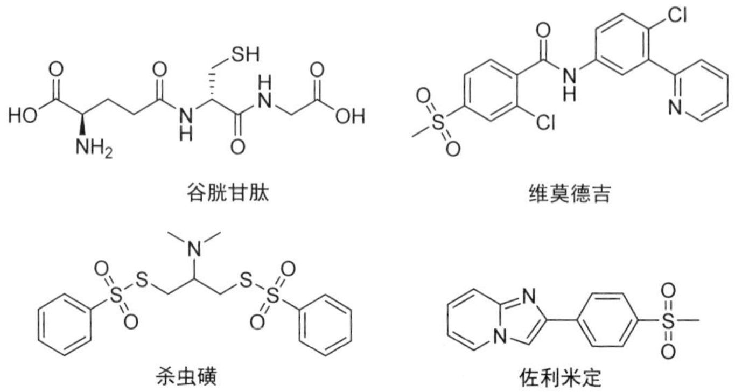

图 3-1　含 C—S 键的部分代表性药物分子

因此，如何高效构建 C—S 键一直备受关注，也是现代有机合成化学的研究热点，其中通过电化学构建 C—S 键是一种非常有吸引力的策略，目前取得了重大进展，例如，氧化 C—H 键使其直接与硫试剂（如硫醇、硫醚、亚磺酸钠、磺酰肼等）偶联，就是一种非常理想的构建 C—S 键的策略。

3.1　电化学构建含硫醚键的药物分子

硫醇或硫酚能在较为温和的电化学条件下产生相应的硫自由基，与合适底物发生自由基反应就能引入硫元素。近年来，因其高度的原子经济性和环境友好性，氧化 C—H/S—H 交叉偶联不断受到人们的关注。

雷爱文课题组在电化学介导交叉脱氢偶联构建 C—S 键的研究方面取得了一系列重要进展。2017 年，他们首次报道了一种吲哚与芳基硫酚的 C—H/S—H 脱氢交叉偶联反应[1]，反应在氮气保护、未分隔电解池、室温下进行，不需要外源氧化剂和金属催化剂，以铂片作为阳极和阴极，乙腈为溶剂，高氯酸锂为电解质，电流为 12mA，成功地用硫酚 **3-1** 和吲哚 **3-2** 合成了一系列 3-硫代吲哚化合物 **3-3**。该反应体系可以兼容各种芳基硫酚、芳杂环硫酚、吲哚和氮甲基吲哚等底物，但脂肪族硫醇的反应效果较差。除吲哚外，其他富电子芳烃也可作为该体系的底物。进行克级反应时，同样具有良好的反应效率（图 3-2）。

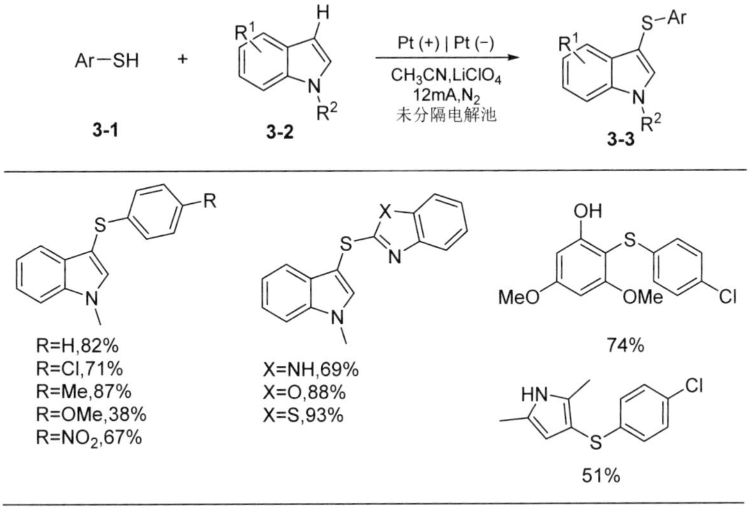

Ar—SH
+
Pt (+) | Pt (-)
CH3CN,LiClO4
12mA,N2
未分隔电解池
3-1
3-2
3-3
S—Ar
R=H,82%
R=Cl,71%
R=Me,87%
R=OMe,38%
R=NO2,67%
X=NH,69%
X=O,88%
X=S,93%
74%
51%

图 3-2　电化学介导吲哚与硫酚的 C—H/S—H 偶联反应

其反应过程是底物硫酚 **3-1** 首先在阳极下发生单电子氧化得到相应的硫自由基 **3-4**，该自由基可以迅速地发生二聚反应形成二硫化物 **3-5**。与此同时，底物吲哚也可以在阳极下被氧化成吲哚自由基正离子中间体，它既能与硫自由基直接进行交叉偶联反应，也能与二硫化物进行自由基取代反应，随后生成的氢化吲哚阳离子中间体 **3-6** 经历去质子化过程得到最终产物 **3-3**。硫酚在阴极还原析出氢气（图 3-3）。

Pt阳极
Pt阴极
Ar—SH
3-1
Ar—S•
3-4
二聚
Ar—S—S—Ar
3-5
3-6
3-3
3-2
1/2 H2
Ar—S⁻

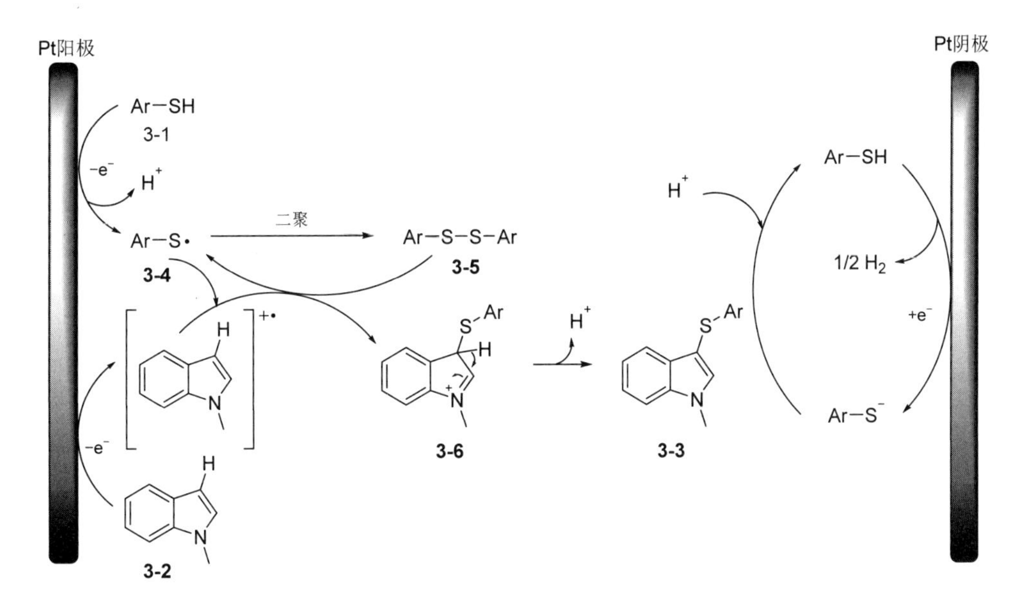

图 3-3　电化学介导吲哚与硫酚的 C—H/S—H 偶联反应机理

随后，该课题组以咪唑并吡啶杂环 **3-7** 与硫酚/硫醇 **3-8** 为底物，在电化学条件下选择性氧化 C—H 键得到巯基化产物 **3-9**[2]。该反应以碳棒作为阳极，镍片作为阴极，乙腈和甲醇为混合溶剂，四丁基六氟磷酸铵为电解质，电流为 12mA，反应在未分隔电解池中进行，在 40℃下成功合成了一系列目标产物 **3-9**（图 3-4）。该反应避免了化学计量外源氧化剂的使用，以中等至良好的产率获得产物。芳香族硫醇和脂肪族硫醇对 C—S 键的形成均表现出良好的相容性。

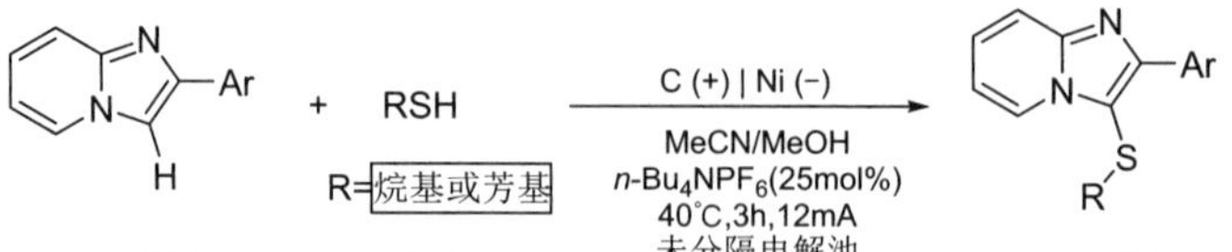

3-7 + RSH (R=烷基或芳基) 3-8 → 3-9

C (+) | Ni (−)
MeCN/MeOH
n-Bu_4NPF_6(25mol%)
40°C,3h,12mA
未分隔电解池

图 3-4　电化学介导咪唑并吡啶杂环的选择性氧化 C—H 巯基化反应

2020 年，浙江大学李坚军课题组报道了一种电化学条件下喹喔啉酮 **3-10** 与一级、二级和三级硫醇 **3-11** 的交叉脱氢偶联反应[3]。该反应添加了 2.0e.q. 的乙酸为添加剂，电流为 8mA，室温下，在未分隔电解池以恒电流模式进行，合成了一系列 3-烷基硫醇取代的喹喔啉酮 **3-12**（图 3-5）。该反应能够兼容烷基硫醇、环烷基硫醇以及含各类官能团的喹喔啉酮底物，产率中等至良好。

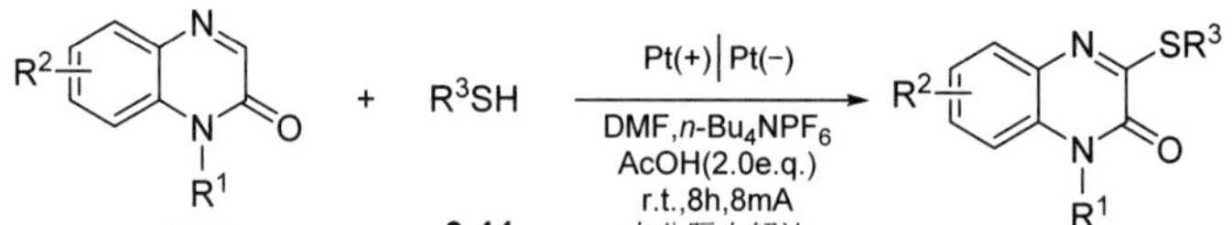

3-10 + R^3SH 3-11 → 3-12

Pt(+) | Pt(−)
DMF,n-Bu_4NPF_6
AcOH(2.0e.q.)
r.t.,8h,8mA
未分隔电解池

图 3-5　电化学介导喹喔啉酮与硫醇的交叉脱氢偶联反应

烯烃与硫酚的双官能团化是一种构建 C—S 键的有效合成手段，目前已有众多实现烯烃氧化硫化的文献报道，然而都需要化学计量的强氧化剂、昂贵的金属催化剂，另外反应条件也比较苛刻，与当今倡导的绿色化学理念背道而驰。随着绿色电化学合成的快速发展，该方法可以高效地在芳基乙烯的 β 位引入硫原子，获得烯烃的反马氏加成产物。其反应机理是硫醇或硫酚在阳极氧化成硫自由基，再与烯烃双键加成产生碳自由基，随后从反应体系中捕获氢原子或者其他亲核试剂形成双官能团化产物。

2018 年，雷爱文课题组报道了以苯硫酚或硫醇为亲核试剂的烯烃双官能团化反应[4]。芳胺、杂芳胺、酰胺、烯胺和一些脂肪胺等可作为 *N*-亲核试剂，以良好至优秀的产率获得了一系列 β-氨基硫化物。乙酸和水可以作为 *O*-亲核试剂，以良好的产率生成相应 β-烷氧基硫化物或 β-羟基硫化物。该反应体系具有良好的底物适用性和官能团耐受性，但对非活化的烯烃反应效果较差。他们提出了两种反应路径（图 3-6）。路径 1：苯硫酚或硫醇 **3-13** 在阳极氧化成自由基 **3-19**，随后对烯烃 **3-14** 双键加成得到自由基中间体 **3-20**，进一步被氧化成正离子中间体 **3-21**，亲核试剂进攻中间体 **3-21**，然后去质子化得到相应的产物。路径 2：阳极氧化生成硫自由基 **3-19** 会快速地自聚得到二硫化物 **3-22**，接着被氧化为相应的正离子 **3-23**，然后被烯烃 **3-14** 和亲核试剂捕获，最后发生去质子化生成相应的产物。亲核试剂和质子在阴极还原释放氢气。

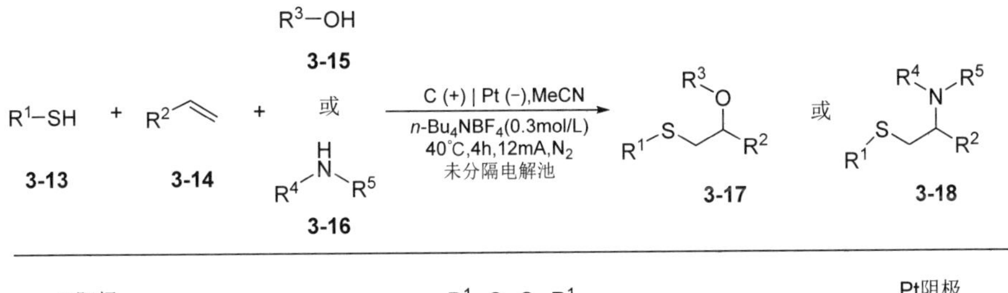

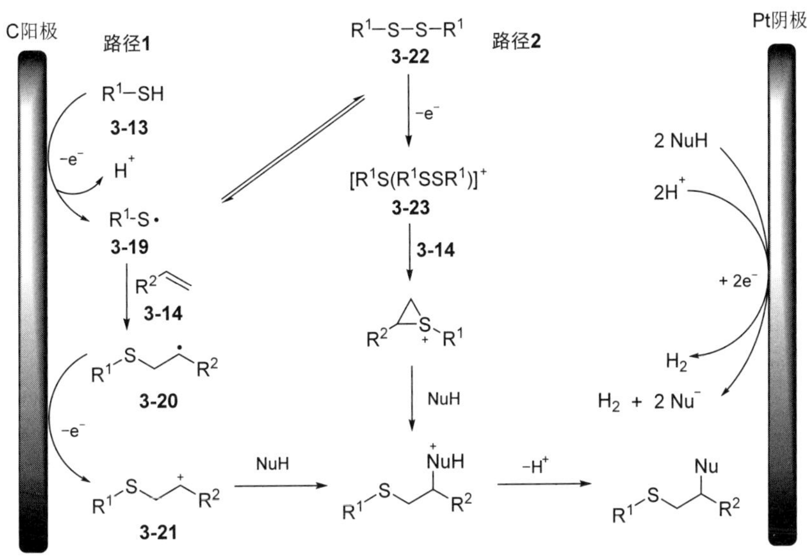

图 3-6 电化学介导烯烃双官能团化反应及其机理

值得注意的是，芳基烯烃与硫自由基加成后，得到的碳自由基可以被进一步氧化成苄基阳离子中间体，可被亲核试剂进攻生成相应的产物。例如，南京大学韩建林课题组报道了烯烃与硫酚、*O*-亲核试剂的电化学反应，实现了电化学条件下烯烃高效的双官能团化[5]。该反应以铂片作为阳极和阴极，乙腈为溶剂，硫酚 **3-24** 和芳基乙烯 **3-25** 的反应不仅可以在芳基乙烯的 β 位构建 C—S 键，还可以在 α 位构建 C—O 键。研究结果表明，该反应具有良好的底物适用性，各种类型的烯烃衍生物和 *O*-亲核试剂比如水、醇 **3-26**、羧酸 **3-27** 均可应用于该体系，产物具有良好的化学产率和区域选择性（图 3-7）。

图 3-7 电化学介导的烯烃双官能团化

烯烃类底物与硫酚通过脱氢偶联反应也可以高效构建 C—S 键。2019 年，雷爱文课题组报道了硫酚 **3-30** 与烯胺 **3-31** 反应构建 C—S 键的方法[6]，在室温下各种烯胺和硫酚均能顺利发生交叉偶联反应，高效获得了含 C—S 键的产物 **3-32**。该方法具有良好的原子经济性和官能团兼容性。机理研究表明，硫酚 **3-30** 通过阳极氧化为硫自由基 **3-33**，迅速二聚反应生成二硫化物 **3-34**，并在阴极获得一个电子生成二硫化物自由基阴离子 **3-35**，随后裂解为硫酚自由基 **3-33** 和硫酚负离子 **3-36**（可被氧化为硫酚自由基 **3-33**）。与此同时，烯胺 **3-31** 在阳极被氧化为自由基中间体 **3-37**，经过异构化获得相应的亚胺自由基 **3-38**，再与硫酚自由基 **3-33** 直接偶联得到 **3-39**，随后脱除质子并异构化为目标产物 **3-32**（图 3-8）。

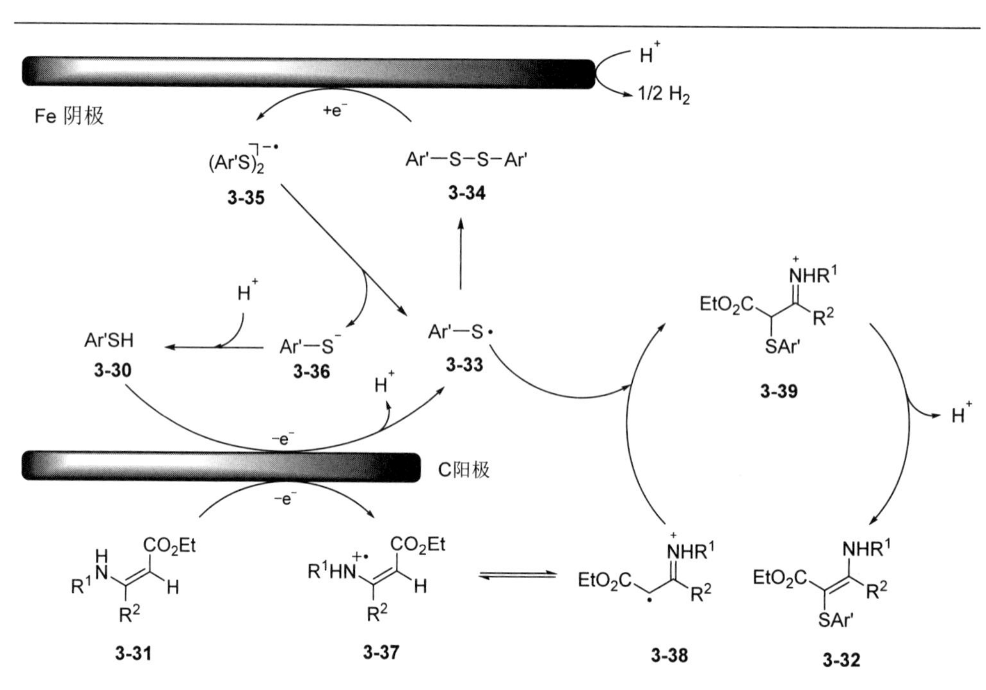

图 3-8 电化学介导的烯胺与硫酚交叉偶联反应及其机理

2019 年，黄精美课题组报道了一种电化学条件下基于乙腈 C(sp^3)—H 键氧化策略合成含硫/硒的 *β*-烯胺腈衍生物的反应[7]。通过硫醇、二硫醚或二硒醚 **3-40** 与乙腈 **3-41** 反应实现了一系列 2-硫代/2-硒代-3-氨基巴豆腈衍生物 **3-42** 的合成，高立体选择性地构建了(*Z*)-构型四取代烯烃。该反应以铂网为阳极，铂丝为阴极，四丁基高氯酸铵为电解质，并添加 10mol%的柠檬酸、20mol%的 1,2-双(二苯基膦)乙烷（DPPE）和 50mol%的碘化钾为添加剂，在室温环境下以 10mA 的恒定电流反应 4h。研究表明，当反应体系中不添加柠檬酸而其他条件维持不变时，反应的产率下降到了 44%，*Z*/*E* 选择性也下降到了 10∶1；当反应体系中不添加 1,2-双(二苯基膦)乙烷而其他条件维持不变时，反应的产率与最优条件相当，但 *Z*/*E* 选择性下降到了 12∶1，这可能是有机膦配体 1,2-双(二苯基膦)乙烷对反应的 *Z*/*E* 选择性起到了一定的调控作用。该反应的底物兼容性以及官能团耐受性良好，可在室温下进行，易于操作，且不需要额外添加金属催化剂和化学氧化试剂。此外，该反应体系能够实现克级规模制备，*Z*/*E* 选择性基本不变，但产率略有下降。**3-42** 也可进一步转化，如：能以良好的产率获得一系列苯并噻嗪衍生物 **3-43**；当与格氏试剂反应，目标产物中的氰基可以有效地转换为相应的羰基化合物 **3-44**（图 3-9）。

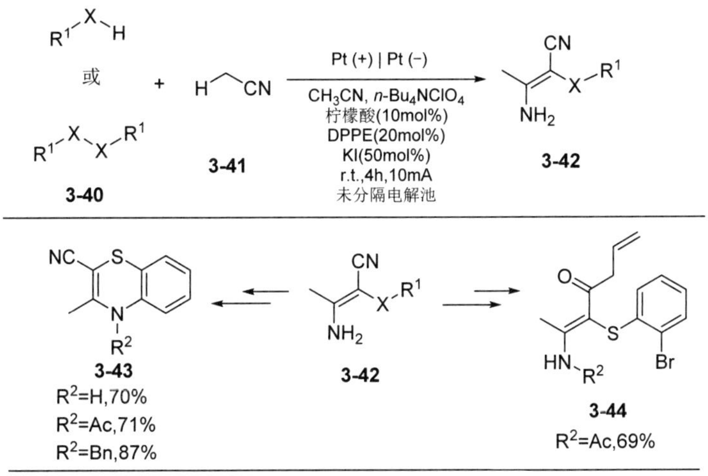

图 3-9 电化学合成含硫/硒 *β*-烯胺腈衍生物

通过一系列的控制实验以及相关的理论计算研究，作者认为该反应的机理是碘负离子在阳极被氧化成碘自由基，随后，碘自由基攫取乙腈分子 **3-41** 上的氢形成氰甲基自由基 **3-43**。随后，氰甲基自由基 **3-43** 对另一分子乙腈 **3-41** 进行加成，得到亚胺氮自由基中间体 **3-44**，通过 1,3-氢迁移形成碳自由基中间体 **3-45**。与此同时，对氟苯硫酚 **3-40** 既可以在阳极直接氧化，也可以通过碘自由基间接氧化得到硫自由基 **3-46**，其发生二聚反应形成二硫醚 **3-47**。碳自由基中间体 **3-45** 既可以与硫自由基 **3-46** 发生自由基交叉偶联反应，也可以与二硫醚 **3-47** 发生取代反应生成中间体 **3-48**，随后中间体 **3-48** 通过烯胺互变异构得到最终产物 **3-42**（图 3-10）。

该反应报道后不久，雷爱文课题组也报道了一种类似的反应[8]。该反应以石墨棒作为阳极，铂片作为阴极，乙腈作为溶剂和反应原料，碘化钾为电解质，在不分隔电解池、室温下以 12mA 的恒定电流进行电解，硫酚 **3-49** 和乙腈 **3-50** 反应成功获得了一系列含硫的四取代烯烃 **3-51**（图 3-11）。

咪唑并吡啶是由咪唑环和吡啶环稠合的一种双环化合物，广泛存在于药物分子中。2020 年，潘英明课题组报道了在温和的条件下硫酚 **3-52**、乙烯基叠氮 **3-53** 和吡啶 **3-54** 三组分合成硫代咪唑并吡啶 **3-55** 的反应[9]。在该电化学条件下，能得到高活性的亚胺氮自由基中间体，随后精准控制高活性的亚胺氮自由基活性中间体与惰性吡啶底物进行分子间的[3+2]

Pt阳极
Pt阴极
KI
e⁻
H⁺
3-40
3-46
二聚
3-47
3-42
3-43
3-44
1,3-氢迁移
3-45
3-48
3-41
3-46
1/2 H2

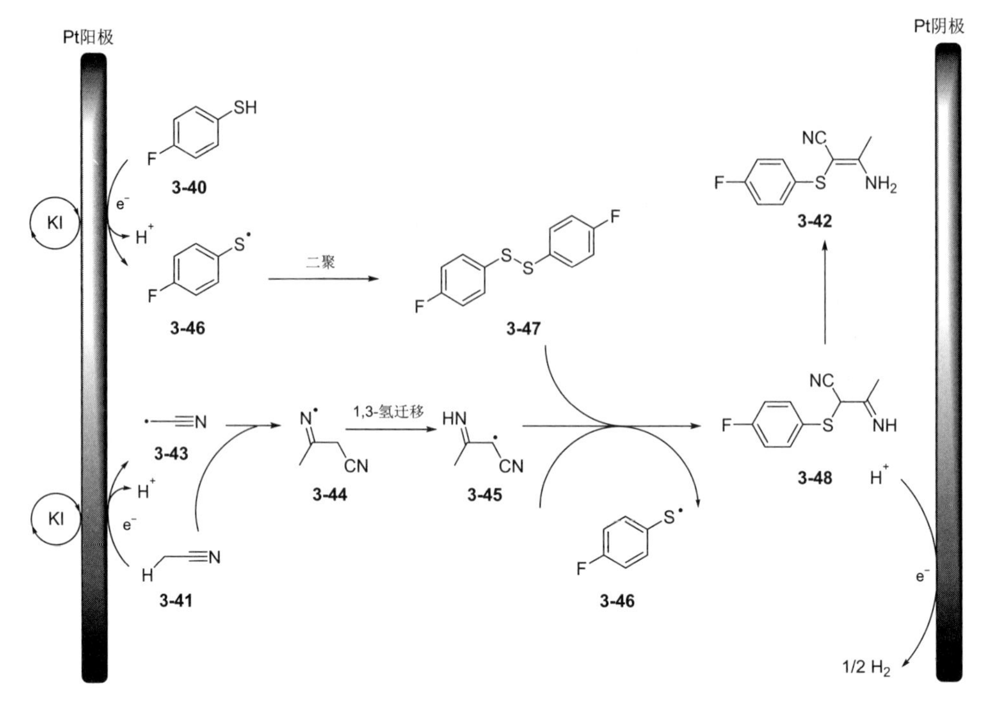

图 3-10 电化学合成含硫/硒 β-烯胺腈衍生物的反应机理

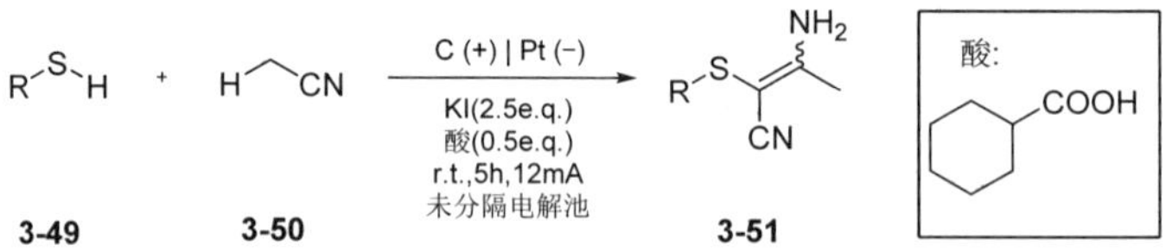

C (+) | Pt (−)
KI(2.5e.q.)
酸(0.5e.q.)
r.t.,5h,12mA
未分隔电解池
3-49
3-50
3-51
酸:
COOH

图 3-11 电化学介导的硫酚和乙腈脱氢交叉偶联反应

环加成反应，最后成功地合成了一系列硫代咪唑并吡啶类化合物 **3-55**。该合成策略解决了高活性亚胺氮自由基易水解的难题，使反应能够以宽泛的官能团相容性进行。惰性吡啶和高活性亚胺氮自由基参与分子间环加成反应是该策略的显著特点，同时合成的硫代咪唑并吡啶骨架化合物具有良好的抗肿瘤活性（图 3-12）。对化合物 **3-56** 抗肿瘤作用机制的研究表明，其通过提高细胞内 Ca^{2+}的释放和增加 ROS 浓度，导致细胞凋亡。

通过 EPR 实验、控制实验、循环伏安法和 DFT 理论计算证明了该反应是自由基路径。首先，碘负离子在阳极表面被氧化成碘自由基，随后将硫酚 **3-52** 氧化成硫自由基 **3-57**，进攻乙烯基叠氮 **3-58** 并释放一分子氮气，形成自由基中间体 **3-59**。通过 1,3-氢迁移得到 **3-60**，再与硫自由基 **3-57** 结合生成中间体 **3-61**。六氟异丙醇（HFIP）在阴极上还原生成氢气和相应的阴离子，中间体 **3-61** 在六氟异丙醇阴离子的作用下脱质子生成可被氧化的中间体 **3-62**，通过与碘自由基的单电子转移形成亚胺氮自由基中间体 **3-63**。碘负离子在阳极表面也可以被氧化成碘正离子，与吡啶 **3-54** 反应得到中间体 **3-64**，然后与亚胺氮自由基中间体 **3-63** 反应得到中间体 **3-65**。最后 **3-65** 失去质子，然后发生分子内亲核加成环化和芳构化反应生成最终产物 **3-55**（图 3-13）。

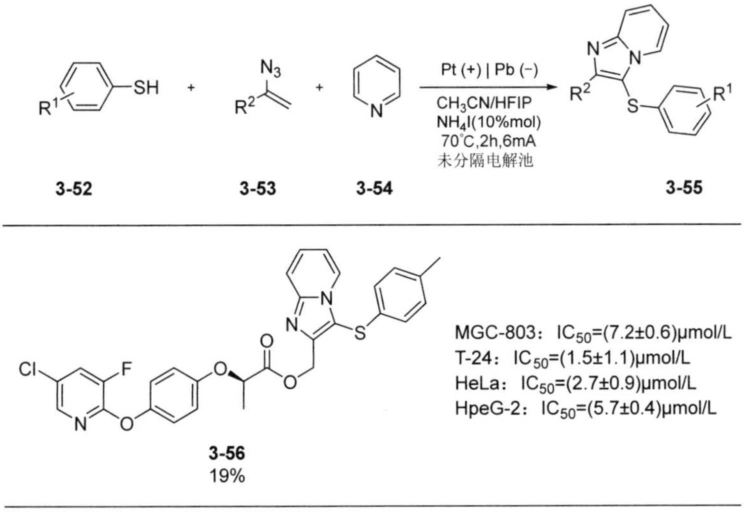

图 3-12　电化学介导的三组分反应合成咪唑并吡啶类化合物

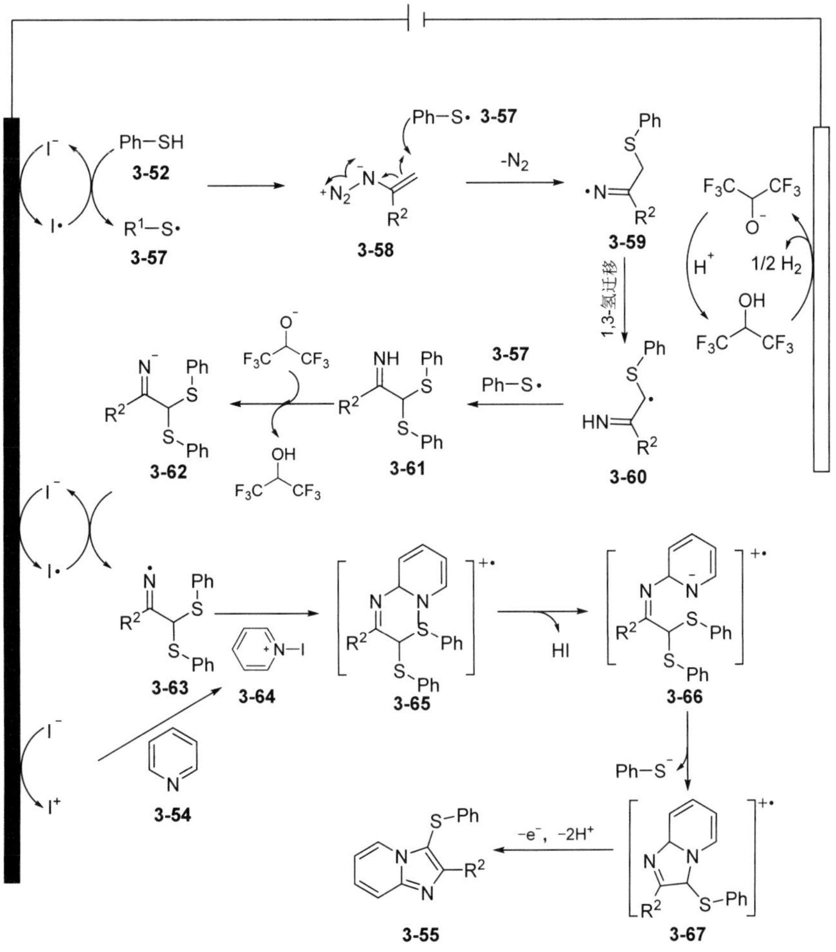

图 3-13　电化学介导的三组分反应合成咪唑并吡啶类化合物的反应机理

巯基是生物体内一种还原性的官能团，其作为亲核性官能团可与苯酚发生反应，形成含硫醚键的苯酚衍生物。这类化合物在药物研究中具有重要意义，但有关这方面的研究报道较少。电化学策略是合成含硫醚键的苯酚衍生物的高效方法之一。

多羟基芳香族化合物广泛存在于自然界，其衍生物在抗 HIV 方面具有专一性且副作用低。巯基噻二唑取代的邻苯二酚衍生物作为其中一类，也开始被广泛研究。邻苯醌是活泼的化合物，通常是由其前体邻苯二酚原位制备。有机电化学为邻苯醌的转化提供了一种新的策略，邻苯二酚可以通过电化学方法氧化为相应的高活性邻苯醌，然后与亲核试剂进行迈克尔加成反应。从绿色化学的角度来看，通过电化学方法原位生成邻苯二醌是极具吸引力的。

受此启发，曾程初课题组发展了巯基噻二唑、巯基三唑、巯基嘌呤和巯基嘧啶取代邻苯二酚衍生物的电化学合成方法[10-12]，它们都可作为潜在的 HIV-1 整合酶抑制剂。

在巯基噻二唑取代的邻苯二酚衍生物的电化学合成反应中，曾程初课题组以碳棒作为阳极，铂片作为阴极，乙腈和醋酸钠缓冲液为混合溶剂，醋酸钠同时作为支持电解质，恒电压为 0.5V（vs. SCE）。反应结果表明，当原料邻苯二酚 **3-66** 羟基的对位被取代基占据时，只能得到单一取代的产物 **3-68**，产率较高。然而，对于无取代的邻苯二酚 **3-69** 或者 3 位含有取代基的邻苯二酚 **3-70** 则不同，其羟基的对位可以被亲核试剂选择性进攻，得到单取代和双取代的混合产物 **3-71~3-75**（图 3-14）。

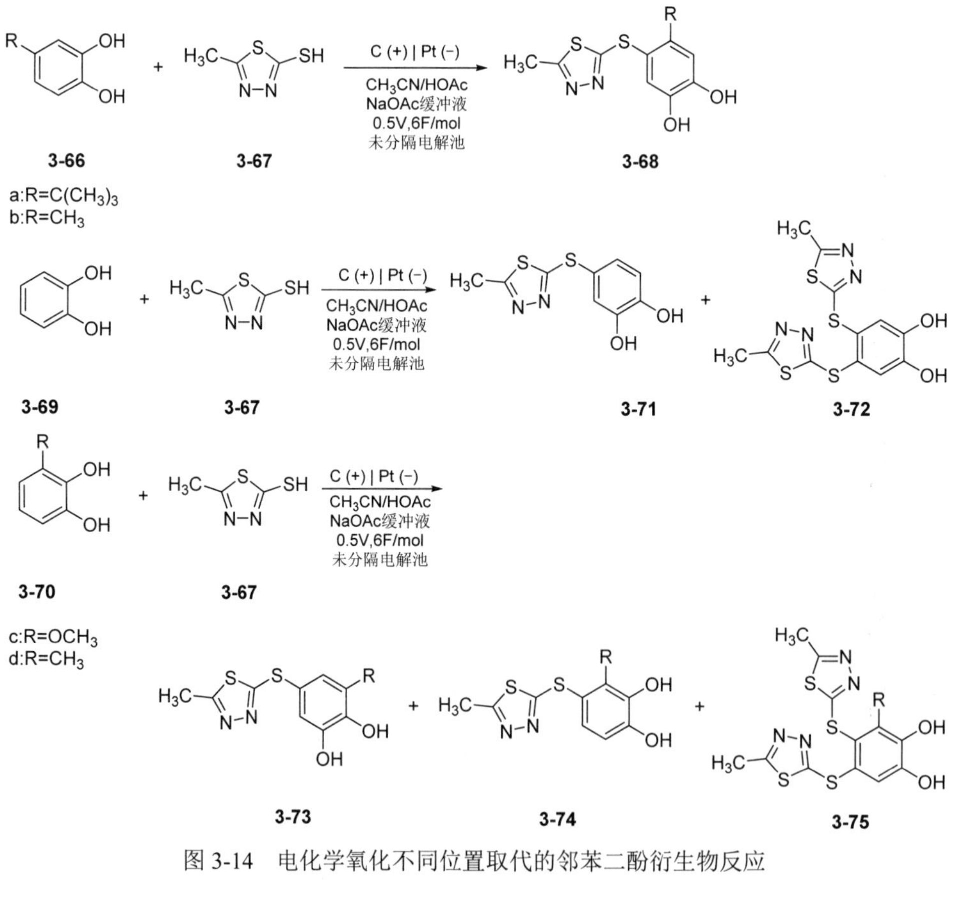

图 3-14　电化学氧化不同位置取代的邻苯二酚衍生物反应

作者认为，该反应的机理取决于亲核试剂的性质和底物邻苯二酚衍生物的结构。**3-66** 在阳极氧化得到非常活泼的 4-取代邻苯二醌，再与亲核试剂巯基噻二唑发生原位迈克尔加成反应，得到单取代产物 **3-68**（图 3-15）。

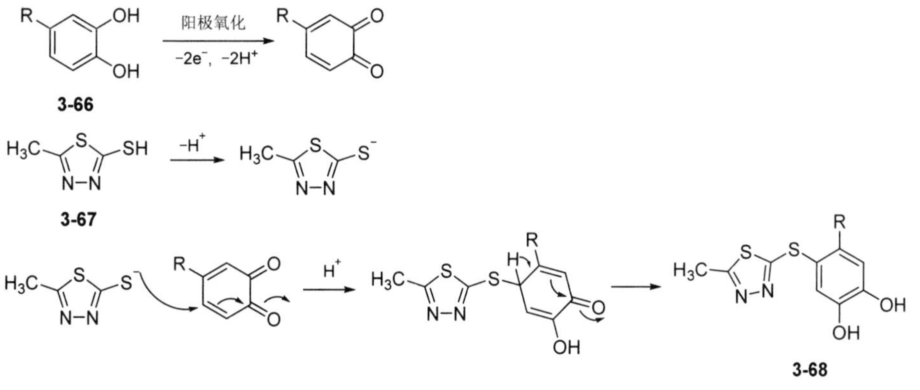

图 3-15　4-取代的邻苯二酚巯基化反应机理

而对于无取代的邻苯二酚 **3-69** 或者 3-取代的邻苯二酚 **3-70**，两个羟基在苯环上的两个对位都可接受硫亲核试剂的进攻。巯基负离子可以加成到邻苯二酚及其衍生物的 4 位或 5 位形成单取代的产物 **3-73** 和 **3-74**。单取代产物在乙腈溶液中具有一定的溶解性，其氧化电势和起始原料邻苯二酚及其衍生物的氧化电势接近，所以这种单取代产物可以进一步氧化，之后与第二个巯基负离子加成，最终形成双取代的衍生物 **3-75**（图 3-16）。

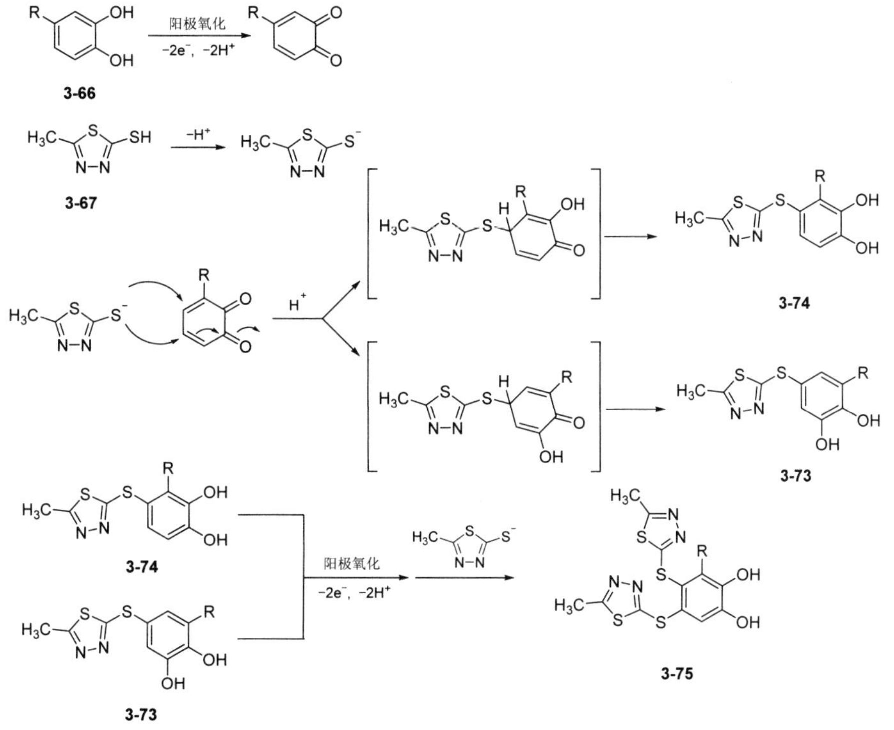

图 3-16　无取代和 3-取代的邻苯二酚巯基化反应机理

曾程初课题组将上述亲核试剂 5-甲基-2-巯基噻二唑 **3-67** 换成巯基三唑 **3-76** 时，他们预计产物是双取代反应，因为反应位点变成巯基和氨基两个。然而实验结果表明，电氧化邻苯二酚及其衍生物的反应过程并没有按预期的路线进行，氨基官能团并没有参与亲核反应，而是巯基官能团参与反应，并最终形成单取代的产物 **3-77**。反应机理与上述相似，邻苯二酚首先在阳极通过氧化得到活性高的邻苯二醌，接着与三唑发生迈克尔加成反应，得到单取代产物 **3-77**（图 3-17）。

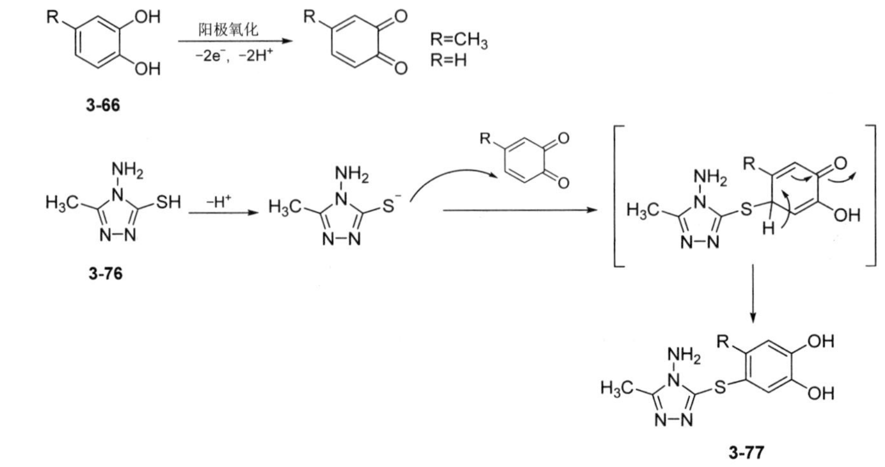

图 3-17　4-取代邻苯二酚巯基化反应机理

而对于 3-取代的邻苯二酚 **3-70**，由于生成的活泼邻苯二醌的 4 位或者 5 位都可接受亲核试剂的进攻，因此会得到两种不同的产物 **3-78** 和 **3-79**，值得注意的是没有出现双取代产物（图 3-18）。

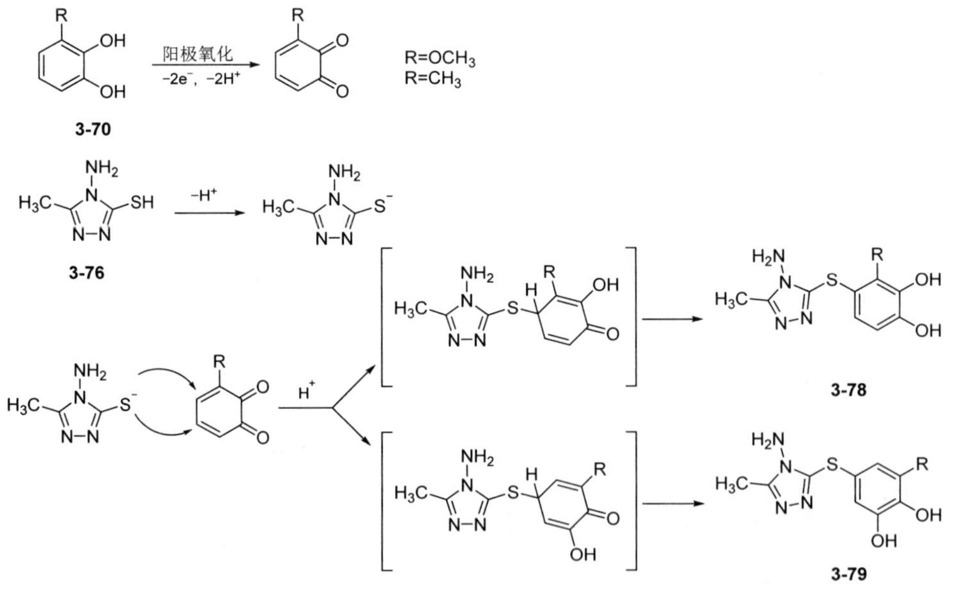

图 3-18　3-取代邻苯二酚巯基化反应

以上的两个研究结果表明，在硫亲核试剂存在下，电化学氧化邻苯二酚及其衍生物，得到的最终产物受邻苯二酚底物和亲核试剂性质的双重影响。为进一步研究硫亲核试剂性质对产物的影响，选择含巯基的亲核试剂嘌呤环 **3-81** 来研究邻苯二酚及其衍生物 **3-80** 的电化学性质。反应结果显示只生成了 5-取代的单取代产物 **3-82**（图 3-19）。在相同条件下，无取代的邻苯二酚 **3-69** 和 6-巯基嘌呤 **3-81** 并没有发生反应，原因尚不清楚。

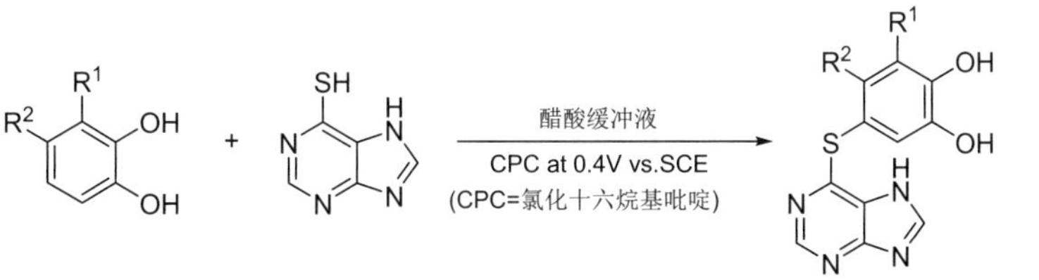

3-80 **3-81** **3-82**

R^1=H,R^2=C(CH_3)$_3$,45%
R^1=H, R^2=CH_3,46%
R^1=OCH_3,R^2=H,32%
R^1=CH_3,R^2=H,38%

图 3-19 双取代邻苯二酚巯基化反应

3.2 电化学构建含磺酰基的药物分子

磺酰基是一类十分重要且常见的官能团，含有磺酰基的化合物广泛存在于医药、农药和功能材料领域。在活性药物成分中，磺酰基是重要的结构基元，具有代表性的磺酰基药物分子有可用于治疗麻风和疟疾的抗生素氨苯砜，以及用于治疗前列腺癌的比卡鲁胺和可作为基底细胞癌治疗剂的维莫德吉（图 3-20）。

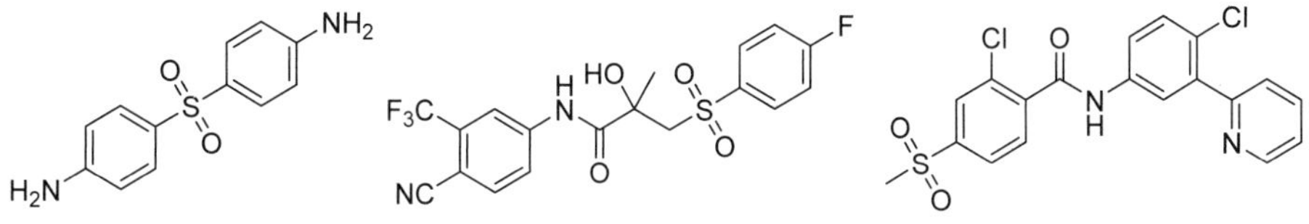

氨苯砜 比卡鲁胺 维莫德吉

图 3-20 含磺酰基的部分代表性药物分子

传统上，这些具有药用价值的化合物可通过硫化物的氧化、芳烃的 Friedel-Craft 磺酰化，或过渡金属催化的交叉偶联反应来合成，如图 3-21（a）所示。然而，这些方法还存在一些共性的缺点，如需使用强氧化剂或对偶联底物进行预官能化（芳基卤化物、芳基三氟酸盐、芳基硼盐或二芳基碘盐）、酸处理麻烦、较高的反应温度和较低的选择性、反应对环境污染大且反应结果不理想。近年来，氧化 C—H/X—H（X 为 C、N、O、S）交叉偶联反应已成为构建 C—X 键的一种强有力的策略，如图 3-21（b）所示，芳烃或杂芳烃与亚磺酸钠或磺酰肼之间的氧化交叉偶联反应已经广泛应用于芳基砜化合物的构建。然而，在传统交叉偶联反应和氧化交叉偶联反应中，为攫取多余电子必须牺牲化学计量的氧化剂，导致反应成本增加以及副反应的发生。此外，在这种反应条件下，磺酰基也很容易发生脱硫或过度还原。因此，开发一种更实用、更有效的电化学合成方案来构建芳基砜是非常有必要的［图 3-21（c）］。

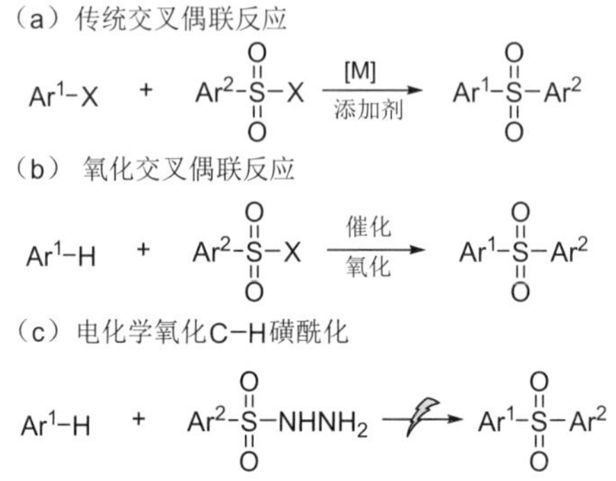

（a）传统交叉偶联反应

Ar^1-X + Ar^2-S(=O)(=O)-X —[M]/添加剂→ Ar^1-S(=O)(=O)-Ar^2

（b）氧化交叉偶联反应

Ar^1-H + Ar^2-S(=O)(=O)-X —催化/氧化→ Ar^1-S(=O)(=O)-Ar^2

（c）电化学氧化C−H磺酰化

Ar^1-H + Ar^2-S(=O)(=O)-$NHNH_2$ → Ar^1-S(=O)(=O)-Ar^2

图 3-21　合成二芳基砜的方法

3.2.1　电化学氧化磺酰化构建 C(sp)−磺酰基药物分子

不饱和砜化合物广泛存在于生物活性分子和天然产物中，C—S 键偶联反应已成为合成此类化合物的可靠方法。例如，卤代烷烃或炔基羧酸与亚磺酸钠或磺酰肼通过过渡金属催化剂和过量氧化剂协同作用可获得炔基砜化合物。此外，炔烃与磺酸钠的双官能团化反应近年来已经有许多报道。然而，缺电子的芳基乙炔很难与芳基亚磺酸盐起作用。

有机电化学合成作为一种对环境友好的方法，可用于介导交叉偶联反应来构建 C—S 键。亚磺酸钠是一种可商购、稳定和易于处理的用于直接偶联反应的可持续的砜基源。2020 年，黄申林课题组报道了一种炔烃 **3-83** 与亚磺酸钠 **3-84** 的电化学磺酰化反应[13]。该反应以铂片作为阴极和阳极，乙腈和水为混合溶剂，碘化钾为电解质和氧化还原剂，电流为 10mA，在不分隔电解池、室温下进行反应，合成了一系列炔基砜化合物 **3-85**。该反应对各种取代基的芳基末端炔烃和亚磺酸钠都具有很好的相容性，值得注意的是，乙基亚磺酸钠也是合适的底物，可合成出以往较难制备的炔基烷基砜。该反应还可应用于天然产物雌酮衍生化为 **3-86**（图 3-22）。

该反应的机理为：碘负离子首先在阳极氧化生成碘单质，由循环伏安曲线可知，碘化钾在 1.10V 和 1.65V（vs. Ag/AgCl）下有两个氧化峰，分别对应碘负离子到碘三负离子的氧化和碘三负离子到碘单质的氧化。亚磺酸钠 **3-84** 不会在阳极发生氧化。原位生成的碘单质与亚磺酸钠反应得到磺酰碘 **3-87**，**3-87** 容易发生均裂，得到磺酰基自由基 **3-88** 和碘自由基。随后磺酰基自由基 **3-88** 与炔烃 **3-83** 进行自由基加成，得到乙烯基自由基中间体 **3-89**，然后 **3-89** 在阳极氧化为乙烯基正离子 **3-90**，结合碘负离子再发生去质子化得到产物炔基砜 **3-85**（图 3-23）。

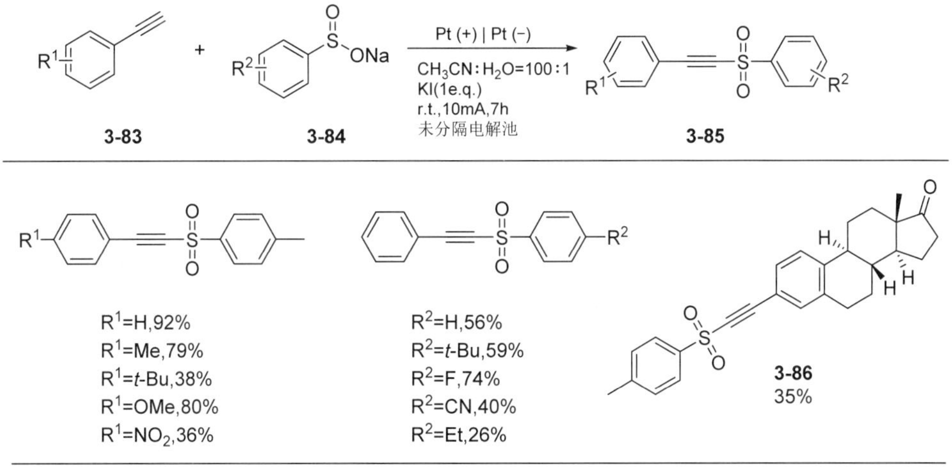

Pt (+) | Pt (−)
CH_3CN : H_2O=100 : 1
KI(1e.q.)
r.t.,10mA,7h
未分隔电解池
3-83
3-84
3-85
R^1=H,92%
R^1=Me,79%
R^1=t-Bu,38%
R^1=OMe,80%
R^1=NO_2,36%
R^2=H,56%
R^2=t-Bu,59%
R^2=F,74%
R^2=CN,40%
R^2=Et,26%
3-86
35%

图 3-22　电化学介导末端炔与苯亚磺酸钠的反应

Pt阳极
Pt阴极
2 I⁻
−e⁻
I_2
$ArSO_2Na$ 3-84
3-87
3-88
I•
H_2 + 2 OH^-
+ 2 e⁻
3-89
3-83
−e⁻
2 H_2O
3-90
I⁻
OH⁻
3-85
OH^-, $-H_2O$

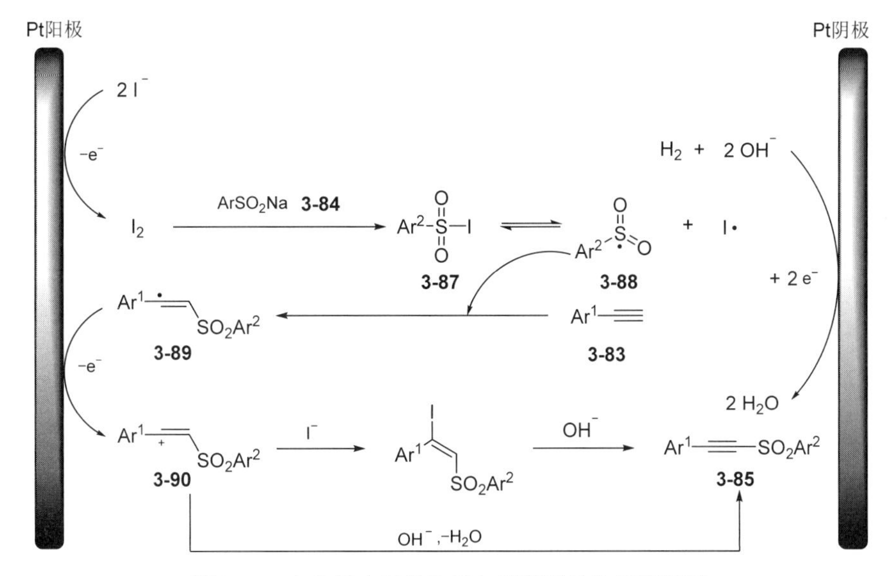

图 3-23　电化学介导的炔烃与亚磺酸钠的反应机理

磺酰肼是一种化学性质稳定、与水相溶性好且容易获得的磺酰化试剂。在电化学条件下，卤素盐可以介导磺酰肼产生磺酰基自由基。2020 年，潘英明课题组报道了一种电化学条件下芳基炔烃 **3-91** 的磺酰化反应[14]。该反应以 RVC 为阳极，铂片为阴极，乙腈和水为混合溶剂，四丁基碘化铵为电解质，碳酸钾为碱，在未分隔电解池、60℃氧气氛围下以 1.2V 的恒定电压进行电解，合成了一系列的炔基砜化合物 **3-93**（图 3-24）。该催化体系能够兼容含各类取代基的芳炔、杂芳炔、芳基磺酰肼和杂芳基磺酰肼，但脂肪族炔烃和烷基磺酰肼不适用于该反应。该方法不需要将炔烃预官能团化，克服了传统方法的局限性，具有原子经济性高、无金属和氧化剂、官能团耐受性好等优点。获得的炔基砜还可以作为一种有用的合成中间体，通过进一步反应转化为其他有价值的化合物。

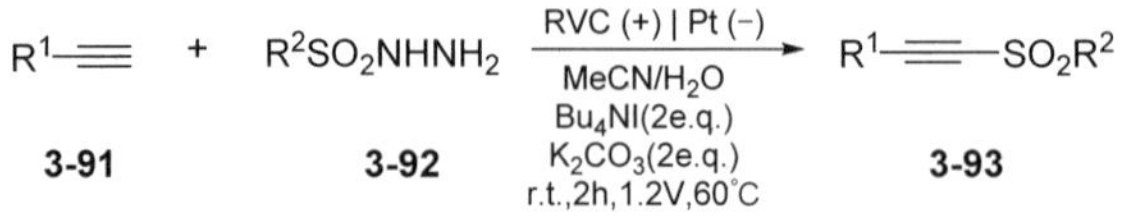

R^1—≡ + $R^2SO_2NHNH_2$ $\xrightarrow[\text{MeCN/H}_2\text{O, Bu}_4\text{NI(2e.q.), K}_2\text{CO}_3\text{(2e.q.), r.t.,2h,1.2V,60°C}]{\text{RVC (+) | Pt (−)}}$ R^1—≡—SO_2R^2

3-91　　3-92　　3-93

图 3-24　电化学介导末端炔与磺酰肼的反应

该反应存在两种机理（图 3-25）。在路径 a 中，碘负离子首先在阳极上被氧化成碘自由基。同时，磺酰肼 **3-92** 在阳极上被碘自由基氧化得到磺酰肼自由基 **3-94**，接着被碘自由基经过连续两步氧化生成中间体 **3-95**，最后失去一分子氮气生成磺酰基自由基 **3-96**。末端炔烃 **3-91** 与磺酰基自由基 **3-96** 以及碘自由基反应生成烯基碘中间体 **3-97**，随后快速转化为中间体 **3-98**。最后，中间体 **3-98** 在碱作用下消除一分子碘化氢生成产物 **3-93**。控制实验已经证明氧气可以促进中间产物 **3-97** 转化为产物 **3-93**。在路径 b 中，末端炔烃 **3-91** 首先在碱的作用下形成炔烃负离子 **3-99**，然后中间体 **3-99** 进一步被碘自由基氧化为炔烃自由基 **3-100**，**3-100** 与碘自由基结合形成炔基碘 **3-101**。随后，磺酰基自由基 **3-96** 与炔基碘 **3-101** 反应生成自由基中间体 **3-102** 并消除一个碘自由基得到产物 **3-93**。在阴极，质子发生还原释放出氢气，完成电化学循环。

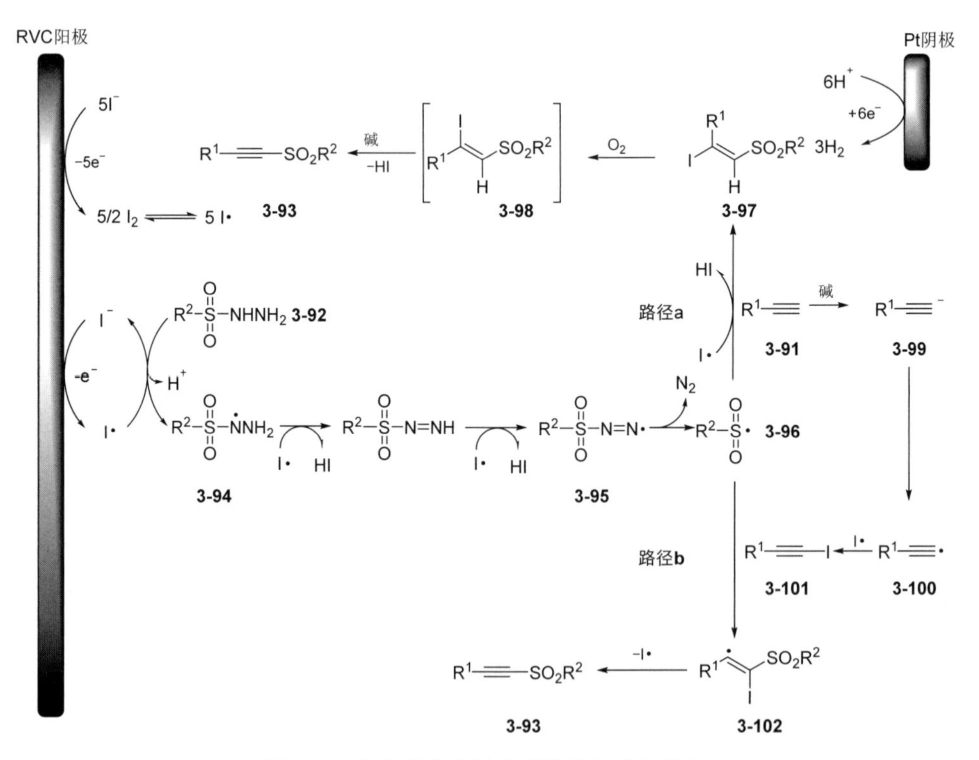

图 3-25　电化学介导炔烃磺酰化的反应机理

药理活性研究表明，炔基砜产物 **3-93a**、**3-93b**、**3-93c** 和 **3-93d** 具有良好的生物活性。大部分化合物对肿瘤细胞具有明显的抑制活性，甚至比抗癌药 5-氟尿嘧啶显示出更好的细胞毒活性（图 3-26）。

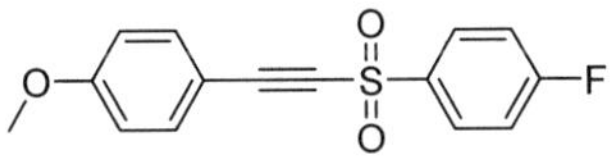

3-93a
T-24：IC_{50}=9.4μmol/L
Bel-7402：IC_{50}=10.2μmol/L
HeLa：IC_{50}=8.9μmol/L

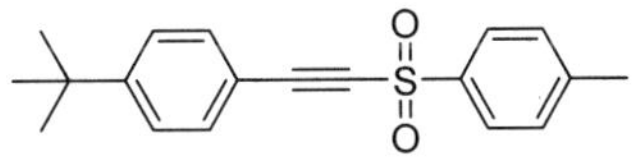

3-93b
Bel-7402：IC_{50}=9.2μmol/L
HeLa：IC_{50}=10.6μmol/L
HepG-2：IC_{50}=6.3μmol/L

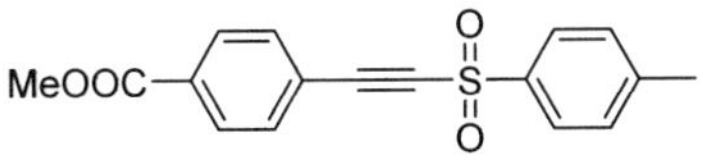

MeOOC

3-93c
MGC-803：IC_{50}=11.2μmol/L
T-24：IC_{50}=8.9μmol/L
Bel-7402：IC_{50}=8.8μmol/L
HeLa：IC_{50}=5.6μmol/L

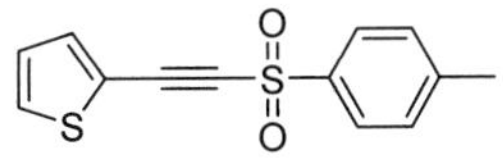

3-93d
T-24：IC_{50}=9.1μmol/L
Bel-7402：IC_{50}=10.2μmol/L
HeLa：IC_{50}=11.5μmol/L

图 3-26　合成炔基砜化合物的生物活性

3.2.2 电化学氧化磺酰化构建含 C(sp^2)−磺酰基药物分子

磺酰基自由基或负离子与(杂)芳烃或烯烃反应是构建C(sp^2)-磺酰基的一种有效手段。

咖啡酸及其天然衍生物广泛存在于植物、蔬菜和蜂胶中。咖啡酸及其类似物的生理功能近年来备受关注。已知它们具有许多生物活性，如抗菌、抗真菌、抗病毒、抗氧化、与蛋白质交联等。2014 年，Alizadeh 课题组报道了一种 *N*-咖啡酰胺和咖啡酸酯的电化学磺酰化反应[15]（图 3-27），该策略具有很高的原子经济性和优异的电流效率。

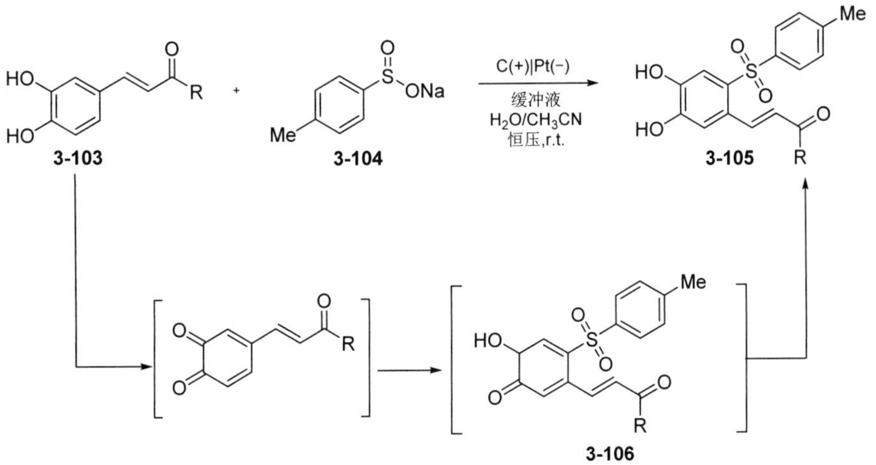

C(+)|Pt(−)
缓冲液
H_2O/CH_3CN
恒压,r.t.

3-103　**3-104**　**3-105**　**3-106**

图 3-27　电化学介导的咖啡酸衍生物的磺酰化

电化学介导的芳环磺酰化反应引起合成化学家们的极大兴趣。2017 年，陈善勇和余孝其课题组报道了一种电化学条件下吲哚 **3-107** 磺酰化的反应[16]，磺酰基来源于苯亚磺酸钠 **3-108**（图 3-28）。该反应在未分隔电解池、室温下以 1.5V 的恒定电压进行电解，成功合成了一系列含磺酰基的吲哚化合物 **3-109**。该反应对无保护的吲哚、含各类取代基吲哚、芳基亚磺酸钠、杂环亚磺酸钠和烷基亚磺酸钠都能较好兼容。然而，当吲哚的 2 位被甲基取代后，吲哚的 3 位无法实现磺酰化。

图 3-28　电化学介导的吲哚磺酰化反应

这里存在两种可能的反应路径（图 3-29）。在路径 a 中，苯亚磺酸钠 **3-108** 首先在阳极被氧化成相应的苯磺酰自由基 **3-110**，随后该自由基对吲哚 **3-107** 的 2 位进行加成。由于 p-π 共轭，在 2 位加成得到的自由基 **3-111** 比在 3 位加成得到的更加稳定。随后，中间体 **3-111** 与体系内被阳极氧化生成的碘反应形成吲哚啉 **3-112**，接着发生消除反应得到目标产物 **3-109**。在路径 b 中，吲哚 **3-107** 先发生 3 位的碘取代反应，进一步形成亚胺氮正离子中间体 **3-113**，随后阳极产生的磺酰基自由基 **3-110** 对 **3-113** 的 2 位加成，最后发生消除反应得到目标产物 **3-109**。

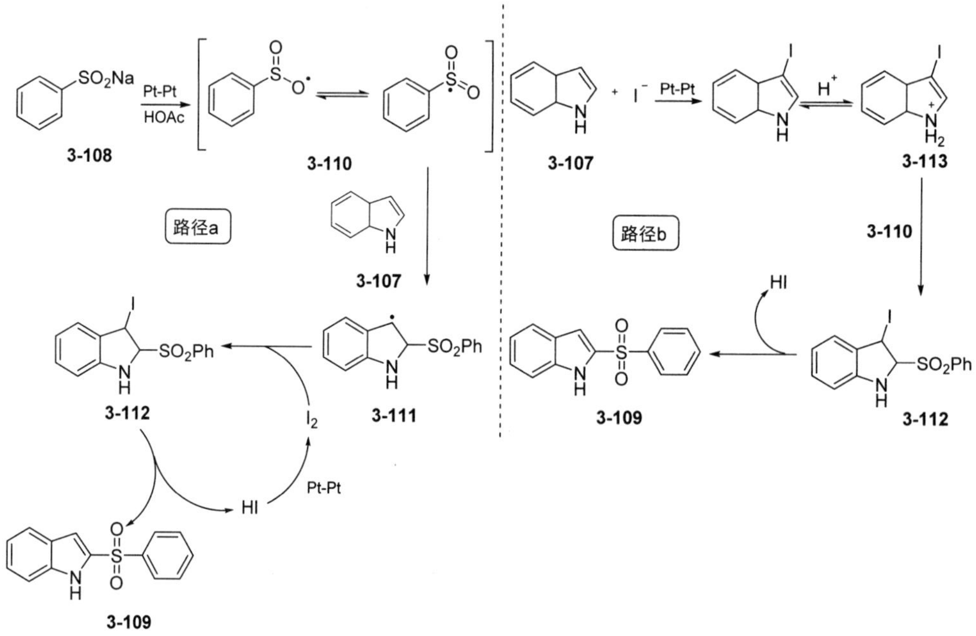

图 3-29　电化学介导的吲哚磺酰化反应机理

研究发现，化合物 **3-116** 可作为 5-HT6 受体调节剂。化合物 **3-116** 传统的制备方法条件非常苛刻，需要对底物 **3-114** 的酚羟基和氨基进行保护，并用到危险的叔丁基锂试剂，最终也只能获得产率 17%的 **3-115**，而利用电化学条件两步就可以合成 Boc 保护的 5-HT6 受体调节剂。相比传统的合成方法，电化学策略步骤经济性好，吲哚无须进行保护和脱保护，同时避免了危险试剂的使用，大大提高了实验的安全性（图 3-30）。

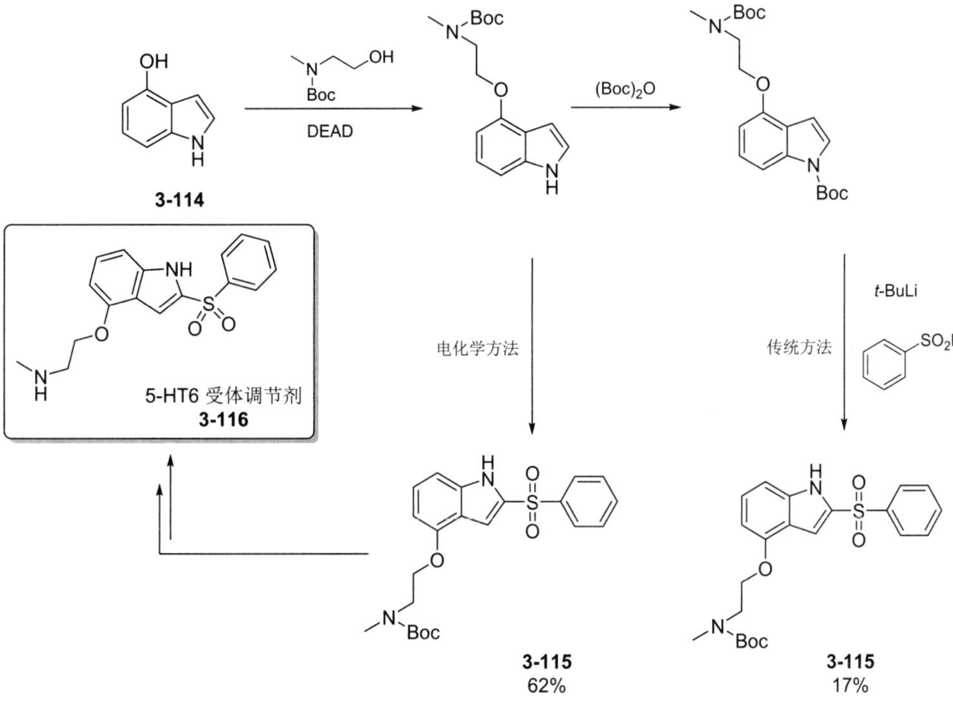

图 3-30 5-HT6 受体调节剂前体的合成方法比较

通过使用恒定电流代替外源氧化剂，可在温和的条件下合成一系列重要的二芳基砜，有效避免了磺酰基的消除或过度还原等问题。2018 年，雷爱文课题组报道了一种苯并呋喃类底物 **3-117** 的 2 位磺酰化反应，磺酰肼 **3-118** 为该体系提供了磺酰基[17]。该反应以石墨棒作为阳极，镍片作为阴极，乙腈和水为混合溶剂，四丁基四氟硼酸铵为电解质，1.5e.q. 的碳酸钾作为碱，电流为 12mA，在未分隔电解池、室温、氮气保护下以恒定电流进行电解，合成了一系列 2 位磺酰化苯并呋喃化合物 **3-119**（图 3-31）。该反应对于含各类取代基的芳基磺酰肼和杂环磺酰肼都能较好兼容。需要注意的是，底物苯并呋喃的 3 位有无取

图 3-31 电化学介导的苯并呋喃 2 位磺酰化反应

代基对该反应的影响较大，当 3 位不含有取代基时，反应的产率仅有 24%。该反应体系可推广到（苯并）噻吩、吡咯、咪唑并吡啶、活化芳烃和萘，均可以较高的产率获得相应的磺酰化产物。

亚磺酸钠作为一类来源广泛、合成简便、价格便宜的含硫试剂，近年来其参与的 C—S 键形成反应引起了化学家的广泛关注。2013 年，Little 课题组报道了一种氨基苯酚与亚磺酸钠进行电化学氧化磺酰化反应[18]，该反应具有很好的区域选择性。对羟基苯磺酰胺 **3-120** 与芳基亚磺酸钠 **3-121** 在恒电压下进行电解反应，以中等至良好的产率获得了相应的芳基砜 **3-122**。在相同的电氧化条件下，邻羟基苯磺酰胺 **3-123** 也适用于该反应，得到了酚羟基对位磺酰化产物 **3-124**。反应机理是 **3-120** 在阳极氧化去质子化，得到亚氨基环己二酮中间体 **3-125**，该中间体作为迈克尔受体与芳基亚磺酸钠 **3-121** 反应，从而生成砜中间体 **3-126**，随后芳构化得到目标产物 **3-122**（图 3-32）。

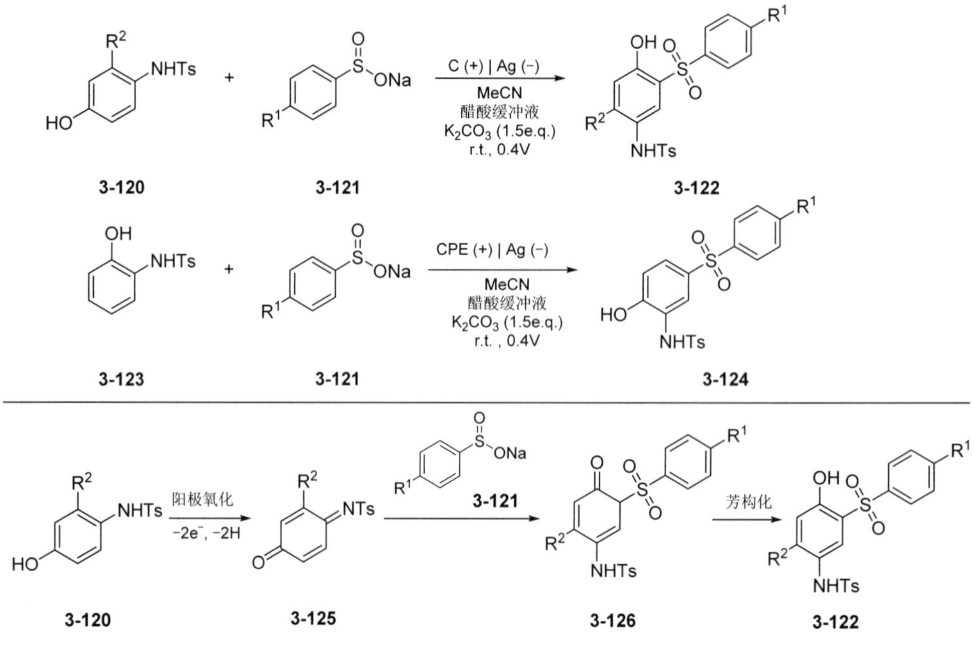

图 3-32　电化学介导的氨基苯酚磺酰化反应及机理

2019 年，Waldvogel 课题组报道了一种电化学条件下以亚磺酸钠 **3-128** 作为磺酰基源的酚类化合物 **3-127** 的磺酰化反应[19]。该反应不需要任何氧化还原介质即可实现亚磺酸盐 **3-128** 的直接阳极氧化并参与偶联反应生成 **3-129**。以硼掺杂的金刚石电极（BDD）作为阴极和阳极，六氟异丙醇（HFIP）作为溶剂可以稳定自由基和阳离子中间体，但是该策略底物适用范围狭窄，仅获得了 10 个产物，产率在 11%～55%之间。一般情况下，磺酰化反应优先发生在羟基邻位上；当酚类底物的两个邻位同时被占据时，磺酰化在对位上发生。当反应放大到 5.0mmol 时，产率几乎不变（图 3-33）。

BDD (+) | BDD (−)

HFIP/H_2O

r.t., 12mA, 2.5F/mol

3-127　**3-128** (R^2SO_2Na)　**3-129**

R^2=4-FC_6H_4, 55%
R^2=4-ClC_6H_4, 49%
R^2=4-Me-3-ClC_6H_3, 53%
R^2=4-$CH_3C_6H_4$, 46%
R^2=C_6H_5, 53%
R^2=CH_3, 45%
R^2=3-$CF_3C_6H_4$, 47%

20%　35%　11%

图 3-33　电化学介导的苯酚磺酰化反应

2019 年，李金恒课题组以石墨棒作为阳极，铂片作为阴极，以乙腈和水作为混合溶剂，四丁基四氟硼酸铵为电解质，在未分隔电解池、室温下 10mA 的恒定电流对芳胺 **3-130** 和亚磺酸钠 **3-131** 进行电解，合成了目标产物 **3-132**[20]。该反应体系十分温和，在中性条件下空气氛围中就可以实现。该方法具有良好的底物适用性和官能团耐受性，对于氮保护的各类芳胺 **3-130** 和芳基亚磺酸钠、杂环亚磺酸钠和烷基亚磺酸钠 **3-131** 都能适用（图 3-34）。

C (+) | Pt (−)

MeCN/H_2O

n-Bu_4NBF_4

r.t., 3h, 10mA

未分隔电解池

3-130　**3-131** (R^1SO_2Na)　**3-132**

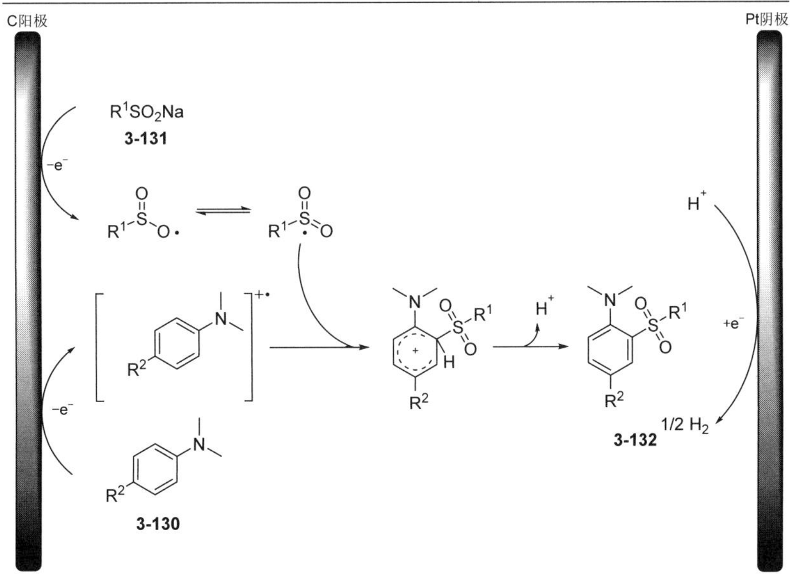

图 3-34　电化学介导的芳胺磺酰化反应及其反应机理

当芳胺的两个邻位氢原子处于不同化学环境时，反应的区域选择性较差。此外，当芳胺的邻位和对位同时未被取代时，也存在部分底物的区域选择性较差的问题。

苯并噁嗪骨架广泛存在于药物分子、天然产物以及具有重要活性的生物分子之中。例如，化合物 **3-133** 是孕激素受体激动剂；化合物 **3-134** 是除草剂的有效成分；化合物 **3-135** 是杀菌剂的有效成分；化合物 **3-136** 是治疗焦虑症引发的身心障碍、调节自主神经功能紊乱的药物（图 3-35）。通常来说，合成苯并噁嗪骨架有以下两类方法：①醛和邻氨基苄醇的缩合反应；②邻烯基酰胺和不同亲电试剂的串联环化反应。

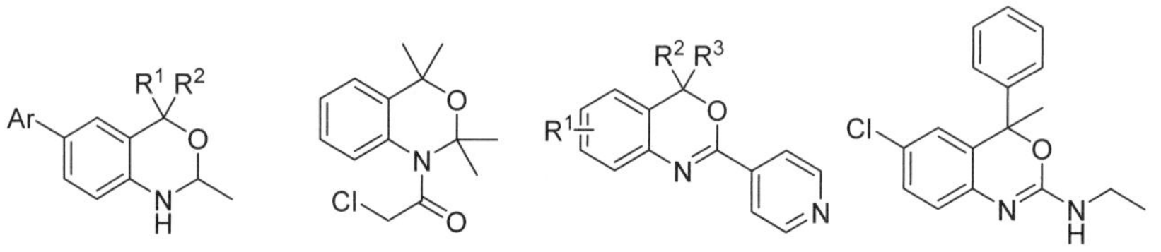

孕激素受体激动剂 **3-133**　除草剂有效成分 **3-134**　杀菌剂有效成分 **3-135**　艾替伏辛 **3-136**

图 3-35　含苯并噁嗪骨架的生物活性分子

2020 年，黄精美课题组报道了一种电化学条件下通过自由基串联环化合成含磺酰基苯并噁嗪的反应[21]。以芳基磺酰肼 **3-137** 与邻氨基烯烃 **3-138** 为底物，实现了一系列苯并噁嗪衍生物 **3-139** 的合成（图 3-36）。该反应以石墨棒为阳极，铂片为阴极，以乙腈为溶剂，四丁基氟硼酸铵为电解质，在室温氮气保护下以恒定电流电解 3.5h。该反应具有底物官能团兼容性较好，易于操作，反应条件温和，不需要额外添加金属催化剂和化学氧化试剂等优点。

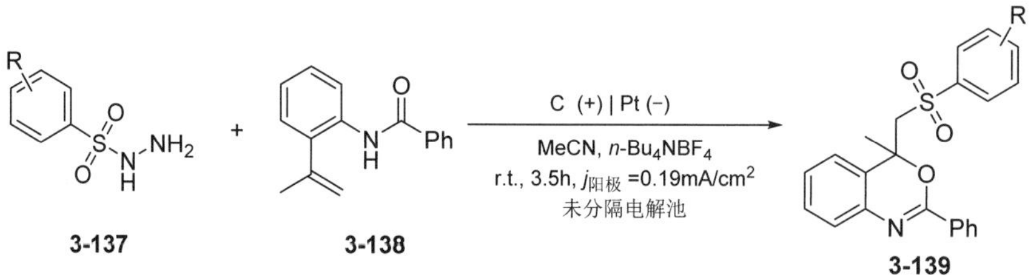

3-137 + **3-138** → **3-139**

C (+) | Pt (−)；MeCN, n-Bu_4NBF_4；r.t., 3.5h, $j_{阳极}$ =0.19mA/cm^2；未分隔电解池

图 3-36　电化学介导的邻氨基烯烃自由基串联磺酰化环化反应

反应机理如图 3-37 所示，磺酰肼 **3-137** 先在阳极发生氧化、去质子化并释放一分子氮气形成磺酰基自由基 **3-141**。随后，磺酰基自由基 **3-141** 对邻氨基烯烃 **3-138** 的双键末端加成得到苄位三级自由基中间体 **3-142**，后者在阳极被迅速氧化成苄位三级碳正离子中间体 **3-143**。紧接着，该中间体 **3-143** 分子内的氧进攻碳正离子关环后经历去质子化过程得到最终产物 **3-139**。与此同时，体系中的质子在阴极发生还原反应，释放氢气，完成整个反应体系的电子循环。

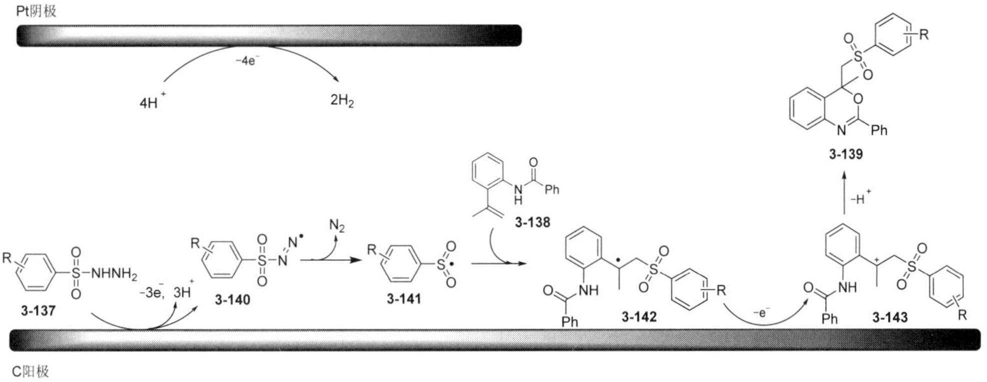

图 3-37　邻氨基烯烃的自由基串联磺酰化环化反应机理

3.2.3　电化学氧化磺酰化构建含 C(sp^3)−磺酰基药物分子

烷基 C(sp^3)—H 键相对不饱和烯烃和醛类化合物而言，性质更加稳定，因此更难被活化。2015 年，袁高清课题组发表了一种电化学条件下 1,3-二羰基化合物 **3-144** 与亚磺酸钠 **3-145** 的氧化反应，利用该体系实现了一系列 *β*-羰基砜 **3-146** 的合成 [22]。该反应以石墨棒作为阳极，镍片作为阴极，以二甲基亚砜作为溶剂，以碘化铵作电解质，在未分隔电解池、室温下以 50mA 的恒定电流进行电解，当反应进行 2h 后，断开电源并继续反应 5h。该催化体系十分温和且高效，各类 1,3-二羰基化合物与芳基亚磺酸钠和烷基亚磺酸钠都能以高产率获得相应目标产物。作者认为该反应可能的机理为：碘化铵在阳极被氧化成碘单质，碘单质与 1,3-二羰基底物 **3-144** 反应得到碘代中间体 **3-147**。随后，该中间体 **3-147** 与亚磺酸钠 **3-145** 发生 S_N2 反应得到最终产物 **3-146**（图 3-38）。

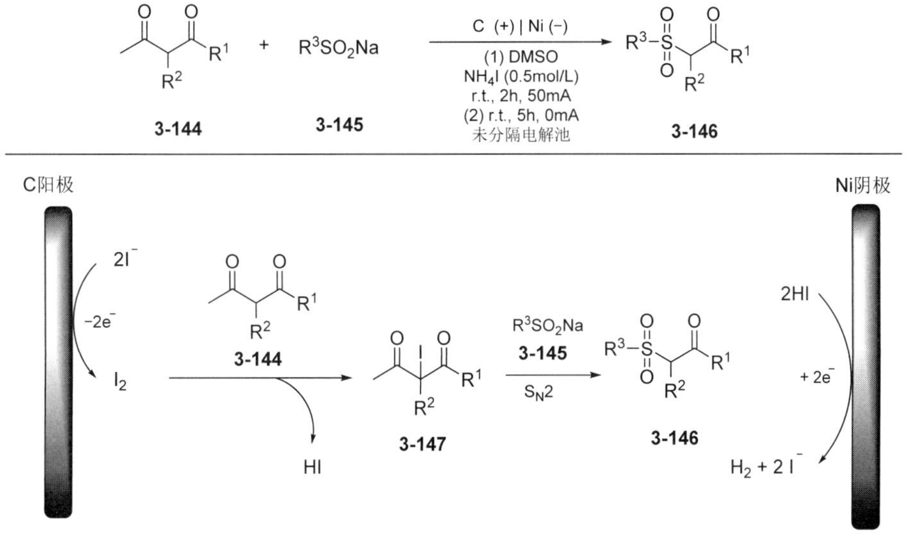

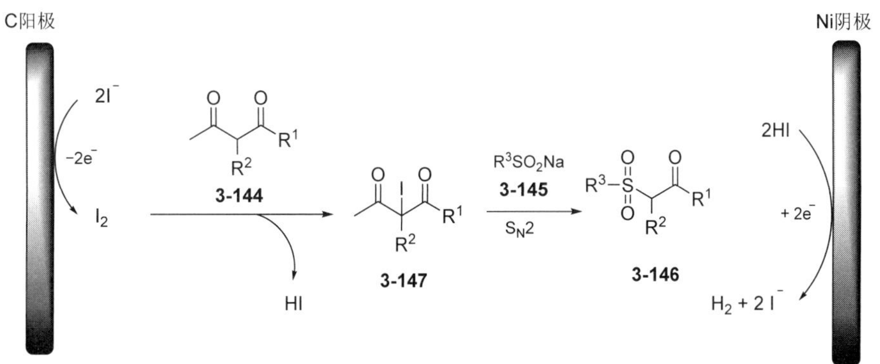

图 3-38　电化学介导的 1,3-二羰基化合物磺酰化反应

β-羰基砜是有机合成和药物化学中重要的一类化合物。2020 年，Yavari 课题组报道了一种电化学条件下合成 *β*-羰基砜 **3-150** 的方法[23]。该体系可以通过芳基酮 **3-148** 与亚磺酸钠 **3-149** 直接偶联，也可以通过芳炔 **3-151** 与亚磺酸钠 **3-109** 进行氧化偶联。该反应能够兼容含各类取代基的芳基酮、芳炔以及芳基亚磺酸钠，一些敏感官能团（如溴、碘）也能以较高产率实现对应目标产物的转化。但该催化体系无法兼容杂环酮、杂环炔和烷基亚磺酸钠。针对两种不同的反应底物，作者提出了相应的机理。对于芳基酮底物，碘负离子在阳极被氧化成碘自由基，碘自由基攫取芳基酮 **3-148** 的羰基 *α* 位氢原子形成羰基 *α* 位碳自由基 **3-152**，自由基 **3-152** 能够通过烯醇互变转化为烯醇氧自由基 **3-153**，与此同时，亚磺酸钠 **3-149** 在阳极被氧化成对应的芳基磺酰自由基 **3-154**，与 **3-153** 发生自由基交叉偶联得到烯醇中间体 **3-155**，随后经历烯醇互变过程，得到最终产物 **3-150**。对于芳基炔底物，亚磺酸钠在阳极被氧化成对应的芳基磺酰自由基 **3-154**，然后进攻芳基炔 **3-151**，得到末端加成的烯基自由基中间体 **3-156**，中间体 **3-156** 与体系中过氧叔丁醇产生的羟基自由基偶联得到烯醇化合物 **3-155**，随后烯醇互变为最终产物 **3-150**（图 3-39）。

3-148 或 3-151 + Ar^2SO_2Na 3-149 → 3-150

PG (+) | St (−)

MeOH, KI (0.25mol/L),TBHP (2e.q.)

r.t., 5h, 40mA

未分隔电解池

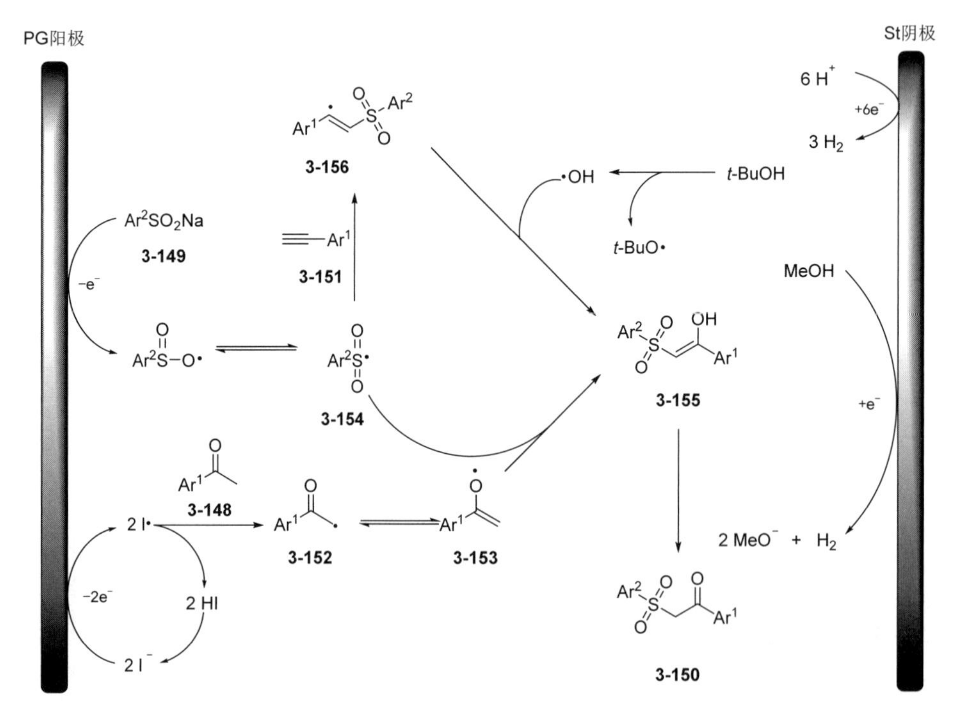

图 3-39 电化学介导的芳基酮或芳基炔烃的磺酰化反应及其机理

3.3 电化学构建含硫杂环的药物分子

苯并噻唑骨架常见于许多生物活性分子中（图 3-40），具有抗病毒、抗肿瘤等活性，可用作防腐剂以及阿尔茨海默病中 β-淀粉样斑块的示踪剂。

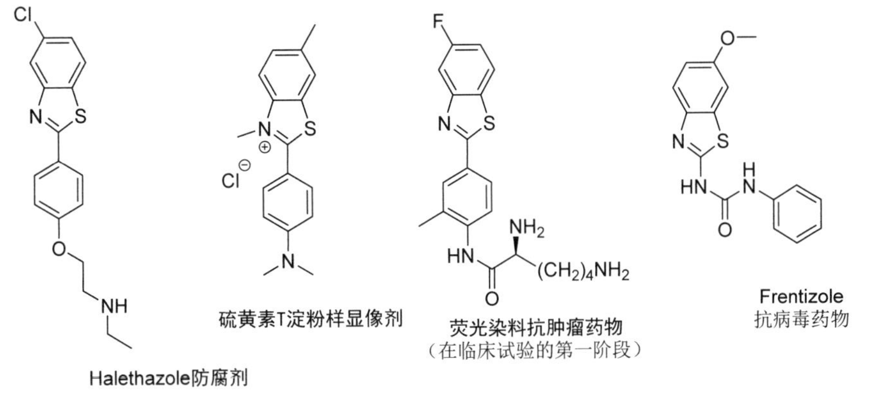

Halethazole防腐剂

硫黄素T淀粉样显像剂

荧光染料抗肿瘤药物（在临床试验的第一阶段）

Frentizole 抗病毒药物

图 3-40 以苯并噻唑为骨架的代表性临床药物

2017 年，徐海超课题组报道了一种电化学条件下四甲基哌啶氧化物（TEMPO）催化苯并噻唑和噻唑并吡啶类化合物的合成反应[24]。该反应以 RVC 电极作为阳极，铂片为阴极，以 TEMPO 为氧化还原催化剂，乙腈和甲醇为混合溶剂，以四丁基四氟硼酸铵为电解质，电流为 10mA，以硫代酰胺 **3-157** 为底物，在未分隔电解池、室温下进行恒电流电解，合成了一系列 2 位取代的苯并噻唑和噻唑并吡啶类化合物 **3-158**。该催化体系具有较好的底物适用性和官能团耐受性，能够兼容羟基、二级胺、烯基、炔基、杂环、甾体环，但硝基取代的底物在该体系下无法实现对应目标产物的合成。值得注意的是，在该电化学体系下可由胆酸为原料得到产率较好的天然产物 **3-159**（图 3-41）。

作者认为该反应机理为：TEMPO 在阳极首先被氧化成对应的氮正离子 **3-160**，**3-160** 与硫代酰胺底物 **3-157** 反应形成中间体 **3-161**。**3-161** 发生硫氧键断裂，生成硫自由基中间体 **3-162**，中间体 **3-162** 进攻芳环后经历氧化和去质子化过程得到最终产物 **3-158**（图 3-42）。

此外，作者通过克级反应和产物转化实验证明了该反应具有较高的应用价值。该电化学方法可作为合成 **CL075**（一种 TLR8 激动剂）中间体 **3-158** 的关键步骤，能以 90%的产率实现克级反应。以 2-氨基苯甲酸为底物，**3-158** 的传统合成路线需要 5 步才可以实现[21]。但采用电化学方法只需由 **3-157** 经环化一步就可得到，而 **3-157** 的合成也相对简单，只需由 3-氨基喹啉经两步的硫代酰胺化就可得到（图 3-43）。值得注意的是，该电解反应可以放大 20 倍至 2.3g，电流效率依然很高。

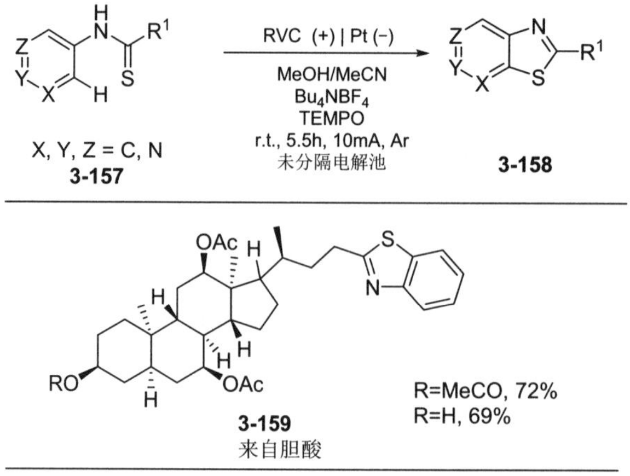

X, Y, Z = C, N
3-157
RVC (+) | Pt (−)
MeOH/MeCN
Bu_4NBF_4
TEMPO
r.t., 5.5h, 10mA, Ar
未分隔电解池
3-158

3-159
来自胆酸
R=MeCO, 72%
R=H, 69%

图 3-41 电化学介导下苯并噻唑和噻唑并吡啶类化合物的合成

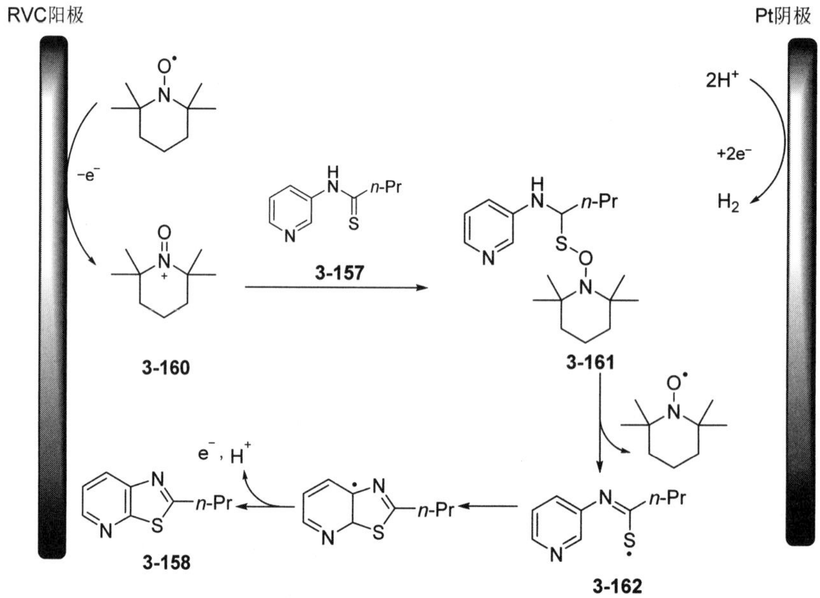

RVC阳极
Pt阴极
$-e^-$
$2H^+$
$+2e^-$
H_2
3-157
3-160
3-161
3-162
e^-, H^+
3-158

图 3-42 电化学介导硫代酰胺环化的反应机理

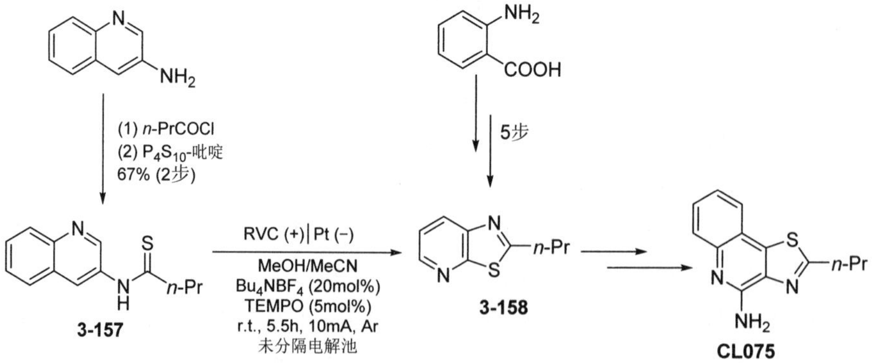

(1) *n*-PrCOCl
(2) P_4S_{10}-吡啶
67% (2步)
5步
RVC (+)|Pt (−)
MeOH/MeCN
Bu_4NBF_4 (20mol%)
TEMPO (5mol%)
r.t., 5.5h, 10mA, Ar
未分隔电解池
3-157
3-158
CL075

图 3-43 CL075 前体的合成方法比较

2018 年，徐海超课题组还将该反应进一步发展，利用流动电化学技术实现了该类产物的合成[25]。相比传统电化学，流动电化学展现出更加温和的反应条件，对环境也更加友好，不再需要添加额外的 TEMPO 催化剂以及额外的电解质，只需要将反应底物 **3-157** 与溶剂混合就能顺利获得产物 **3-158**。不仅如此，作者还发现一些常规电化学条件下不反应的底物，在流动电化学体系中能够以优良的产率转化为目标产物。使用该流动电化学反应器可进行更大规模的反应（13mmol），获得产率为 87%（2.4g）的产物 **3-158**。由于使用了更高的流速和更高的浓度，缩短了反应时间，导致产物 **3-158** 的产率有所降低，但在短时间内获得如此大量产品，表明该策略具有工业化应用前景。

3.4 总结与展望

综上所述，C—S 键的氧化交叉偶联电合成具有较高的原子经济性，不需要牺牲额外的氧化剂，通过调节工作电流和电势，一些敏感的官能团可以很好地耐受反应条件。通过电化学方法，可以将砜、硫醚和硫氰酸酯等多种含硫官能团引入目标分子中，在含 C—S 键（硫醚键、磺酰基、砜基等）药物分子构建领域中发挥了积极作用并取得了一定的研究进展。然而，目前关于电化学介导 C(sp^3)—H 键直接交叉偶联构建 C—S 键药物分子的报道仍然较少。有机砜和硫醚类化合物是许多药物分子的核心骨架，也是有机合成和药物合成的重要中间体，因此亟待研发更多新的电化学合成方法以满足数量庞大的含 C—S 键药物分子的市场需求。

参考文献

[1] P. Wang, S. Tang, P F Huang, et al. Electrocatalytic Oxidant-Free Dehydrogenative C—H/S—H Cross-Coupling [J]. Angew Chem Int Ed, 2017, 56(11): 3009-3013.

[2] Y Yuan, Y M Cao, J Qiao, et al. Electrochemical Oxidative C—H Sulfenylation of Imidazopyridines with Hydrogen Evolution [J]. Chin J Chem, 2019, 37(1): 49-52.

[3] J D Zhou, Z H Li, Z X Sun, et al. Electrochemically C—H/S—H Oxidative Cross-Coupling between Quinoxalin-2(1*H*)- ones and Thiols for the Synthesis of 3-Thioquinoxalinones [J]. J Org Chem, 2020, 85(6): 4365-4372.

[4] Y Yuan, Y X Chen, S Tang, et al. Electrochemical Oxidative Oxysulfenylation and Aminosulfenylation of Alkenes with Hydrogen Evolution [J]. Sci Adv, 2018, 4(8): eaat5312.

[5] Y Wang, L L Deng, H B Mei, et al. Electrochemical Oxidative Radical Oxysulfuration of Styrene Derivatives with Thiols and Nucleophilic Oxygen Sources [J]. Green Chem, 2018, 20(15): 3444-3449.

[6] D Li, S Li, C Peng, et al. Electrochemical Oxidative C—H/S—H Cross-Coupling between Enamines and Thiophenols with H_2 Evolution [J]. Chem Sci, 2019, 10(9): 2791-2795.

[7] T J He, Z R Ye, Z F Ke, et al. Stereoselective Synthesis of Sulfur-containing β-Enaminonitrile Derivatives through Electrochemical C(sp^3)—H Bond Oxidative Functionalization of Acetonitrile[J]. Nat Commun, 2019, 10(1): 833.

[8] F L Lu, Z Z Yang, T Wang, et al. Electrochemical Oxidative C(sp^3)—H/S—H Cross-Coupling with Hydrogen Evolution for

Synthesis of Tetrasubstituted Olefins [J]. Chin J Chem, 2019, 37(6): 547-551.

[9] P F Zhong, H M Lin, L W Wang, et al. Electrochemically Enabled Synthesis of Sulfide Imidazopyridines via a Radical Cyclization Cascade [J]. Green Chem, 2020, 22(19): 6334-6339.

[10] C C Zeng, F J Liu, D W Ping, et al. Electrochemical Oxidation of Catechols in the presence of 4-Amino-3-Methyl-5-Mercapto-1,2,4-Triazole Bearing Two Nucleophilic Groups [J]. J Electroanal Chem, 2009, 625(2): 131-137.

[11] C C Zeng, F J Liu, D W Ping, et al. Electrochemical Synthesis of 1,3,4-Thiadiazol-2-Ylthio-Substituted Catechols in Aqueous Medium [J]. Tetrahedron, 2009, 65(23): 4505-4512.

[12] F J Liu, C C Zeng, D W Ping, et al. Electrochemical Synthesis of 5-Purin-6'-ylthiocatechols in Aqueous Medium [J]. Chin J Chem, 2008, 26(9): 1651-1655.

[13] X T Meng, H H Xu, X J Cao, et al. Electrochemically Enabled Sulfonylation of Alkynes with Sodium Sulfinates [J]. Org Lett, 2020, 22(17): 6827-6831.

[14] Z Y Mo, Y Z Zhang, G B Huang, et al. Electrochemical Sulfonylation of Alkynes with Sulfonyl Hydrazides: A Metal- and Oxidant-Free Protocol for the Synthesis of Alkynyl Sulfones [J]. Adv Synth Catal, 2020, 362(11): 2160-2167.

[15] A Alizadeh, M M Khodaei, M Fakhari, et al. Direct Electrosynthesis of a Series of Novel Caffeic Acid Analogues through a Clean and Serendipitous Domino Oxidation/Thia-Michael Reaction [J]. RSC Adv, 2014, 4(40): 20781-20788.

[16] M L Feng, L Y Xi, S Y Chen, et al. Electrooxidative Metal-Free Dehydrogenative *α*-Sulfonylation of 1*H*-Indole with Sodium Sulfinates [J]. Eur J Org Chem, 2017, 2017(19): 2746-2750.

[17] Y Yuan, Y Yu, J Qiao, et al. Exogenous-Oxidant-Free Electrochemical Oxidative C—H Sulfonylation of Arenes/Heteroarenes with Hydrogen Evolution [J]. Chem Commun, 2018, 54(81): 11471-11474.

[18] H L Xiao, C W Yang, N T Zhang, et al. Electrochemical Oxidation of Aminophenols in the presence of Benzenesulfinate [J]. Tetrahedron, 2013, 69(2): 658-663.

[19] J Nikl, S Lips, D Schollmeyer, et al. Direct Metal- and Reagent-Free Sulfonylation of Phenols with Sodium Sulfinates by Electrosynthesis [J]. Chem Eur J, 2019, 25(28): 6891-6895.

[20] Y C Wu, S S Jiang, S Z Luo, et al. Transition-Metal- and Oxidant-Free Directed Anodic C—H Sulfonylation of *N,N*-disubstituted Anilines with Sulfinates [J]. Chem Commun, 2019, 55(61): 8995-8998.

[21] T J He, W Q Zhong, J M Huang. The Synthesis of Sulfonated 4*H*-3,1-benzoxazines via an Electro-Chemical Radical Cascade Cyclization [J]. Chem Commun, 2020, 56(18): 2735-2738.

[22] X J Pan, J Gao, G Q Yuan. An Efficient Electrochemical Synthesis of *β*-keto Sulfones from Sulfinates and 1,3-Dicarbonyl Compounds [J]. Tetrahedron, 2015, 71(34): 5525-5530.

[23] I Yavari, S Shaabanzadeh. Electrochemical Synthesis of *β*-Ketosulfones from Switchable Starting Materials [J]. Org Lett, 2020, 22(2): 464-467.

[24] X Y Qian, S Q Li, J S Song, et al. TEMPO-Catalyzed Electrochemical C—H Thiolation: Synthesis of Benzothiazoles and Thiazolopyridines from Thioamides [J]. ACS Catal, 2017, 7(4): 2730-2734.

[25] A A Folgueiras-Amador, X Y Qian, H C Xu, et al. Catalyst- and Supporting-Electrolyte-Free Electrosynthesis of Benzothiazoles and Thiazolopyridines in Continuous Flow [J]. Chem Eur J, 2018, 24(2): 487-491.

第四章

电化学介导芳环反应合成药物分子

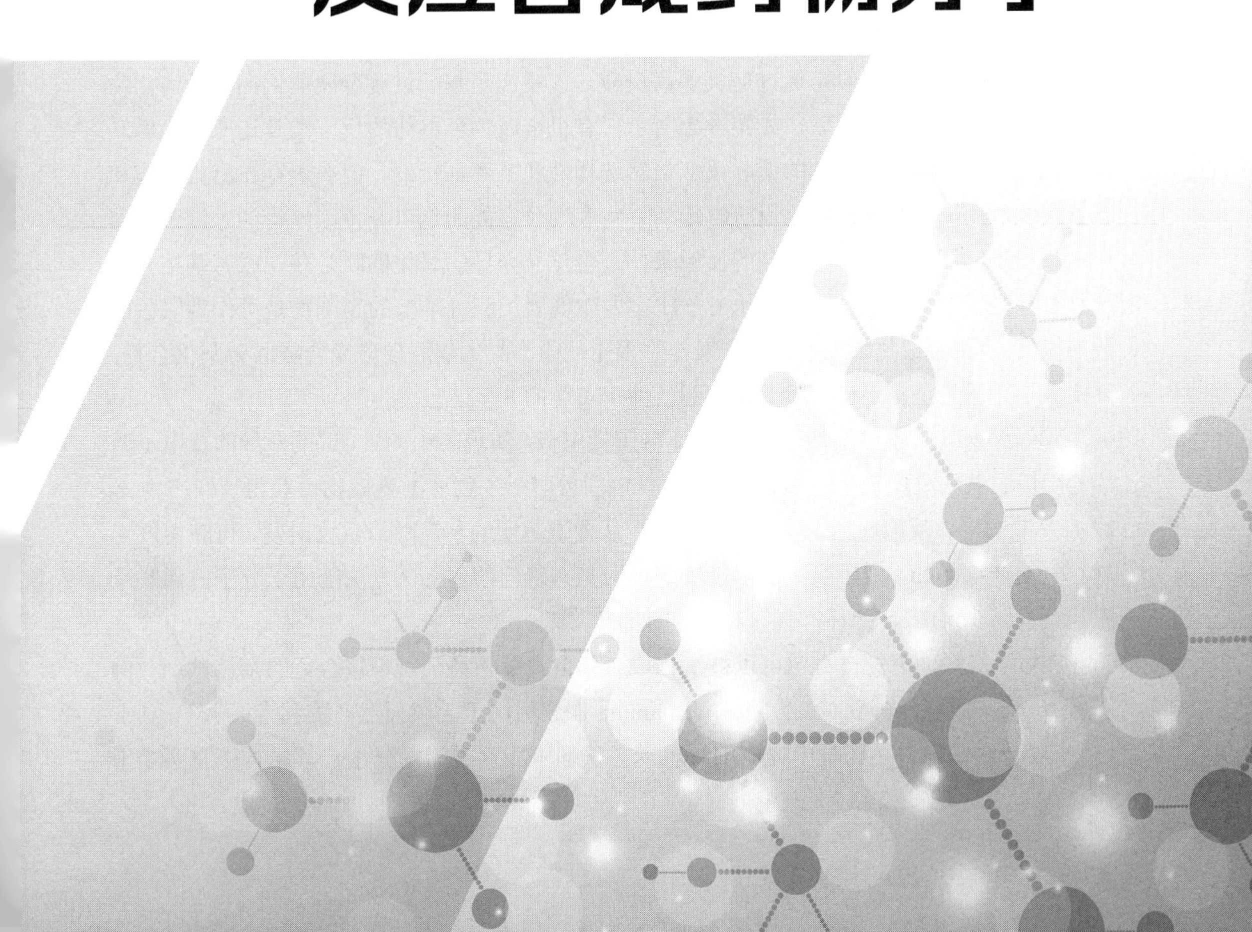

芳基结构存在于众多天然生物活性分子或药物分子中，例如从小叶海棠中提取的**Knipholone**具有抗菌、抗肿瘤作用；药物雷洛昔芬可用于预防和治疗妇女绝经后骨质疏松症；布洛芬为解热镇痛类药物，可通过抑制环氧化酶减少前列腺素的合成，从而产生镇痛、抗炎作用，通过下丘脑体温调节中枢而起解热作用；由垂体后叶释放的一种激素精氨酸加压素具有抗利尿、缩血管、参与体温及免疫调节等生理功能（图4-1）。因此，芳基骨架的高效构建一直是药物合成化学和材料科学领域研究的热点和难点。

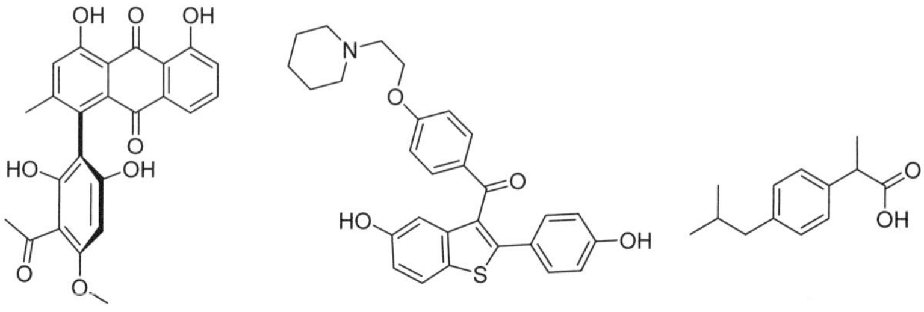

Knipholone　雷洛昔芬　布洛芬

图4-1　具有代表性的含芳基结构的药物分子

4.1　电化学介导的芳环-芳环偶联合成药物分子

构建联芳基结构一般是通过交叉偶联反应。该反应是基于过渡金属催化的芳基卤化物与亲核有机金属物种的偶联，如图4-2所示，有机金属物种参与的反应涉及还原交叉偶联或氧化交叉偶联。这些传统的偶联反应虽然选择性和产率都较好，但普遍存在污染环境和成本较大等弊端，在进行偶联反应时均需要将底物预官能团化以及使用昂贵的过渡金属催化剂。另外，还需要复杂、苛刻的反应条件。电化学介导的氧化偶联是获得联芳基结构的一种有效替代方法，通过直接活化C—H键发生偶联反应且唯一的副产物是可作为绿色能源的氢气。有机合成化学家们已经开发出许多电化学介导的偶联反应来合成联芳基化合物，其中大部分反应是在无金属和无氧化剂条件下实现的。

Waldvogel课题组利用钼活性材料作为阳极电极，实现了钼（Ⅴ）试剂介导的富电子芳烃的阳极脱氢偶联反应[1]。如图4-3所示，以茴香醚衍生物**4-1**为底物可获得偶联产物**4-2**，产率良好。该反应底物耐受性范围广，如从含碘基团的藜芦醇衍生物出发，可获得产率为69%的产物**4-2a**，对于后续的官能团化反应是有价值的。将该方法应用于分子内偶联反应，还可以获得7～8元环产物（**4-2b**和**4-2c**）。

类似于烯烃，芳烃自身也可以被氧化成芳基自由基正离子，再被合适的亲核试剂（例如另一分子的芳烃）捕获。该策略被Yamamura课题组用于合成天然产物利卡灵A[2]。利卡灵A是一种从三白草药材中提取的二氢苯并呋喃木脂素类活性分子，其结构中有两个手

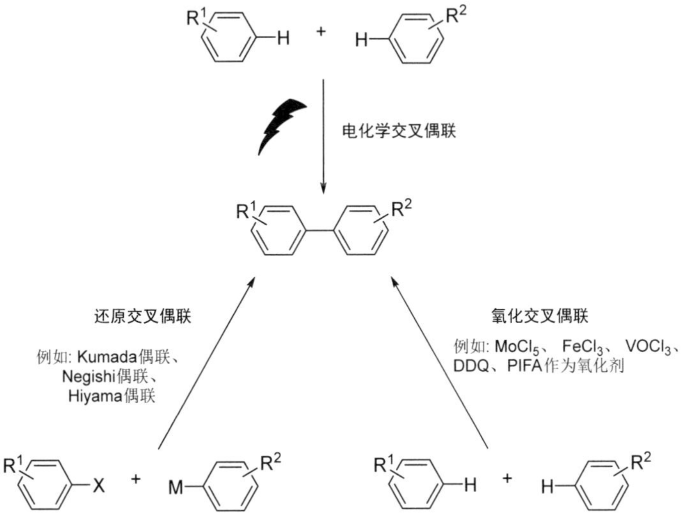

图 4-2　芳基-芳基交叉偶联的不同方法

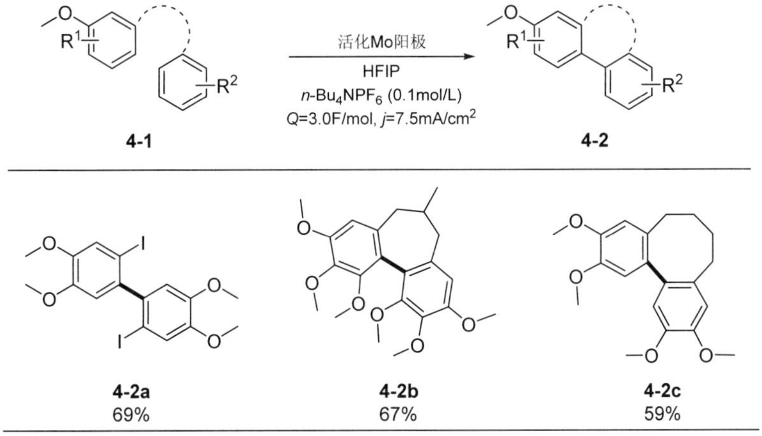

图 4-3　电化学介导的芳烃分子内和分子间脱氢偶联反应

性中心，具有强大的抗炎、抗菌、抗肿瘤和体外杀虫活性，能显著抑制二硝基苯肼-人血清白蛋白（DNP-HSA）刺激的 RBL-2H3 细胞产生肿瘤坏死因子，也能抑制前列腺素 D_2 的产生以及环氧化酶的表达。以硼掺杂金刚石（BDD）为阳极，铂丝为阴极，甲醇为溶剂，高氯酸锂为电解质，在室温下以 1.06V 的恒定电压进行电解反应，成功地使异丁香酚甲醚 **4-3** 二聚，以 40%的产率得到利卡灵 A（图 4-4）。

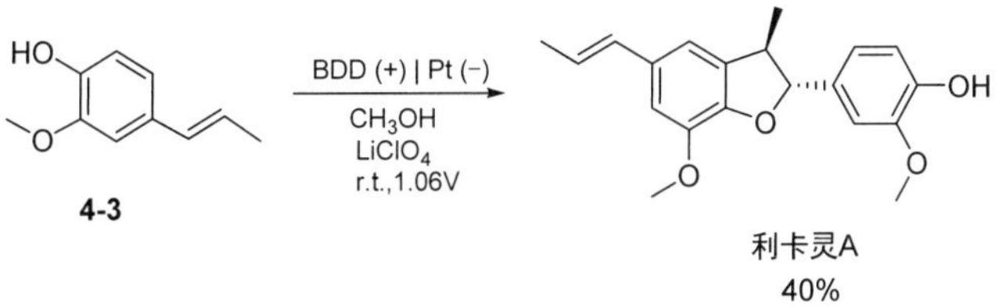

图 4-4　电化学合成利卡灵 A

羟考酮是从生物碱蒂巴因中提取的半合成阿片类药物，是一种强效止痛药，可用于减缓癌症患者的疼痛，其口服生物利用度明显高于吗啡。如图 4-5 所示，羟考酮前体类似物多花罂粟碱的合成是通过(*R*)-牛心果碱的分子内氧化偶联反应进行的[3]。使用传统的氧化剂时产率很低，同时区域选择性较差，因此电化学阳极氧化提供了一个有吸引力且可靠的替代方案。

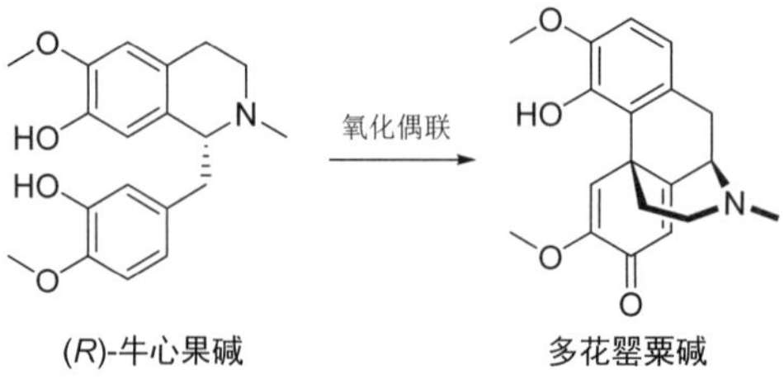

图 4-5 (*R*)-牛心果碱的芳基氧化偶联反应

2018 年，Opatz 课题组选择原料 **4-4** 进行电化学偶联反应，并应用于非天然阿片类药物的不对称合成中[4]。该反应以良好的产率获得羟考酮前体 **4-5**。**4-5** 经过一系列的转化得到羟考酮或者蒂巴因（图 4-6）。

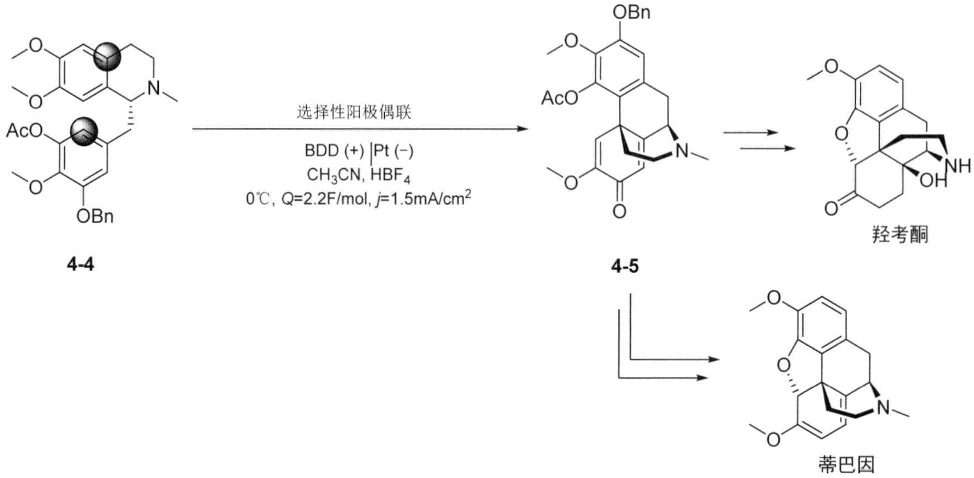

图 4-6 电化学合成羟考酮

在苯酚 **4-6** 与芳烃 **4-7** 的交叉偶联反应合成 **4-8** 中，容易出现自身偶联、过度氧化形成聚合物、区域选择性差等问题，如图 4-7 所示。

为解决上述问题，Waldvogel 课题组提出了一种电化学转化途径[5]，如图 4-8 所示，苯酚 **4-6** 在阳极的氧化电势最低，因此首先在阳极发生氧化，随后迅速发生去质子化，此时的苯氧基中间体 **4-9** 仍然具有亲电性，会被氧化电势更高的苯酚或芳烃 **4-7** 进攻，得到中间体 **4-10** 后发生互变异构得到 **4-11**，然后 **4-11** 进行第二次阳极氧化，最终得到所需的偶联产物 **4-8**。由此可见，电化学介导的交叉偶联反应可以很好地克服图 4-7 所述问题。

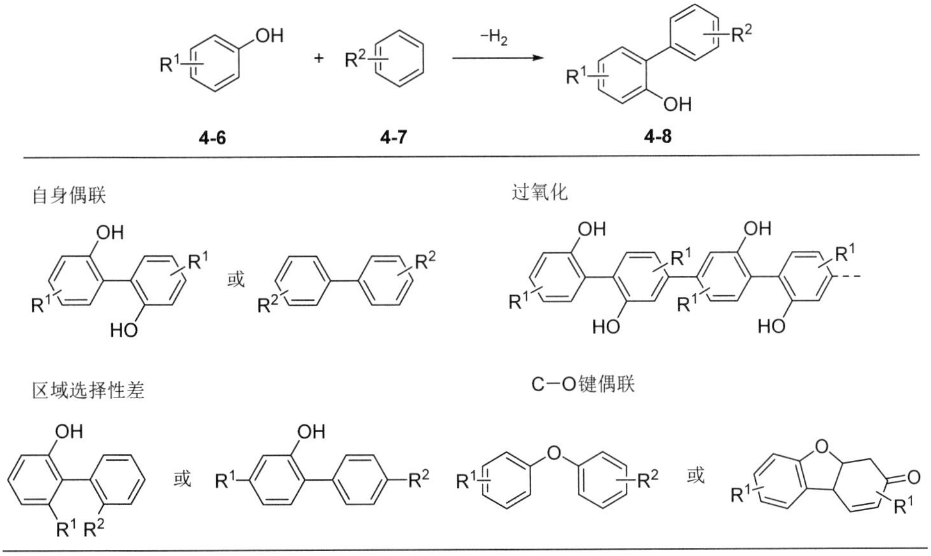

-H2
4-6
4-7
4-8
自身偶联
或
过氧化
区域选择性差
或
C—O键偶联
或

图 4-7　芳基与苯酚氧化交叉偶联反应存在的挑战

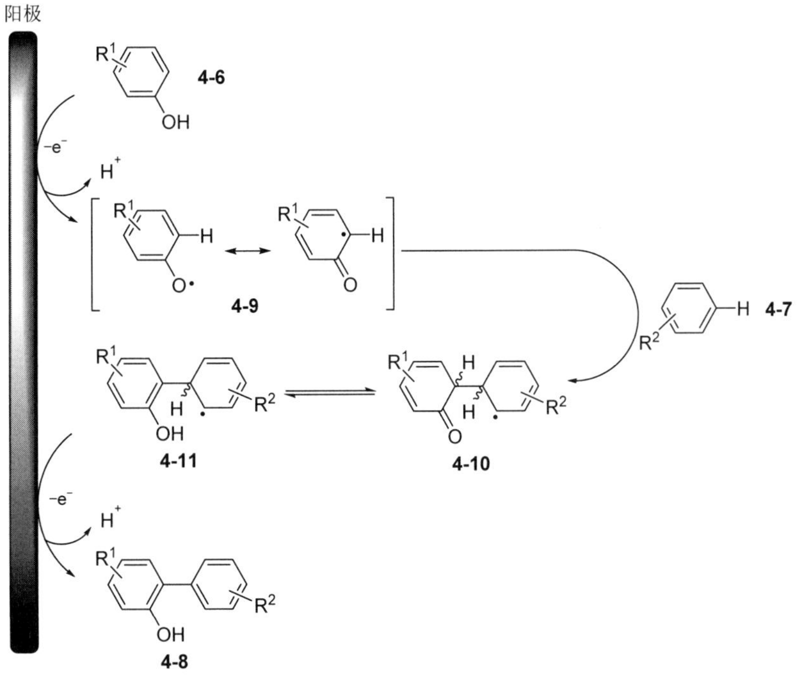

阳极
4-6
-e⁻
H+
4-9
4-7
4-11
4-10
-e⁻
H+
4-8

图 4-8　电化学介导的苯酚与芳烃交叉偶联反应机理

苯酚作为一类富电子化合物，亲核性大于芳烃，因此在电化学条件下苯酚更容易被氧化。Waldvogel 课题组发现六氟异丙醇（HFIP），具有很高的电化学稳定性，还可以稳定中间体自由基阳离子[6]。六氟异丙醇作为溶剂能和酚类生成氢键，对酚类的溶剂化作用大于芳烃的溶剂化作用，因此使用六氟异丙醇作为溶剂时可以降低苯酚的亲核性，并有助于通过氢键相互作用形成溶剂保护层。此外，水和甲醇在 HFIP 中显弱碱性，用作添加剂时会通过削弱溶剂化物外层并促进去质子化作用来降低苯酚的氧化电势。HFIP 的这些功能对改变苯酚的氧化电势起到重要作用，有利于促进所需的交叉偶联产物形成，如图 4-9 所示。另外，分子动力学的理论研究证实了 HFIP 与添加剂结合后会与底物相互作用，以协同方式来影响苯氧基自由基中间体的电子结构，从而获得最大的反应效率和选择性。

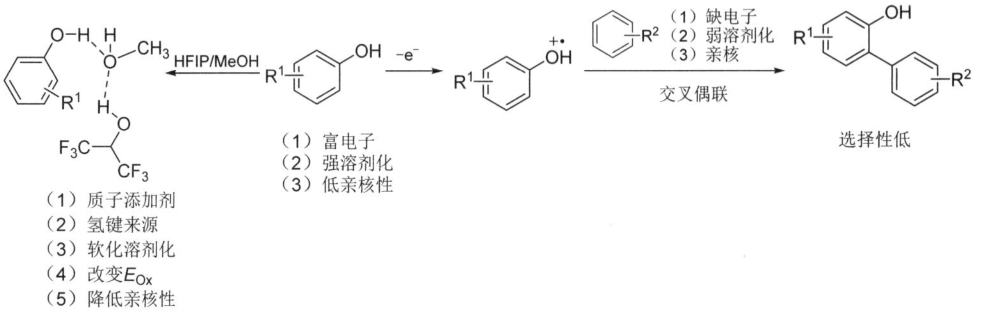

HFIP/MeOH
−e⁻
（1）缺电子
（2）弱溶剂化
（3）亲核
交叉偶联
（1）富电子
（2）强溶剂化
（3）低亲核性
选择性低
（1）质子添加剂
（2）氢键来源
（3）软化溶剂化
（4）改变E_{Ox}
（5）降低亲核性

图 4-9 六氟异丙醇在电化学反应中的作用

在电化学氧化条件下，苯酚发生自身偶联的过程中常常伴随着多聚体的形成[7]。如图 4-10 所示，**4-12** 在电化学氧化条件下除了检测到双酚产物 **4-13**，通常还会产生一种环状酮结构 **4-14**，这种结构是通过邻、对位偶联反应和共轭环化反应形成的，存在于许多天然产物中，例如用于治疗阿尔茨海默病的药物之一加兰他敏就含有该骨架。

在该反应中，电解质的酸碱性对反应结果有很大影响。当使用碱性电解质时，**4-13** 不再是主要产物，取而代之的是 **4-14** 和 **4-15** 的混合物。当碱性电解质使用氢氧化钡时，会形成五环脱氢四聚体骨架 **4-16**，其进一步修饰可获得各种多环天然产物（图 4-10）。

Pt阳极
j=12.5mA/cm²
4-13
4-15
4-14
4-12
加兰他敏
Pt阳极
Ba(OH)₂•8H₂O
MeOH
4-16

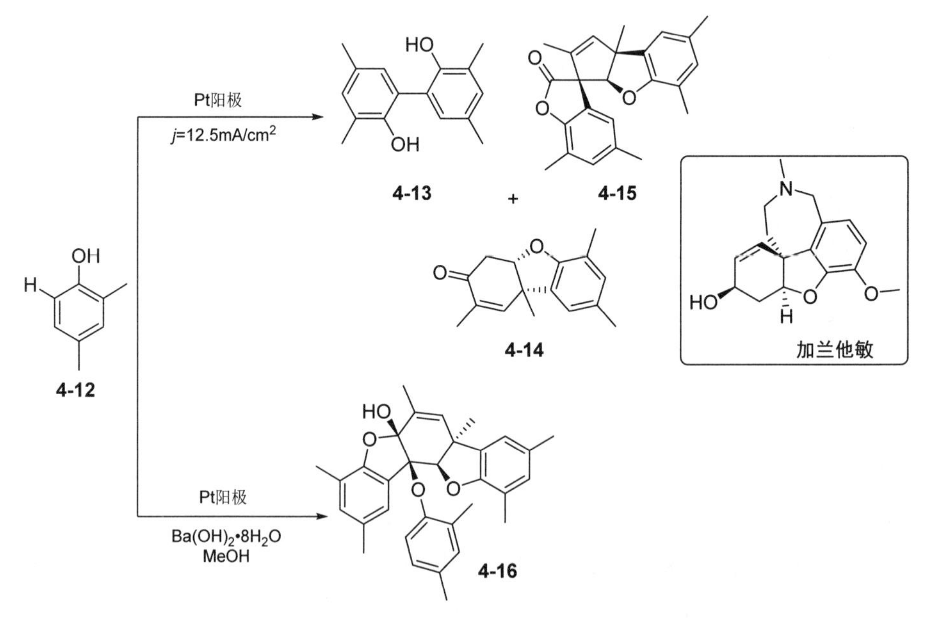

图 4-10 2,4-二甲基苯酚的电化学阳极偶联反应

4-15 的形成可以用图 4-11 所示的途径来解释。在 **4-12** 合成 **4-14** 的实验中观察到 **4-15** 的生成，**4-15** 和 **4-14** 存在相同的单元结构，因此认为 **4-14** 可能是生成 **4-15** 的中间体。

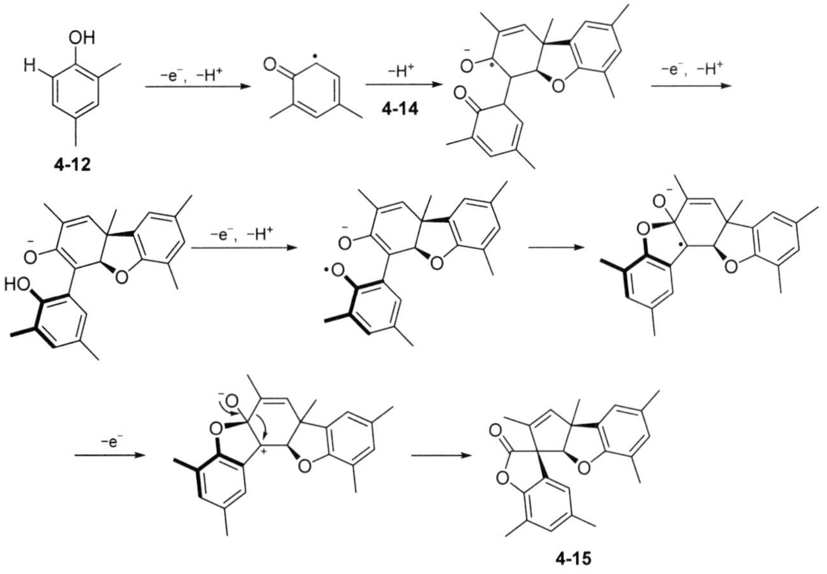

图 4-11 电化学合成 **4-15** 的反应机理

2006 年，该课题组报道了酚类的直接阳极自身偶联反应[8]。该反应高效地发生在 **4-17** 羟基的邻位。当溶剂改为水和 HFIP 混合液时，偶联反应产率显著提高[9]；当 **4-17** 先与硼酸缩合形成硼酸酯，再经过电化学氧化可使 **4-18** 的产率提高至 85%[10]（图 4-12）。

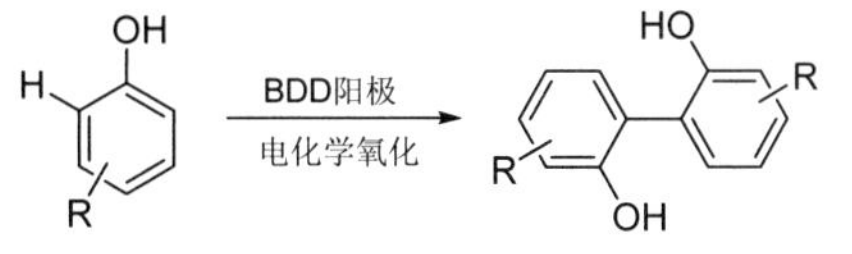

溶剂	化合物**4-18**的产率
H_2O	47%
HFIP + H_2O	74%

图 4-12 电化学介导苯酚的自身偶联反应

在此之后，该课题组重点研究了不同酚类之间的电化学交叉偶联反应，由 **4-19** 与 **4-20** 合成了一系列不对称的 2,2′-联苯酚 **4-21**[11]，如图 4-13 所示。当使用三异丙基甲硅烷基（TIPS）作为酚羟基保护基时，产率显著提高。作者认为，空间位阻较大的 TIPS 保护基会引起芳基轴的强烈扭转，破坏了 π 体系的共轭，因此产物不容易发生过氧化。另外，添加 TIPS 保护基不改变底物苯酚的富电子性质，在 HFIP 存在下，其亲脂性增加，发生了溶剂化反应，降低了亲核性，防止随后的自身偶联反应（图 4-14）。

4-19 + 3 4-20（R^3=H, PG）→ 4-21

BDD阳极

HFIP + MeOH (体积分数0～18%)

Et_3NMeO_3SOMe 或 Bu_3NMeO_3SOMe (0.09mol/L)

Q=2F/mol, j=2.8mA/cm^2

50°C

4-21：38个例子，产率高达: 92%

图 4-13　电化学介导不同苯酚之间的交叉偶联反应

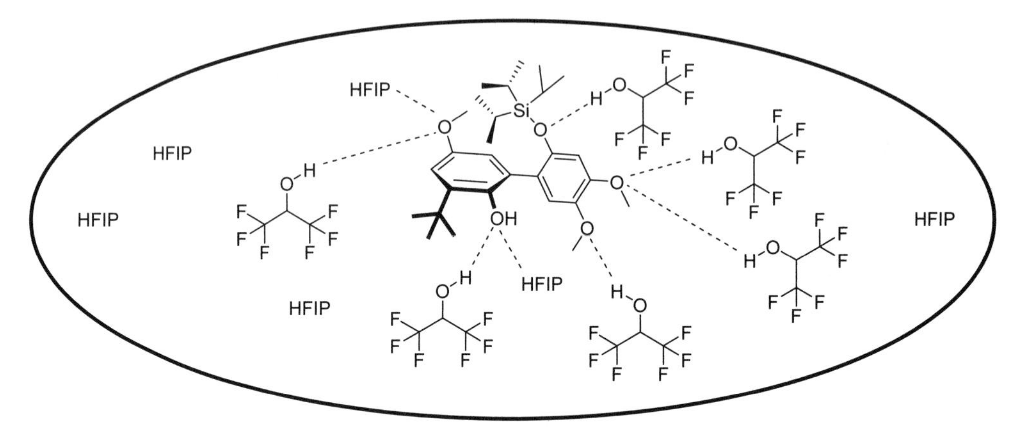

图 4-14　HFIP 对双酚的溶剂化效应

2010 年，该课题组报道了苯酚 **4-22** 与芳烃 **4-23** 交叉偶联反应合成 **4-24** 的电化学方法[12]。当使用水或甲醇为添加剂时，反应产率能得到有效提高[13]，如图 4-15 所示。

4-22 + **4-23** →（BDD阳极，电化学氧化）**4-24**

溶剂	化合物**4-24**的产率
HFIP	33%
HFIP + H_2O	68%
HFIP + MeOH	69%

图 4-15　电化学介导苯酚与芳烃的交叉偶联反应

该课题组还报道了苯酚 **4-26**、**4-25** 与芳烃 **4-27** 的三组分偶联[14,15]，如图 4-16 所示。三组分的偶联反应产物 **4-28** 是一种钳形配体，这类配体在催化、合成和材料科学中都具有广泛的应用。当 **4-25** 中的 R 为乙酰基时，产物 **4-28a** 的产率可以高达 84%，而 **4-26** 含有卤素取代基时产物 **4-28b** 产率较低（**4-31**，21%）。

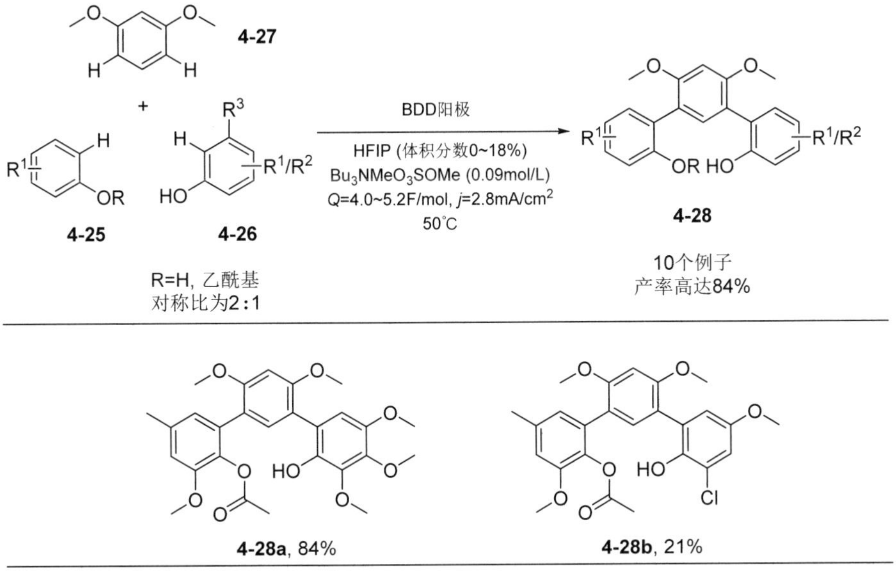

图 4-16 电化学介导的苯酚三组分偶联反应

相对于苯酚的偶联反应，苯胺的 C—C 偶联更不易控制，苯胺容易被各种氧化剂氧化生成聚苯胺混合物，因此必须对氨基进行保护以避免其聚合。该课题组报道了电化学条件下苯酚 **4-19** 与苯胺 **4-29** 的交叉偶联反应，得到交叉偶联产物 **4-30**[16]，如图 4-17 所示。同年，该课题组还报道了不同苯胺 **4-31** 与 **4-32** 之间的交叉偶联合成 **4-33** 的反应[17]，如图 4-18 所示。

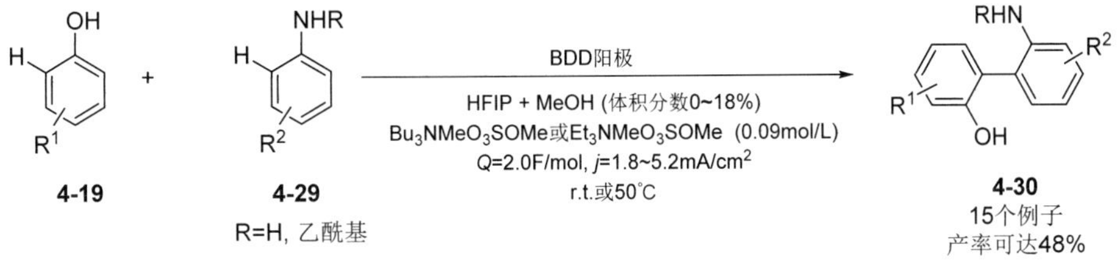

图 4-17 电化学介导的苯酚与苯胺的交叉偶联反应

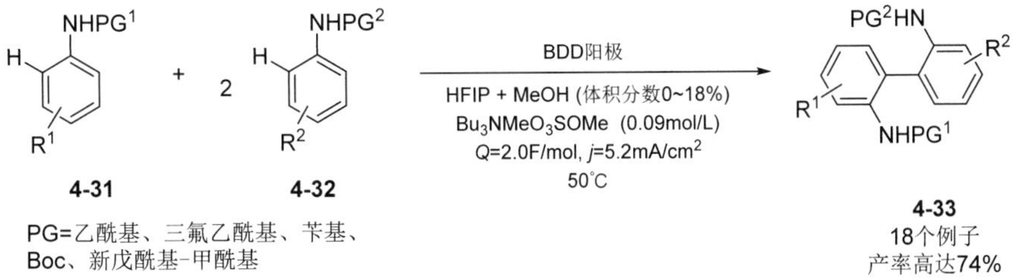

图 4-18 电化学介导不同苯胺之间的交叉偶联反应

2017 年，该课题组报道了电化学介导苯酚 **4-19** 与芳杂环 **4-34** 的交叉偶联反应[18]，如图 4-19 所示。控制不同的原料比可以高选择性地合成噻吩的单芳基取代产物 **4-35** 和多芳

基取代产物 **4-36**，当使用苯并噻吩 **4-37** 时，反应既可发生在 2 位，也可以发生在 3 位，通过取代基占据不同位置就可以选择性地控制反应的位点[19]。

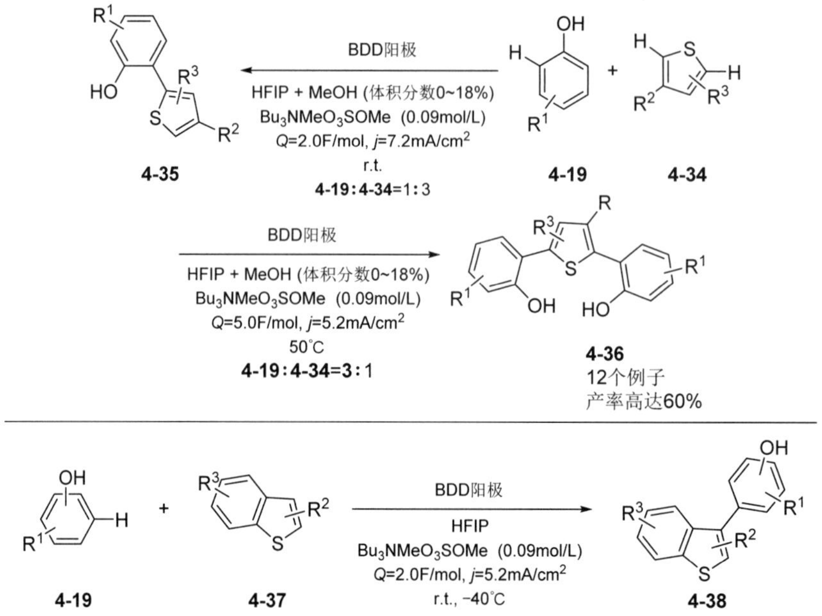

图 4-19 电化学介导苯酚与噻吩/苯并噻吩的交叉偶联反应

当在电化学条件下使用苯并呋喃 **4-39** 与苯酚 **4-40** 进行交叉偶联反应时，发现苯酚和苯并呋喃的取代基发生交换[20]，如图 4-20 所示。通过控制实验和机理探究，作者发现反应是经过质子化的二氢苯并呋喃中间体 **4-42** 或 **4-44**。这些中间体开环后得到 **4-43** 或 **4-45**，**4-45** 还会发生碳正离子重排得到 **4-46**。最后 **4-43** 或 **4-46** 发生去质子化生成相应的产物 **4-41**。

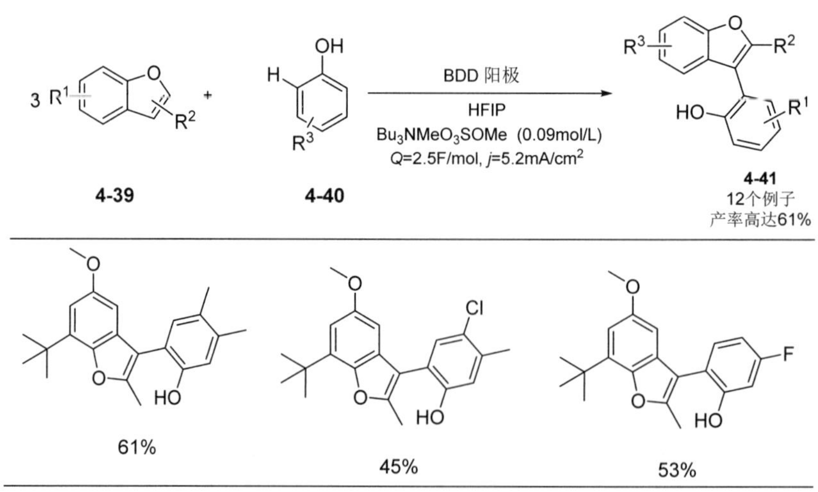

反应机理：

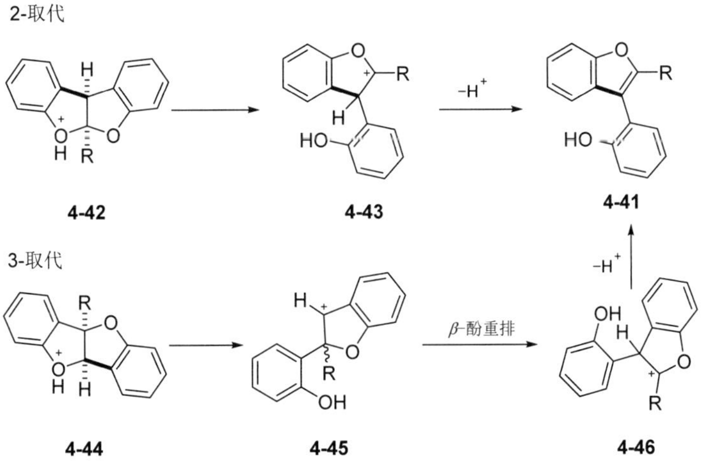

2-取代

4-42　4-43　$-H^+$　4-41

3-取代

4-44　4-45　β-酚重排　4-46　$-H^+$

图 4-20　苯酚与苯并呋喃的电化学交叉偶联反应

2020 年，该课题组报道了带有吸电子基的苯酚 **4-47** 的自身偶联反应，获得产率良好的多齿配体前体 **4-48** [21]，如图 4-21 所示。循环伏安法研究表明，添加的碱可以有效降低各个起始原料的氧化电势，从而促进了氧化反应。该反应兼容各种吸电子基团，如卤素、乙酰氧基、羰基和磺酰基等。当 **4-47** 与萘发生交叉偶联时，产生二氢二苯并呋喃中间体 **4-49**（与 **4-50** 存在一个平衡反应），**4-49** 容易被氧化为二苯并呋喃中间体 **4-51**。

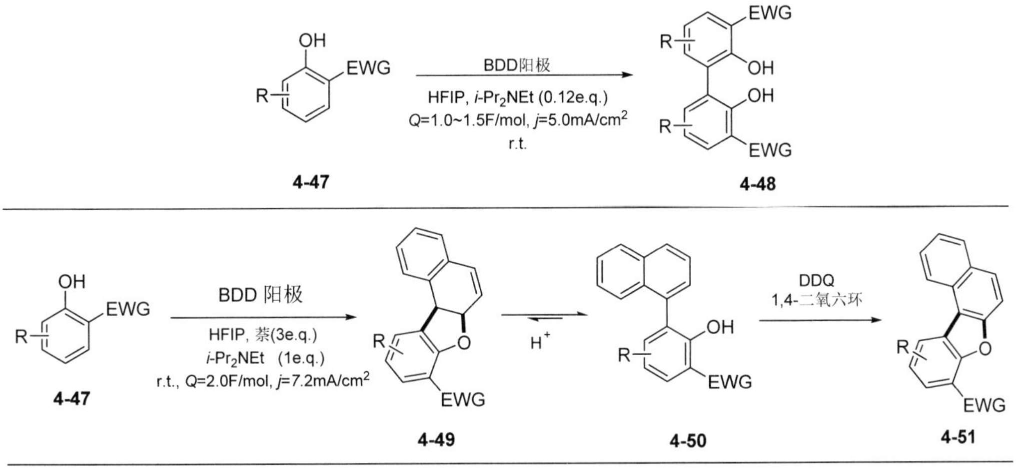

4-47 → 4-48：BDD阳极；HFIP, i-Pr_2NEt (0.12e.q.)；Q=1.0~1.5F/mol, j=5.0mA/cm^2；r.t.

4-47 → 4-49：BDD 阳极；HFIP, 萘(3e.q.)；i-Pr_2NEt (1e.q.)；r.t., Q=2.0F/mol, j=7.2mA/cm^2

4-49 ⇌ 4-50：H^+

4-50 → 4-51：DDQ；1,4-二氧六环

图 4-21　电化学介导带吸电子基苯酚的自身偶联反应

C—C 不饱和键的芳基化反应是在非芳香族骨架上引入芳基的一种有效手段。例如富含电子的烯烃，特别是烯醇醚，可以被氧化成自由基阳离子，然后被富含电子的芳烃或者杂芳烃捕获。这种类型的烯烃与芳烃偶联成为一种特别方便的方法来构建新的芳环 C—C 键，并在天然产物合成中得到了广泛的应用。

蒜叶小皮伞是小皮伞属中的一类真菌，有强烈的大蒜气味。从它的代谢产物中可分离得到一系列的倍半萜化合物，其中的**蒜伞醇 A** 有非常好的抗菌活性，由于该化合物独特的骨架结构和显著的生物活性，其合成方法也备受关注。

图 4-22 是**蒜伞醇 A** 的逆合成路线，关键的核心三环骨架中间体 **4-52** 由自由基正离子中间体 **4-53** 发生傅克烷基化实现，而自由基正离子中间体 **4-53** 可通过电化学阳极氧化 **4-54** 产生。

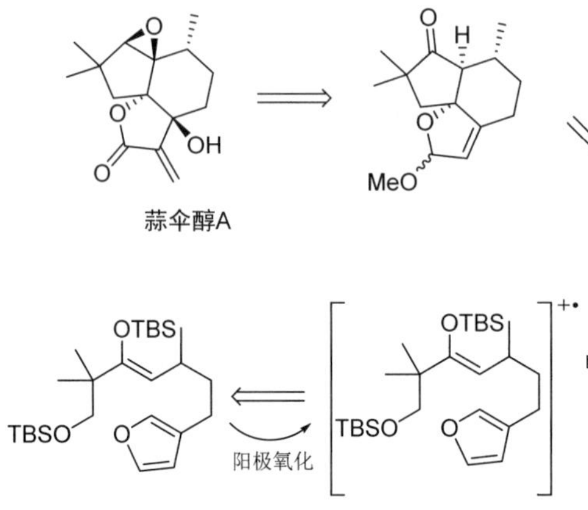

图 4-22 **蒜伞醇 A** 的逆合成路线分析

图 4-23 是底物 **4-54** 的合成路线。首先将易得的 β-羟基酮 **4-55** 的酮羰基 α 位溴化，保护醇羟基，然后用亚磷酸三乙酯处理得到 **4-56**，再与醛 **4-57** 反应，最后转化为底物 **4-54**。2003 年，Moeller 课题组利用 **4-54** 在电化学条件下合成天然产物**蒜伞醇 A** 的前体 **4-58**[22]。该反应以 RVC 为阳极，碳为阴极，甲醇和二氯甲烷为混合溶剂，高氯酸锂为电解质，在室温下以 15～20mA 的恒定电流电解反应 13.5h（图 4-24）。之后，该课题组在**蒜伞醇 A** 的左旋对映体的不对称合成中使用了相同的策略[23]。

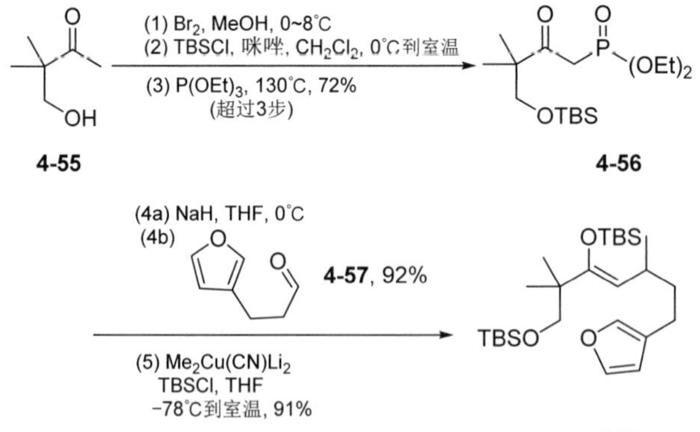

图 4-23 底物 **4-54** 的合成路线

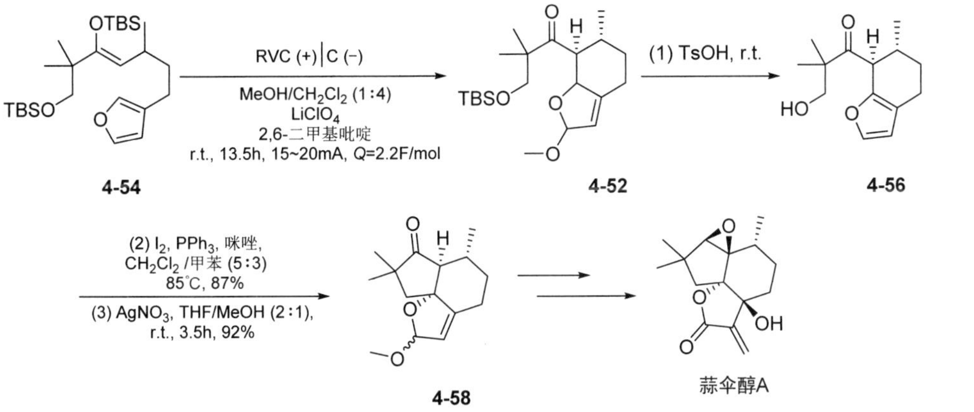

图 4-24 电化学合成**蒜伞醇 A** 前体 **4-58**

Guanacastepenes 是一类二萜天然产物，具有一个相同的碳骨架，该碳骨架可通过修饰合成 **Guanacastepene A** 和 **Guanacastepene C**。如图 4-25 所示，它们都具有三环骨架结构。此外，一些更复杂的同类物也已经被分离，例如 **Guanacastepene E**、**Guanacastepene K** 和 **Guanacastepene L**，它们含有额外的二氢呋喃或呋喃酮骨架。

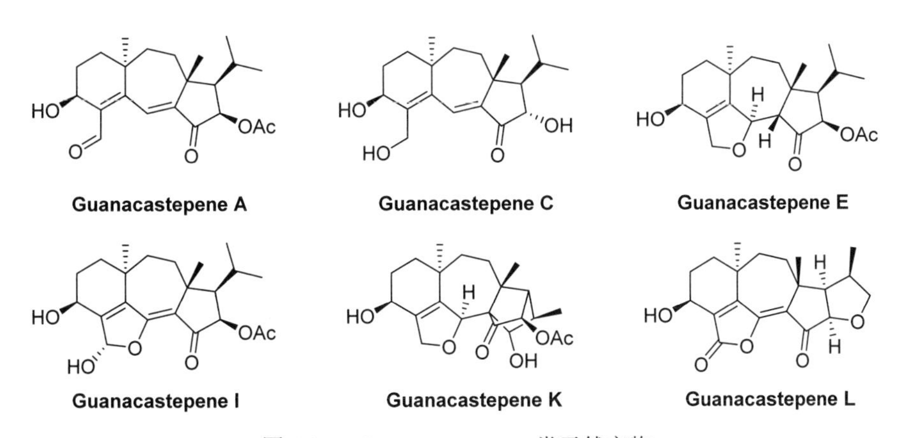

图 4-25 **Guanacastepenes** 类天然产物

2005 年，Trauner 课题组通过 **4-59** 分子内的电化学氧化偶联合成了**(−)-Guanacastepene E** 的前体 **4-60**[23]。该反应以 RVC 为阳极，铂片为阴极，甲醇和二氯甲烷为混合溶剂，高氯酸锂为电解质，在室温下以 0.9mA 的恒定电流反应 16.5h（图 4-26）。

Hamigerans 是具有结构多样性的二萜类化合物（图 4-27），在 2000 年从新西兰附近获取的海绵中分离出来，这类天然产物对各种肿瘤细胞表现出中等水平的细胞毒性。其中 **Hamigeran B** 对脊髓灰质炎和疱疹病毒都有很强的抑制作用，而对宿主细胞毒性相对较小。

图 4-28 是 **Hamigeran A** 和 **Hamigeran B** 的逆合成分析，关键前体 **4-61** 可在电化学条件下由芳环与烯烃的偶联来合成。2005 年，Wright 课题组通过电化学阳极氧化 **4-62** 获得三环酮 **4-63**[24]，如图 4-29 所示。该反应以碳棒为阳极，乙腈为溶剂，高氯酸锂为电解质，在电流密度为 $0.5mA/cm^2$ 下进行电解反应。

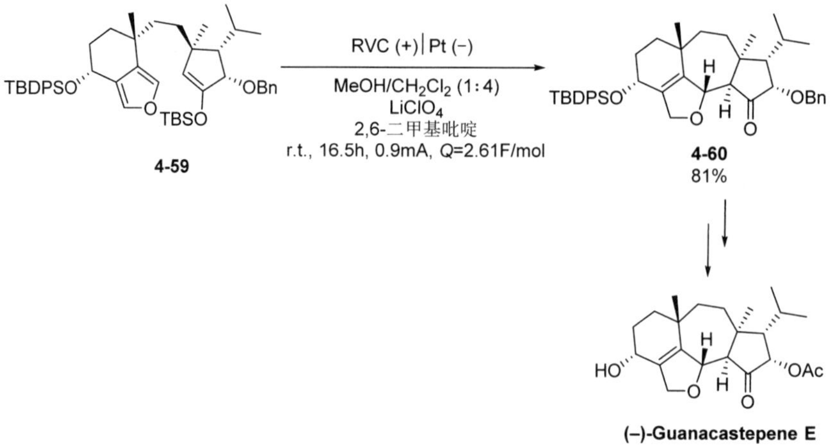

图 4-26　电化学合成**(−)-Guanacastepene E** 的前体 **4-60**

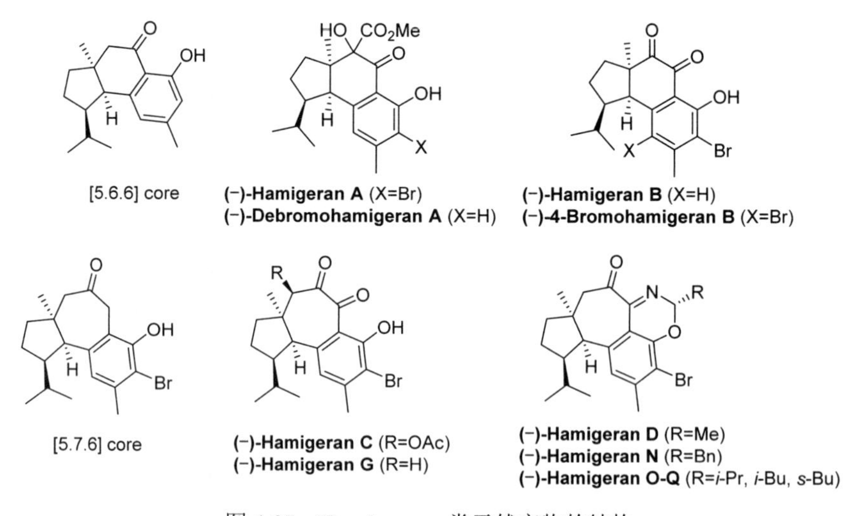

图 4-27　**Hamigerans** 类天然产物的结构

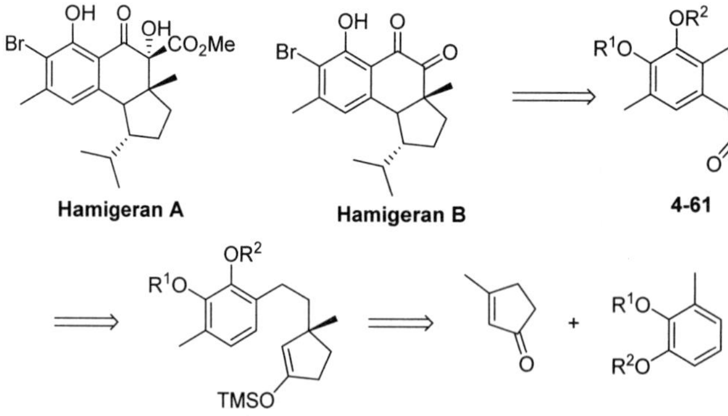

图 4-28　**Hamigeran A** 和 **Hamigeran B** 的逆合成分析

受该课题组的启发，2007 年 Moeller 课题组使用先前在合成**蒜伞醇 A** 前体中相同的电解条件，由 **4-64** 分子内环化得到青蒿素的碳骨架 **4-65**[25]，如图 4-30 所示。

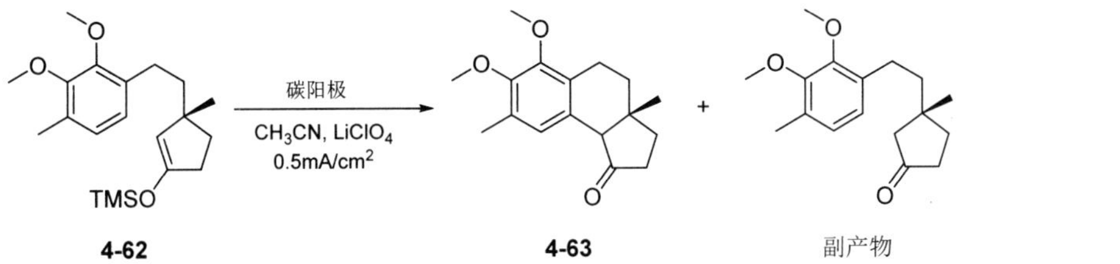

图 4-29 电化学介导的烯醇醚分子内环化反应

图 4-30 电化学合成青蒿素的碳骨架

双四氢呋喃类木脂素包含双四氢呋喃骨架，具有抗肿瘤、抗病毒和抗微生物等活性。它们的生物活性的多样性引起了化学家的关注，因此其骨架的立体控制合成也成了合成化学家的一个挑战性目标。图 4-31 为其中的 3 种双四氢呋喃类木脂素。

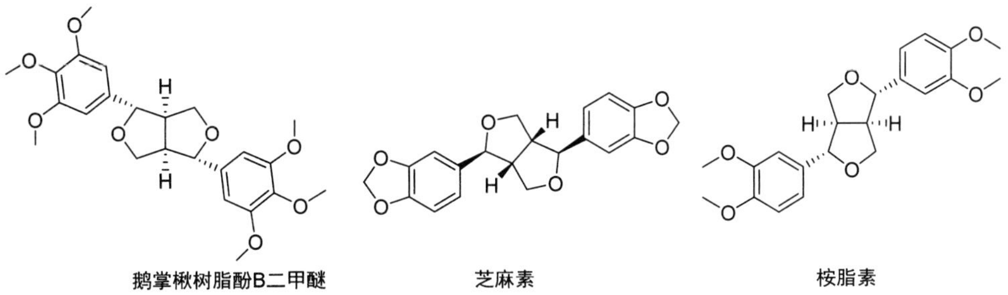

图 4-31 含双四氢呋喃类木脂素骨架的部分天然产物

在传统的合成方法中，由于氧化剂的氧化能力不容易控制，导致双键容易过氧化为醛。2016 年，Watanabe 课题组利用温和的电化学氧化手段，使肉桂酸衍生物 **4-66** 氧化二聚成骈双四氢呋喃类木脂素前体 4-67，再经过 2 步反应得到骈双四氢呋喃类木脂素[26]，如图 4-32 所示。

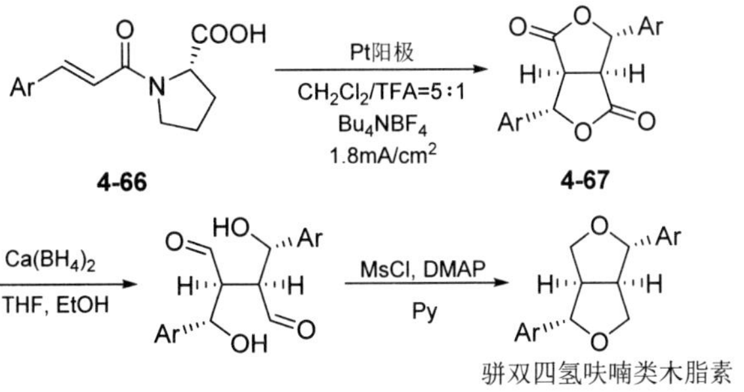

图 4-32 电化学合成骈双四氢呋喃类木脂素

4.2 电化学介导芳烃氧化环加成合成药物分子

在复杂天然产物的合成中，环加成反应能够在一步反应中同时形成多个新键，并提供立体中心。1983 年，Yamamura 课题组报道了由 **4-68** 合成细辛酮前驱体 **4-69** 的电化学氧化反应[27]。反应中生成的芳基碳正离子被甲醇捕获生成 **4-69**，然后经过后续的转化得到天然产物细辛酮（图 4-33）。

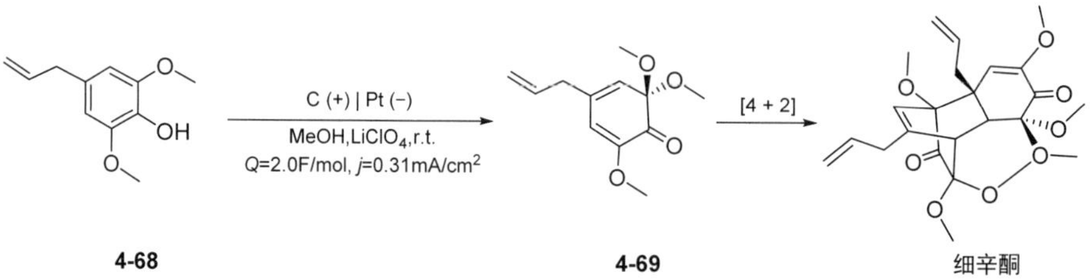

C (+) | Pt (−)
MeOH, $LiClO_4$, r.t.
Q=2.0F/mol, j=0.31mA/cm^2
[4 + 2]
4-68　4-69　细辛酮

图 4-33　电化学介导的[4 + 2]环加成反应合成天然产物细辛酮

螺环骨架广泛存在于各种天然产物中，并具有以下特征：一方面，与平面芳香环相比，螺环结构具有更高的构象灵活性，可以很好地适应蛋白质中的各种结合位点，从而提高药物相关性。另一方面，螺环结构的平衡刚性很高，足以降低与蛋白质靶标结合时的熵损失。

1994 年，Yamamura 课题组通过电化学阳极氧化 **4-70** 合成了天然产物 **Discorhabdin C**[28]。作者认为该反应的机理是：**4-70** 在阳极失去两个电子形成芳基自由基正离子 **4-71**，然后发生分子内环化和去质子化，最后得到 **Discorhabdin C**（图 4-34）。

C (+) | Pt (−)
MeCN, $LiClO_4$
Q=6.0F/mol, 3mA
r.t., 1h
4-70　4-71　Discorhabdin C

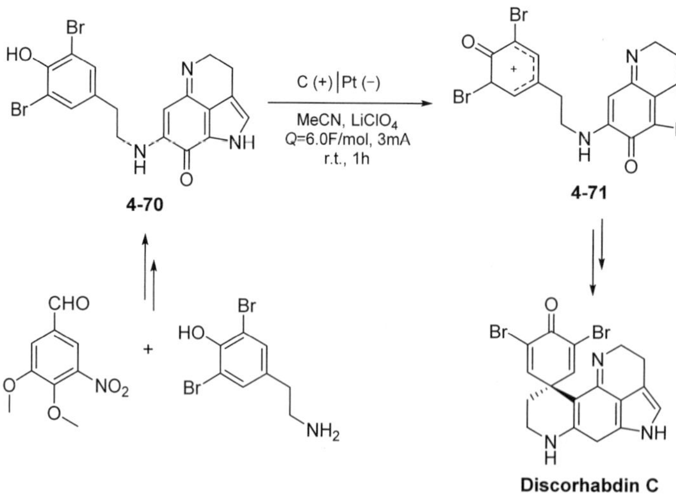

图 4-34　电化学介导的环加成反应合成 **Discorhabdin C**

2008 年，Nishiyama 课题组发现电化学阳极氧化可促进羟基硫代缩醛 **4-72** 的螺缩醛化反应，并将产物 **4-73** 应用于奥萨霉素的全合成中[29]，如图 4-35 所示。该反应中溴化锂作为一种关键的电解质，其产生的溴离子对 C—S 键的选择性断裂起重要作用。

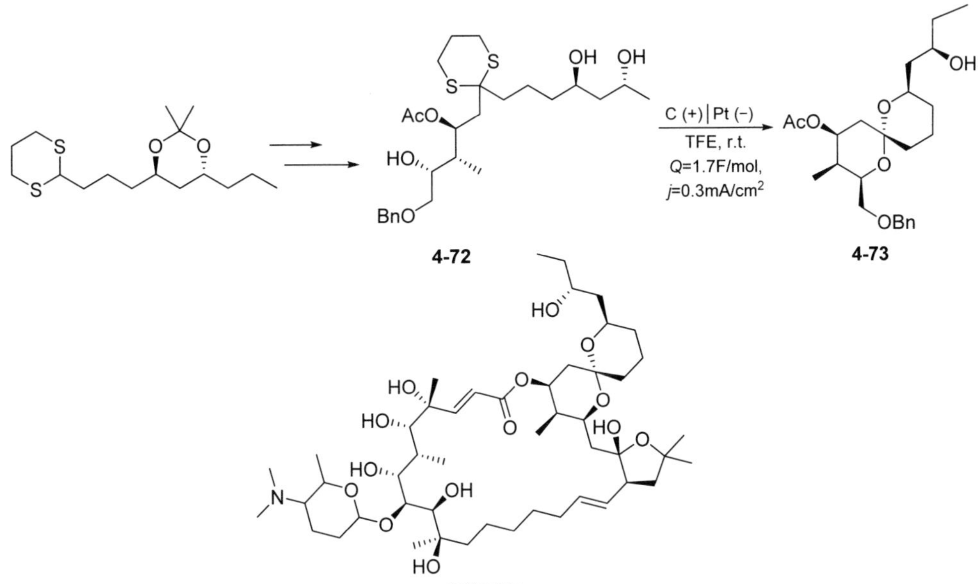

C (+)|Pt (−)
TFE, r.t.
Q=1.7F/mol,
j=0.3mA/cm²

4-72　**4-73**

奥萨霉素

图 4-35　电化学介导羟基硫代缩醛的螺缩醛化反应

4.3 总结与展望

综上所述，电化学介导的分子间或分子内碳碳键构建已经成为芳环药物分子或其关键中间体合成的一种强有力手段，该技术可避免外源氧化剂和金属催化剂的使用，具有原子经济性高、无需预官能团化底物等优势，而且也可以实现克级的放大应用，有望成为药物研发的有力工具。然而，当前研究的底物局限于苯酚或苯胺等富电子芳烃，其他缺电子底物研究相对较少，且反应模式主要是分子自身偶联或分子间偶联。此外，电化学介导的芳烃交叉偶联合成轴手性化合物尚未见报道，因此，仍有必要开发更多的电化学方法来实现结构多样化的底物分子间或分子内的碳碳键偶联，从而拓宽芳环天然生物活性分子或药物分子的市场供应，对推动药物化学发展也有重要意义。

参考文献

[1] S B Beil, T Müller, S B Sillart, et al. Active Molybdenum-Based Anode for Dehydrogenative Coupling Reactions [J]. Angew Chem Int Ed, 2018, 57(9): 2450-2454.

[2] T Sumi, T Saitoh, K Natsui, et al. Anodic Oxidation on a Boron-Doped Diamond Electrode Mediated by Methoxy Radicals [J]. Angew Chem Int Ed, 2012, 51(22): 5443-5446.

[3] A Lipp, M Selt, D Ferenc, et al. Total Synthesis of (−)-Oxycodone via Anodic Aryl-Aryl Coupling [J]. Org Lett, 2019, 21(6): 1828-1831.

[4] A Lipp, D Ferenc, C Gütz, et al. A Regio- and Diastereoselective Anodic Aryl-Aryl Coupling in the Biomimetic Total Synthesis of (−)-Thebaine [J]. Angew Chem Int Ed, 2018, 57(34): 11055-11059.

[5] O Holloczki, A Berkessel, J Mars, et al. The Catalytic Effect of Fluoroalcohol Mixtures Depends on Domain Formation [J]. ACS Catal, 2017, 7(3): 1846-1852.

[6] B Esler, A Wiebe, D Scollmeyer, et al. Source of Selectivity in Oxidative Cross-Coupling of Aryls by Solvent Effect of 1,1,1,3,3,3- Hexafluoropropan-2-ol [J]. Chem Eur J, 2015, 21(35): 12321-12325.

[7] I M Malkowsky, C E Rommel, K Wedeking, et al. Facile and Highly Diastereoselective Formation of a Novel Pentacyclic Scaffold by Direct Anodic Oxidation of 2,4-Dimethylphenol [J]. Eur J Org Chem, 2006, 2006(1): 241-245.

[8] I M Malkowsky, U Griesbach, H Pütter, et al. Unexpected Highly Chemoselective Anodicortho-Coupling Reaction of 2,4-Dimethylphenol on Boron-Doped Diamond Electrodes [J]. Eur J Org Chem, 2006, 2006(20): 4569-4572.

[9] A Kirste, M Nieger, I M Malkowsky, et al. Ortho-Selective Phenol-Coupling Reaction by Anodic Treatment on Boron-Doped Diamond Electrode Using Fluorinated Alcohols. [J]. Chem Eur J, 2009, 15(10): 2273-2277.

[10] I M Malkowsky, C E Rommel, R Frçhlich, et al. Novel Template-Directed Anodic Phenol-Coupling Reaction [J]. Chem Eur J, 2006, 12(28): 7482-7488.

[11] A Wiebe, D Schollmeyer, K M Dyballa, et al. Selective Synthesis of Partially Protected Non-symmetric Biphenols by Reagent- and Metal-Free Anodic Cross-Coupling Reaction. [J]. Angew Chem Int Ed, 2016, 55(39): 11801-11805.

[12] A Kirste, G Schnakenburg, F Stecker, et al. Anodic Phenol-Arene Cross-Coupling Reaction on Boron-Doped Diamond Electrodes [J]. Angew Chem Int Ed, 2010, 49(5): 971-975.

[13] A Kirste, B Elsler, G Schnakenburg, et al. Efficient Anodic and Direct Phenol-Arene C—C Cross-Coupling: The Benign Role of Water or Methanol [J]. J Am Chem Soc, 2012, 134(7): 3571-3576.

[14] S Lips, A Wiebe, B Elsler, et al. Synthesis of meta-Terphenyl-2,2″-diols by Anodic C—C Cross-Coupling Reactions [J]. Angew Chem Int Ed, 2016, 55(36): 10872-10876.

[15] S Lips, R Franke, S R Waldvogel. Electrochemical Synthesis of 2-Hydroxy-*para*-Terphenyls by Dehydrogenative Anodic C—C Cross-Coupling Reaction [J]. Synlett, 2019, 30(10): 1174-1177.

[16] B Dahms, R Franke, S R Waldvogel. Metal- and Reagent-Free Anodic Dehydrogenative Cross-Coupling of Naphthylamines with Phenols [J]. Chem Electro Chem, 2018, 5(9): 1249-1252.

[17] L Schulz, R Franke, S R Waldvogel. Direct Anodic Dehydrogenative Cross- and Homo-Coupling of Formanilides[J]. Chem Electro Chem, 2018, 5(15): 2069-2072.

[18] A Wiebe, S Lips, D Schollmeyer, et al. Single and Twofold Metal- and Reagent-Free Anodic C—C Cross-Coupling of Phenols with Thiophenes [J]. Angew Chem Int Ed, 2017, 56(46): 14727-14731.

[19] S Lips, D Schollmeyer, R Franke, et al. Regioselective Metal- and Reagent-Free Arylation of Benzothiophenes by Dehydrogenative Electrosynthesis [J]. Angew Chem Int Ed, 2018, 57(40): 13325-13329.

[20] S Lips, B A Frontana-Uribe, M Dörr, et al. Metal- and Reagent-Free Anodic C—C Cross-Coupling of Phenols with Benzofurans Leading to a Furan Metathesis [J]. Chem Eur J, 2018, 24(23): 6057-6061.

[21] J L Röckl, D Schollmeyer, R Franke, et al. Dehydrogenative Anodic C—C Coupling of Phenols Bearing Electron-Withdrawing Groups [J]. Angew Chem Int Ed, 2020, 59(1): 315-319.

[22] (a) J Mihelcic, K Moeller. Anodic Cyclization Reactions: The Total Synthesis of Alliacol A [J]. J Am Chem Soc, 2003, 125, 36-37. (b) Mihelcic. K Moeller. Oxidative Cyclizations: The Asymmetric Synthesis of (−)-Alliacol A [J]. J Am Chem Soc, 2004, 126(29): 9106-9111.

[23] (a) A K Miller, C C Hughes, J J Kennedy -Smith, et al. Total Synthesis of (−)-Heptemerone B and (−)-Guanacastepene E [J]. J Am Chem Soc, 2006, 128(51): 17057-17062. (b) C C Hughes, A K Miller, D Trauner. An Electrochemical Approach to the

Guanacastepenes [J]. Org Lett, 2005, 7(16): 3425-3428.

[24] J B Sperry, D L Wright. Synthesis of the Hamigeran Skeleton through an Electro-oxidative Coupling Reaction [J]. Tetrahedron Lett, 2005, 46(3): 411-414.

[25] H H Wu, K D Moeller. Anodic Coupling Reactions: A Sequential Cyclization Route to the Arteannuin Ring Skeleton [J]. Org Lett, 2007, 9(22): 4599-4602.

[26] N Mori, A Furuta, H Watanabe. Electochemical Asymmetric Dimerization of Cinnamic Acid Derivatives and Application to the Enantioselective Syntheses of Furofuran Lignans [J]. Tetrahedron, 2016, 72(51): 8393-8399.

[27] A Nishiyama, H Eto, Y Terada, et al. Anodic Oxidation of 4-Allyl-2, 6-dimethoxyphenol and Related Compounds : Syntheses of Asatone and Related Neolignans [J]. Chem Pharm Bull, 1983, 31(8): 2820-2833.

[28] X L Tao, J F Cheng, S Nishiyama, et al. Synthetic Studies on Tetrahydropyrroloquinoline-containing Natural Products: Syntheses of Discorhabdin C, Batzelline C and Isobatzelline C [J]. Tetrahedron, 1994, 50(7): 2017-2028.

[29] E Honjo, N Kutsumura, Y Ishikawa, et al. Synthesis of a Spiroacetal Moiety of Antitumor Antibiotic Ossamycin by Anodic Oxidation [J]. Tetrahedron, 2008, 64(40), 9495-9506.

第五章

电化学合成含三氟甲基的药物分子

通过对有机化合物进行三氟甲基化能使目标产物的极性、偶极矩、稳定性和亲脂性得到提高，因此含三氟甲基的化合物在医药、农药和新型功能材料等领域具有广泛的运用。多年来，大量有机氟化合物被开发为高效药物，特别是含三氟甲基的 *N*-杂环衍生物已广泛存在于药物中，如塞来昔布（用于治疗骨性关节炎）、度他雄胺（用于治疗前列腺肿大）、曲氟尿苷（用于治疗单纯疱疹性角膜炎）、氟西汀（用于治疗神经性贪食症）、依法韦仑（用于抵抗艾滋病毒）和兰索拉唑（用于治疗胃溃疡）等[1]（图 5-1）。

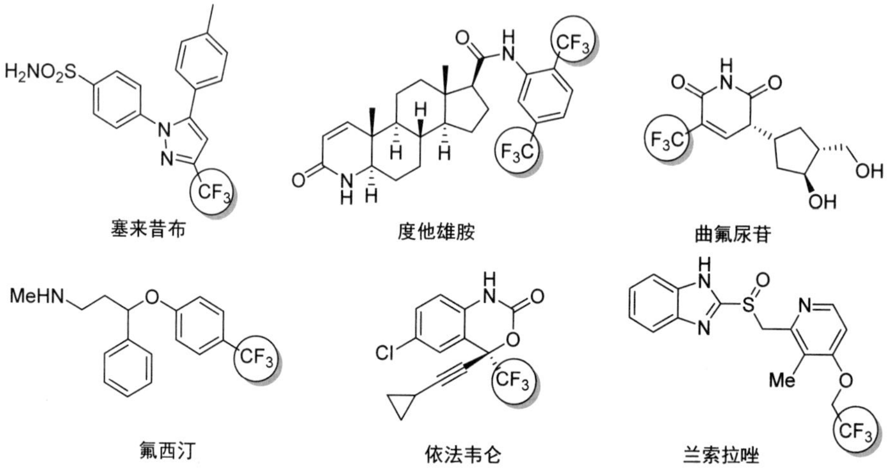

塞来昔布　度他雄胺　曲氟尿苷

氟西汀　依法韦仑　兰索拉唑

图 5-1　含三氟甲基的部分代表性药物分子

实现有机分子的三氟甲基化的途径包括亲电、亲核和自由基的方法，其活性物种分别为三氟甲基正离子、三氟甲基负离子和三氟甲基自由基（图 5-2）。其中自由基反应被广泛应用，传统的生成三氟甲基自由基的方法往往需要使用贵金属催化剂和化学氧化剂，这不但会导致大量副产物的产生，而且还会导致金属在产物中的残留。电化学是一种绿色高效的合成方法，通过电氧化可以持续产生低浓度的三氟甲基自由基，从而减少了副产物的生成，并且不需要使用贵金属催化剂和化学氧化剂。

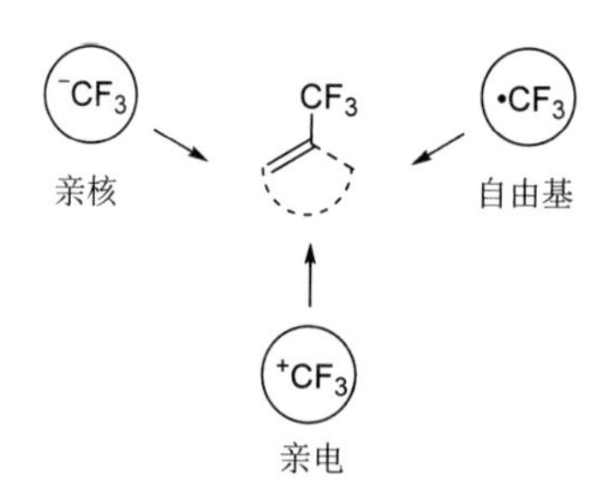

图 5-2　实现三氟甲基化的三种途径

为了产生三氟甲基活性物种，化学家们目前已经开发了诸多三氟甲基试剂，如 Langlois 试剂（三氟甲基亚磺酸钠）、Togni 试剂［1-(三氟甲基)-1,2-苯碘酰-3(1*H*)-酮］和 Baran 试剂

（二烷基亚磺酸锌）以及三氟甲基碘化物、三甲基(三氟甲基)硅烷等（图 5-3）。试剂的选择主要依据反应类型，例如，三甲基(三氟甲基)硅烷(TMS-CF_3)是亲核三氟甲基化的常用试剂，而 Langlois 试剂则广泛用于自由基反应。

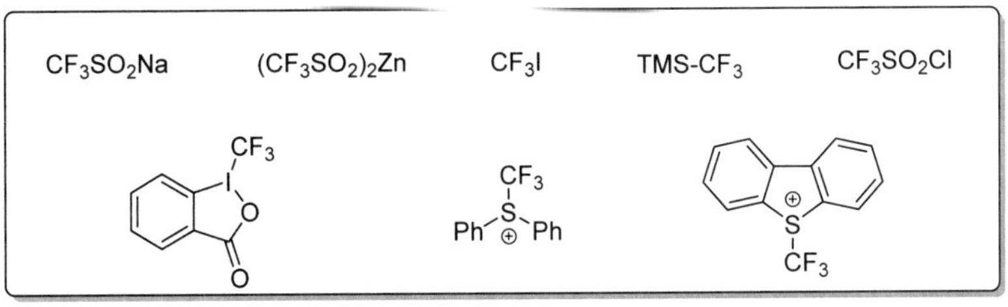

CF_3SO_2Na $(CF_3SO_2)_2Zn$ CF_3I TMS-CF_3 CF_3SO_2Cl

图 5-3 常用的三氟甲基试剂

电化学是实现三氟甲基化的一种比较绿色的合成策略。本章主要介绍电化学介导碳氢三氟甲基化、烯烃的胺（醇、酯）化三氟甲基化、烯酸的脱羧三氟甲基化和三氟甲基化环化。

5.1 电化学介导碳氢三氟甲基化

近年来，各种三氟甲基化策略得到了快速发展，然而，在大多数情况下，这些方法需要使用化学计量的氧化剂或贵金属催化剂。因此，低成本和可持续的三氟甲基化策略是非常值得开发的。

曾程初课题组[2]开发了一种电化学介导缺电子杂环 **5-1** 的三氟甲基化方法，该方法利用溴离子作为氧化介质，石墨作阳极和铂片为阴极，在未分隔电解池中以中等的产率获得含各种取代基的喹喔啉三氟甲基化产物 **5-2**（图 5-4）。在反应中三氟甲基自由基的浓度可以通过阳极氧化生成的三氟甲磺酰溴 **5-4** 进行有效控制。

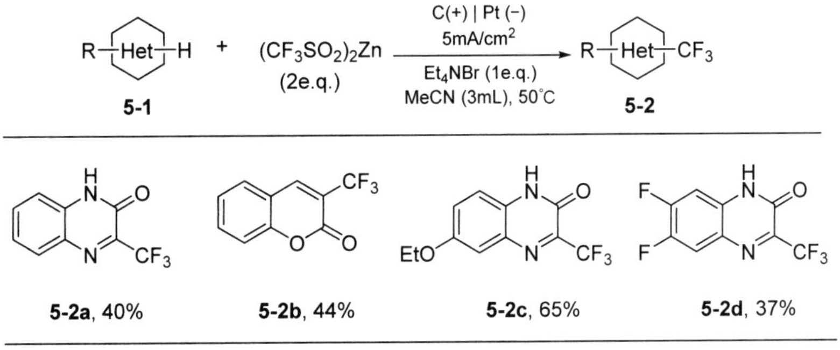

R–Het–H (**5-1**) + $(CF_3SO_2)_2Zn$ (2e.q.) → [C(+) | Pt (−), 5mA/cm^2, Et_4NBr (1e.q.), MeCN (3mL), 50°C] R–Het–CF_3 (**5-2**)

5-2a, 40% **5-2b**, 44% **5-2c**, 65% **5-2d**, 37%

图 5-4 电化学介导 2-羟基喹喔啉三氟甲基化

该课题组在底物拓展时发现溴介导的三氟甲基化反应比直接电解更为有效。为了证明这一发现的适用性，他们随机选择了几种底物，并在标准条件下使用四乙基溴化铵作为电解质进行电解（图 5-5）。实验结果表明，溴介导的三氟甲基化反应与无溴介导的直接电解的情况相比，产率略高。由于使用未分隔电解池，并且不使用额外的支持电解质，因此溴介导的三氟甲基化方法更加具有潜在工业价值。

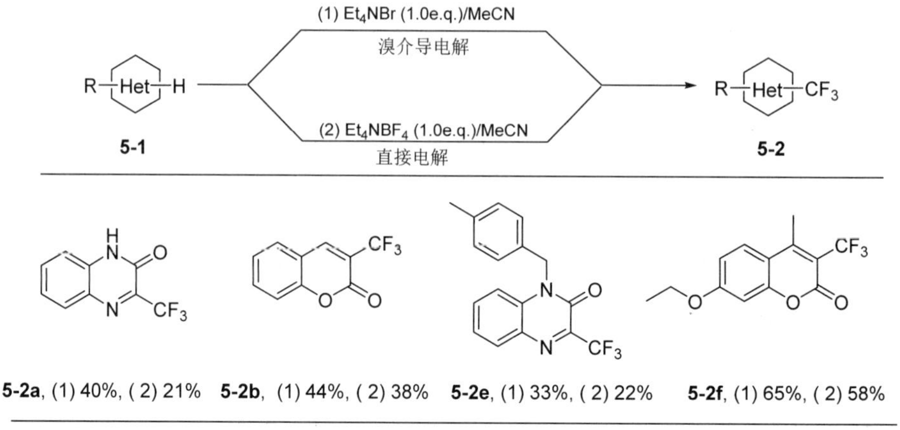

(1) Et_4NBr (1.0e.q.)/MeCN 溴介导电解

(2) Et_4NBF_4 (1.0e.q.)/MeCN 直接电解

R–Het–H **5-1** → R–Het–CF_3 **5-2**

5-2a, (1) 40%, (2) 21%　**5-2b**, (1) 44%, (2) 38%　**5-2e**, (1) 33%, (2) 22%　**5-2f**, (1) 65%, (2) 58%

图 5-5　溴介导的间接电解和直接电解条件下三氟甲基化反应比较

他们提出以下反应机理（图 5-6）：四乙基溴化铵在阳极氧化生成溴单质，然后溴单质与三氟甲基亚磺酸锌反应得到 **5-3** 或三氟甲磺酰溴 **5-4**，**5-4** 在阴极还原，并迅速脱去二氧化硫，得到了三氟甲基自由基，然后自由基与喹喔啉酮类化合物 **5-1a** 加成，得到了中间体 **5-5**，**5-5** 经脱质子及进一步的阳极氧化后获得目标产物 **5-2a**。

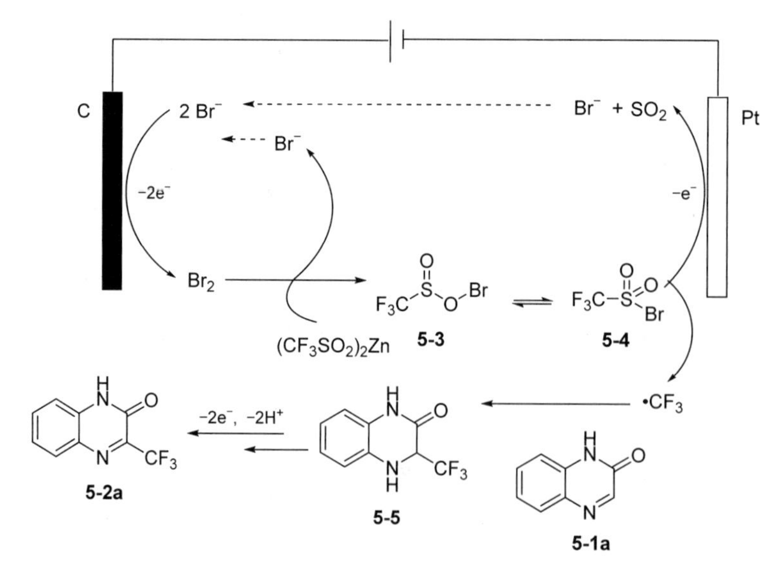

图 5-6　电化学介导 2-羟基喹喔啉三氟甲基化反应机理

自由基三氟甲基化已被证明是芳烃直接碳氢三氟甲基化的有力工具。2019年雷爱文课题组[3]开发了电化学条件下富电子芳烃**5-6**的三氟甲基化反应。该方法使用三氟甲基亚磺酸钠作为三氟甲基源，该氟试剂在阳极氧化，可以持续产生低浓度的三氟甲基自由基，从而降低了氟试剂的使用，反应无须溴离子作为氧化介质，在氮气氛围下，以碳棒作阳极，铁片作阴极，在未分隔电解池中反应，并成功地合成了具有生物活性的茶碱修饰物**5-7d**（图5-7）。

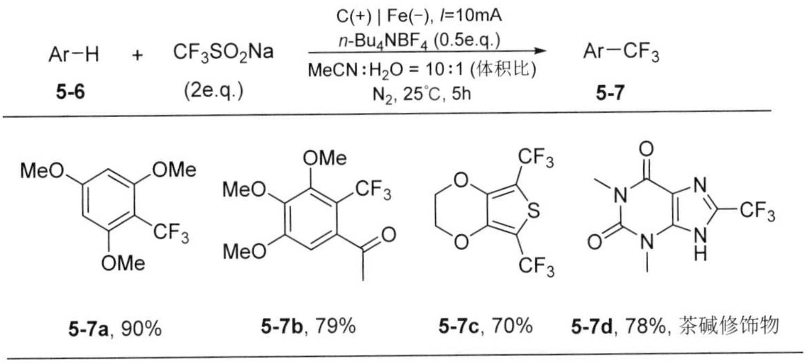

Ar—H (**5-6**) + CF_3SO_2Na (2e.q.) → [C(+) | Fe(−), *I*=10mA; *n*-Bu_4NBF_4 (0.5e.q.); MeCN : H_2O = 10 : 1 (体积比); N_2, 25℃, 5h] → Ar—CF_3 (**5-7**)

5-7a, 90%　**5-7b**, 79%　**5-7c**, 70%　**5-7d**, 78%, 茶碱修饰物

图5-7 电化学介导芳烃碳氢三氟甲基化

该课题组还通过克级反应来评估这种方法的工业合成潜力，进行了5mmol规模的反应，在20mA的恒电流下，经过36h电解反应，可以84%的产率获得**5-7a**（图5-8）。

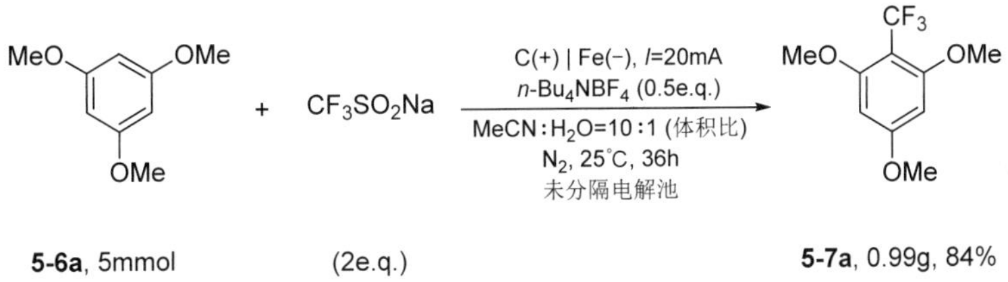

5-6a, 5mmol + CF_3SO_2Na (2e.q.) → [C(+) | Fe(−), *I*=20mA; *n*-Bu_4NBF_4 (0.5e.q.); MeCN : H_2O=10 : 1 (体积比); N_2, 25℃, 36h; 未分隔电解池] → **5-7a**, 0.99g, 84%

图5-8 电化学介导芳烃碳氢三氟甲基化克级反应

Ackermann课题组[4]通过电化学和光化学之间的协同作用，报道了芳烃和杂芳烃**5-8**的电化学碳氢三氟甲基化反应。在反应过程中光催化剂与三氟甲基亚磺酸钠之间发生单电子转移产生三氟甲基自由基，然后该自由基与底物结合生成相应的产物**5-9**。三氟甲基自由基可在阳极氧化再生，实现了循环。他们优化了两种光氧化还原催化剂，即无金属3,6-双(叔丁基)-10-苯基-9-(2,4,6-三甲基苯基)-吖啶高氯酸盐和三(2,2′-联吡啶)钌二(六氟磷酸)盐光催化剂。该方法在氮气氛围下，以碳棒为阳极，铂片为阴极，在4mA的恒电流下，以乙腈为溶剂，进行电解反应。他们通过研究发现，含有供电子或吸电子取代基的底物都可以得到相应的目标产物（如**5-9a**、**5-9b**），并具有较高的区域选择性；该方法亦适用于带有较大空间位阻基团和较为惰性的底物，还可以拓展到许多杂环底物（图5-9）。

该课题组通过研究发现光电协同催化碳氢三氟甲基化可以有效地实现天然产物的结构修饰，例如咖啡因、己酮可可碱、多索茶碱、可可碱、甲基雌酮和色氨酸衍生物等天然产物的三氟甲基化修饰得到相应产物**5-9i**～**5-9n**（图5-10）。

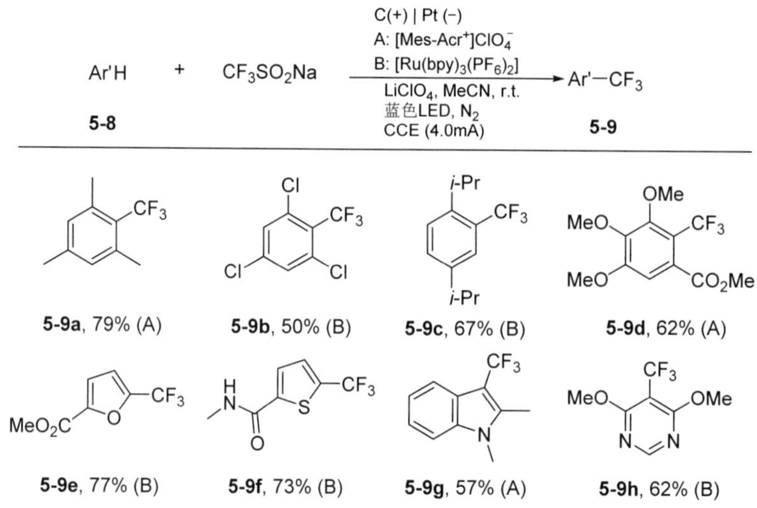
C(+) | Pt (−)
A: [Mes-Acr+]ClO4−
B: [Ru(bpy)3(PF6)2]
LiClO4, MeCN, r.t.
蓝色LED, N2
CCE (4.0mA)
Ar'H
CF3SO2Na
Ar'−CF3
5-8
5-9
5-9a, 79% (A)
5-9b, 50% (B)
5-9c, 67% (B)
5-9d, 62% (A)
5-9e, 77% (B)
5-9f, 73% (B)
5-9g, 57% (A)
5-9h, 62% (B)

图 5-9　光电协同催化芳烃和芳杂烃碳氢三氟甲基化

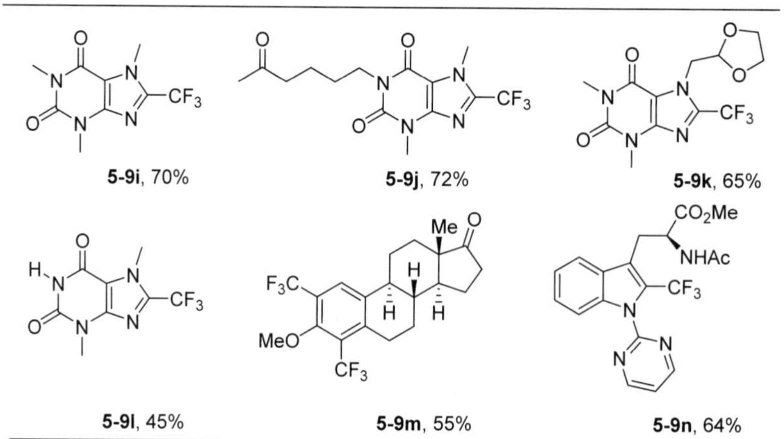
5-9i, 70%
5-9j, 72%
5-9k, 65%
5-9l, 45%
5-9m, 55%
5-9n, 64%

图 5-10　光电协同催化修饰天然产物

他们通过控制实验的研究提出以下反应机理（图 5-11）：**5-10** 在光照条件下会产生其氧化激发态 **5-11**，然后与三氟甲基亚磺酸阴离子之间发生电子转移产生 **5-12** 和三氟甲基亚磺酰自由基 **5-13**，**5-12** 在阳极氧化后可再生为基态催化剂 **5-10**，**5-13** 脱去二氧化硫生成三氟甲基自由基，该自由基进攻底物 **5-8a** 生成 **5-14**，**5-14** 经氧化形成阳离子 **5-15**，最后 **5-15** 经去质子化得到所需的产物 **5-9a**，而氢离子在阴极还原生成氢气。

为了更好地突出电化学介导三氟甲基化的优势，在 2014 年，O'Brien 课题组[5]对电化学引发的 *N*-杂环碳氢三氟甲基化和传统的叔丁基过氧化氢引发三氟甲基化方法进行了比较，他们发现在电化学条件下三氟甲基化比传统的叔丁基过氧化氢引发的效率更加优异。该课题组分别在电化学和叔丁基过氧化氢引发条件下进行了各类杂环 **5-16**（如咪唑、吲哚、吡唑等）的三氟甲基化，在比较、筛选中他们发现咪唑是最适合于三氟甲基化反应的底物（图 5-12）。

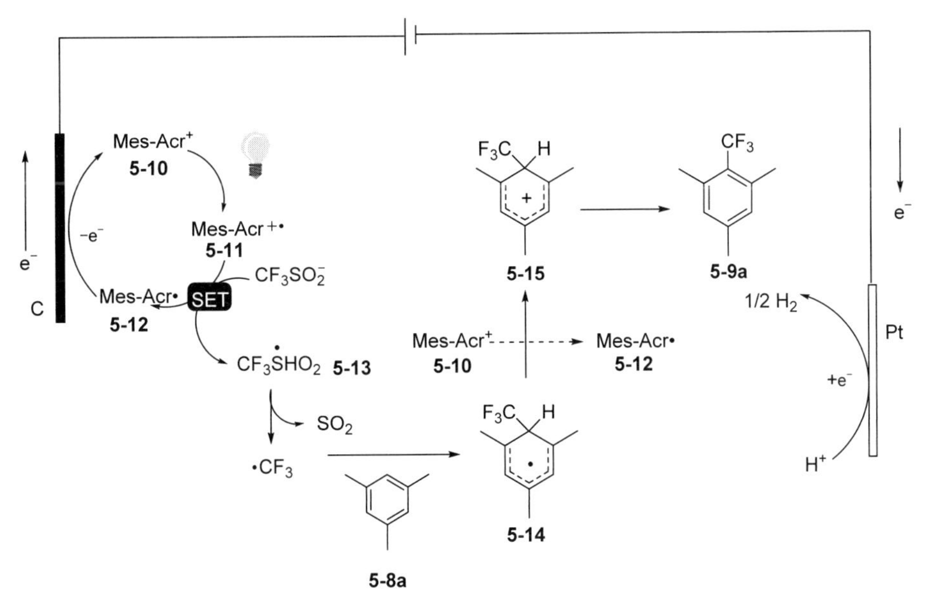

图 5-11　光电协同催化芳烃三氟甲基化反应机理

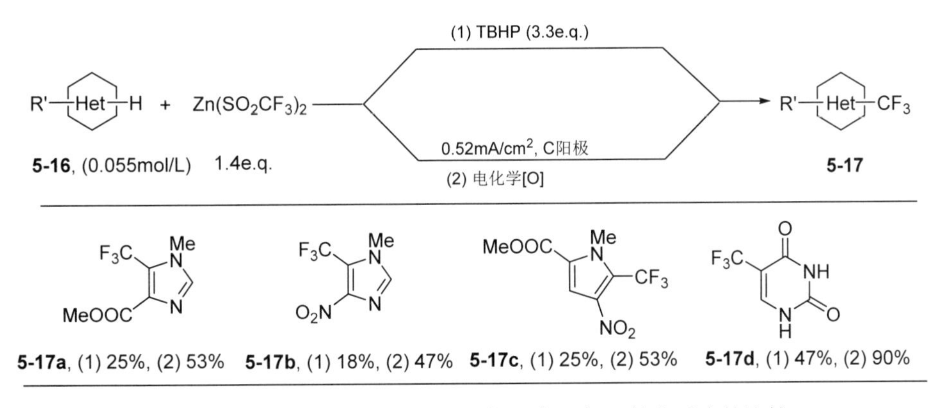

图 5-12　电化学与叔丁基过氧化氢引发三氟甲基化反应的比较

5.2　电化学介导烯烃的胺（醇、酯）化三氟甲基化

烯烃的邻位双官能团化已被认为是通过在相邻碳原子上引入不同基团来快速、直接构建不同结构分子的有效策略。近年来烯烃的三氟甲基双官能团化引起了有机合成化学家们的广泛关注。黄玉冰课题组[6]以三氟甲基亚磺酸钠作为三氟甲基源，乙腈为 *N*-亲核试剂，采用电氧化策略，实现了芳基烯烃 **5-18** 的胺化三氟甲基化。该反应在无金属和外加氧化剂的电解条件下实现了碳碳双键的高效区域选择性双官能团化，从而生成了一系列产率良好至优异的三氟甲基酰胺化合物 **5-19**。该反应以乙腈和二氯甲烷（体积比= 1.5∶1）为混合溶

剂，在未分隔电解池中使用碳棒为阳极和铂片为阴极，四乙基六氟磷酸铵作为支持电解质进行（图 5-13）。

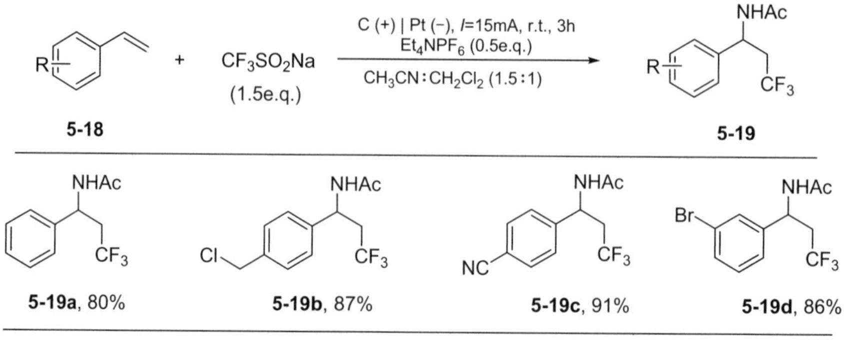

图 5-13 电化学介导芳基烯烃胺化三氟甲基化

为了进一步探究反应机理，该课题组进行了以下氘标记实验（图 5-14）。当反应在超干混合溶剂氘代乙腈/二氯甲烷中进行时，没有检测到氘标记产物 **5-19e**。当在超干反应体系中加入 4e.q.水时，氘标记产物 **5-19e** 的色谱产率为 72%。实验结果表明，氘代乙腈确实参与了芳基烯烃胺化三氟甲基化，产物中的氧来源于水。

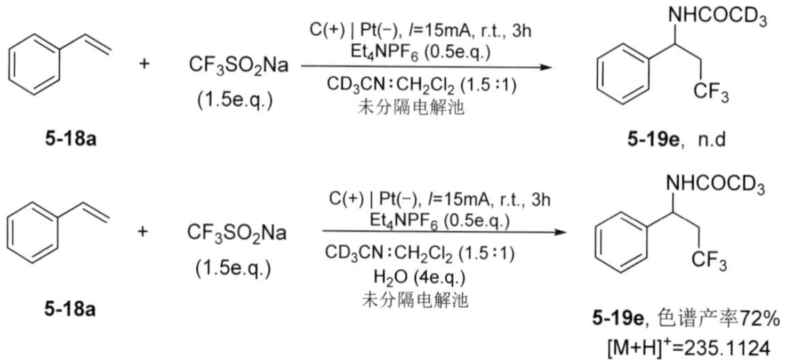

图 5-14 芳基烯烃胺化三氟甲基化的氘标记实验

该课题组通过进一步研究发现，在该标准反应条件下，用底物 **5-18e** 和二氟甲基亚磺酸钠反应也可实现苯乙烯的二氟甲基化反应，得到 **5-20**（图 5-15）。

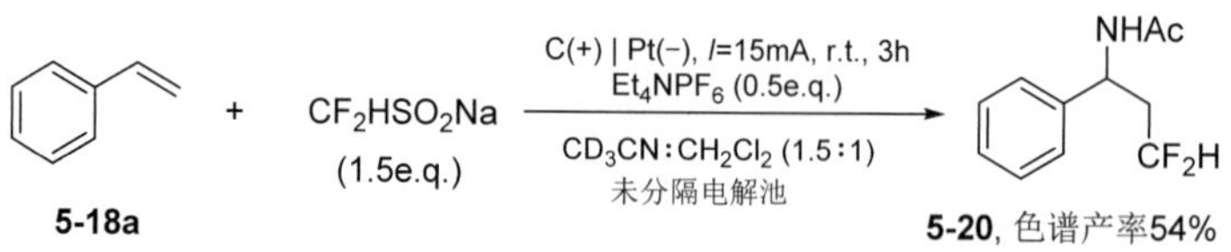

图 5-15 电化学介导芳基烯烃胺化二氟甲基化

双键在生物活性化合物和合成中间体中是普遍存在的，同时形成碳碳键或碳杂原子键的芳基烯烃三氟甲基化，是制备生物活性化合物的一种特别实用的策略。2018 年，Cantillo

课题组[7]报道了三氟甲基亚磺酸钠和水在未分隔电解池中进行成对电解，三氟甲基亚磺酸根阴离子在阳极被氧化，是三氟甲基自由基的来源，而水在阴极起着氧化剂和亲核试剂双重作用，为反应提供羟基，实现了芳基烯烃 **5-21** 三氟甲基化电化学氧化反应（图 5-16）。实验表明，醇类化合物也适用于该反应，当甲醇作为亲核试剂时，不需要水作为添加剂，可得到产率和选择性良好的含甲氧基和三氟甲基取代基化合物 **5-23**。

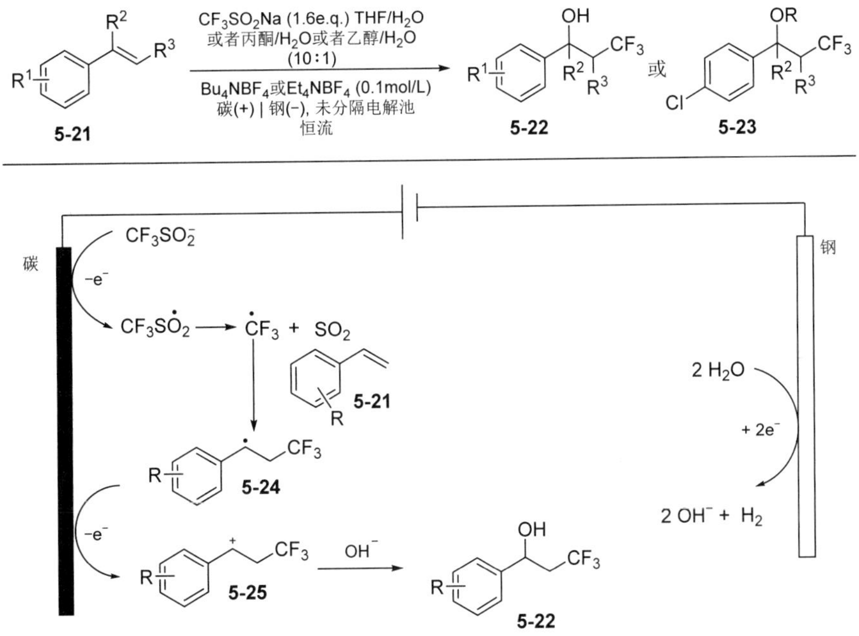

图 5-16　电化学介导芳基烯烃三氟甲基化氧化反应

随后，雷爱文课题组[8]将亲核试剂扩展到含氧亲核试剂和含氮亲核试剂中，在恒定电流下，三氟甲基亚磺酸钠存在下，实现了烯烃分子间的新型氧化三氟甲基化和胺化三氟甲基化反应(图 5-17)。当亲核试剂为甲醇时，能以良好的产率获得相应的三氟甲基化产物 **5-26a**。

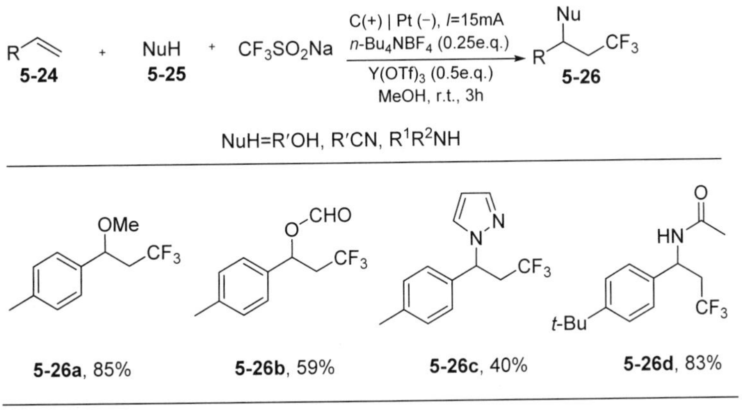

图 5-17　电化学介导烯烃分子间的新型氧化三氟甲基化和胺化三氟甲基化

当亲核试剂为羧酸时，能以中等至良好的产率获得相应的三氟甲基化酯类化合物 **5-26b**。当亲核试剂为胺或者乙腈时，也能获得相应的含氮三氟甲基化产物 **5-26c** 和酰胺三氟甲基化产物 **5-26d**。

此外，胡雨来课题组[9]报道了一种在电化学条件下芳基烯烃的酰氧基化/三氟甲基化反应，该反应以三氟甲基亚磺酸钠为三氟甲基源，*N*,*N*-二甲基甲酰胺为酰氧基化试剂，在未分隔电解池中，以醋酸铜作为催化剂，碳作为阳极，铂作为阴极。在选择的各种芳基烯烃化合物中，富电子和中度缺电子苯乙烯 **5-27** 被发现是最好的底物（图 5-18）。

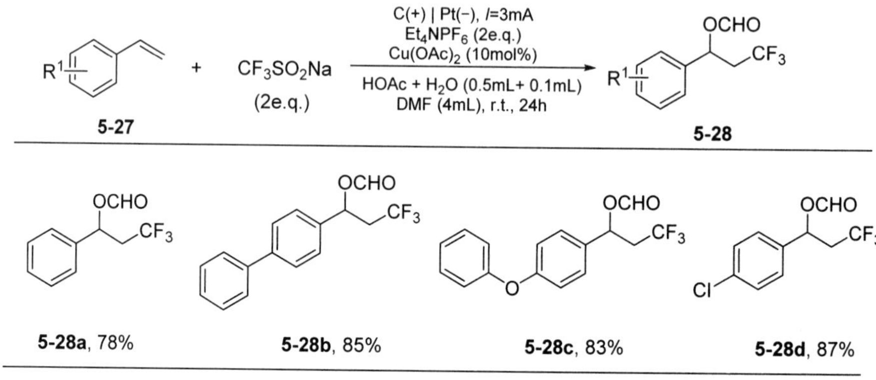

C(+) | Pt(−), *I*=3mA; Et_4NPF_6 (2e.q.); $Cu(OAc)_2$ (10mol%); HOAc + H_2O (0.5mL+ 0.1mL); DMF (4mL), r.t., 24h

5-27 + CF_3SO_2Na (2e.q.) → **5-28**

5-28a, 78%　**5-28b**, 85%　**5-28c**, 83%　**5-28d**, 87%

图 5-18　电化学介导苯乙烯衍生物的酰氧基化/三氟甲基化

他们在研究中发现，从类固醇天然产物中提取的烯烃 **5-27e** 也可以发生酰氧基化/三氟甲基化反应生成相应的三氟甲基化产物 **5-28e**（图 5-19）。

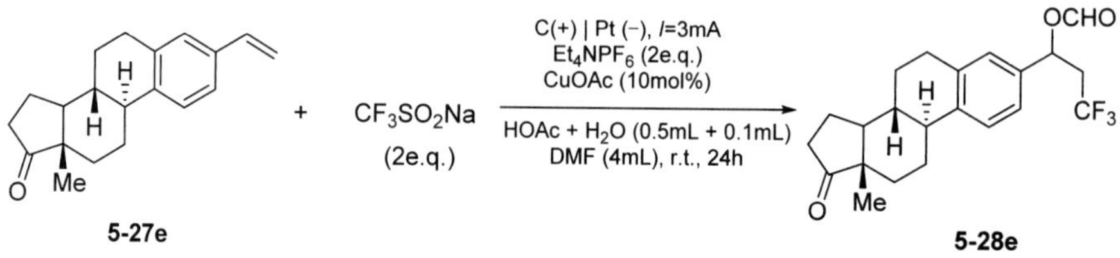

C(+) | Pt (−), *I*=3mA; Et_4NPF_6 (2e.q.); CuOAc (10mol%); HOAc + H_2O (0.5mL + 0.1mL); DMF (4mL), r.t., 24h

5-27e + CF_3SO_2Na (2e.q.) → **5-28e**

图 5-19　电化学介导类固醇天然产物的酰氧基化/三氟甲基化

氧化还原反应是有机合成中最重要和最常见的反应之一。电化学合成的复兴深刻地改变了现代有机化学的现状，为合成复杂的目标产物提供了新的策略。林松课题组开发了一种阳极偶合电解法，实现了烯烃的氯化/三氟甲基化[10]。与配对电解不同，在阳极偶合电解中，两个不同的平行反应同时生成相应的反应中间体。在反应体系中，在二价锰催化剂存在下，以三氟甲基亚磺酸钠作为三氟甲基自由基源，氯化镁作为氯自由基源，阳极氧化生成的三氟甲基自由基先与底物 **5-29** 反应生成 **5-31**，随后另一个中间体 **5-32** 迅速与 **5-31** 交叉偶联，最终得到产物 **5-30**。这种阳极偶合反应的底物范围广，具有良好的非对映选择性和官能团耐受性（图 5-20）。

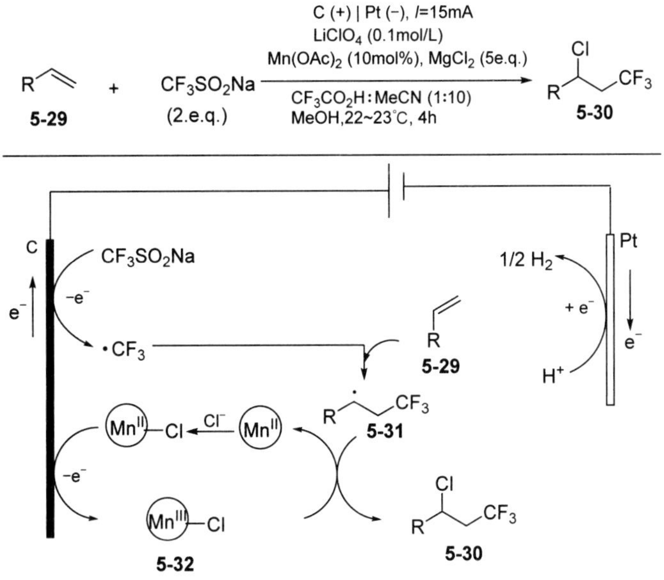

图 5-20 电化学介导烯烃氯化/三氟甲基化反应及其机理

随后，他们在最优条件下进行底物拓展时发现多种苯乙烯衍生物都以良好至优异的产率生成了相应的产物，他们还通过该方法成功地实现了几种天然产物的氯化/三氟甲基化，特别是，辛可尼丁转化为相应的产物 **5-30i** 时，敏感的叔胺、醇和喹啉基团都耐受（图 5-21）。

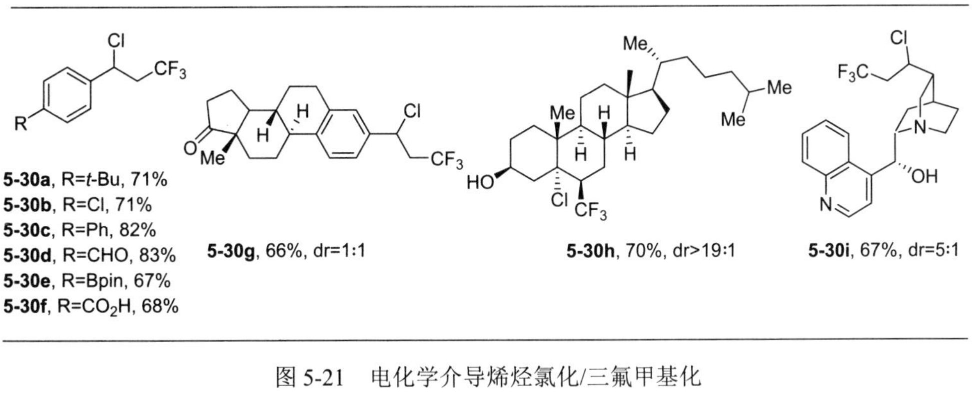

图 5-21 电化学介导烯烃氯化/三氟甲基化

同年 5 月，该课题组[11]采用阳极偶合电解的方法，成功地合成了吡咯烷衍生物。他们以烯炔作为反应底物，碳棒为阳极，铂片为阴极，高氯酸锂为电解质进行反应。通过底物拓展发现，带有不同取代基的底物 **5-33** 都能以良好至优异的产率转化为相应的吡咯烷衍生物 **5-34**，产物的立体选择性受到空间位阻的影响，有利于构建 *Z* 型异构体（图 5-22）。

与其他含有三氟甲基的化合物相比，*β*-三氟甲基酮不仅是生物活性中间体，而且由于羰基容易转化为其他官能团，因此可以转化为更复杂的化合物。雷爱文课题组[12]报道了在室温下通过 1,2-芳基迁移对烯丙醇进行电化学氧化三氟甲基化的方法。该过程以三氟甲基亚磺酸钠作为三氟甲基源，在未分隔电解池中，以石墨为阳极，铁片为阴极，四丁基四氟硼酸铵作为电解质进行。该方法不仅适用于对称的 α,α-二芳基烯丙醇 **5-35** 制备 β-三氟甲基酮 **5-36**，不对称的 α,α-二芳基烯丙醇同样适用于该反应（图 5-23）。

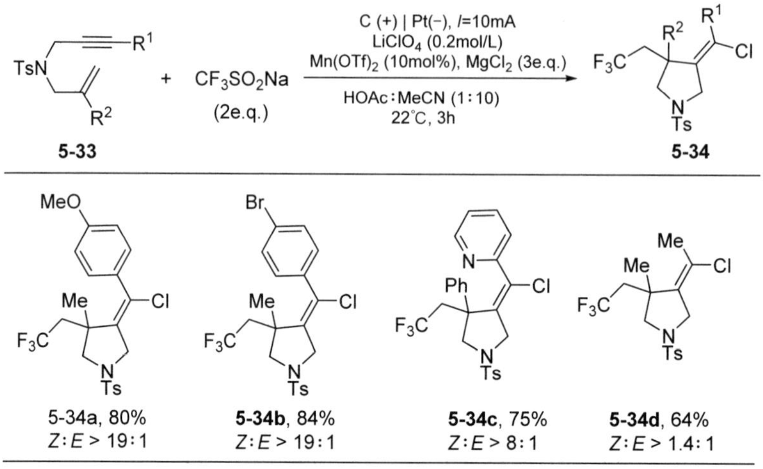

C (+) | Pt(−), I=10mA; $LiClO_4$ (0.2mol/L); $Mn(OTf)_2$ (10mol%), $MgCl_2$ (3e.q.); HOAc∶MeCN (1∶10); 22℃, 3h

5-33 + CF_3SO_2Na (2e.q.) → **5-34**

5-34a, 80% Z∶E > 19∶1　**5-34b**, 84% Z∶E > 19∶1　**5-34c**, 75% Z∶E > 8∶1　**5-34d**, 64% Z∶E > 1.4∶1

图 5-22　电化学介导烯炔氯化/三氟甲基化

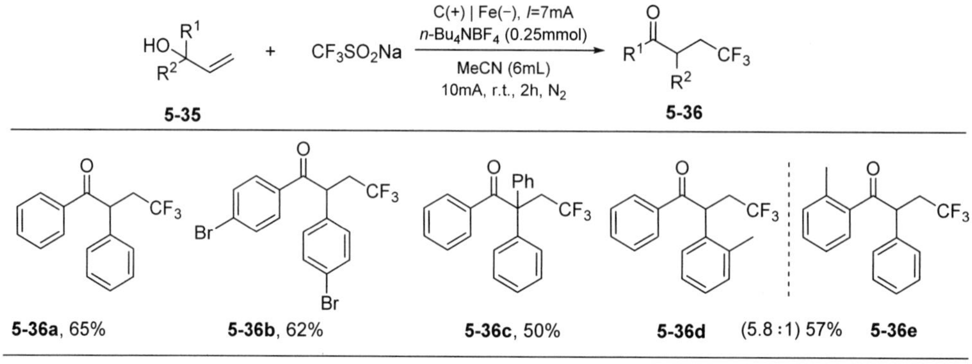

C(+) | Fe(−), I=7mA; n-Bu_4NBF_4 (0.25mmol); MeCN (6mL); 10mA, r.t., 2h, N_2

5-35 + CF_3SO_2Na → **5-36**

5-36a, 65%　**5-36b**, 62%　**5-36c**, 50%　**5-36d** (5.8∶1) 57% **5-36e**

图 5-23　电化学介导 α,α-二芳基烯丙醇三氟甲基化

有趣的是，在该反应条件下可以合成具有 9 元及以上环数的 β-三氟甲基环酮（**5-36g**、**5-36h**、**5-36i**）（图 5-24）。

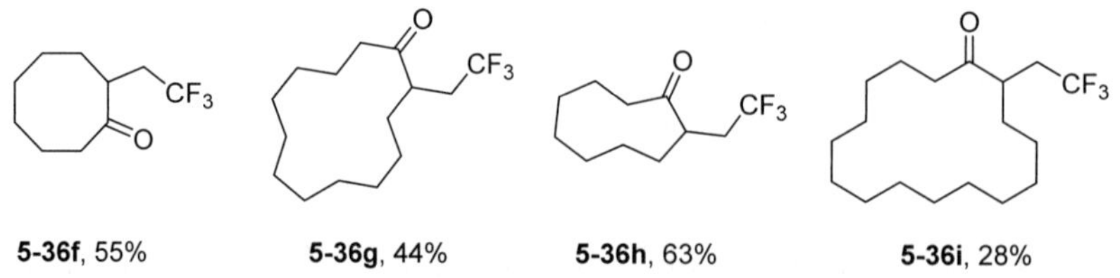

5-36f, 55%　**5-36g**, 44%　**5-36h**, 63%　**5-36i**, 28%

图 5-24　电化学介导烯丙醇三氟甲基化的扩环反应

5.3 电化学介导烯酸的脱羧三氟甲基化

目前，脱羧交叉偶联反应已成为构建碳碳键的一种有吸引力的方法，由于含三氟甲基化合物又具有独特的生物活性，因此化学家们致力于开发烯基羧酸的脱羧三氟甲基化反应，该反应的传统方法通常需要使用贵金属催化剂和外加氧化剂，并且需要较高的反应温度。因此，开发一种条件温和、无金属、不需外加氧化剂的方法非常有吸引力。

2019 年，两个课题组几乎同时独立报道了 α,β-不饱和羧酸的电化学脱羧三氟甲基化反应。第一个是黄精美课题组[13]报道的，该方法使用三氟甲基亚磺酸钠作为三氟甲基化试剂，三氟乙醇作为添加剂，高氯酸锂作为支持电解质，在未分隔电解池中以 5mA 的恒电流进行反应。他们通过研究发现该方法具有高度的立体选择性，生成的 *E* 型异构体产物具有 99∶1 的选择性。该方法不使用金属催化剂和外加氧化剂，符合绿色化学特性（图 5-25）。

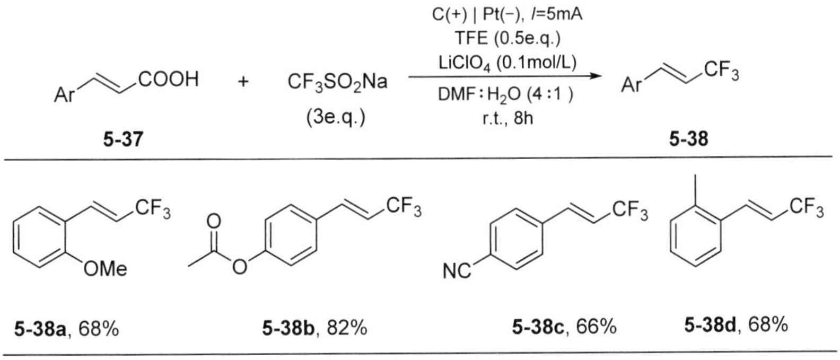

Ar–CH=CH–COOH (5-37) + CF_3SO_2Na (3e.q.) → [C(+) | Pt(−), *I*=5mA; TFE (0.5e.q.); $LiClO_4$ (0.1mol/L); DMF∶H_2O (4∶1); r.t., 8h] → Ar–CH=CH–CF_3 (5-38)

5-38a, 68%　**5-38b**, 82%　**5-38c**, 66%　**5-38d**, 68%

图 5-25　电化学介导 α,β-不饱和羧酸脱羧三氟甲基化反应

他们通过一系列的控制实验和循环伏安实验，提出以下反应机理：三氟甲基亚磺酸钠在阳极氧化，快速脱去二氧化硫得到三氟甲基自由基，该自由基与底物 **5-37** 反应得到中间体 **5-39**，随后 **5-39** 经过氧化脱羧得到产物 **5-38**（图 5-26）。

第二个是黄玉冰课题组[14]报道的 α,β-不饱和羧酸的电化学脱羧三氟甲基化。该课题组还是使用三氟甲基亚磺酸钠作为三氟甲基化试剂，但条件略有不同。在无催化剂和外部氧化剂的条件下，以优异的产率获得了一系列三氟甲基取代的芳基烯烃化合物 **5-41**。该反应具有条件温和、底物廉价且容易获得以及高区域选择性等优点（图 5-27）。

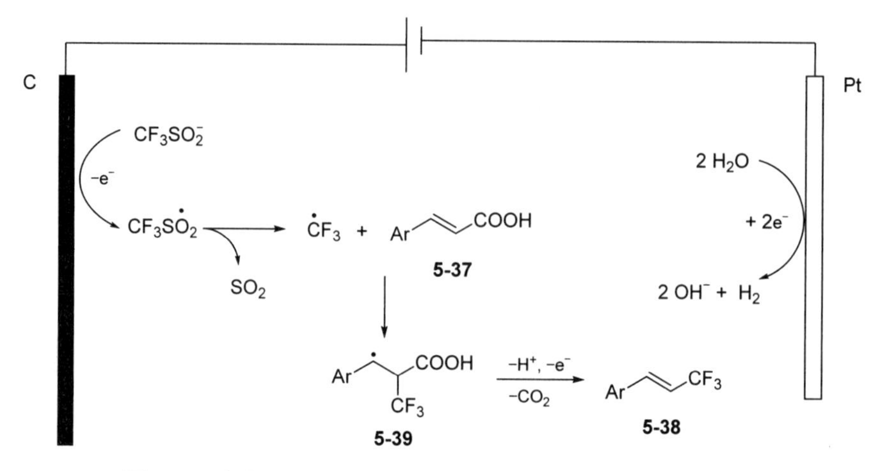

图 5-26　电化学介导 α,β-不饱和羧酸脱羧三氟甲基化反应机理

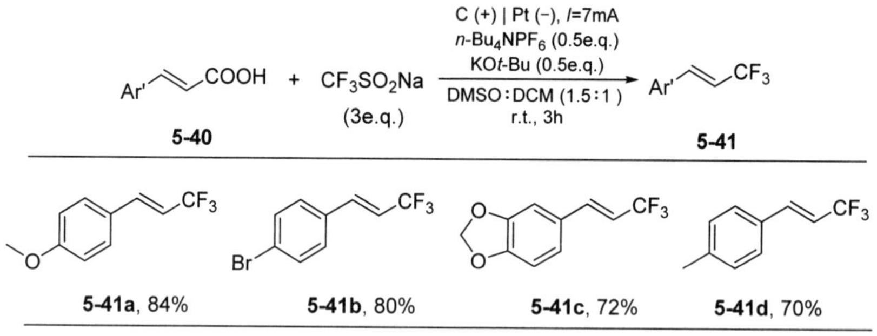

图 5-27　电化学介导烯酸脱羧三氟甲基化

5.4　电化学介导三氟甲基化环化

吲哚酮存在于各种生物活性天然产物和药物中，因此，化学家们开发了 *N*-芳基丙烯酰胺串联三氟甲基化/环化方法合成吲哚酮。传统的方法主要使用 Togni 试剂、三甲基(三氟甲基)硅烷、三氟甲基碘化物作为三氟甲基源，而使用低成本的三氟甲基亚磺酸钠作为三氟甲基源的例子却较少报道，且这些方法往往伴随金属催化剂、高价碘和过氧化物的使用，因此更绿色的合成吲哚酮的方法有待开发。

2018 年，曾程初课题组[15]开发了一种溴催化 *N*-芳基丙烯酰胺的电化学三氟甲基化方法，该反应在未分隔电解池中以四丁基溴化铵为电解质，石墨为阳极和铂丝为阴极，反应温度为 75℃，通过间接电解三氟甲基亚磺酸钠以产生三氟甲基自由基，用 *N*-芳基丙烯酰胺 **5-42** 为底物，经过三氟甲基化环化后，得到吲哚酮 **5-43**（图 5-28）。

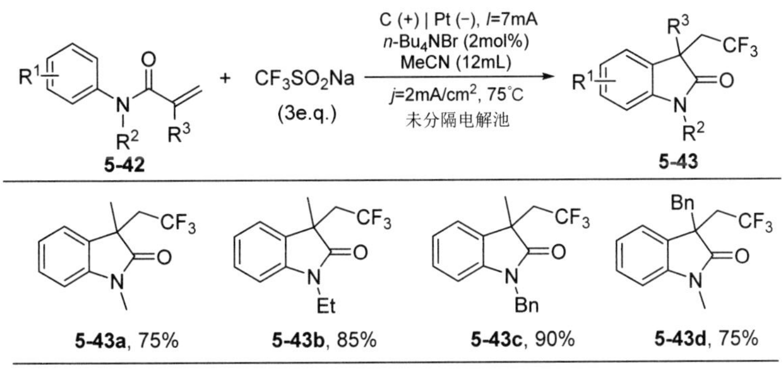

图 5-28　电化学介导 *N*-芳基丙烯酰胺的三氟甲基化环化

他们提出了以下反应机理：溴离子在阳极氧化生成溴单质，然后溴单质与三氟甲基亚磺酸钠反应得到 **5-3**，随后异构为中间体 **5-4**，然后，中间体 **5-4** 在阴极还原得到自由基 **5-44** 或自由基 **5-13**，随后 **5-13** 快速失去一分子二氧化硫得到三氟甲基自由基，三氟甲基自由基与底物 **5-42** 反应，得到自由基 **5-45**，最后，**5-45** 在阳极氧化发生分子内环化和进一步的芳构化得到相应产物 **5-43**（图 5-29）。

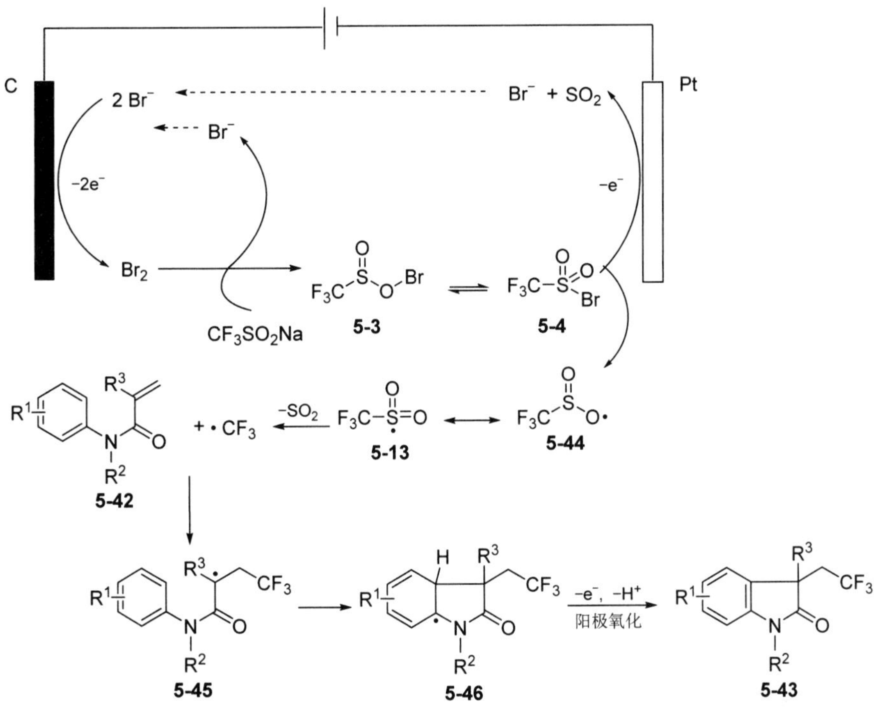

图 5-29　电化学介导 *N*-芳基丙烯酰胺的三氟甲基化环化反应机理

2019 年 1 月，莫凡洋课题组[16]同样开发了电化学介导以 *N*-芳基丙烯酰胺为底物 **5-47**，合成吲哚酮 **5-48** 的方法。该方法的不同之处是通过锰介导实现芳基丙烯酰胺的三氟甲基化/

C(sp^2)—H 官能团化。首先二价锰在阳极氧化，与三氟甲基亚磺酸钠反应生成 **5-49**，**5-49** 与底物 **5-47** 反应生成 **5-50**，随后 **5-50** 环化生成 **5-51**，最后 **5-51** 在阳极或被三价锰氧化生成产物 **5-48**（图 5-30）。

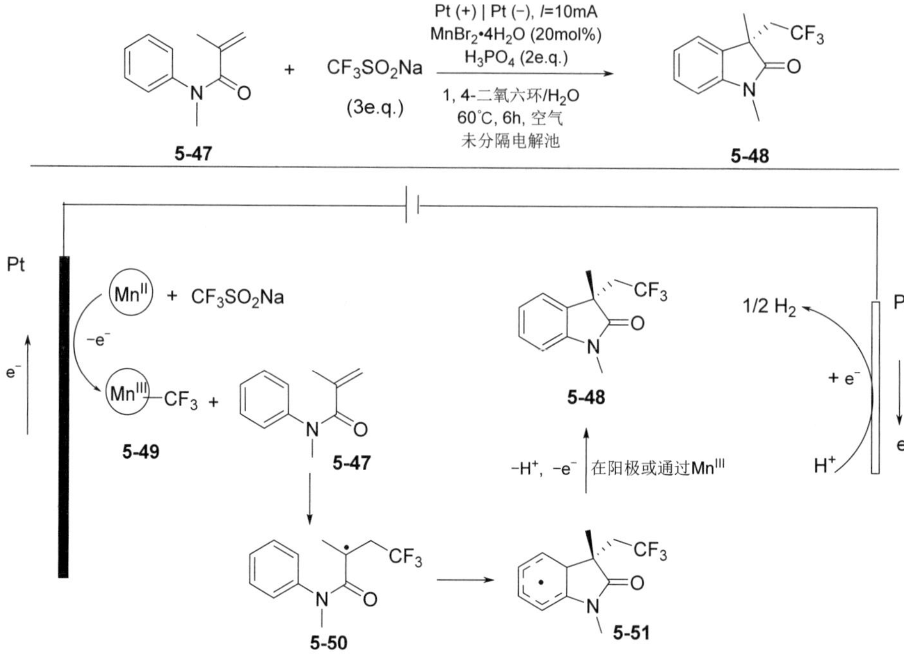

图 5-30　电化学介导 *N*-芳基丙烯酰胺三氟甲基化/C(sp^2)—H 官能团化

他们在实验中发现这种电化学碳氢三氟甲基化方法可以应用于复杂环的快速构建。在上述相同的反应条件下，以 **5-47a** 为底物，经过两次环化合成产物 **5-48a**，产率为 32%（图 5-31）。

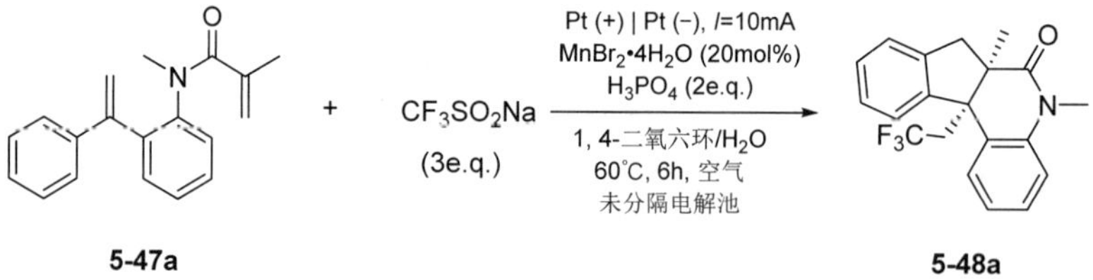

图 5-31　电化学介导 *N*-芳基丙烯酰胺碳氢三氟甲基化环化构建氮杂稠环

同年 2 月，Ackermann 课题组[17]开发了电化学条件下生成吲哚酮的方法。与上述两种方法相比，该方法反应条件温和（反应温度为 23℃）；直接在阳极氧化产生三氟甲基自由基，无需溴和金属催化剂。该方法在未分隔电解池中，以 RVC 为阳极，铂片为阴极，四乙基高氯酸铵为电解质，三氟甲基亚磺酸钠为三氟甲基源，恒电流 4.0mA 下，成功通过底物 *N*-芳基丙烯酰胺 **5-52** 合成吲哚酮 **5-53**（图 5-32）。

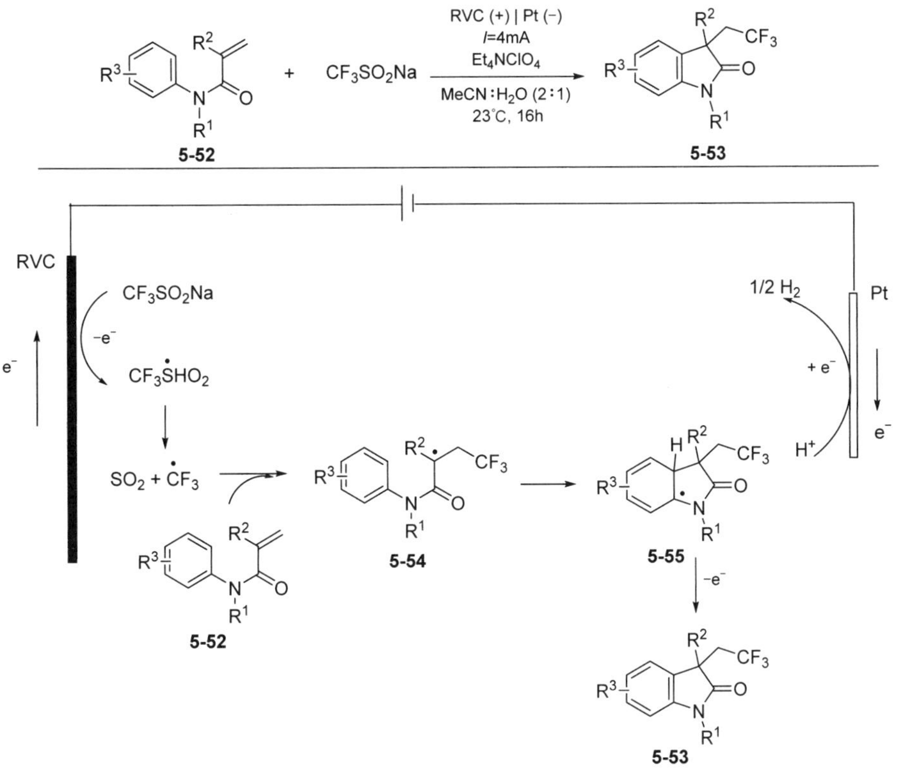

图 5-32　电化学介导 *N*-芳基丙烯酰胺三氟甲基化环化

该课题组通过底物 **5-56** 与二氟甲基亚磺酸钠反应亦可实现 *N*-取代丙烯酰胺二氟甲基化（图 5-33）。

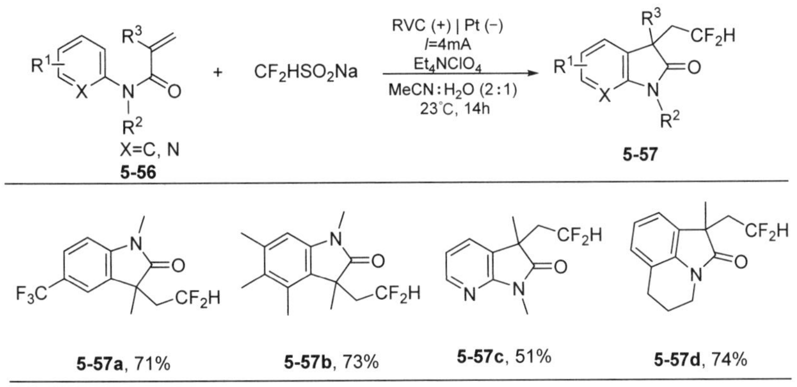

图 5-33　电化学 *N*-取代丙烯酰胺二氟甲基化环化

他们进一步研究发现电化学介导氟烷基化/环化不仅限于 *N*-芳基丙烯酰胺，在改变反应条件下，*N*-芳基肉桂酰胺 **5-58** 也可成功转化为 3,4-二氢喹啉-2-(1*H*)-酮 **5-59**（图 5-34）。

吗啉作为药物核心骨架，广泛存在于药物和农用化学品中，是美国食品药品管理局（FDA）批准的药物中最常见的 25 种氮杂环之一。Masson 课题组[18]开发了一种电化学介导

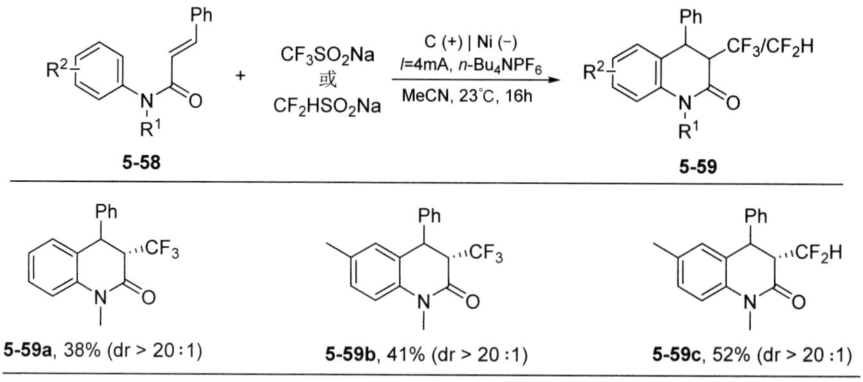

图 5-34　芳基酰胺的电化学二氟和三氟甲基化

烯醇 **5-60** 三氟甲基化合成吗啉衍生物 **5-61** 的方法。该方法反应条件温和，选用廉价且易于处理的三氟甲基亚磺酸钠试剂作为三氟甲基化试剂，在恒电流条件及未分隔电解池中，以中等到良好的产率获得了各种取代的吗啉衍生物（图 5-35）。值得注意的是，该方法只适用于芳香族烯烃的转化，而当使用烷基烯烃为底物进行反应时未得到相应的吗啉产物。

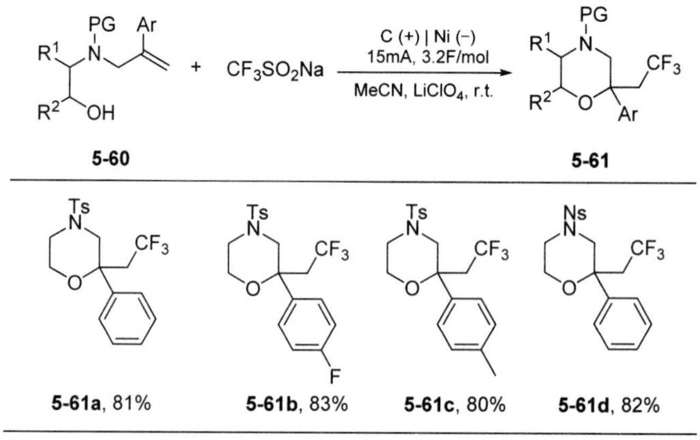

图 5-35　电化学介导烯醇三氟甲基化合成吗啉衍生物

该课题组通过研究表明，化合物 **5-60e** 通过三氟甲基化环化反应可直接一步合成化合物 **5-61e**（图 5-36）。化合物 **5-61e** 是一类重要的七元杂环，具有广泛的生物学特性，存在于众多药物中。

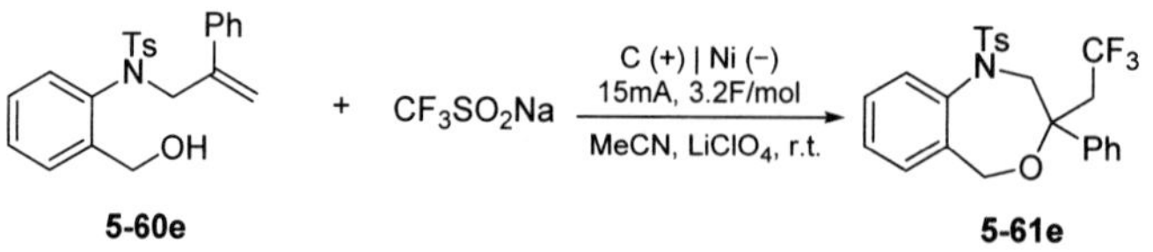

图 5-36　电化学介导烯醇三氟甲基化环化反应合成七元杂环

为了进一步证明该方法在获取吗啉衍生物方面的实用性，他们用 **5-61a** 在超声条件下，以甲醇为溶剂，加入镁单质进行反应，可获得脱保护的吗啉产物 **5-62**（图 5-37）。

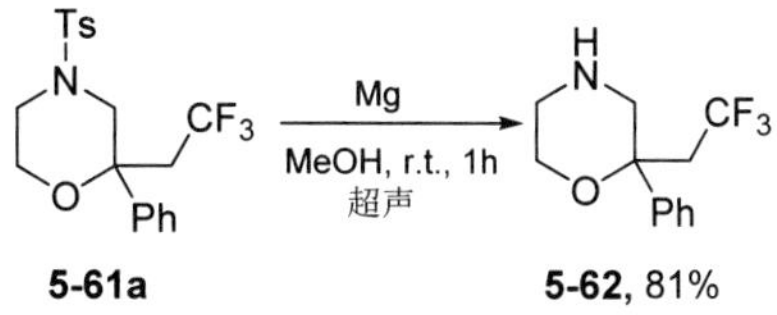

图 5-37　脱保护吗啉衍生物

无论是化学氧化、光氧化或电氧化三氟甲基亚磺酸钠产生三氟甲基自由基，都是通过脱去二氧化硫实现的，反应产生的二氧化硫被当作废弃物排放，这不仅降低了原子利用率，还造成了环境的污染。

寮渭巍课题组[19]报道了电化学串联三氟甲基化环化反应，该反应通过三氟甲基亚磺酸钠在阳极氧化生成三氟甲基自由基和二氧化硫，同时实现了 *N*-氰胺烯烃 **5-63** 三氟甲基化和二氧化硫的插入，有效地构建了各种三氟甲基化环状 *N*-磺酰亚胺 **5-64**（图 5-38）。

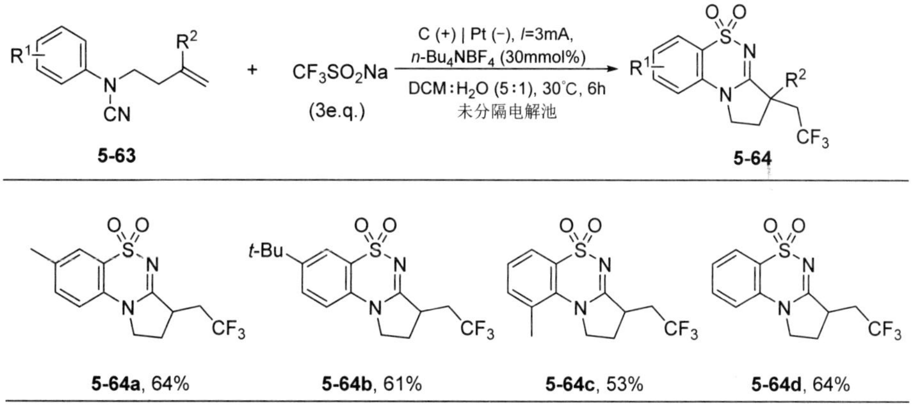

图 5-38　电化学介导 *N*-氰胺烯烃三氟甲基化环化

他们在研究过程中发现，该方法也适用于含有未活化内部烯烃的 *N*-氰胺烯烃 **5-65** 转化为相应的 *N*-磺基酰亚胺化合物 **5-66**（图 5-39）。

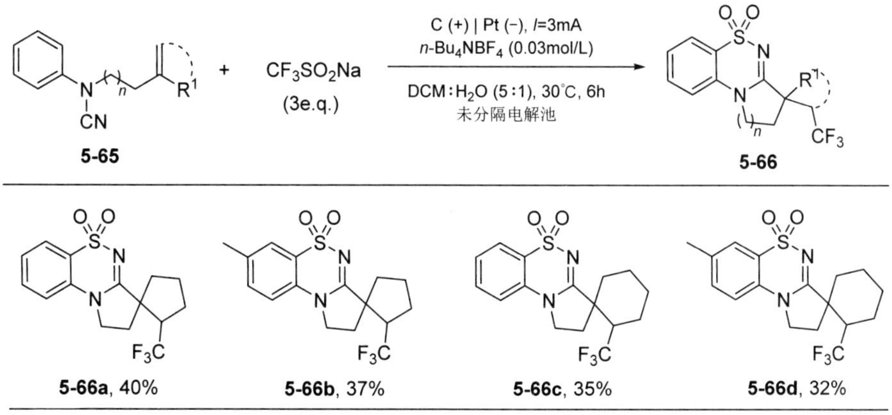

图 5-39　电化学介导含内部烯烃的 *N*-氰胺烯烃三氟甲基化环化

5.5 总结与展望

总之，通过电化学的方法来合成含三氟甲基化合物是比较绿色的。该方法的主要路径是通过阳极氧化三氟甲基亚磺酸盐，脱去二氧化硫产生活性三氟甲基自由基，随后再与底物反应，最终生成三氟甲基化产物。目前在电化学的条件下合成含三氟甲基化合物已经取得了一定的进展，例如，运用电化学方法实现了芳烃类化合物、各类杂环、烯烃、烯酸的三氟甲基化和烯烃酰胺的三氟甲基化环化等反应，并且还实现了一些天然产物，如咖啡因、己酮可可碱、多索茶碱、可可碱、甲基雌酮、色氨酸衍生物、类固醇衍生物、辛可尼丁的结构修饰。但是这些成果的取得主要是依靠阳极氧化三氟甲基亚磺酸盐试剂实现的，而通过电化学方法活化其他三氟甲基试剂来实现含三氟甲基化合物的合成却很少报道，这是当前三氟甲基化合物电化学合成方法的局限性，也是电化学工作者未来需要努力的方向。

参考文献

[1] R P Bhaskaran, B P Babu. Progress in Electrochemical Trifluoromethylation Reactions [J]. Adv Synth Catal, 2020, 362(23): 5219-5237.

[2] G Y Dou, Y Y Jiang, K Xu, et al. Electrochemical Minisci-type Trifluoromethylation of Electrondeficient Heterocycles Mediated by Bromide Ion [J]. Org Chem Front, 2019, 6(14): 2392-2397.

[3] Y Deng, F L Lu, S Q You, et al. External-Oxidant-Free Electrochemical Oxidative Trifluoromethylation of Arenes Using CF_3SO_2Na as the CF_3 Source [J]. Chin J Chem, 2019, 37(8): 817-820.

[4] Y Qiu, A Scheremetjew, L H Finger, et al. Electrophotocatalytic Undirected C—H Trifluoromethylations of (Het)Arenes [J]. Chem Eur J, 2020, 26(15): 3241-3246.

[5] A G O'Brien, A Maruyama, Y Inokuma, et al. Radical C—H Functionalization of Heteroarenes under Electrochemical Control [J]. Angew Chem Int Ed, 2014, 53(44): 11868-11871.

[6] Y B Huang, H L Hong, Z R Zou, et al. Electrochemical Vicinal Aminotrifluoromethylation of Alkenes: High Regioselective Acquisition of β-Trifluoromethylamines [J]. Org Biomol Chem, 2019, 17(20): 5014-5020.

[7] W Jud, C O Kappe, D Cantillo. Catalyst-Free Oxytrifluoromethylation of Alkenes through Paired Electrolysis in Organic-Aqueous Media [J]. Chem Eur J, 2018, 24(65): 17234-17238.

[8] L Zhang, G Zhang, P Wang, et al. Electrochemical Oxidation with Lewis-Acid Catalysis Leads to Triflfluoromethylative Difunctionalization of Alkenes Using CF_3SO_2Na [J]. Org Lett, 2018, 20(23): 7396-7399.

[9] X Sun, H M Ma, T S. Mei, et al. Electrochemical Radical Formyloxylation-Bromination, -Chlorination, and -Triflfluoromethylation of Alkenes [J]. Org Lett, 2019, 21(9): 3167-3171.

[10] K Y Ye, G Pombar, N Fu, et al. Anodically Coupled Electrolysis for the Hetero-difunctionalization of Alkenes [J]. J Am Chem Soc, 2018, 140(7): 2438-2441.

[11] K Y Ye, Z Song, G S Sauer, et al. Synthesis of Chlorotrifluoromethylated Pyrrolidines via Electrocatalytic Radical Ene-Yne Cyclization [J]. Chem Eur J, 2018, 24(47): 12274-12279.

[12] Z P Guan, H M Wang, Y G Huang, et al. Electrochemical Oxidative Aryl(alkyl)triflfluoromethylation of Allyl Alcohols via

1,2-Migration [J]. Org Lett, 2019, 21(12): 4619-4622.

[13] F Y Li, D Z Lin, T J He, et al. Electrochemical Decarboxylative Trifluoromethylation of α, β-Unsaturated Carboxylic Acids with CF_3SO_2Na [J]. Chem Cat Chem, 2019, 11(9): 2350-2354.

[14] H L Hong, Y B Li, L L Chen, et al. Electrochemical Synthesis Strategy for Cvinyl-CF_3 Compounds through Decarboxylative Triflfluoromethylation [J]. J Org Chem, 2019, 84(9): 5980-5986.

[15] Y Y Jiang, G Y Dou, K Xu et al. Bromide-catalyzed Electrochemical Trifluoromethyl/Cyclization of *N*-arylacrylamides with Low Catalyst Loading [J]. Org Chem Front, 2018, 5(17): 2573-2577.

[16] Z X Zhang, L Zhang, Y Cao, et al. Mn-Mediated Electrochemical Triflfluoromethylation/C(sp^2)—H Functionalization Cascade for the Synthesis of Azaheterocycles [J]. Org Lett, 2019, 21(3): 762-766.

[17] Z Ruan, Z Huang, Z Xu, et al. Catalyst-Free, Direct Electrochemical Tri- and Diflfluoroalkylation/Cyclization: Access to Functionalized Oxindoles and Quinolinones [J]. Org Lett, 2019, 21(4): 1237-1240.

[18] A Claraz, T Courant, G Masson. Electrochemical Intramolecular Oxytriflfluoromethylation of *N*-Tethered Alkenyl Alcohols: Synthesis of Functionalized Morpholines [J]. Org Lett, 2020, 22(4): 1580-1584.

[19] Z Li, L C Jiao, Y H Sun, et al. CF_3SO_2Na Acted as a Bifunctional Reagent: Electrochemical Trifluoromethylation of Alkenes Accompanied by SO_2-Insertion to Access Trifluoromethylated Cyclic *N*-Sulfonylimines [J]. Angew Chem Int Ed, 2020, 59(18): 7266-7270.

第六章

电化学介导胺类化合物反应合成药物分子

含氮化合物具有广泛的生物活性，在农药方面，其可用于杀虫剂、杀螨剂、除草剂等；在医药方面，其具有抗病毒、抗炎、抗癌和抗真菌等多种生物活性[1]（图 6-1），例如，替吡法尼具有抗癌活性、达卡巴嗪具有抗黑色素瘤活性、依普罗沙坦和氯沙坦用于治疗高血压、尼洛替尼具有抗癌活性、磺胺甲噁唑具有抗真菌活性等。另外，含氮骨架作为重要中间体在有机合成中也具有广泛的应用。

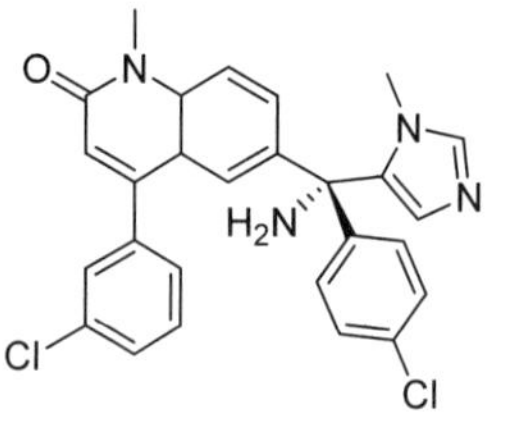

替吡法尼 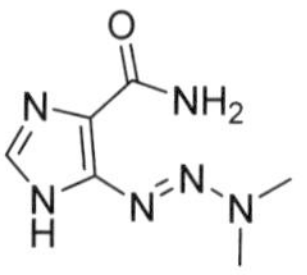　　达卡巴嗪 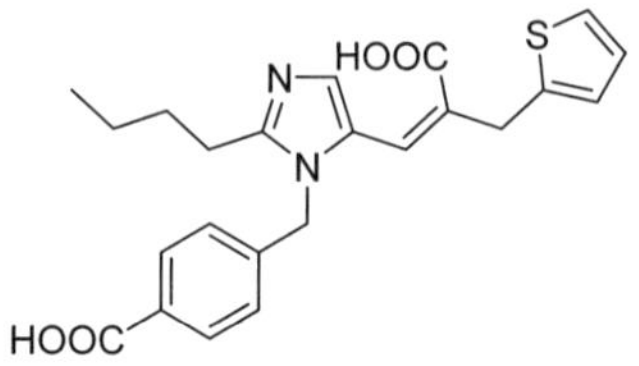　　依普罗沙坦

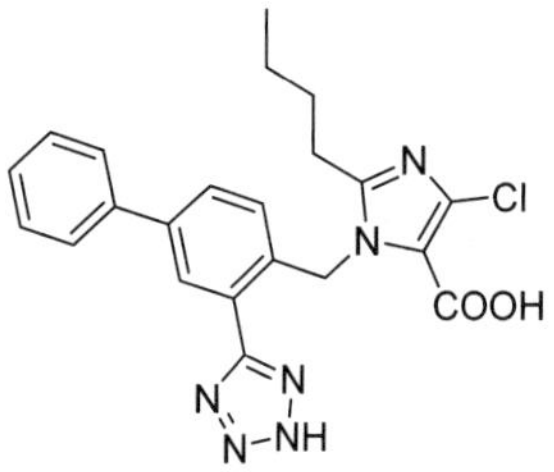

氯沙坦 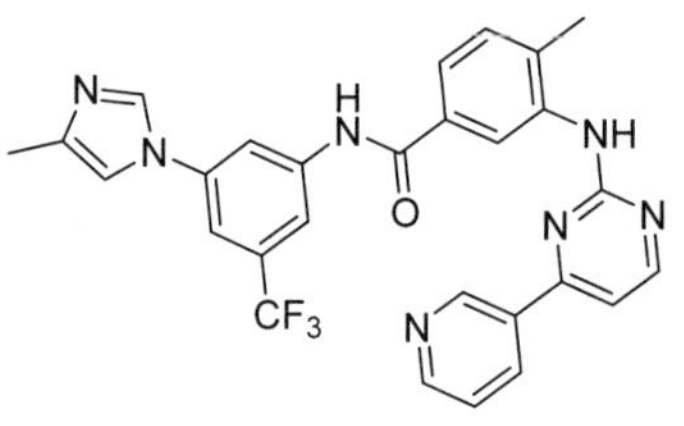　　尼洛替尼 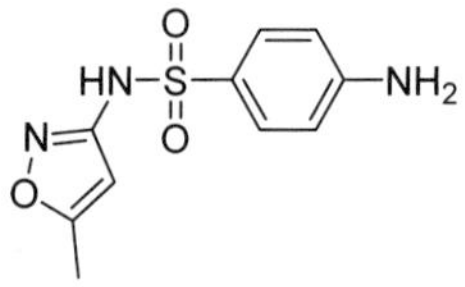　　磺胺甲噁唑

图 6-1　部分含氮的代表性药物分子

传统合成含氮化合物的方法存在许多局限性，如需使用过渡金属或过量的氧化剂、反应条件较剧烈、官能团耐受性差等。通过电化学构建氮杂键的策略是比较绿色的，反应条件较为温和。本章主要介绍了电化学介导胺的非环化构建氮杂键和电化学介导胺环化构建氮杂环化合物。

6.1　电化学介导胺的非环化构建氮杂键

由于含氮化合物普遍存在于药物中并且具有重要的生物活性，因此化学家们对开发构建氮杂键的方法产生了浓厚的兴趣。近年来，碳氢胺化已成为一种具有吸引力和挑战性的构建含氮化合物的方法之一。传统的碳氢胺化反应通常需要使用贵金属催化剂或额外的氧化剂，而在电化学条件下构建碳氮键，以电子作为氧化剂，避免了贵金属催化剂或额外氧化剂的使用，同时也大大缩短了反应时间。

Yoshida 课题组[2]开发了一种新的芳香族化合物碳氢胺化方法，该方法是基于吡啶与芳

香族化合物 **6-1** 的电化学氧化，使所得的 *N*-芳基吡啶鎓离子 **6-2** 与烷基胺反应从而获得目标产物 **6-3**。该方法是由芳香族化合物合成芳香伯胺的有效方法，并且不需要使用金属催化剂和额外氧化剂（图 6-2）。

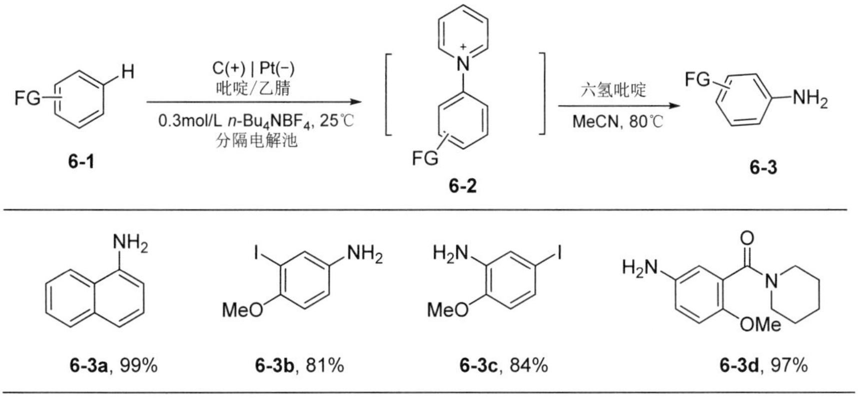

C(+) | Pt(−)
吡啶/乙腈
0.3mol/L *n*-Bu_4NBF_4, 25℃
分隔电解池
六氢吡啶
MeCN, 80℃
6-1 **6-2** **6-3**
6-3a, 99% **6-3b**, 81% **6-3c**, 84% **6-3d**, 97%

图 6-2 电化学介导芳香族化合物胺化合成芳香伯胺

他们使用该电化学方法成功地合成了 VLA-4 拮抗剂 **6-5** 的关键中间体 **6-3e**（图 6-3）。起始原料 **6-1e** 由可市售品 **6-4** 一步制备，然后在吡啶存在下对 **6-1e** 进行电化学 C—H 胺化，再用哌啶处理得到 **6-3e**，产率为 89%。用传统的方法合成 **6-3e** 时，需要对氨基进行保护和脱保护，但该电化学方法能够在硝基存在下直接进行胺化反应，从而避免了氨基的保护和脱保护，减少了合成步骤，降低了合成成本。

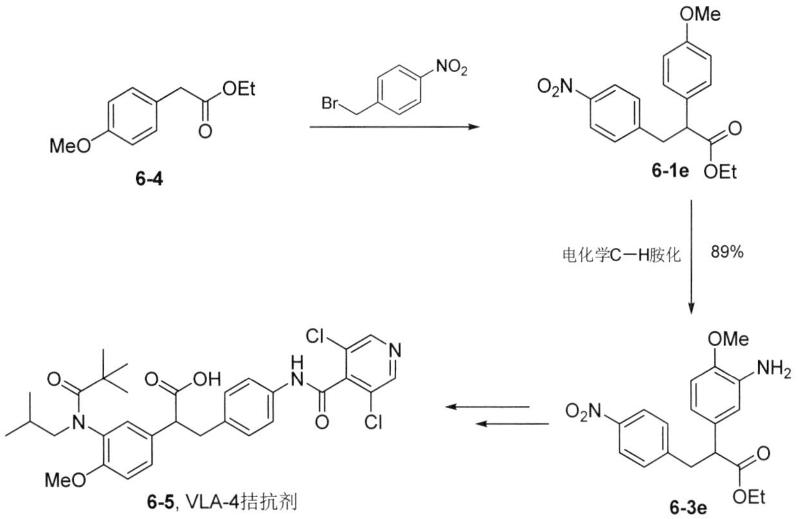

6-4 **6-1e** 电化学C—H胺化 89% **6-3e** **6-5**, VLA-4拮抗剂

图 6-3 电化学合成 VLA-4 拮抗剂关键中间体

在 2014 年，Yoshida 课题组[3]又报道了一种咪唑及其衍生物与芳香族化合物的电化学碳氮键偶联方法。该方法成功的关键是以含有保护基的咪唑作为原料，避免了咪唑的过氧化，咪唑 **6-7** 与芳香族化合物 **6-6** 反应得到中间体 **6-8**，随后通过哌啶处理脱去保护基转化

为相应的*N*-芳基或*N*-苄基咪唑化合物**6-9**。该方法为*N*-取代咪唑化合物的合成提供了一种简单、化学选择性高的途径（图6-4）。

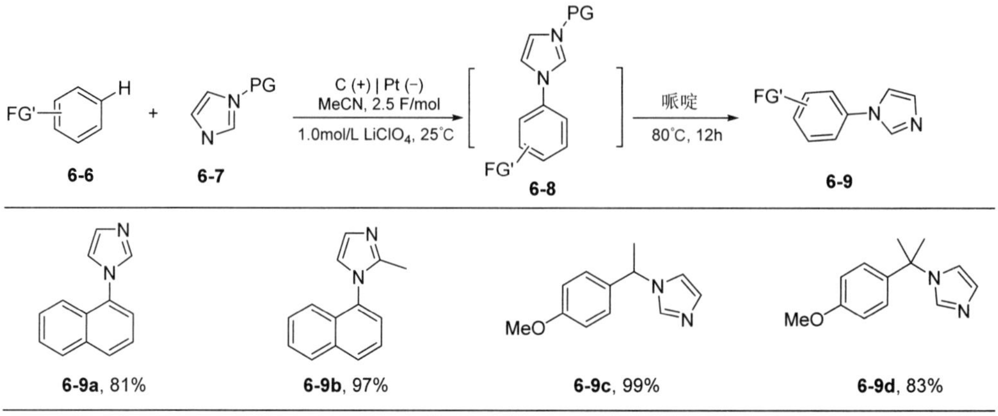

图6-4 电化学介导咪唑类衍生物与芳香族化合物碳氮键偶联

该课题组发现当苯环上的取代基是给电子基（如甲氧基）时可以有效地促进该电化学转化。这一发现可将该方法有效运用于药物分子的合成中，例如，通过该电化学方法合成的化合物**6-9c**在催化量的氯化双（三环己基膦）镍（Ⅱ）存在下，与苯基溴化镁偶联反应，以75%的产率得到P45017抑制剂**6-10**（图6-5）。

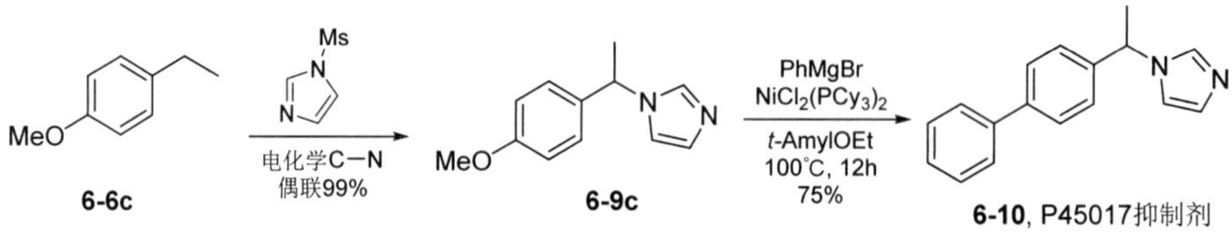

图6-5 电化学介导碳氮键偶联合成P45017抑制剂中间体

此外，他们还利用该电化学方法成功合成了一种抗真菌剂**6-13**，进一步证明了该方法的实用性（图6-6）。

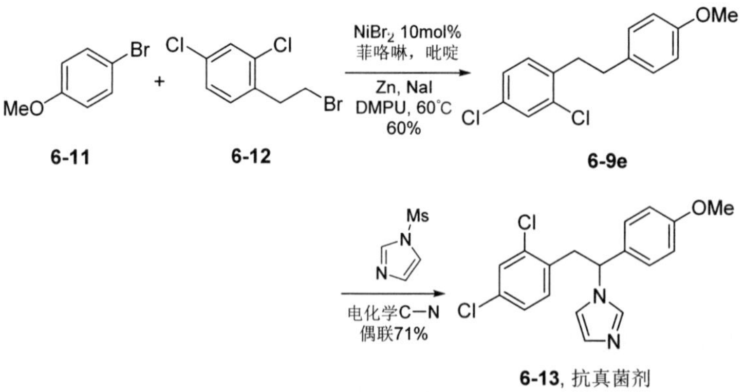

图6-6 电化学介导碳氮键偶联合成抗真菌剂

但是，Yoshida 课题组开发的这两种构建碳氮键的方法，其胺化底物仅限于吡啶和咪唑，这极大地限制了合成碳氮键化合物的种类。为了解决这一问题，雷爱文课题组[4]开发了富电子芳烃与二芳基胺衍生物之间的电氧化碳氮交叉偶联反应（图 6-7）。在未分隔电解池中，氮气氛围下，以碳棒为阳极，铂片为阴极，四丁基四氟硼酸铵为电解质，乙腈和甲醇（体积比 = 7∶3）为溶剂，实现了具有高官能团耐受性的富电子芳烃 **6-14** 和二芳基胺衍生物 **6-15** 反应，生成了一系列三芳基胺衍生物 **6-16**。例如，以具有四个连续手性中心的二芳基胺为底物，可以获得所需的三苯基胺 **6-16c**，产率为 43%。

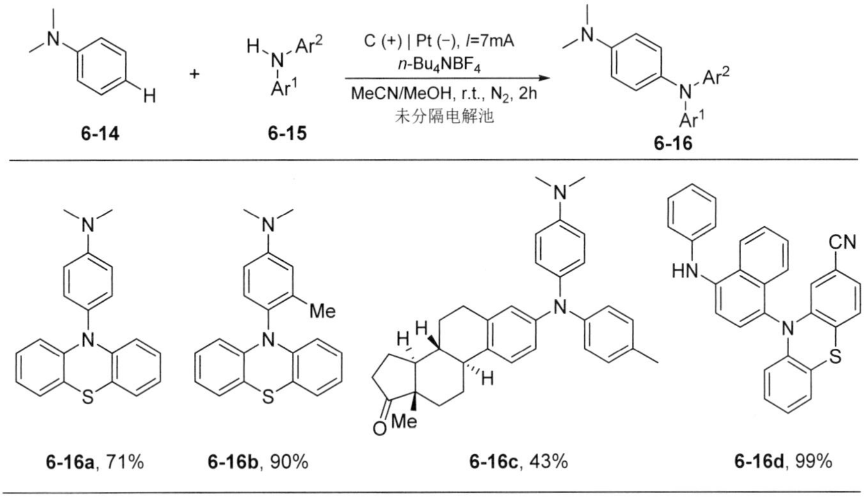

C (+) | Pt (−), I=7mA
n-Bu_4NBF_4
MeCN/MeOH, r.t., N_2, 2h
未分隔电解池

6-14　**6-15**　**6-16**

6-16a, 71%　**6-16b**, 90%　**6-16c**, 43%　**6-16d**, 99%

图 6-7　电化学介导富电子芳烃与二芳基胺衍生物碳氮交叉偶联

由于芳胺普遍存在于药物和天然产物中，因此 Baran 课题组[5]开发了一种在室温和无外加碱的条件下实现芳基卤化物 **6-17** 与烷基胺 **6-18** 交叉偶联的电化学方法，成功地合成了芳胺化合物 **6-19**。该方法具有广泛的底物适用性，底物范围包括芳基溴化物、芳基氯化物、芳基三氟甲磺酸盐和芳基碘化物。此外，醇和酰胺也可以作为该反应的亲核试剂（图 6-8）。

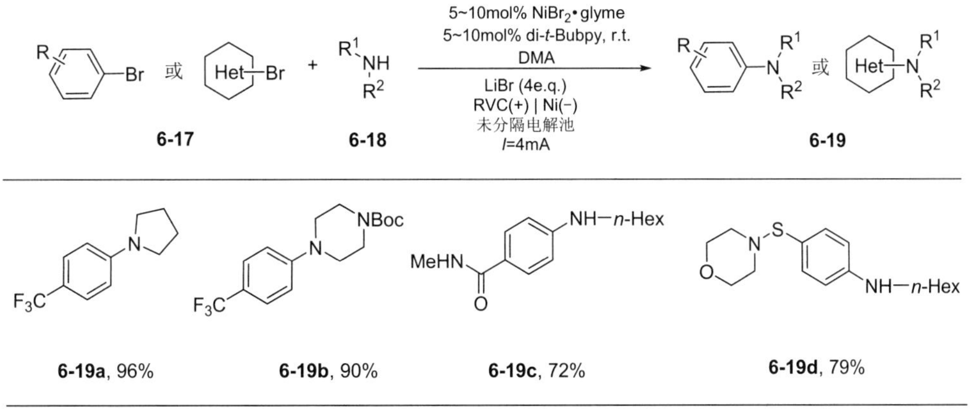

5~10mol% $NiBr_2$•glyme
5~10mol% di-t-Bubpy, r.t.
DMA
LiBr (4e.q.)
RVC(+) | Ni(−)
未分隔电解池
I=4mA

6-17　**6-18**　**6-19**

6-19a, 96%　**6-19b**, 90%　**6-19c**, 72%　**6-19d**, 79%

图 6-8　电化学介导芳基卤化物与烷基胺的交叉偶联

该方法可用于生物活性分子中胺结构单元的构建。例如，该课题组利用此电化学方法实现了具有抗抑郁功能的阿莫沙平和帕罗西汀的 *N*-芳基化，分别得到 **6-19e** 和 **6-19f**（图 6-9）。值得注意的是，帕罗西汀中的芳基氟结构在偶联后依然保留。

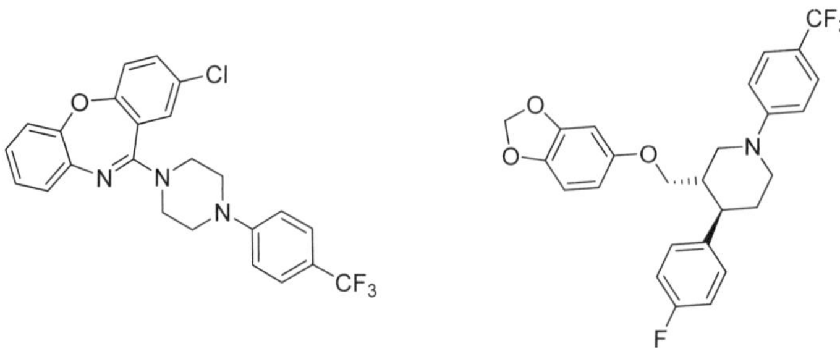

6-19e, 86%　　**6-19f**, 62%

图 6-9　电化学介导阿莫沙平和帕罗西汀 *N*-芳基化

为了证明该反应的工业实用性，该课题组将 **6-17g** 和叔丁氧羰基哌嗪 **6-18g** 进行了 23g 规模的反应，反应 7h，以 66%的产率获得产物 **6-19g**（图 6-10）。

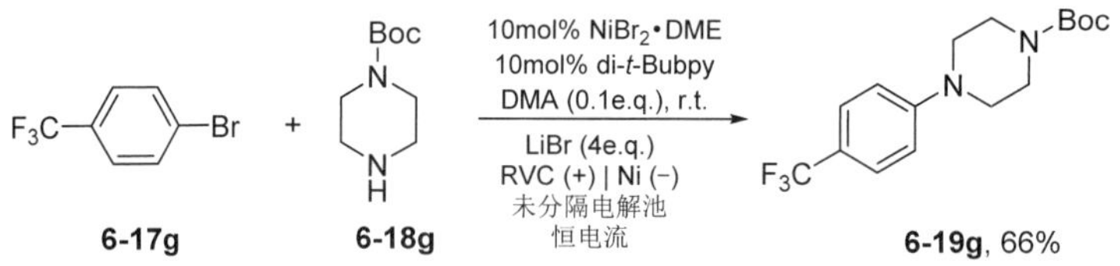

10mol% $NiBr_2$•DME, 10mol% di-*t*-Bubpy, DMA (0.1e.q.), r.t., LiBr (4e.q.), RVC (+) | Ni (−), 未分隔电解池, 恒电流

6-17g　**6-18g**　**6-19g**, 66%

图 6-10　电化学介导叔丁氧羰基哌嗪与芳基卤化物的克级反应

该方法也适用于芳基卤化物和其他亲核试剂之间的偶联（图 6-11）。例如，芳基溴与伯醇之间的偶联反应，在反应中添加 1,8-二偶氮杂双螺环[5.4.0]十一碳-7-烯（DBU），可以中等产率得到产物 **6-20**。此外，吡咯烷作为亲核试剂也可与芳基溴发生交叉偶联，在 1,8-二偶氮杂双螺环[5.4.0]十一碳-7-烯存在下，可以 55%的产率得到产物 **6-21**。

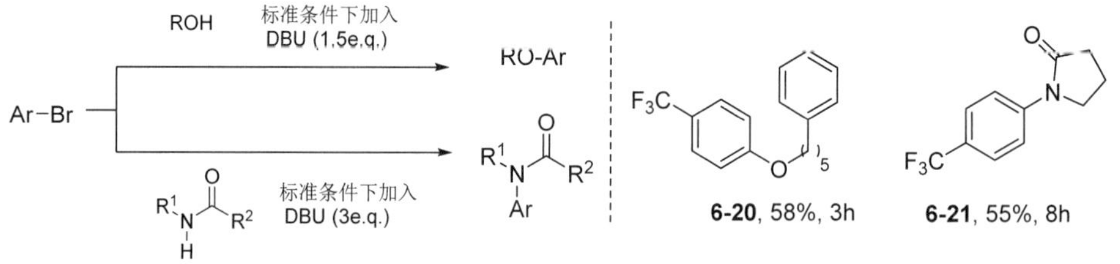

ROH 标准条件下加入 DBU (1.5e.q.)　Ar−Br → RO-Ar

标准条件下加入 DBU (3e.q.)

6-20, 58%, 3h　**6-21**, 55%, 8h

图 6-11　芳基卤化物和其他亲核试剂之间的偶联反应

基于上述的研究，2019 年，Baran 课题组[6]报道了在电化学条件下，以镍为催化剂，实现了各类氨基酸的芳胺化 **6-24**。反应使用各种氨基酸酯盐酸盐 **6-22** 和 4-三氟甲基溴苯 **6-23** 作底物，以 RVC 为阳极，泡沫镍为阴极，在未分隔电解池中进行（图 6-12）。

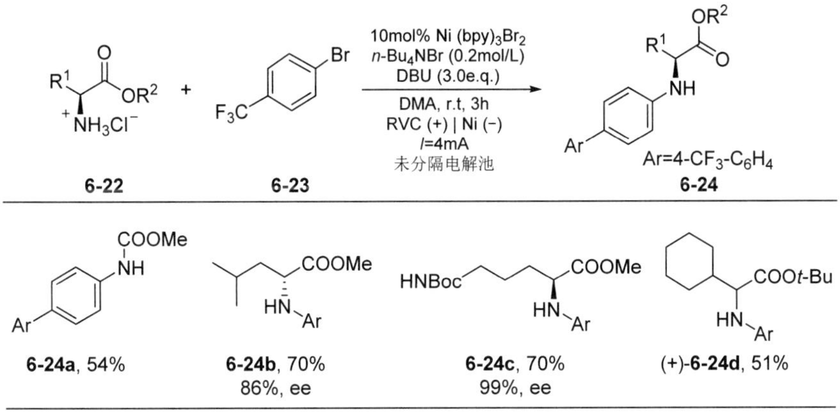

10mol% Ni (bpy)3Br2
n-Bu4NBr (0.2mol/L)
DBU (3.0e.q.)
DMA, r.t, 3h
RVC (+) | Ni (−)
I=4mA
未分隔电解池
Ar=4-CF3-C6H4
6-22
6-23
6-24
6-24a, 54%
6-24b, 70%
86%, ee
6-24c, 70%
99%, ee
(+)-6-24d, 51%

图 6-12　电化学介导氨基酸的芳胺化

该课题组还将该电化学方法应用在寡肽的结构修饰中，他们对反应的条件进行了修改，通过实验发现，使用溴化锂作为电解质比四丁基溴化铵的效果更佳，另外使用过量的胺可以避免外消旋化产物生成。利用修改后的反应条件成功实现了各类寡肽的结构修饰。这是第一个在寡肽上形成碳氮键的电化学例子，有望将此反应进一步应用于其他生物分子的修饰（图 6-13）。

胺 (3.0e.q.), LiBr (4.0e.q.)
Ni(bpy)3Br2 (30mol%)
DMA (0.025mol/L)
4mA, r.t., 6h
RVC(+) | Ni(−)
未分隔电解池
6-25, 0.05mmol
6-26
6-26a, 54%
6-26b, 57%
6-26c, 39%

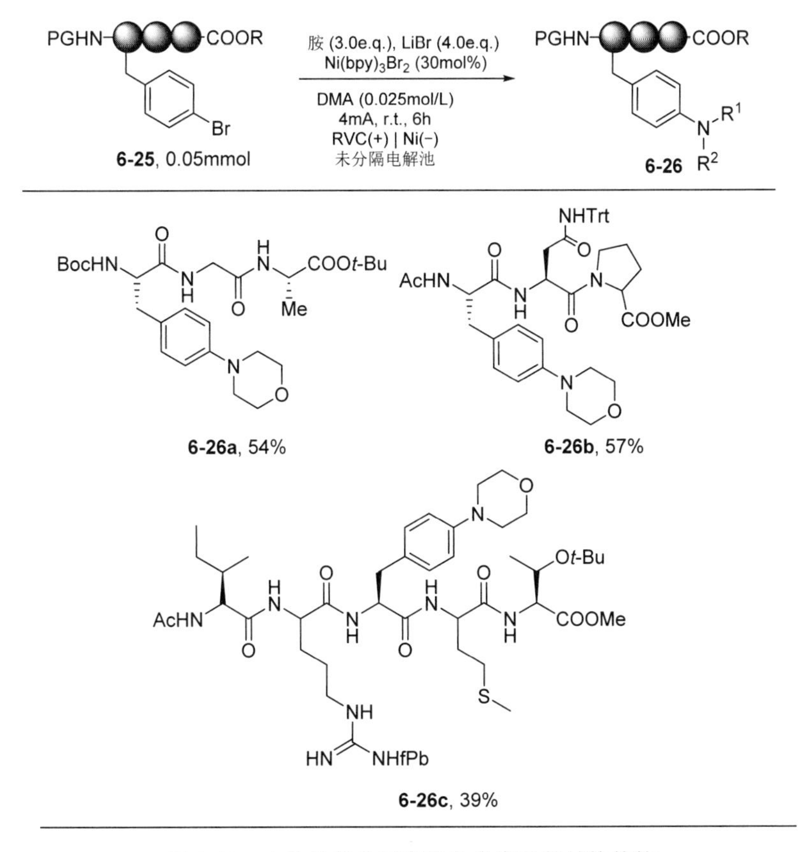

图 6-13　电化学条件下实现各类寡肽的结构修饰

碳氮交叉偶联是合成各种胺的理想策略。徐海超课题组[7]报道了一种选择性电化学胺化反应，可以将苄基氢键转化为碳氮键，而不需使用外部氧化剂或金属催化剂。该反应的机理是苯基碳氢键在阳极裂解，生成碳正离子中间体，然后被作为亲核试剂的胺捕获，形成碳氮键。该反应成功的关键是将六氟异丙醇作为混合溶剂来调节苯基底物和胺类化合物的氧化电势，以避免后者的过氧化（图 6-14）。

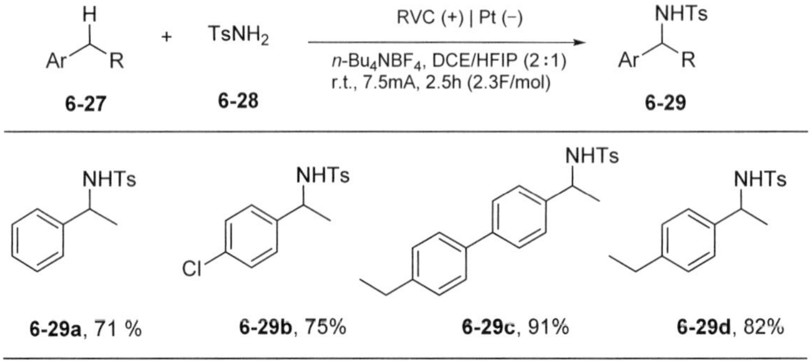

图 6-14　电化学介导苄基胺化构建碳氮键

该课题组通过研究发现，磺胺类药物塞来昔布在电流为 7.5mA，RVC 作阳极，铂片作阴极，四丁基四氟硼酸铵为电解质的电解条件下，可以很容易地与脱氢枞酸甲酯偶联，以克级规模获得胺化产物 **6-29e**（图 6-15）。

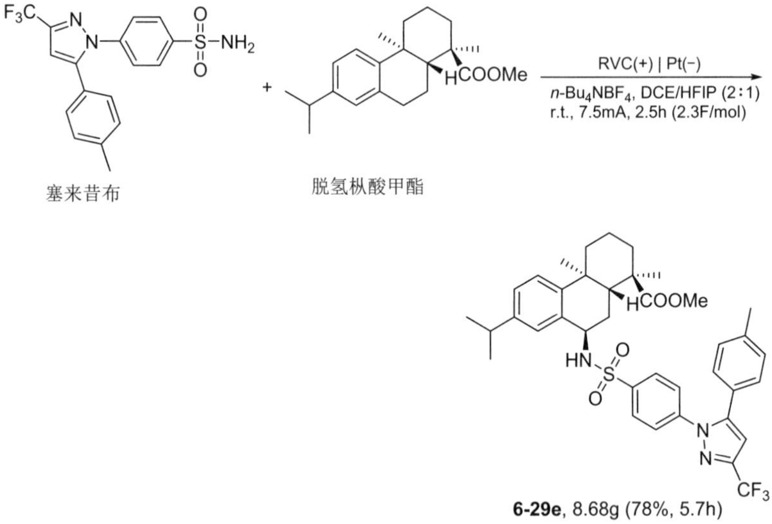

图 6-15　电化学介导塞来昔布与脱氢枞酸甲酯胺化

由于羧酸具有高稳定性、低成本和无毒性，因此它是有机合成中的理想底物之一。Echavarren 课题组[8]报道了一种电化学氧化构建 C(sp^3)—N 的方法。该反应通过羧酸 **6-30** 在阳极氧化脱羧形成稳定的碳正离子，然后被咪唑或酰胺 **6-31** 捕获，从而构建碳氮键。通过该方法可以有效地实现氨基酸的结构修饰，例如脯氨酸、丙氨酸、缬氨酸、叔亮氨酸等脱羧后与胺反应得到了相应的氨基酸衍生物 **6-32a**～**6-32d**（图 6-16）。

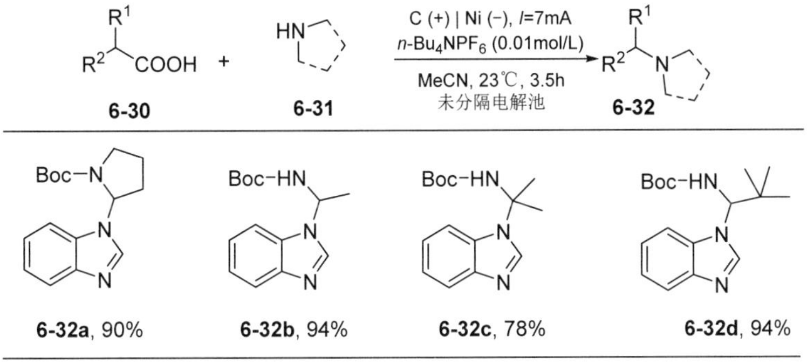

图 6-16 电化学氧化氨基酸脱羧构建碳氮键

该课题组还通过克级反应证实了该反应的工业适用性。5mmol 的底物在 8mL 乙腈中反应 18h，以优异的产率（96%，1.37g）生成所需的产物 **6-32a**（图 6-17）。

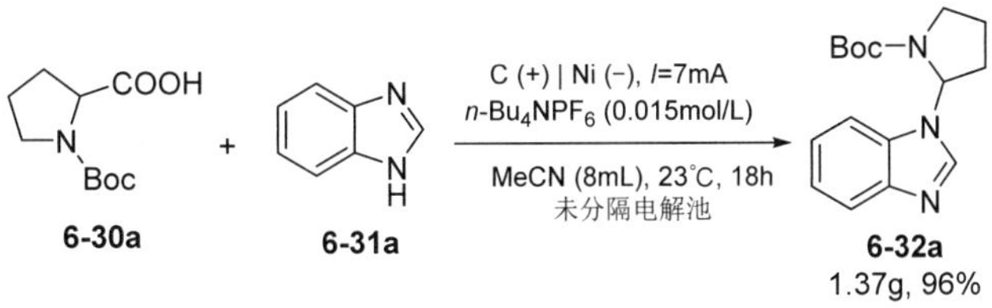

图 6-17 电化学氧化氨基酸脱羧构建碳氮键的克级反应

合成 5-氨基吡咯烷-2-酮的传统方法通常需要多步反应。该课题组运用上述电化学方法，电解 Boc-L-谷氨酰胺 **6-33** 发生分子内环化可直接合成环化产物 **6-34**，**6-34** 再进行脱保护可生成 5-氨基吡咯烷-2-酮（图 6-18）。

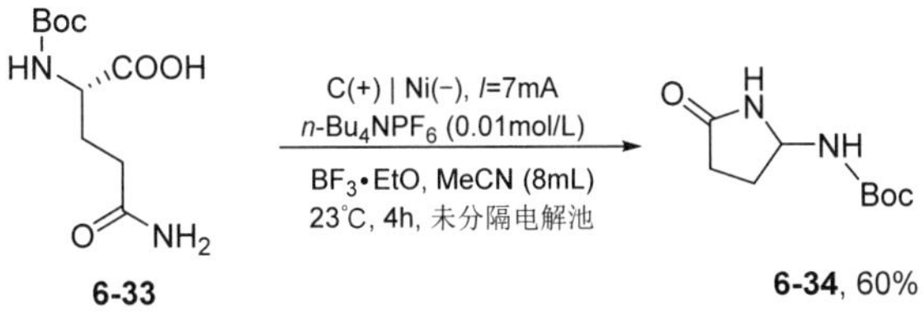

图 6-18 电化学氧化合成 5-氨基吡咯烷-2-酮中间体

氮唑类化合物是一种重要的结构单元，广泛存在于天然产物和药物中，例如阿司咪唑、来曲唑、克霉唑、沙坦以及曲坦类似物。因此，氮唑骨架的高效构建仍然是有机合成化学家们的研究目标。传统苄基胺化方法通常具有区域选择性差、需要金属催化剂或过量的外加氧化剂等缺点，而且这些方法很少涉及唑类化合物，尤其是四唑类化合物。因此，开发一种更加绿色、无催化剂及外加氧化剂的直接苄位 C(sp^3)—N 的唑胺化方法是非常迫切且具有挑战性的。

阮志雄课题组[9]报道了一种电化学氧化实现苄基碳氢键氮唑化反应，该反应条件温和、无需催化剂和外加氧化剂，在未分隔电解池中可选择性地在一级、二级甚至具有挑战性的三级胺苄位上进行碳氢键氮唑化。该方法具有显著的合成效用，可直接用于在高度官能团化的药物分子上实现苄基的氮唑化（图 6-19）。

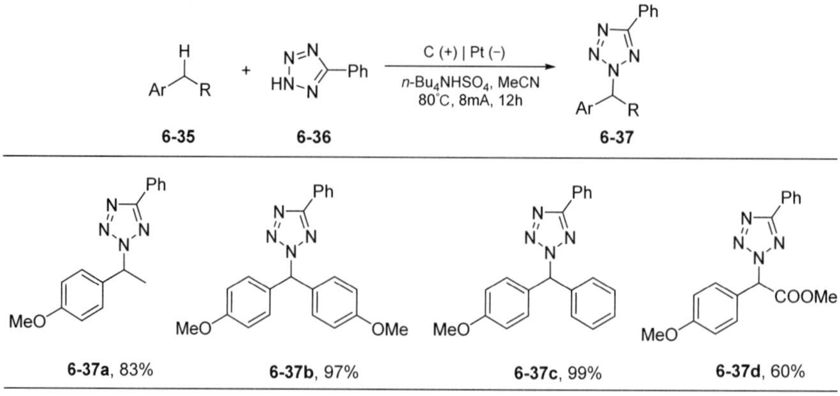

图 6-19 电化学介导苄基碳氢氮唑化

该课题组通过研究发现该方法可以有效地实现复杂生物活性分子的结构修饰，例如脱氧茴香偶姻、氨基酸、表雄酮等通过电氧化胺化分别得到 **6-37e**～**6-37g**，此外，一些市售药物如厄贝沙坦、坎地沙坦、奥美沙坦等也可以通过电氧化胺化得到相应的胺类化合物 **6-37h**～**6-37j**（图 6-20）。

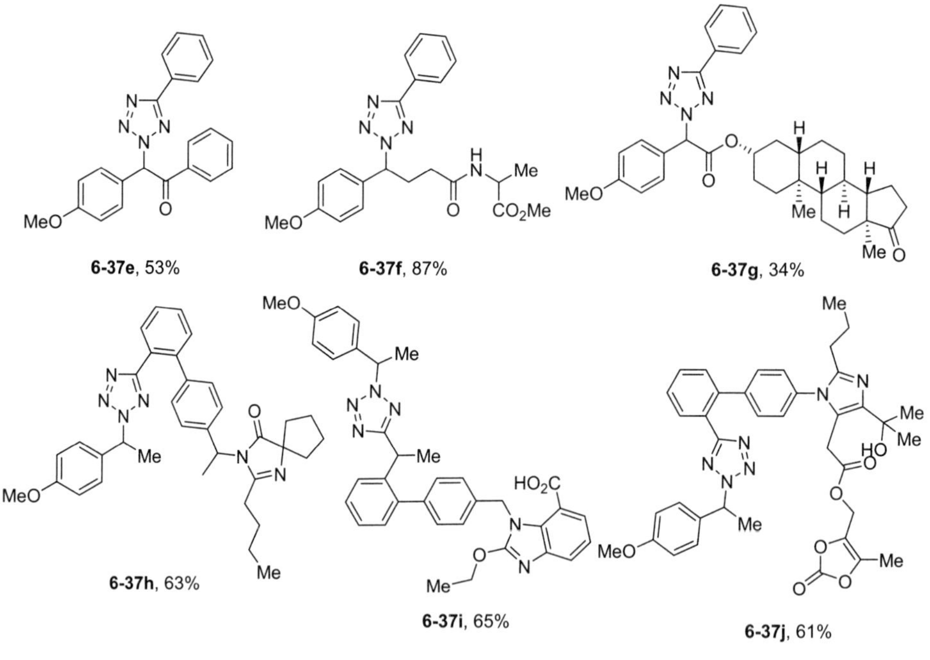

图 6-20 电化学介导苄基碳氢氮唑化修饰生物活性分子及药物

该课题组以 4-乙基苯甲醚 **6-38** 和 5-苯基四氮唑 **6-39** 为底物进行克级反应，在石墨为阳极，铂片为阴极，四丁基硫酸氢铵为电解质条件下以 54%的产率获得相应的产物 **6-40**，证明了该电化学氧化苄基碳氢氮唑化方法的工业实用性（图 6-21）。

N-亚硝化和 *N*-硝化是实现氮氢键功能化最常见的策略。这些反应的产物可以很容易地转化为具有各种不同功能的化合物。例如，*N*-硝胺广泛存在于偶氮染料和能源材料中。传统

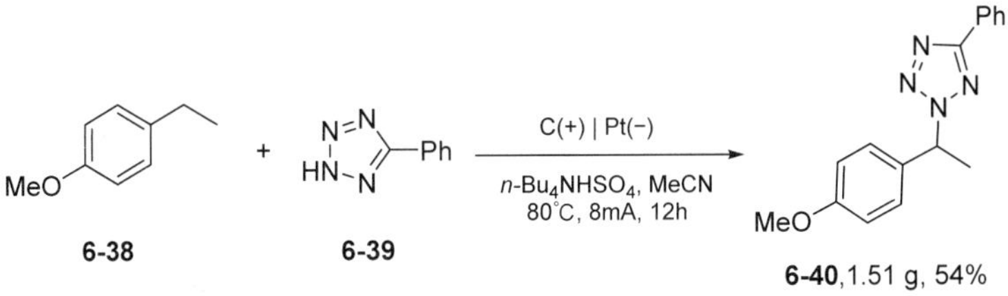

图 6-21　电化学介导苄基碳氢氮唑化克级反应

的 *N*-亚硝化和 *N*-硝化反应遵循着相同的机制。以 *N*-硝化为例，其机理是在强酸性条件下，硝酸根原位生成硝鎓离子，然后与底物反应。然而强酸性条件限制了这一策略在复杂合成中的应用，特别是当底物上含有一个在酸性条件下不稳定基团时。最近，其他无酸硝化剂也被开发出来，如硝基烷烃、亚硝酸酯和氮氧化物，然而，这些试剂不环保，后处理较危险。

陆明课题组[10]以硝酸铁九水合物 **6-42** 为亚硝基/硝基源，通过电催化自由基偶联反应实现了仲胺 **6-41** 的氮氢无酸 *N*-亚硝化/硝化反应。在温和的条件下，脂肪族胺和 *N*-异芳香化合物分别被 *N*-亚硝化和 *N*-硝化。对照和控制实验以及动力学研究表明，*N*-亚硝化和 *N*-硝化涉及两种不同的自由基反应途径，分别为氮自由基正离子和氮自由基。此外，电催化方法使氮氢键在电极上优先活化，从而为特定的氮原子提供了高选择性（图 6-22）。

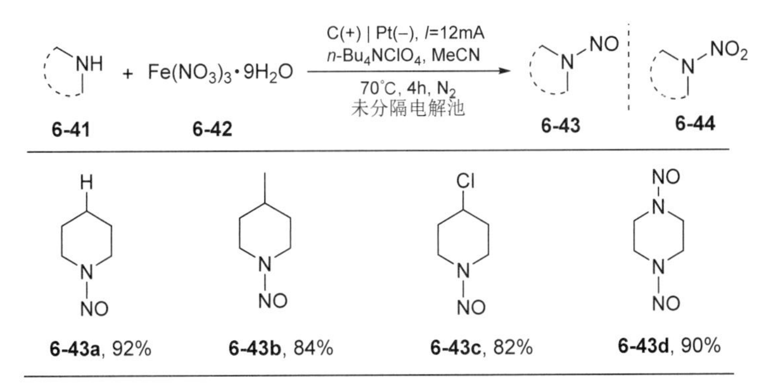

图 6-22　电化学介导氮氢无酸 *N*-亚硝化/硝化

为了证明该反应的工业实用性，该课题组在标准条件下对 **6-41e** 进行了克级偶联反应，以 84%的产率得到了所需的产物，表明该电化学胺化反应具有较好的工业实用性（图 6-23）。当反应液在去除产物和红色铁盐后，不进行任何后处理直接使用，则在回收三次后，**6-43e** 的产率为 38%。当添加新鲜硝酸铁九水合物后，**6-43e** 的产率明显提高到 81%。受这一现象的启发，他们尝试在每个循环后添加新鲜的硝酸铁九水合物（0.5mmol），发现经过六次循环后，**6-43e** 的产率仍然保持在 80%以上。

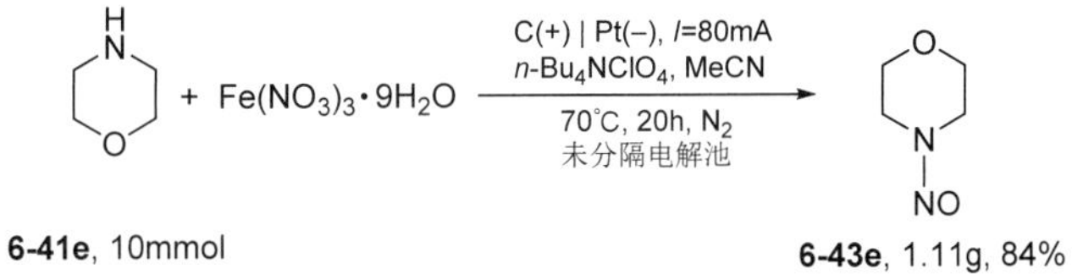

图 6-23

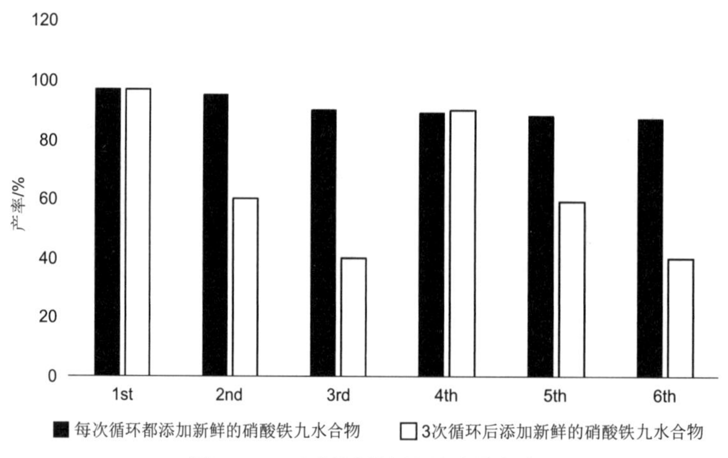

图 6-23 亚硝基源的循环对照实验

磺胺类化合物是药物和农用化学品中的关键组成部分，这促使化学家们不断开发出新颖且有效的方法来合成这些化合物。Noël 课题组[11]报道了一种环境友好的电化学合成磺胺类化合物的方法，该方法使用硫醇 **6-45** 和胺 **6-46** 作为底物，在流动电化学条件下发生氧化偶联反应获得相应的产物 **6-47**。该转化完全由电力驱动，不需要其他催化剂，并且仅需 5min 即可完成转化。反应条件比较温和，具有较广的底物范围和官能团耐受性（图 6-24）。

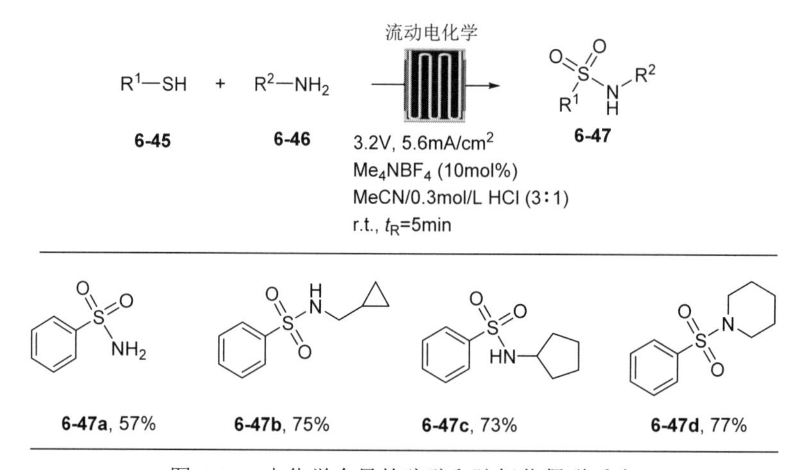

图 6-24 电化学介导的硫醇和胺氧化偶联反应

为了证明该方法的实用性，该课题组利用该电化学方法对各类氨基酸，如甘氨酸、脯氨酸、苯丙氨酸、丝氨酸、酪氨酸赖氨酸等进行功能化修饰，成功地制备了多种磺酰胺化合物（**6-47e**～**6-47j**）。此外，该方法还能实现半胱氨酸与苯丙氨酸的偶联，以良好的产率获得目标产物 **6-47k**（图 6-25）。

6-47e, 41%　　**6-47f**, 39%　　**6-47g**, 39%　　**6-47h**, 30%

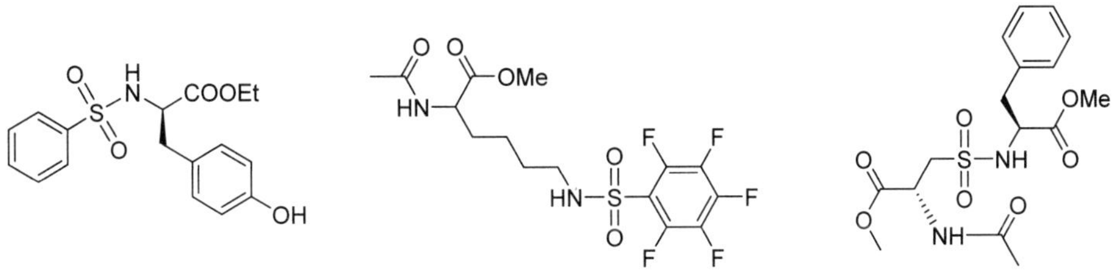

6-47i, 41%　　6-47j, 52%　　6-47k, 51%

图 6-25 电化学介导氨基酸的功能化修饰

6.2 电化学介导胺的环化构建氮杂环

用廉价易得的原料快速合成取代芳香杂环是现代有机化学中的一个重要挑战。何永辉课题组[12]开发了一种用于合成咪唑的电化学脱氢[2+2+1]环化反应。反应在未分隔电解池中，以铂片作为电极，芳基酮 **6-48** 和胺作为底物，成功地合成了各种取代的咪唑 **6-51**。该方法具有广泛的底物适用性，烯基和炔基取代的胺亦可在该电化学条件下发生分子间环化反应得到相应的产物（**6-51c** 和 **6-51d**）。此外，该课题组还利用该方法成功地合成了氨基酸酯类咪唑（图 6-26）。

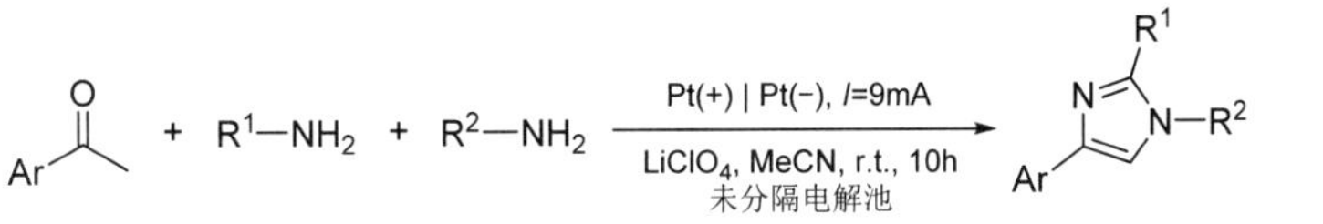

Pt(+) | Pt(−), I=9mA; $LiClO_4$, MeCN, r.t., 10h; 未分隔电解池

6-48　6-49　6-50　6-51

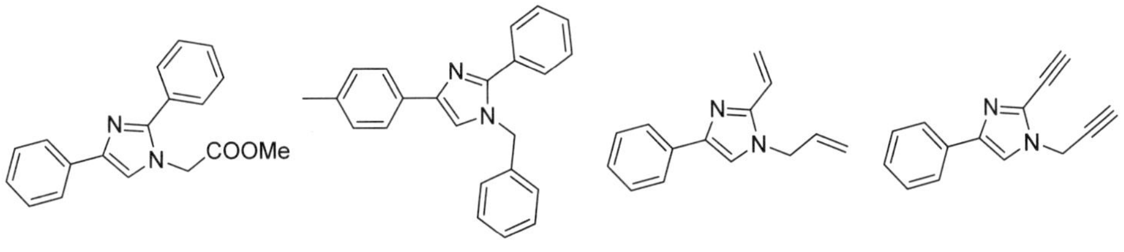

6-51a, 55%　　6-51b, 81%　　6-51c, 63%　　6-51d, 71%

图 6-26 电化学介导脱氢[2+2+1]环化反应制备咪唑

该反应的可能机理是：首先，碘化物在阳极被氧化成碘自由基，与 **6-48** 反应生成 **6-52**，然后 **6-52** 与叔丁胺发生亲核取代生成了 α-氨基酮 **6-53**，**6-53** 与苄胺的缩合生成了中间体 **6-55**；另一种途径是 **6-52** 与苄胺的缩合生成亚胺 **6-54**，叔丁胺与 **6-54** 发生亲核取代生成中间体 **6-55**。随后 **6-55** 在阳极氧化可得到中间体 **6-56**，最后 **6-56** 通过氧化脱氢得到所需的芳构化产物 **6-51**（图 6-27）。

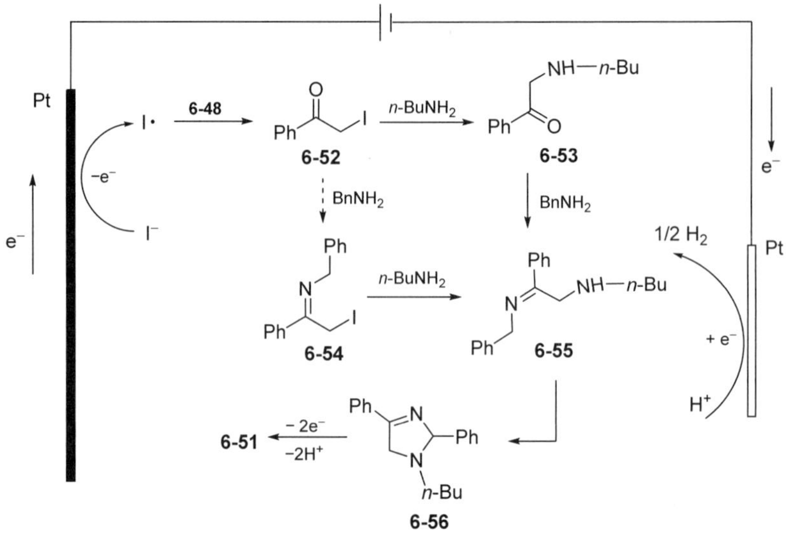

图 6-27　电化学介导脱氢[2+2+1]环化反应制备咪唑的反应机理

咔唑是许多天然产物和药物的核心结构，具有抗肿瘤、抗血小板聚集、抗病毒、抗疟原虫、抗惊厥等生物活性。此外，咔唑由于其优异的光物理特性，通常被作为电子材料，如光电导聚合物和有机光电子材料。因此，咔唑骨架合成策略的发展在生物和材料领域中均具有重要的意义。陈建宾课题组[13]开发了一种电化学构建碳氮键的方法，以碳棒为阳极，铂片为阴极，四丁基碘化铵为催化剂，四丁基六氟磷酸铵为电解质，四氢呋喃和二氯甲烷（体积比 1∶1）为溶剂，在氮气氛围下反应，合成了一系列咔唑化合物 **6-58**（图 6-28）。

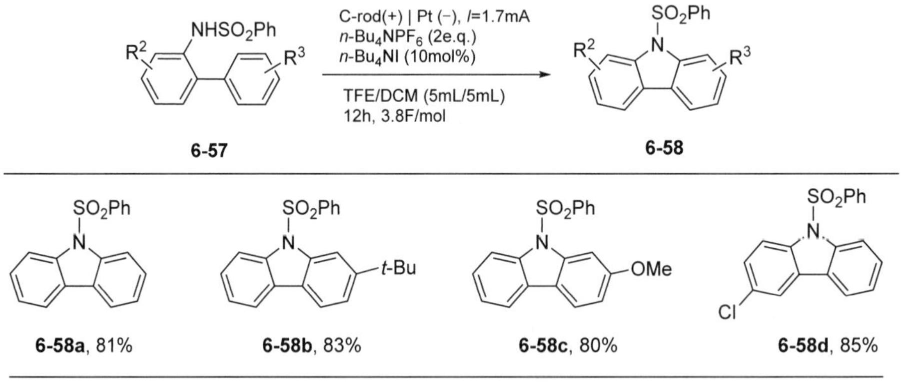

图 6-28　电化学合成咔唑衍生物

该课题组利用该方法成功地合成了几种天然生物碱（**Clausine C**、**Clausine H**、**Clausine L** 和 **Glycozoline**）的关键中间体 **6-58**（图 6-29）。

Nazlinine 是从植物 *Nitraria schoberi* 中分离出来具有血清素特性的生物碱，其作为一种平面结构分子，可以由许多吲哚生物碱合成。2014 年，Steven 课题组[14]通过两步法合成

了 **Nazlinine**，他们首先用叔丁氧羰基吡咯烷 **6-60** 为底物，在电化学条件下，以碳为阳极，甲醇为溶剂，在流动电化学装置中实现了 **6-60** 的 Shono 氧化，得到相应的产物 **6-61**。接着该课题组以 **6-61** 和吲哚衍生物 **6-62** 为底物，樟脑磺酸为添加剂，水作为溶剂，通过微波加热，在 130℃下反应 0.5h 得到生物碱 **Nazlinine**（图 6-30）。

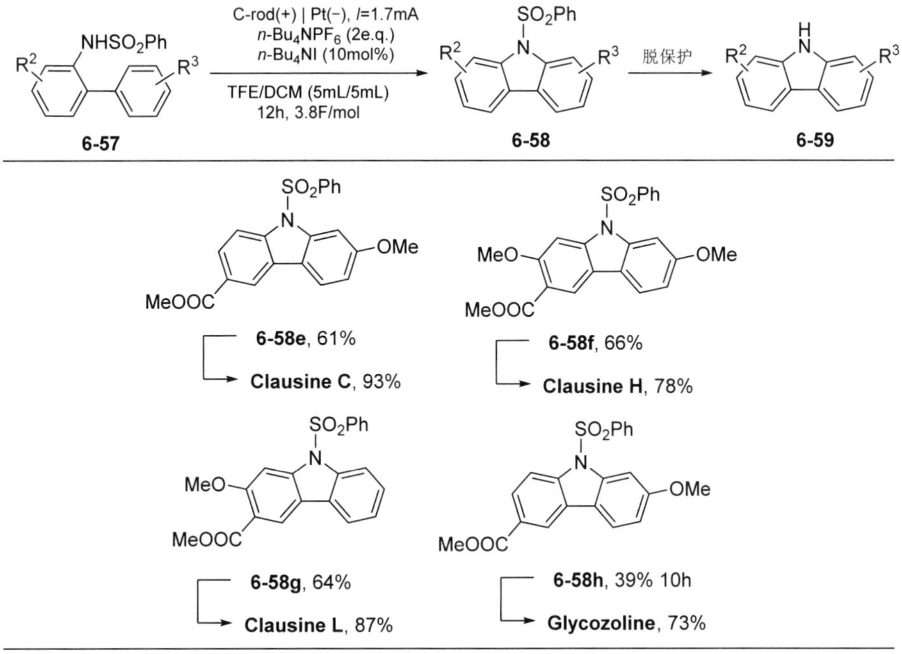

C-rod(+) | Pt(−), I=1.7mA
n-Bu4NPF6 (2e.q.)
n-Bu4NI (10mol%)
TFE/DCM (5mL/5mL)
12h, 3.8F/mol
脱保护
6-57
6-58
6-59
6-58e, 61%
Clausine C, 93%
6-58f, 66%
Clausine H, 78%
6-58g, 64%
Clausine L, 87%
6-58h, 39% 10h
Glycozoline, 73%

图 6-29　电化学合成生物碱中间体

第一步：
流动电化学
6-60
6-61
溶剂: MeOH (0.1mol/L), 流速: 120mL/min
电解质: Et3NBF4 (20mol%), 电流: 43mA
第二步：微波辐射
Xa-c
6-61
6-62
Nazlinine
溶剂: H2O (0.1mol/L), 反应温度:130°C
酸: CSA (6e.q.), 反应时间: 0.5h

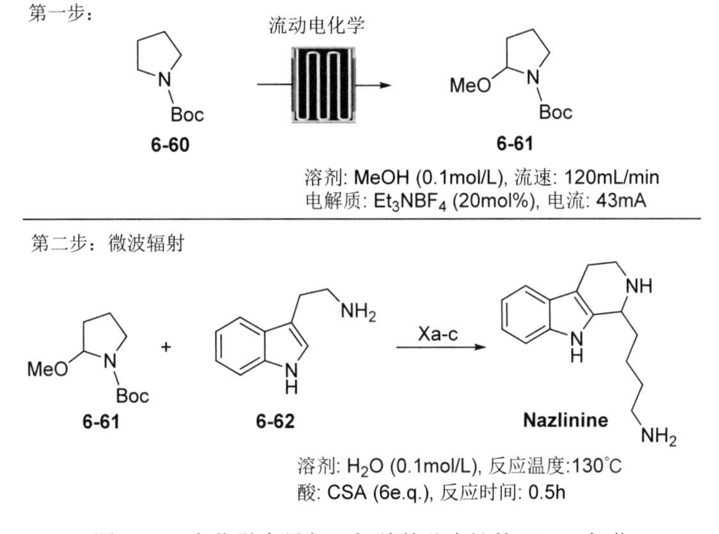

图 6-30　电化学介导叔丁氧羰基吡咯烷的 Shono 氧化

C(sp³)—H 键直接官能团化是构建碳杂键的一种强大而直接的方法，特别是选择性 C(sp³)—H 键胺化能有效地合成饱和含氮杂环，其是各种生物活性化合物中重要的结构单元。由于 C(sp³)—H 键的键能高，因此非活化 C(sp³)—H 键功能化的化学和区域选择性具有显著的挑战性。雷爱文课题组[15]报道了一种电化学氧化诱导的 Hofmann- Löffler-Freytag 反应，该反应可以在较温和的条件下实现酰胺 **6-63** 的远距离 C(sp³)—H 胺化。该方法不仅适用于苄基，而且非活化的三级、二级和一级的 C(sp³)—H 键也适用，具有无需金属催化剂、卤代试剂和化学计量氧化剂等优点（图 6-31）。

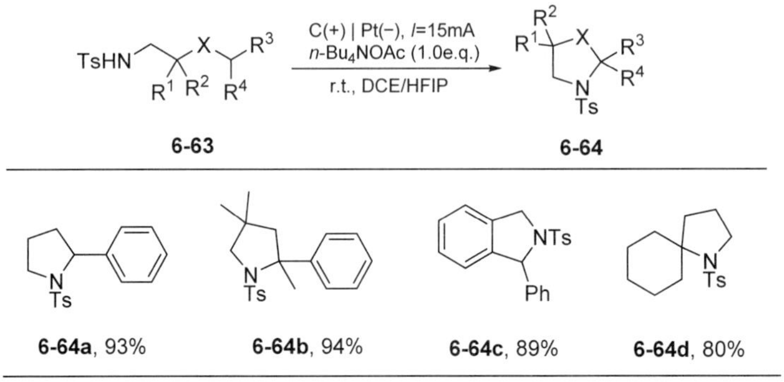

TsHN–X–R³ (R¹ R² R⁴) **6-63** —— C(+) | Pt(−), I=15mA; n-Bu₄NOAc (1.0e.q.); r.t., DCE/HFIP → **6-64**

6-64a, 93%　**6-64b**, 94%　**6-64c**, 89%　**6-64d**, 80%

图 6-31　电化学氧化诱导部位选择性分子内 C(sp³)—H 胺化

该课题组还运用该方法实现了类固醇衍生物的选择性官能团化，以 61%的产率成功地合成了吡咯烷衍生物 **6-64e**（图 6-32）。

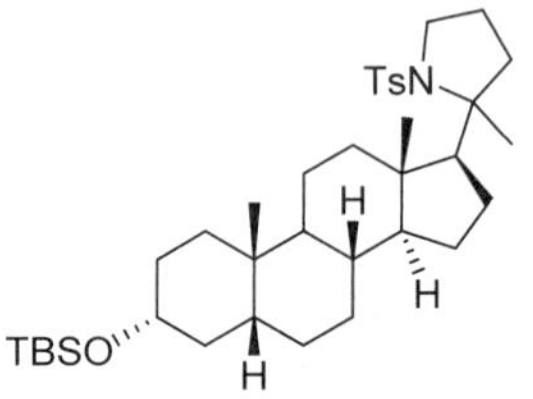

6-64e, 61%
dr >20∶1

图 6-32　吡咯烷衍生物的电化学合成

饱和 *N*-杂环，如吡咯烷，是天然产物和生物活性化合物中普遍存在的结构单元。已有研究表明，增加小分子的饱和度与其临床成功密切相关。饱和氮杂环的这些特征引起了人们对其制备的浓厚兴趣。在构建这些重要结构的各种方法中，钯催化下含胺亲核试剂的烯烃环化（通常称为 Aza-Wacker 环化）是一种相当有效的方法，因为它提供了带有烯基部分的 *N*-杂环，可用于进一步的合成操作。这些反应最初需要使用化学计量的二价钯，后来为了避免钯的过度使用，通常通过使用外加氧化剂来实现钯的循环利用。由于该方法对烯烃底物的空间性质要求较为苛刻，因此用多取代烯烃为底物构建碳氮键具有挑战性。徐海超课题组[16]报道了一种无催化剂和外加氧化剂的电化学 Aza-Wacker 环化反应，用于合成多功能饱和氮杂环化合物 **6-66**（图 6-33）。该方法在连续流动的电化学反应器中进行反应，无需支持电解质或其他添加剂。该反应对二、三和四取代的烯烃 **6-65** 具有广泛的耐受性。

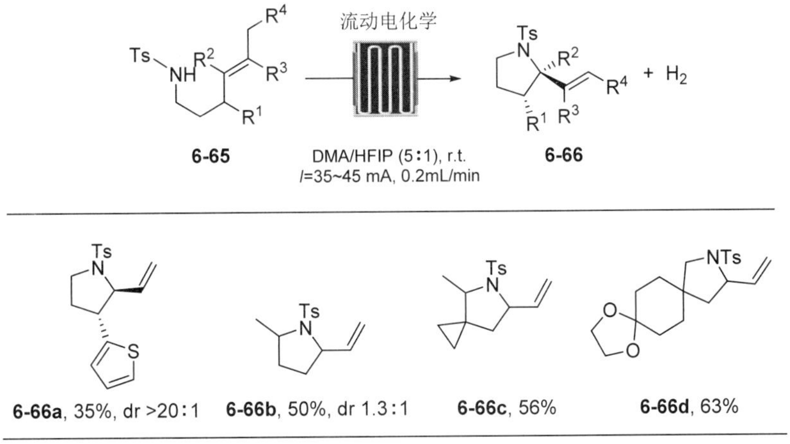

图 6-33　电化学介导 Aza-Wacker 环化

该课题组通过克级反应证实了该电合成方法的工业实用性。通过使用四个平行反应器，将 12.9g 化合物 **6-65e** 与 *N*, *N*-二甲基乙酰胺/六氟异丙醇溶液混合，再通过泵传送到反应器中进行反应，约 16h 后以 87%的产率生成了 **6-66e**（11.1g）。在反应混合物中加入 5%mol 四丁基醋酸铵有助于系统长时间稳定运行（图 6-34）。

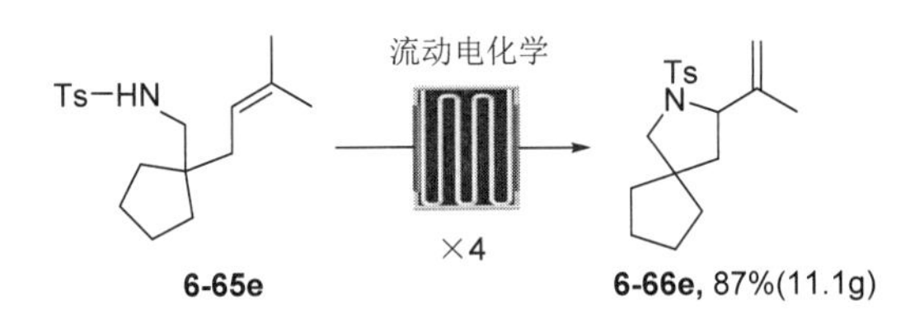

图 6-34　Aza-Wacker 环化反应放大实验

许多药物，包括氟哌利多、匹莫齐特、多潘立酮和氯唑沙宗，都含有苯并咪唑酮或苯并噁唑酮骨架。徐海超课题组[17]报道了一种通过脱氢偶联环化构建苯并咪唑酮和苯并噁唑酮衍生物 **6-68** 的方法。该方法使用 **6-67** 作为底物，经过双环化/脱氢偶联反应，一步得到 **6-68**，无须使用过渡金属催化剂和氧化剂，具有良好的官能团耐受性（图 6-35）。

该方法可应用于 10g 级规模的反应（图 6-36），如以 10.4g 底物 **6-67e** 成功合成 5.9g 苯并咪唑酮 **6-68e**（57%产率）。此外，**6-68e** 还可以转化为其他化合物，例如，可以通过化学选择性去除其氮上的苄基，然后与三氯氧磷反应转化为氯苯并咪唑 **6-69**；**6-68e** 的五取代苯环上剩余的氢原子可以被溴或碘取代，分别生成 **6-70** 和 **6-71**；**6-68e** 烷基链上的苄基氧可以被脱保护生成 **6-72a**，或转化为乙酰氧基生成 **6-72b**，转化为氯基团生成 **6-72c**。

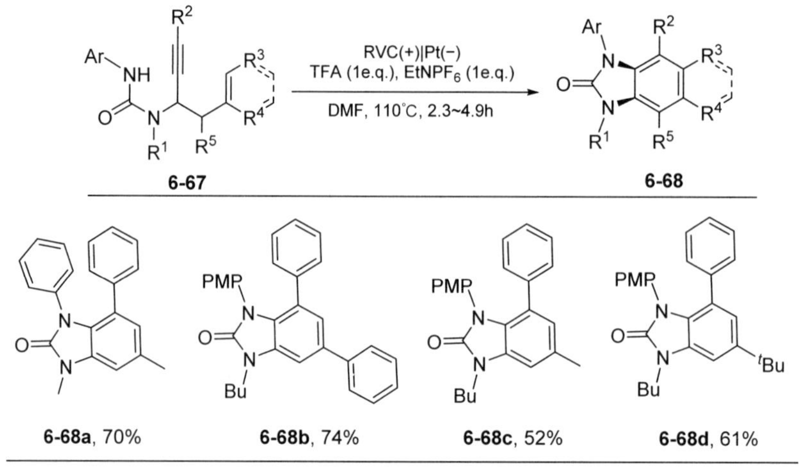

图 6-35 电化学合成苯并噁唑酮衍生物

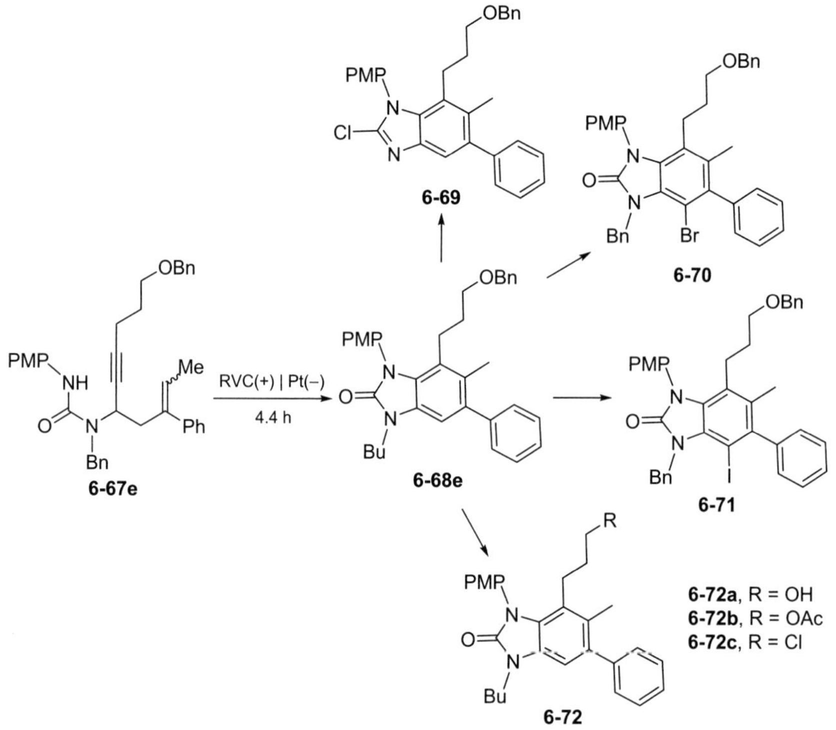

图 6-36 电化学合成苯并噁唑酮及其后续转化

氮自由基是构建含氮化合物的通用中间体，但是由于其制备困难，因此在合成中的应用受到了限制。近年来，氮氢键氧化已成为一种有吸引力的、具有挑战性的生成 *N*-酰胺自由基的方法。尽管近年来运用传统方法实现氮氢键的活化已经取得了一些进展，但是这些方法需要使用化学计量的氧化剂或贵金属催化剂。为了解决这些局限性，曾程初课题组[18]开发了一种电化学合成内酰胺的方法。反应以溴化钠作为催化剂和电解质，生成 *N*-酰氧基酰胺自由基，然后发生分子内胺化反应，生成了具有较高区域选择性和化学选择性的内酰胺化合物 **6-74**（图 6-37）。

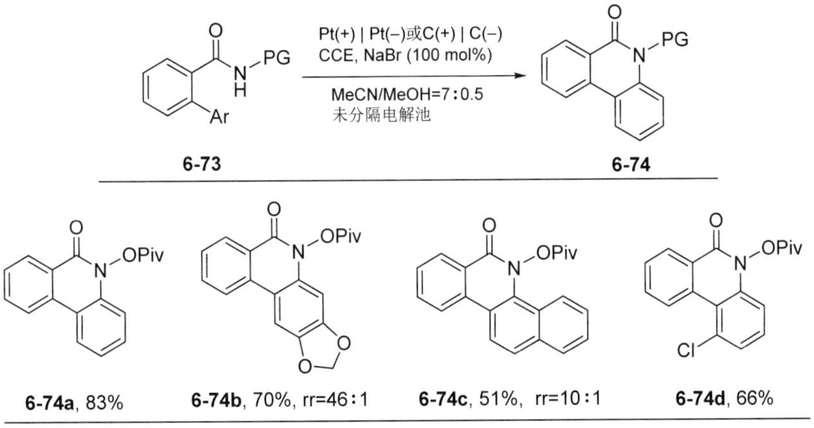

图 6-37 电化学合成内酰胺

该课题组分别以化合物 **6-73a** 和 **6-73f** 为原料，在该电化学条件下合成了抑制剂 PJ34 的关键中间体菲啶酮 **6-75** 和天然产物 **Phenalaydon**（图 6-38）。

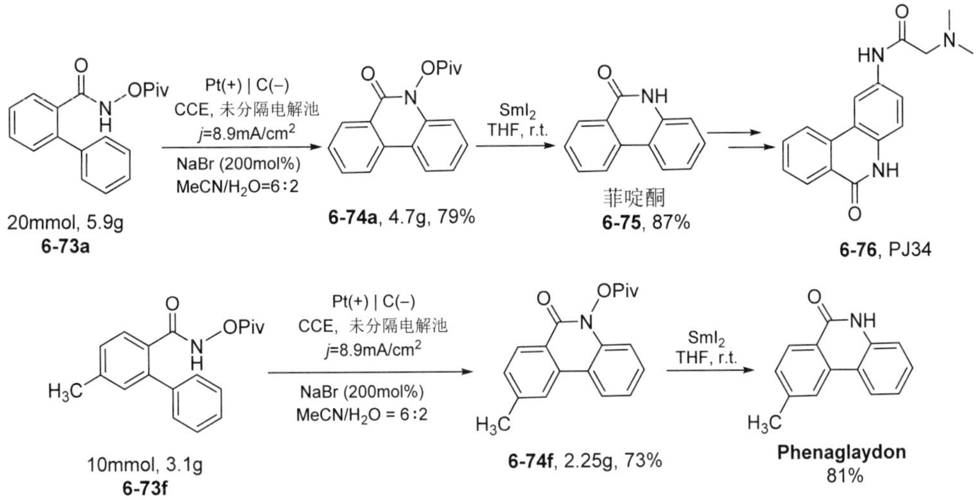

图 6-38 电化学合成菲啶酮中间体和 **Phenalaydon**

2016 年，徐海超课题组[19]同样报道了一种生成 *N*-酰胺自由基的方法，他们使用廉价的二茂铁（Fc 或 Cp_2Fe）作为高反应性和化学选择性氧化还原催化剂，使 *N*-芳基酰胺 **6-77** 在电化学条件下生成酰胺自由基，后经过环化得到目标产物 **6-78**。该方法在 5mA 恒电流下，以碳棒作阳极，铂片作阴极，四丁基四氟硼酸铵为电解质，二茂铁为催化剂进行反应（图 6-39）。

该课题组通过研究提出以下机理：首先二茂铁在阳极氧化为二茂铁阳离子，甲醇在阴极还原为氢气和甲醇负离子，甲醇负离子攫取 **6-77b** 的氢生成其共轭碱 **6-79**，随后二茂铁阳离子与 **6-79** 通过单电子转移生成关键的酰胺基中间体 **6-80** 并循环生成二茂铁，**6-80** 经环化生成 **6-81**，然后从 1,4-环己二烯或溶剂中得到电子生成最终产物 **6-78b**（图 6-40）。

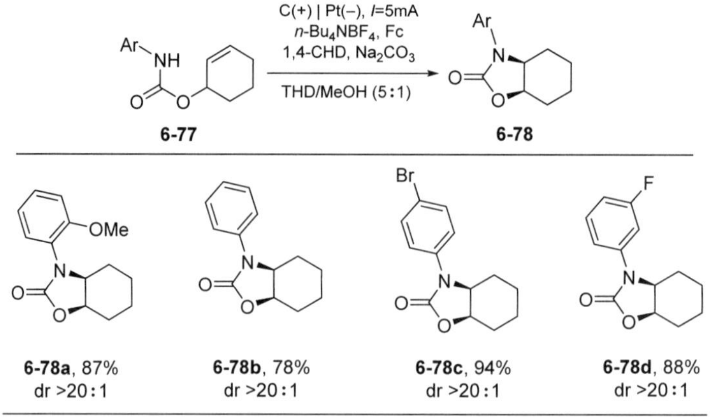

图 6-39　电化学介导 *N*-芳基酰胺环化反应

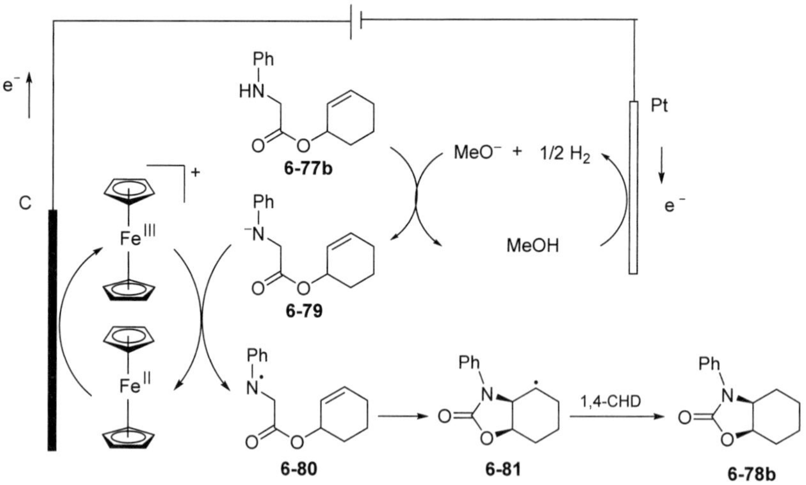

图 6-40　电化学介导 *N*-芳基酰胺环化反应的机理

为了证明该方法的合成应用，他们运用该方法成功地合成了雄激素受体调节剂 **6-78e**。而传统的雄激素受体调节剂 **6-78e** 的合成方法是以醛 **6-82** 为底物，然后经过 7 步才能制得。相比之下，该课题组的方法大大缩短了其合成步骤，以醛 **6-82** 为底物，仅经四步即可合成 **6-78e**（图 6-41）。

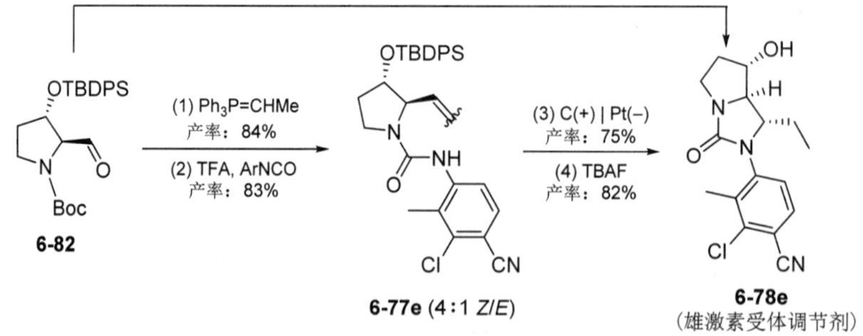

图 6-41　雄激素受体调节剂的合成

此外，电化学生成的氮自由基中间体还可以触发串联环化反应以构建氮杂环。例如，二烯底物 **6-83** 或 **6-84** 在标准条件下反应可分别获得三环产物 **6-85** 和 **6-86**。有趣的是，在没有氢原子供体 1,4-环己二烯的存在下，**6-87** 在电化学条件下发生环化反应得到二氢吲哚 **6-88**（图 6-42）。

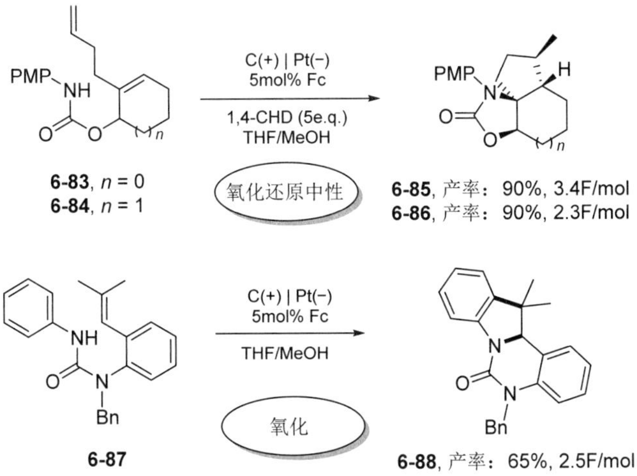

C(+) | Pt(−)
5mol% Fc
1,4-CHD (5e.q.)
THF/MeOH
氧化还原中性
6-83, n = 0
6-84, n = 1
6-85, 产率：90%, 3.4F/mol
6-86, 产率：90%, 2.3F/mol

C(+) | Pt(−)
5mol% Fc
THF/MeOH
氧化
6-87
6-88, 产率：65%, 2.5F/mol

图 6-42　电化学构建氮杂环

2017 年，徐海超课题组[20]开发了一种无金属的电化学分子内氧化胺化反应。该反应通过自由基环化进行，以形成关键的碳氮键，从而使各种空间位阻大的三取代和四取代烯烃 **6-89** 参与胺化反应，有效地合成了多种含烯烃的环状氨基甲酸酯、脲和内酰胺化合物 **6-90**（图 6-43）。

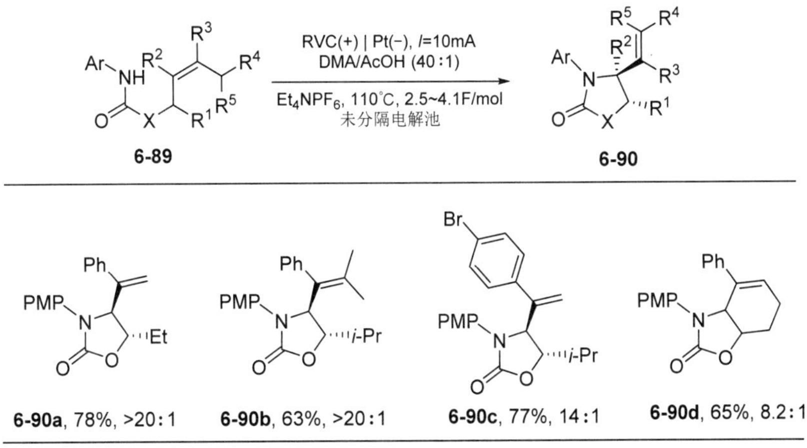

RVC(+) | Pt(−), I=10mA
DMA/AcOH (40∶1)
Et_4NPF_6, 110°C, 2.5~4.1F/mol
未分隔电解池
6-89
6-90

6-90a, 78%, >20∶1
6-90b, 63%, >20∶1
6-90c, 77%, 14∶1
6-90d, 65%, 8.2∶1

图 6-43　电化学条件下分子内氧化胺化反应

为了研究该反应的合成实用性，他们以光学纯烯胺 **6-89e** 和 **6-89f** 为底物，分别制备了光学纯环状氨基甲酸酯 **6-90e** 和 **6-90f**（图 6-44）。

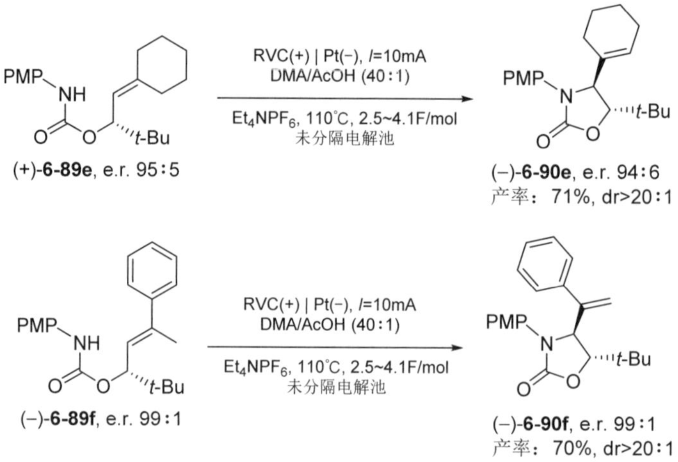

图 6-44　由烯胺电化学合成环状氨基甲酸酯

该课题组将得到的电化学产物 **6-90d** 经后续转化，合成了各种含烯烃 *N*-杂环化合物。**6-90d** 中氨基甲酸酯的水解可生成烯丙胺 **6-91**，而 **6-90d** 也可以通过铜催化脱氢芳构化转化为 **6-92**。此外，**6-90d** 中的烯烃碳碳双键可经过各种化学转变，如氢化、环氧化和二羟基化，分别生成饱和碳化物 **6-93**、环氧化物 **6-94** 和偕二醇 **6-95**。化合物 **6-90d** 还可通过氧化裂解转化为酮醛 **6-96**，并通过羟醛缩合转化为酮醛 **6-97**（图 6-45）。

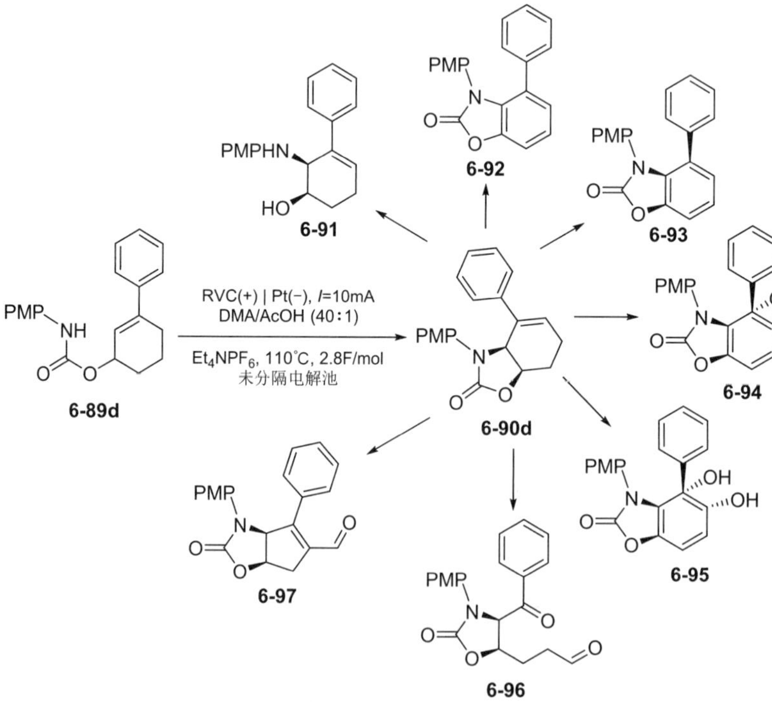

图 6-45　氨基甲酸酯的后续转化

2019 年，唐海涛课题组[21]开发了一种在电化学条件下酰胺 **6-98** 和炔烃 **6-99** 的脱氢偶联反应，通过两次碳氢活化合成具有抗肿瘤活性的多环异喹啉酮 **6-100**。该反应不需要外部氧化剂，而是通过电实现钌催化剂的循环。而且与强氧化剂条件相比，电化学条件有效地提高了产物的区域选择性（图 6-46）。

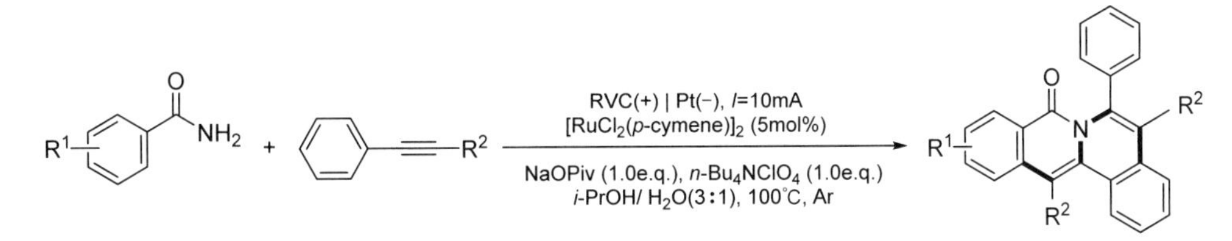

RVC(+) | Pt(−), I=10mA
$[RuCl_2(p\text{-cymene})]_2$ (5mol%)
NaOPiv (1.0e.q.), n-Bu_4NClO_4 (1.0e.q.)
i-PrOH/ H_2O(3∶1), 100°C, Ar

6-98　6-99　6-100

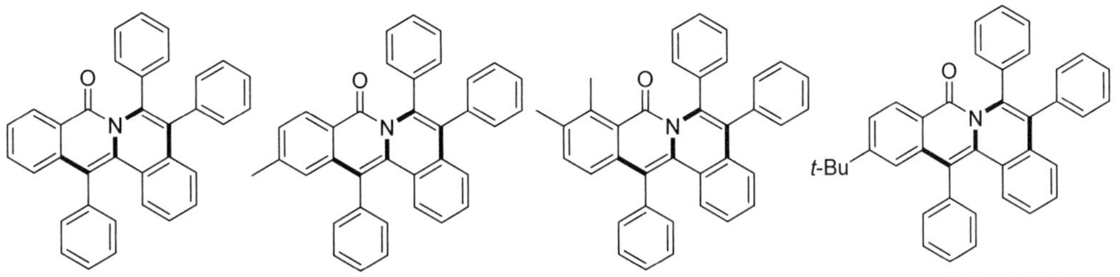

6-100a, 82%　**6-100b**, 79%　**6-100c**, 75%　**6-100d**, 73%

图 6-46　电化学介导酰胺和烯烃脱氢偶联

该课题组通过 MTT 测试研究了化合物的抗肿瘤活性。实验选用了四种癌细胞株（T-24、MGC-803、SK-OV-3 和 HepG-2）和一种人类正常细胞株（WI-38），并以 5-氟尿嘧啶（5-FU）作为阳性对照。研究表明 **6-100e**（电化学合成）的抗癌活性优于 **6-101**（传统方法合成），**6-100e** 对 T-24 的 IC_{50} 值为(13.2 ± 0.9)μmol/L。对 **6-100e** 的抗肿瘤机理研究表明，该化合物可诱导 T-24 细胞发生凋亡，并抑制细胞迁移和微管蛋白聚合（图 6-47）。

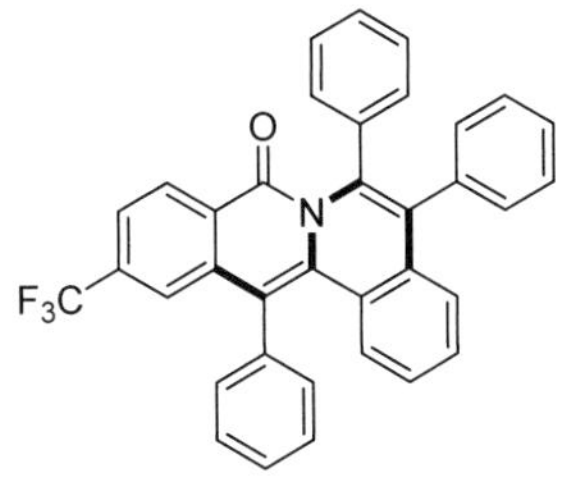

6-100e 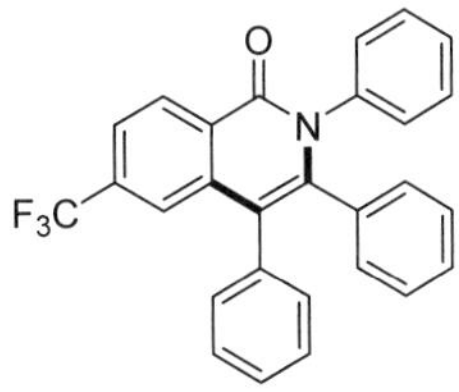　**6-101**

化合物	IC_{50}/(μmol/L)			
	T-24	**MGC-803**	**SK-OV-3**	**HepG-2**
6-100e	13.2 ± 0.9	30.9 ± 0.7	24.6 ± 1.2	26.8 ± 1.5
6-101	20.7 ± 0.4	30.5 ± 1.0	35.4 ± 0.9	37.6 ± 1.7
5-FU	36.5 ± 1.6	38.2 ± 0.9	>40	>40

图 6-47　化合物对肿瘤细胞的 IC_{50} 值

6.3 总结与展望

通过构建碳氮键是合成胺类化合物最主要的方法，实现分子内碳氢胺化主要有三种途径，包括过渡金属催化碳氢胺化、高价碘催化碳氢胺化、光氧化碳氢胺化。然而，这些途径仍然存在两个主要问题：首先，这些反应中的区域选择性往往被忽视；其次，C（sp^3）—H 胺化比 C（sp^2）—H 胺化困难得多。

目前，在电化学条件下已实现不同种类氮杂键的构建，合成了多种含氮化合物。例如合成了芳香族胺类化合物，各类咪唑、咔唑、吲哚类化合物，以及磺胺类化合物等，并应用于生物碱（**Nazlinine**、**Clausine C**、**Clausine H**、**Clausine L**、**Glycozoline**）、雄激素受体调节剂、天然产物 **Phenalaydon** 的合成，实现了对阿莫沙平、帕罗西汀、类固醇衍生物、氨基酸等的结构修饰。反应条件温和，且不需要使用过渡金属或过量的外部氧化剂。该方法可以应用于高效构建氮杂键，为开发新的材料、合成含氮药物分子提供了新的策略，但是实现化学选择性 C（sp^3）—H 胺化仍然具有挑战性。

参考文献

[1] P Wang, Z L Yang, T Wu, et al. Electrochemical Oxidative C(sp^3)—H/N—H Cross-Coupling for *N*-Mannich Bases with Hydrogen Evolution [J]. Chem Sus Chem, 2019, 12(13): 3073-3077.

[2] T Morofuji, A Shimizu, J Yoshida. Electrochemical C—H Amination: Synthesis of Aromatic Primary Amines via *N*-Arylpyridinium Ions [J]. J Am Chem Soc, 2013, 135(13): 5000-5003.

[3] T Morofuji, A Shimizu, J Yoshida. Direct C—N Coupling of Imidazoles with Aromatic and Benzylic Compounds via Electrooxidative C—H Functionalization [J]. J Am Chem Soc, 2014, 136(12): 4496-4499.

[4] K Liu, S Tang , T Wu , et al. Electrooxidative *para*-Selective C—H/N—H Cross-Coupling with Hydrogen Evolution to Synthesize Triarylamine Derivatives [J]. Nat Commun, 2019, 10(12): 639-648.

[5] C Li, Y Kawamata , H Nakamura, et al. Electrochemically Enabled, Nickel-Catalyzed Amination [J]. Angew Chem Int Ed, 2017, 56(42): 13088 13093.

[6] Y Kawamata, J C Vantourout, D P Hickey, et al. Electrochemically Driven, Ni-Catalyzed Aryl Amination: Scope, Mechanism, and Applications [J]. J Am Chem Soc, 2019, 141(15): 6392-6402.

[7] Z W Hou, D J Liu, P Xiong, et al. Site-Selective Electrochemical Benzylic C—H Amination [J]. Angew Chem Int Ed, 2021, 60(6): 2943-2947.

[8] X Shao, Y Zheng, L Tian, et al. Decarboxylative C(sp^3)—N Bond Formation by Electrochemical Oxidation of Amino Acids [J]. Org Lett, 2019, 21(22): 9262-9267.

[9] Z X Ruan, Z X Huang, Z N Xu, et al. Late-stage Azolation of Benzylic C—H Bonds Enabled by Electrooxidation[J]. Sci China Chem, 2021, 64(5): 800-807.

[10] J P Zhao, L J Ding, P C Wang, et al. Electrochemical Nonacidic *N*-Nitrosation/*N*-Nitration of Secondary Amines through a Biradical Coupling Reaction [J]. Adv Synth Catal, 2020, 362(22): 5036-5043.

[11] G Laudadio, E Barmpoutsis, C Schotten, et al. Sulfonamide Synthesis through Electrochemical Oxidative Coupling of

Amines and Thiols [J]. J. Am. Chem. Soc., 2019, 141(14): 5664-5668.

[12] L Zeng, J Li, J Gao, et al. An Electrochemical Oxidative Multicomponent Cascade Annulation of Ketones and Amines Used to Produce Imidazoles [J]. Green Chem, 2020, 22(14): 3416-3420.

[13] P Zhang, B Y Li, L W Niu, et al. Scalable Electrochemical Transition-Metal-Free Dehydrogenative Cross-Coupling Amination Enabled Alkaloid Clausines Synthesis [J]. Adv Synth Catal, 2020, 362(12): 2342-2347.

[14] M A Kabeshov, B Musio, P R D Murray, et al. Expedient Preparation of Nazlinine and a Small Library of Indole Alkaloids Using Flow Electrochemistry as an Enabling Technology [J]. Org Lett, 2014, 16(17): 4618-4621.

[15] X Hu, G Zhang, F Bu, et al. Electrochemical Oxidation Induced Site-Selective Intramolecular C(sp^3)—H Amination [J]. ACS Catal, 2018, 8(10): 9370-9375.

[16] C Huang, Z Y Li, J S Song, et al. Catalyst- and Reagent-Free Formal Aza-Wacker Cyclizations Enabled by Continuous-Flow Electrochemistry [J]. Angew Chem Int Ed, 2021, 60(20): 11237-11241.

[17] F Xu , H Long , J S Song, et al. De Novo Synthesis of Highly Functionalized Benzimidazolones and Benzoxazolones through an Electrochemical Dehydrogenative Cyclization Cascade [J]. Angew Chem Int Ed, 2019, 58(27): 9017-9021.

[18] S Zhang, L J Li, M Y Xue, et al. Electrochemical Formation of *N*-Acyloxy Amidyl Radicals and Their Application: Regioselective Intramolecular Amination of sp^2 and sp^3 C—H Bonds [J]. Org Lett, 2018, 20(12): 3443-3446.

[19] L Zhu, P Xiong, Z Y Mao, et al. Electrocatalytic Generation of Amidyl Radicals for Olefin Hydroamidation: Use of Solvent Effects to Enable Anilide Oxidation [J]. Angew Chem Int Ed, 2016, 55(6): 2226-2229.

[20] P Xiong, H N Xu, H C Xu. Metal- and Reagent-Free Intramolecular Oxidative Amination of Tri- and Tetrasubstituted Alkenes [J]. J Am Chem Soc, 2017, 139(8): 2956-2959.

[21] Z Q Wang, C Hou, Y F Zhong, et al. Electrochemically Enabled Double C—H Activation of Amides: Chemoselective Synthesis of Polycyclic Isoquinolinones [J]. Org Lett, 2019, 21(24): 9841-9845.

第七章

电化学介导不饱和烃的反应合成药物分子

不饱和烃（烯烃或炔烃）的双官能团化反应是引入一些官能团的重要方法，也是合成多取代烃类化合物的重要方法，在天然产物全合成及药物合成等方面得到广泛的应用。例如，中国传统中药——桑白皮中存在一类环己烯骨架结构的天然产物(−)-**Nicolaioidesin C**、(−)-**Panduratine A**、(−)-**Kuwanon I**、(−)-**Kuwanon J**、(−)-**Brosimones A** 和(−)-**Brosimones B**，这类天然产物具有多种生物活性，包括抗氧化、抗菌、抗病毒以及潜在的治疗糖尿病功效。雷晓光课题组通过烯烃双官能团化反应实现了它们的首次不对称全合成（图 7-1）[1]。

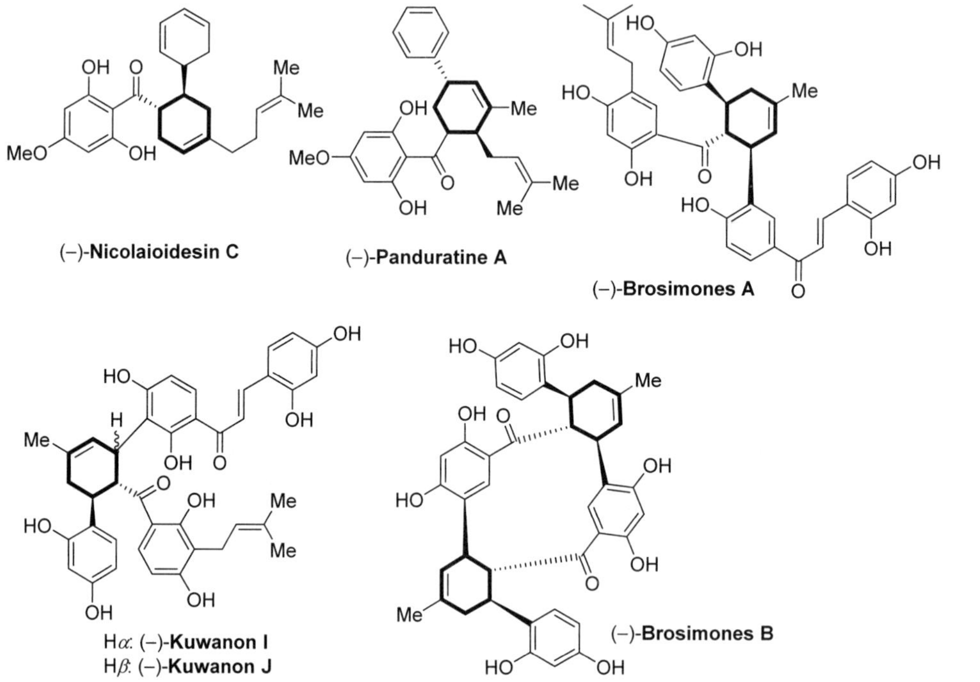

图 7-1　不饱和烃全合成部分天然产物

双官能团化反应具有合成步骤简单、原子经济性强、原料成本低等特点，引起了化学家的广泛关注和浓厚研究兴趣。近年来，不饱和烃的双官能团化反应已经获得了很大的发展，但是卤代烃参与的不饱和烃双官能团化反应的相关报道较少，已报道的卤代烃参与不饱和烃双官能团化反应中，主要是发展了铜、铁等过渡金属催化剂以及无金属催化剂条件下的氧化策略。然而，这些相关的氧化自由基策略反应条件苛刻（一般反应温度超过 80℃），特别是以过氧化物催化氧化的不饱和烃双官能团化反应还存在安全隐患[2]。

由于 π 键是一种非常理想的自由基受体，它易与自由基或离子偶联，从而引入各种官能团[3]。近年来，利用电化学方法对不饱和烃进行直接官能团化引起了广大合成工作者的关注，尤其是烯烃的双官能团化。

7.1 电化学介导烯烃非环双官能团化

烯烃是生物活性化合物和合成中间体中普遍存在的官能团。烯烃双官能团化通过选择性地引入两个官能团，将烯烃转化为生物活性化合物或天然产物衍生物对合成化学家具有极大的吸引力。目前，电化学氧化烯烃双官能团化大致可以通过三种策略来实现。第一种是亲核物质在阳极被氧化成自由基中间体，自由基中间体与烯烃进行加成反应生成碳自由基中间体；随后碳自由基中间体被阳极氧化生成碳正离子，最后与亲核试剂反应生成最终产物；或者碳自由基中间体直接与另一分子自由基反应生成最终产物。

2019 年，徐海超课题组[4]用一种新型的氟试剂 **7-1** 与丙烯酰胺反应，实现了丙烯酰胺 **7-2** 的电化学 1,2-羟基二氟甲基化和碳氢二氟甲基化反应（图 7-2）。反应结果表明，1,2-双官能团化或碳氢官能团化是由丙烯酰胺氮原子上的取代基决定的。当丙烯酰胺为二级 *N*-芳基丙烯酰胺时，通过烯烃羟基二氟甲基化反应将生成 *α*-羟基酰胺 **7-3**。当底物为三级丙烯酰胺时，可获得二氟化丙烯酰胺化合物 **7-4**。因为带有仲酰胺部分的碳正离子 **7-8a** 可能与氮氧烯丙基阳离子存在平衡，这有利于加成反应而不是质子消除反应。而带有叔酰胺部分的碳正离子 **7-8b** 的氮原子上没有氢原子了，只能进行消除反应，**7-8b** 发生质子消除反应，主要产物为 *Z*-二氟化丙烯酰胺化合物 **7-4**。

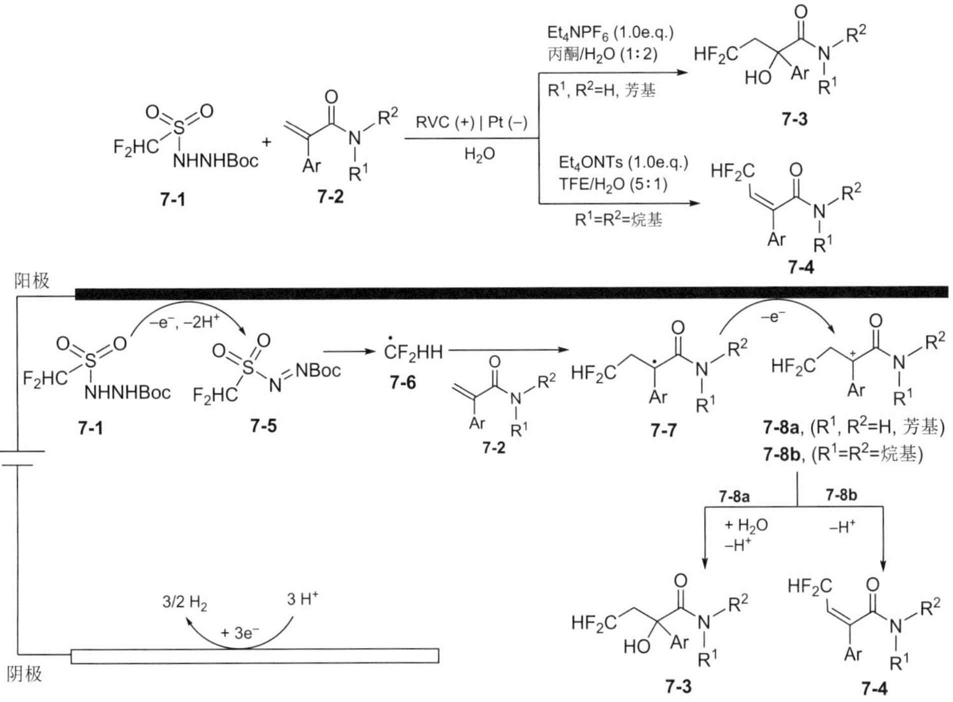

图 7-2 电化学介导的丙烯酰胺合成 *α*-羟基酰胺或二氟化丙烯酰胺化合物

β-烷氧基砜是许多生物活性分子的结构基序，也是有机合成中十分重要的中间体。通常，β-烷氧基砜化合物主要通过 α,β-不饱和砜的烷氧基化或 β-烷氧基硫化物的氧化来制备。但是，这两种方法通常需要多个步骤来合成。并且，外源添加剂或氧化剂的使用也限制了这些方法的适用性。因此，探索一种更高效、更绿色的合成方法，从现成的原料中构建结构多样的 β-烷氧基砜化合物具有重要意义。2018 年，雷爱文课题组[5]报道了磺酰肼 **7-9**、醇 **7-10** 与烯烃 **7-11** 的电化学氧化烷氧磺酰化反应，得到 β-烷氧基砜化合物 **7-12**（图 7-3）。反应不仅适用于伯醇，仲醇和叔醇也能顺利得到相应的 β-烷氧基砜化合物，但产率相对较低。

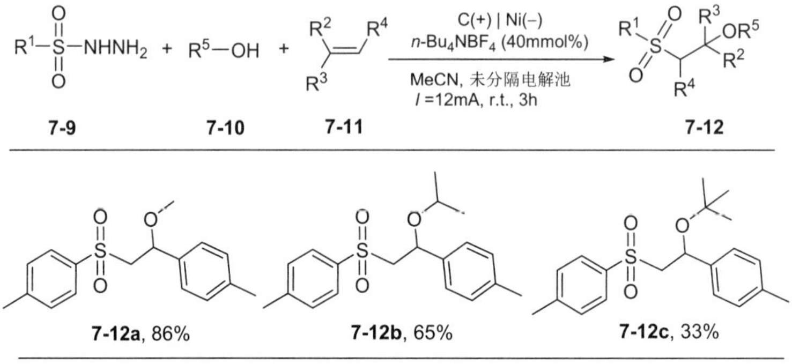

图 7-3　电化学介导的烯烃氧化烷氧磺酰化反应

2020 年，胥波课题组[6]也利用苯磺酰肼 **7-13** 能氧化成硫自由基这一思路，将烯烃和炔烃作为自由基受体，实现了电化学介导的烯烃氧磺酰化和炔烃磺酰化反应（图 7-4）。当自由基受体为烯烃 **7-14** 且在氧气氛围下，可得到各种 β-酮砜化合物 **7-15**。当自由基受体为炔烃 **7-16**，另一组分为二苯基二硒醚 **7-17** 时，可得到各种硒化乙烯基砜化合物 **7-18**，产率良好。硒化乙烯基砜化合物和 β-酮砜化合物是非常有价值的合成中间体，具有广泛的生物和药理活性。该课题组还在标准条件下进行了克级实验，分别以 80%和 65%的分离产率得到化合物 **7-15a** 和 **7-18a**，表明这种策略具有工业化应用前景。

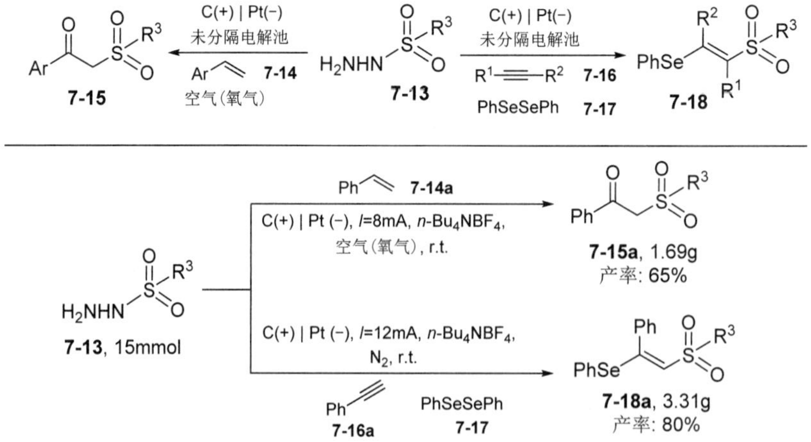

图 7-4　电化学介导的烯烃氧磺酰化和炔烃磺酰化反应

不仅磺酰肼化合物在电化学条件下可以氧化成磺酰基自由基，亚磺酸化合物也可以在合适的电化学条件下氧化成磺酰基自由基。2018 年，郭凯课题组[7]在电化学条件下将亚磺酸氧化为磺酰基自由基，实现了烯烃 **7-19** 与亚磺酸化合物 **7-20** 的磺酰化/杂芳基化反应，合成杂环磺酰化合物 **7-21**（图 7-5）。他们认为可能的反应机理是：对甲苯亚磺酸 **7-20a** 脱质子后进行阳极单电子转移（SET）反应，生成氧中心自由基中间体 **7-22**，**7-22** 通过共振转化为磺酰自由基 **7-23**，**7-23** 与含苯并噻唑和羟基取代基的烯烃 **7-19a** 发生加成反应，生成碳自由基中间体 **7-24**，**7-24** 进行分子内加成环化反应，生成螺环氮自由基 **7-25**。随后，氮自由基进攻螺碳原子，导致碳碳键断裂，形成中间体 **7-26**，**7-26** 在阳极发生单电子氧化反应，生成阳离子中间体 **7-27**。最后，**7-27** 脱质子得到产物 **7-21**。

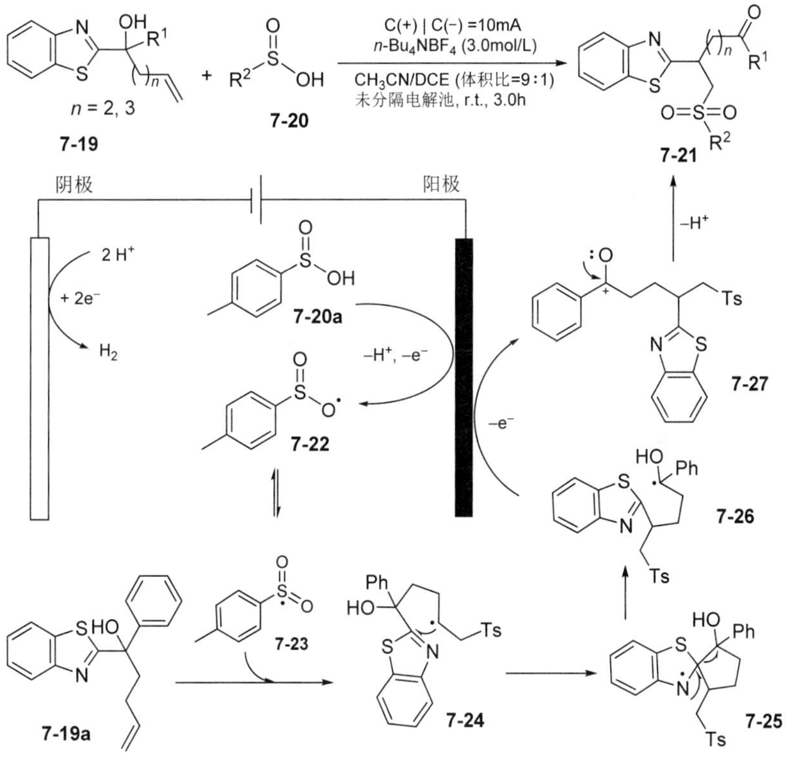

图 7-5　电化学介导的烯烃磺酰化/杂芳基化反应

不仅有机卤化物能够被氧化成与烯烃反应的自由基，无机卤化盐（NaCl，NaBr）也能被阳极氧化为卤素自由基并与烯烃反应。胡雨来课题组[8]报道了一种区域选择性和化学选择性好的烯烃甲酰氧基化电化学方法（图 7-6）。该反应产率良好至优秀，且官能团兼容性较好。

该电化学方法对于复杂烯烃双官能团化同样具有较好的适用性，可用于药物和生物活性化合物的后期官能团化。例如，以甾体为基本单元的天然产物衍生物雌酮烯烃 **7-28a**，能在标准条件下以良好的产率进行甲酰氧基化，并获得相应的产物 **7-29a**、**7-30a** 和 **7-31a**（图 7-7）。

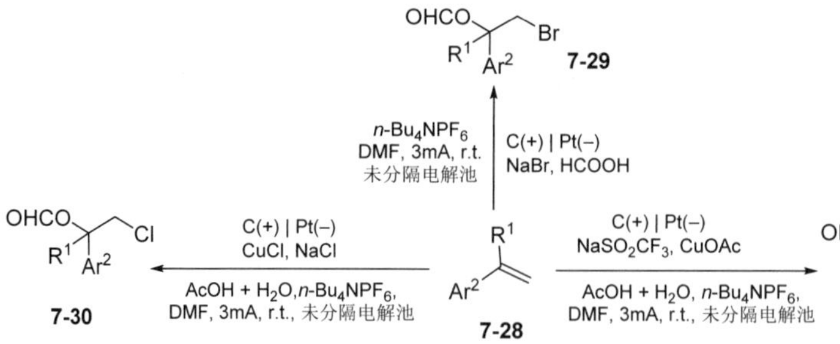

图 7-6　电化学介导的烯烃甲酰氧基化反应

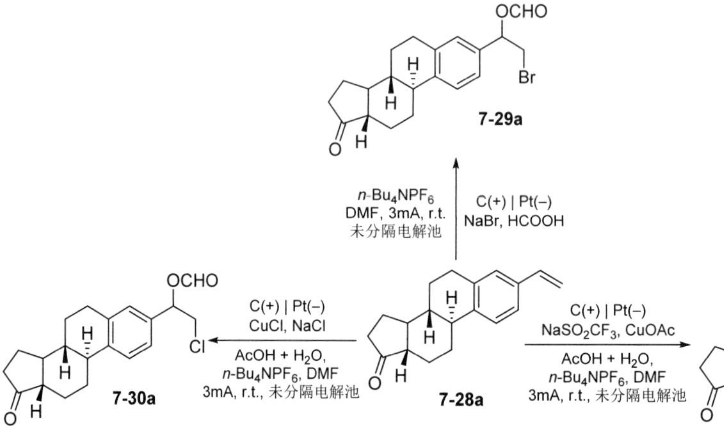

图 7-7　该电化学反应用于雌酮衍生物的双官能团化

电化学氧化烯烃双官能团化的第二种策略是烯烃在阳极被氧化，生成自由基阳离子，随后，亲核试剂与自由基阳离子加成形成碳自由基中间体，碳自由基中间体再次被氧化形成碳正离子，随后与亲核试剂反应生成最终产物。

2018 年，徐海超课题组[9]报道了有机三氟硼酸盐 **7-32**、亲核试剂 **7-33** 与烯烃 **7-34** 的三组分反应，合成了含氧取代基化合物 **7-35**，实现了芳基烯烃的区域选择性和化学选择性羟基-炔化和羟基-烯化反应（图 7-8）。反应产率中等至良好，官能团兼容性较好，不仅耐受各种烯烃和有机三氟硼酸盐，还能兼容各种亲核试剂，如水、甲醇和氟化物。进一步研究发现，当烯烃上合适的位置含有链状内酰胺或羟基时，可分别合成噁唑类化合物 **7-35d** 和异苯并呋喃类化合物 **7-35e**。

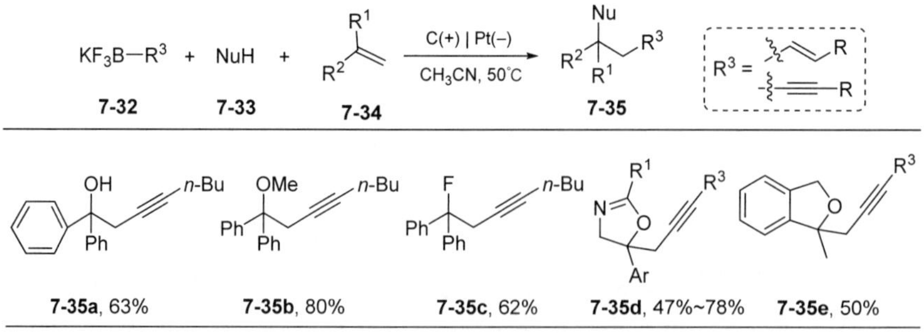

图 7-8　电化学介导的烯烃羟基-炔化和羟基-烯化反应

该课题组还探索了反应的实用性（图 7-9）。将 **7-32a** 与 **7-34a** 在标准条件下进行克级反应，能以 62%的产率生成预期的产物 **7-35f**。化合物 **7-35f** 可以通过一个或两个步骤转换成各种环状或非环化合物，如亚甲基茚、萘、四氢呋喃、叔丁醇、烯丙醇、腈和烯炔化合物（**7-36**～**7-42**）。

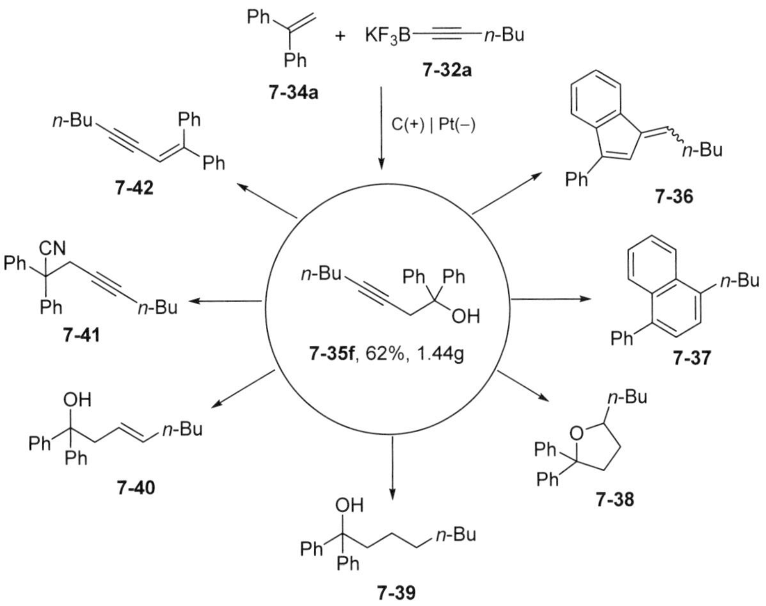

图 7-9　炔醇化合物 **7-35f** 的后续转化

随后，徐坤课题组[10]利用甲醇 **7-44** 作为亲核试剂，实现了烯烃 **7-43** 二甲氧基化反应，反应产物根据烯烃的取代模式和亲核反应位点（如 COOH、CONHPh、NHTs）的不同而不同（图 7-10），该方法已成为构建内酯类、内酰胺类和吲哚类药物的方法。控制实验表明反应经历一种类离子的途径。首先，烯烃 **7-43** 在阳极被氧化，生成自由基阳离子 **7-48**，然后进行甲氧基亲核加成得到碳自由基 **7-49**。接着，**7-49** 再次被氧化，生成碳正离子 **7-50**，由于亲核加成和自由基氧化过程较快，碳正离子 **7-50** 被认为是这一过程的主要中间体。然后，**7-50** 经历两种不同的反应路径，这取决于 **7-50** 的稳定性，具有多个取代基的较稳定的阳离子通过直接亲核加成（路径 A）生成二甲氧基化合物 **7-45**，而较不稳定的阳离子通过半频哪醇重排（路径 B）合成缩醛化合物 **7-46**。

2019 年，孙培培课题组[11]也利用阳极氧化芳基乙烯 **7-52** 形成烯烃自由基阳离子，与芳基酸 **7-53**、乙腈和醇反应，通过穆姆重排反应生成酰亚胺化合物 **7-54**（图 7-11）。该课题组认为反应可能的机理是：阳极氧化苯乙烯 **7-52a** 产生自由基阳离子 **7-55**，**7-55** 被甲醇阴极还原后得到的甲氧基负离子迅速捕获生成碳自由基 **7-56**，**7-56** 被阳极氧化生成碳正离子 **7-57**，**7-57** 被乙腈捕获形成腈鎓离子 **7-58**，苯甲酸 **7-53a** 在阴极释放出苯甲酸根离子 **7-59**，**7-58** 与 **7-59** 发生亲核反应，生成 *O*-酰基异酰胺 **7-60**，**7-60** 进行分子内环化反应生成中间体 **7-61**，由于 **7-61** 结构不稳定，很快进行穆姆重排反应，生成最终产物 **7-54a**。

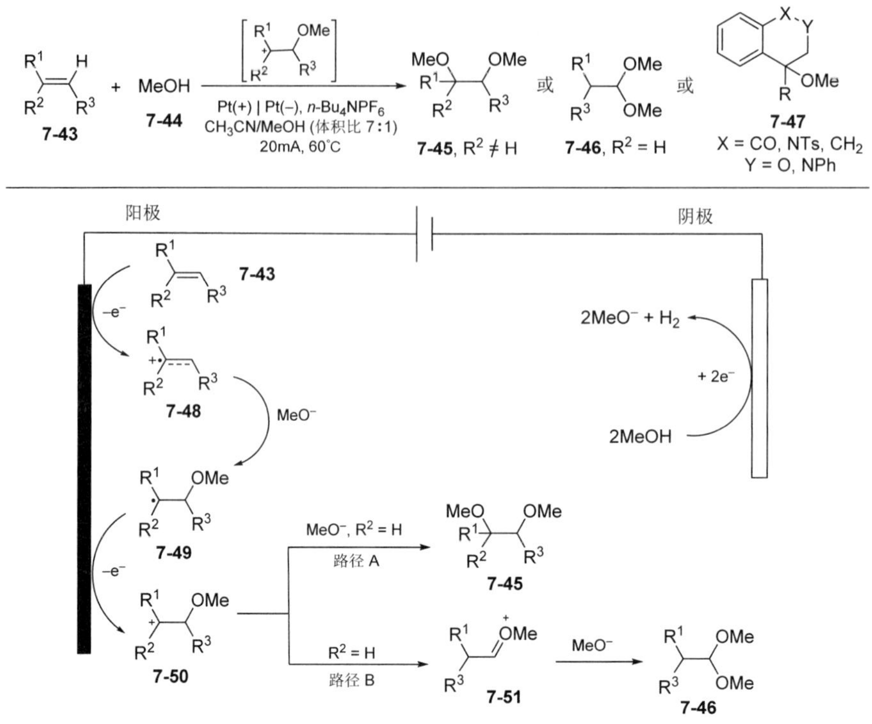

图 7-10　烯烃二甲氧基化电化学反应

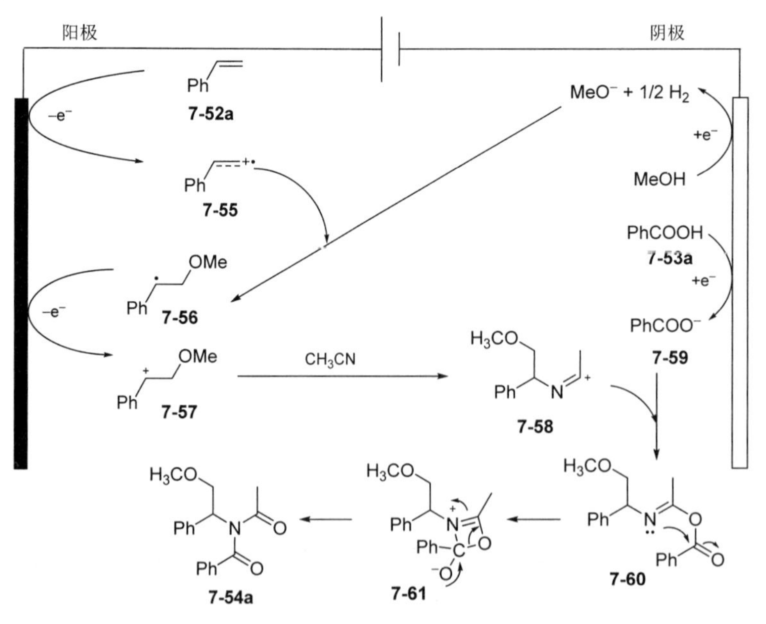

图 7-11　电化学介导的芳基乙烯合成酰亚胺化合物

该电化学体系具有较好的官能团兼容性，适用于含各种取代基的芳基酸、烯烃以及伯醇、仲醇和叔醇，还能适用于药物分子和天然产物的后期官能团化。例如，用于治疗痛风和高尿酸血症的丙磺舒与苯乙烯 **7-52a** 在标准条件下能顺利合成丙磺舒衍生物 **7-54b**；含羧酸取代基的薄荷醇衍生物 **7-53c** 与苯乙烯 **7-52a** 在标准条件下也能生成薄荷醇衍生物 **7-54c**（图 7-12）。

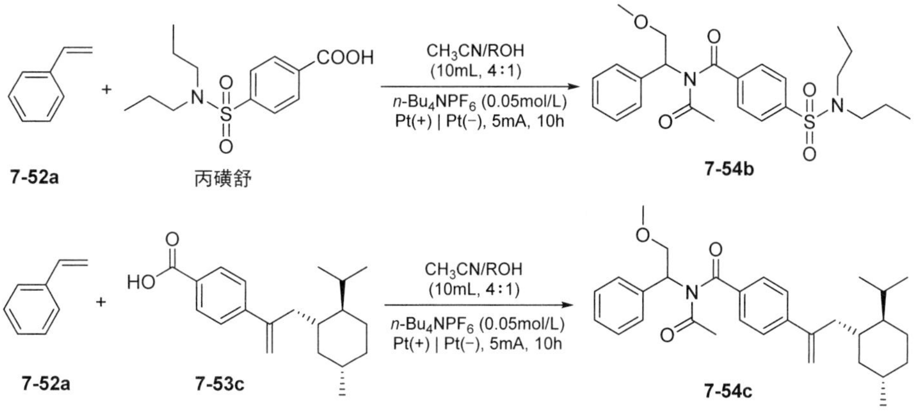

图 7-12 芳基乙烯合成酰亚胺化合物的电化学反应用于药物分子和天然产物的后期官能团化

电化学氧化不饱和烃双官能团化的第三种策略是使用氧化还原催化剂控制自由基中间体在烯烃上的加成。根据催化剂对反应活性的调节作用可分为两类。第一类是氧化还原催化剂与底物进行协同作用，它们可以通过激活前线分子轨道（即酸/碱等）来促进电子向底物或从底物转移，或促进电子转移后的化学步骤。第二类是活化氧化还原催化剂，它们直接与电极相互作用，并介导电极与底物之间的电子转移。这些催化剂也可能参与随后的化学步骤，第二类催化剂也称为电催化剂 [12]。

2017 年，林松课题组[13]报道了电化学条件下，以溴化锰 **7-63** 为氧化还原活性催化剂，叠氮化钠 **7-64** 与烯烃 **7-62** 进行重氮化反应，生成 1,2-二重氮化合物 **7-65**（图 7-13）。各种烷基烯烃、芳基烯烃，甚至是一些含特殊取代基（如羟基、醛羰基、羧基、氨基、三键、巯基等）的烯烃也都适用于该反应。合成的 1,2-二重氮化合物 **7-65** 可进一步还原成邻二胺化合物 **7-66**，反应具有较高的化学选择性。并且，重氮化和还原过程可以连续进行，无须

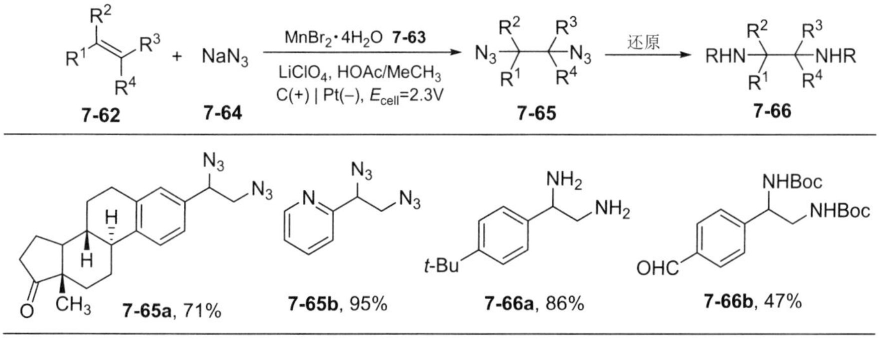

图 7-13 电化学介导的烯烃重氮化反应

分离叠氮化合物。邻二胺是生物活性化合物、天然产物、药物和分子催化剂中的常见结构基团，该方法为有机合成和催化剂设计提供了一个很有参考价值的思路。

林松课题组还提出了该重氮化反应可能的反应机理（图 7-14）。首先，二价锰催化剂 **7-63** 与叠氮离子络合成 Mn^{II}-N_3 **7-67**，**7-67** 在阳极被氧化后生成 Mn^{III}-N_3 **7-68**，**7-68** 释放出 2e.q. 的叠氮自由基与烯烃 **7-62** 反应，完成重氮化过程。反应成功的关键在于基团转移剂 Mn^{III}-N_3 **7-68** 的形成，它是由 Mn^{II}-X（溴或乙酰氧基）与叠氮化钠通过配体交换后形成 Mn^{II}-N_3 **7-67**，随后被阳极氧化形成的。再加上电化学精准的氧化电位控制，该体系具有广泛的底物通用性和优秀的官能团兼容性。

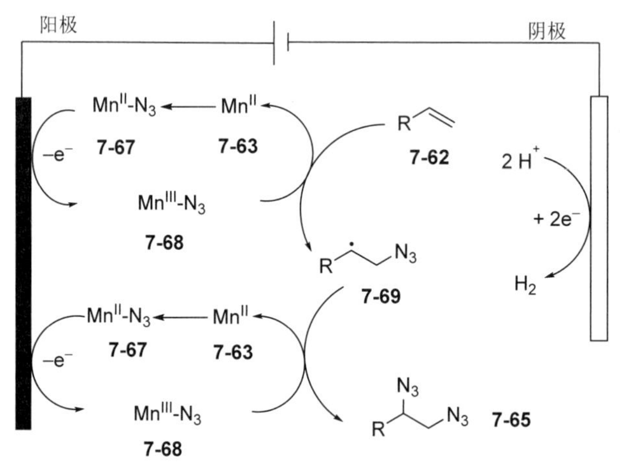

图 7-14 电化学介导的烯烃重氮化反应机理

随后，该课题组将叠氮化钠改为氯化镁 **7-71**，顺利将这种新机理拓展到烯烃 **7-70** 的邻二氯化反应中（图 7-15）[14]，该方法提供了一个操作简单、可持续并有效的途径来获得各种邻二氯代化合物 **7-72**。含有氧化不稳定取代基（如羟基、醛羰基、巯基和氨基等）的烯烃，都可以转化成具有高化学选择性的邻二氯化物。将天然产物茚 **7-70a** 在标准条件下进行克级反应，能以 97%的产率获得相应的二氯化产物 **7-72a**，并且非对映选择性良好，这说明反应具有良好的实用性。

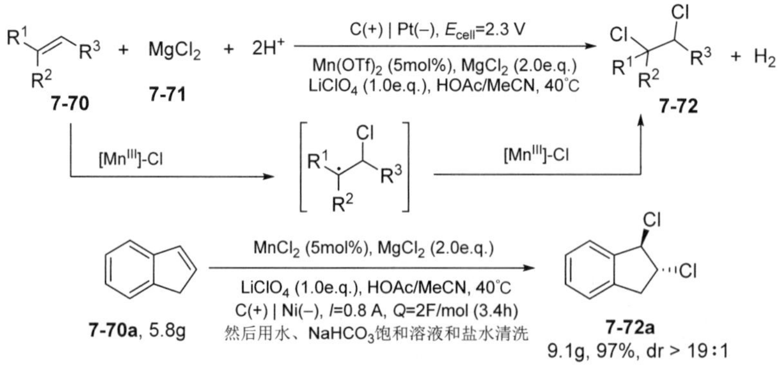

图 7-15 烯烃的电化学邻二氯化反应

接着，他们又用氯化锰作为电催化剂，实现了阳极偶合电解丙二腈或氰基乙酸酯 **7-74**、氯化钠 **7-75** 和烯烃 **7-73** 的氯烷基化催化反应（图 7-16）[15]。在单一的合成操作中构建了邻位碳碳和碳氯键，反应产率中等至优秀，官能团耐受性较好。还可以将氯烷基化产物进行衍生化反应，构建结构更复杂的化合物。例如，新生成的碳氯键可以被叠氮基取代，形成叠氮化合物 **7-77**；或发生消除反应，形成碳碳双键化合物 **7-78** 和 **7-80**，借双氰基化合物 **7-78** 和 **7-80** 分别在锂试剂存在下，还能与亲电试剂碘甲烷或苄溴进行脱氰烷基化反应，生成具有季碳立体中心的化合物 **7-79** 和 **7-81**；碳氯键还可以还原为碳氢键，合成化合物 **7-82**，**7-82** 能与环己酮进行羟醛型加成反应，生成叔醇 **7-83**。该课题组还进行了一系列的控制实验，通过分隔电解池电解，确定了关键的自由基中间体及其电催化形成的途径，而循环伏安法数据进一步确证了提出的机理，即在阳极偶合电解中，锰介导平行氧化生成两个自由基中间体，然后选择性地将它们添加到烯烃中。

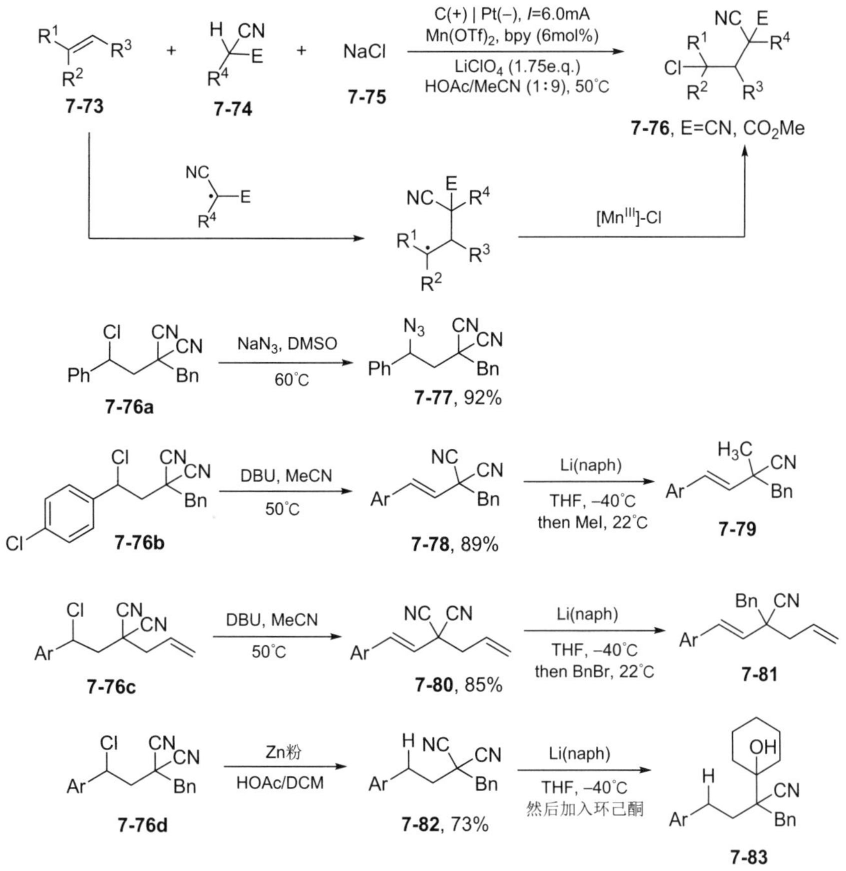

图 7-16　电催化烯烃的氯烷基化反应

含氟烷基是生物活性化合物中的重要结构基序，对药代动力学、药效学和构象有积极影响。2020 年，Lennox 课题组[16]报道了烯烃 **7-84**、碘苯 **7-85** 和氟化氢 **7-86** 的氧化二氟化反应，合成 1,2-二氟化合物 **7-87**（图 7-17）。在未分隔电解池中，缺电子的烯丙基芳烃能以良好至优秀的产率获得相应的邻二氟化产物 **7-87**。但富电子烯烃和苯胺类烯烃的反应活性较差。为解决这一问题，他们在分隔电解池中进行电解，以中等至良好的产率获得了相应的产物。成功的关键是使用分隔电解池电解碘苯，生成高价碘介质，避免底物被氧化分解。药物吗啡啉酰胺在分隔电解池电解条件下，能顺利进行氧化二氟化反应，以37%的产率获得 **7-87a**，虽然产率不高，但比采用未分隔电解池进行电解提高了 2～3 倍。高产量的克级和十克级反应证明了该工艺的实用性，这是一个可持续并且安全的二氟化方法。

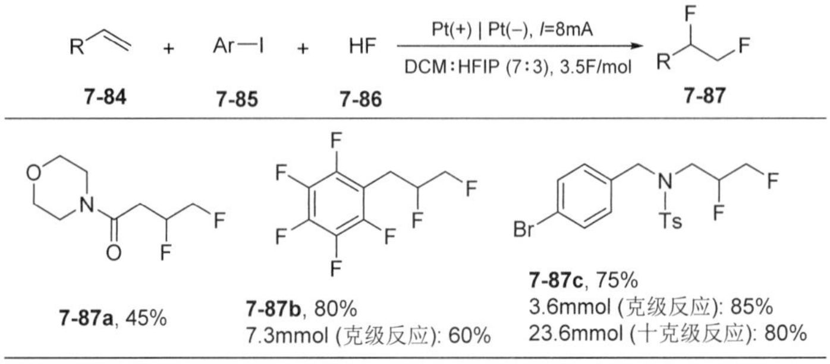

图 7-17　烯烃的电化学氧化二氟化反应

2021 年，莫祖煜课题组[17]报道了以四丁基碘化铵（TBAI）为氧化还原催化剂和电解质，在室温条件下，将 *α*-取代乙烯叠氮化物 **7-88** 与硫醇 **7-89** 进行偶联反应，合成了偕双芳基硫胺 **7-90** 和 *α*-苯硫酮化合物 **7-91**（图 7-18）。反应条件温和且具有广泛的底物耐受性，

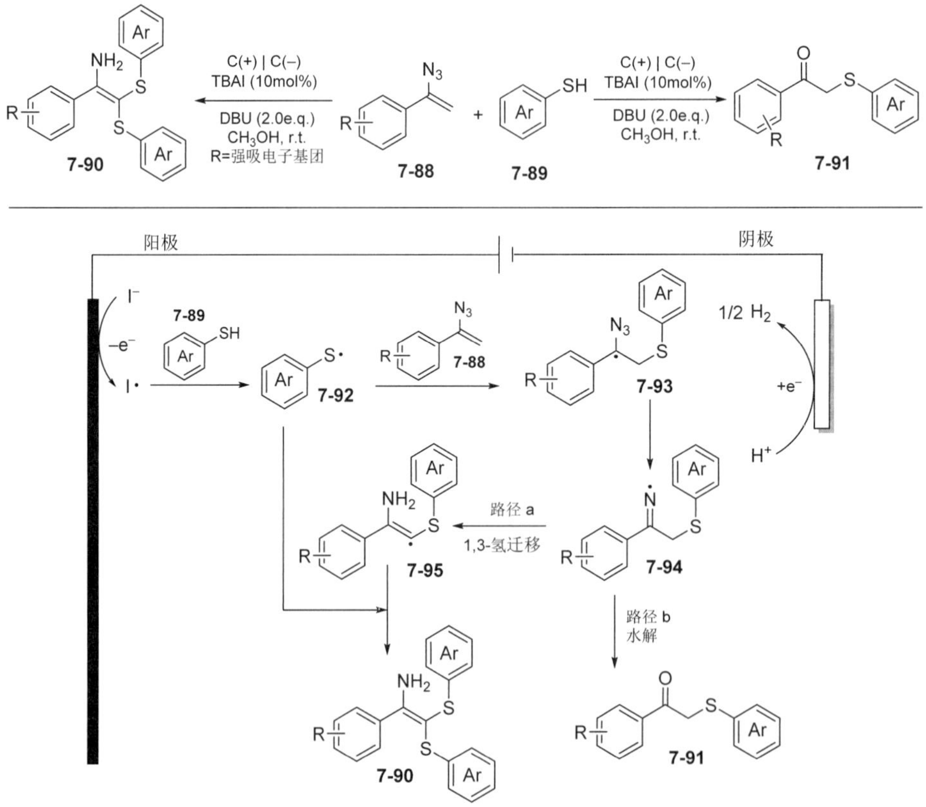

图 7-18　电化学介导乙烯叠氮化合物合成偕双芳基硫胺和 *α*-苯硫酮化合物

烯基叠氮苯环上取代基的电子性质决定产物种类。该课题组经过机理验证，提出可能的反应机理是：碘负离子在阳极被氧化成碘自由基，碘自由基将硫醇 **7-89** 氧化成硫自由基 **7-92**，**7-92** 与 **7-88** 进行加成反应，生成碳自由基中间体 **7-93**，**7-93** 脱去一分子氮气形成亚胺自由基中间体 **7-94**。当 R 为强吸电子基团时，**7-94** 发生 1,3-氢迁移并生成自由基 **7-95**，**7-95** 与另一个硫自由基结合，得到目标产物 **7-90**。而当 R 不是强吸电子基团时，**7-95** 发生水解，生成 α-苯硫酮 **7-91**。

2-苯基琥珀酸具有较好的抗肿瘤活性。2001 年，Tokuda 课题组[18]在常压下，将二氧化碳与苯基取代烯烃 **7-96** 在未分隔电解池中进行二羧酸化反应，生成 2-苯基琥珀酸化合物 **7-97**（图 7-19），实现了烯烃的还原官能团化反应，进一步扩大了电化学的应用范围。二氧化碳的还原电位为−2.53V（vs. Ag/Ag$^+$），为了验证反应机理，他们对各取代烯烃进行氧化还原电位测试，根据测试结果，该课题组提出了两种可能的反应路径。路径 a：当烯烃的还原电位比二氧化碳更负时，二氧化碳在阴极被还原生成阴离子自由基，随后进攻烯烃 **7-96a**，生成碳自由基中间体 **7-98**，其被进一步还原形成碳负离子，接着再次与另一分子二氧化碳发生反应，生成 2-苯基琥珀酸化合物 **7-97**。路径 b：还原电位与二氧化碳相同或略正于二氧化碳的烯烃 **7-96b** 被电极直接氧化，或二氧化碳介导进行单电子还原，生成阴离子自由基 **7-99**，**7-99** 与二氧化碳反应生成碳自由基中间体 **7-98**，**7-98** 再次被还原，随后与另一分子二氧化碳反应，形成 2-苯基琥珀酸化合物 **7-97**。

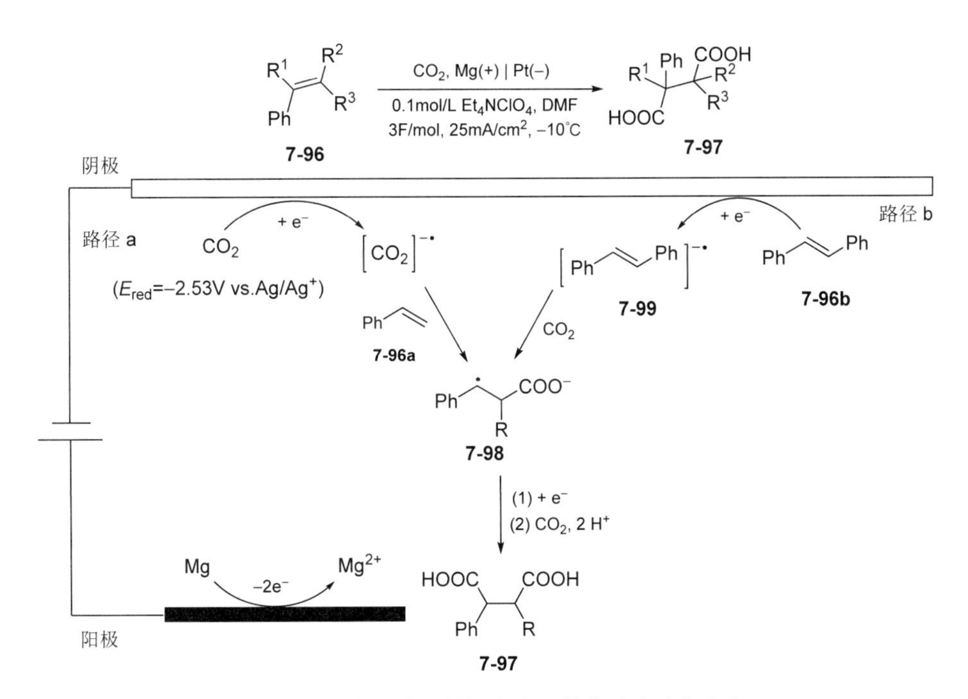

图 7-19　电化学介导烯烃合成 2-苯基琥珀酸化合物

2020 年，林松课题组[19]通过自由基-极性交叉偶联途径实现了烯烃 **7-101** 与烷基溴 **7-100** 的电还原碳官能团化。具体合成产物取决于加入的第三组分 **7-104**（即 *N*,*N*-二甲基甲酰胺、乙腈或二氧化碳)。反应以广泛的底物范围和较好的官能团兼容性分别合成了烷基甲醛化合物 **7-105a**、氢烷基化合物 **7-105b** 和烷基羧酸化合物 **7-105c**（图 7-20)。随后，他们通过一系列的验证实验证明该反应的可能机理是：烷基溴 **7-100** 在阴极被还原，生成烷基自由基，随后与烯烃 **7-101** 发生加成反应，生成碳自由基中间体 **7-102**，**7-102** 再次被还原形成碳阴离子中间体 **7-103**，**7-103** 与亲电试剂 **7-104** 反应生成最终产物 **7-105**。根据反应机理，他们将烯丙基醚化合物与烷基溴在标准条件下反应，顺利合成了烯丙基烷基化合物 **7-105d**。

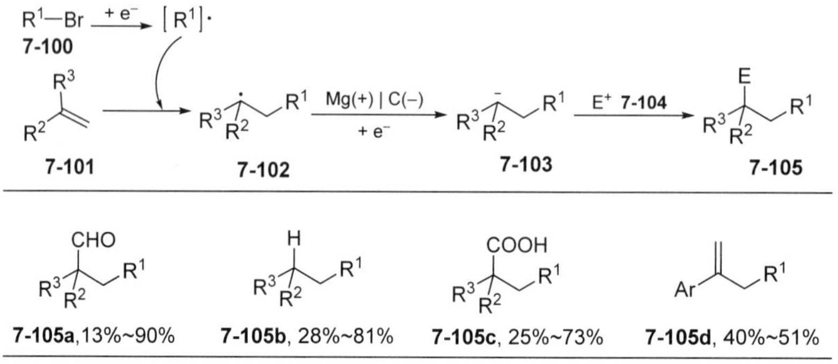

图 7-20　电化学介导烯烃烷基甲醛化、氢烷基化和烷基羧酸化反应

他们还探索了该反应在合成上的应用（图 7-21)，用对硫三氟甲基苯乙烯 **7-101e** 与溴代环戊烷 **7-100e** 和二氧化碳反应，合成了葡萄糖激酶激活剂前体 **7-105e**，**7-105e** 经两步反应可以合成葡萄糖激酶激活剂 **7-106**。当用苯乙烯 **7-101f** 与溴代异丙烷 **7-100f** 和二氧化碳反应时，可以合成组蛋白去乙酰化酶抑制剂前体 **7-105f**。用乙烯腈 **7-101g** 与溴代异丙烷 **7-100f** 和二氧化碳反应时，可以合成治疗神经性疼痛的药物普瑞巴林的前体 **7-105g**。

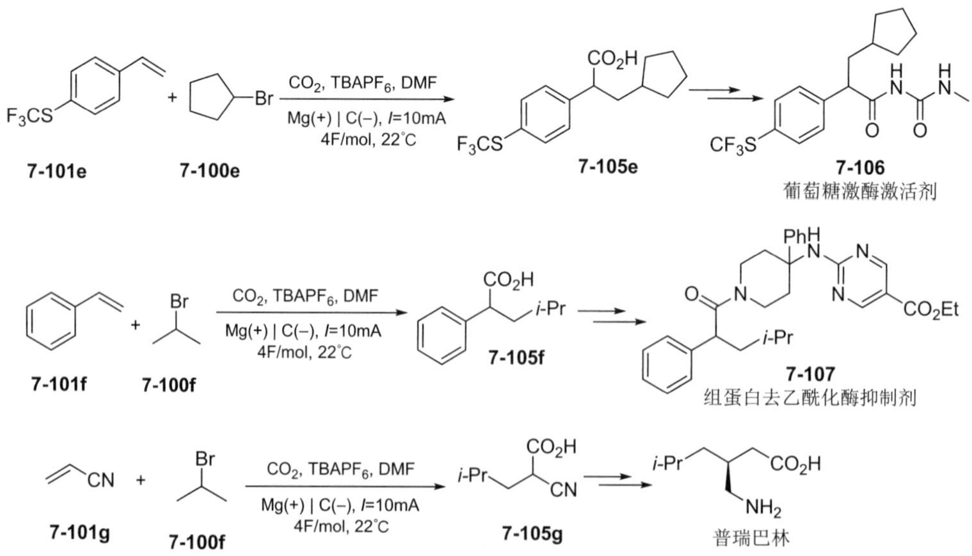

图 7-21　电化学介导的烯烃羧化反应在合成上的应用

7.2　电化学介导不饱和烃的环化

环化被定义为通过在相同或不同的原子之间引入新的键而使有机分子形成一个新的环。近年来，发展的各种环化反应已被用于医药、农业和精细化学品的开发。一般来说，当电化学介导产生的反应活性中间体和另一组分在分子中处于合适的能量和位置时，可以通过分子内偶联或分子间偶联发生环化反应，在分子间偶联环化反应中，环化反应涉及两个单独成键或同时成键过程[20]，用于结构复杂的天然产物和生物活性化合物的合成。

7.2.1　电化学介导的烯烃双官能团分子内环化

2014 年，徐海超课题组[21]发现酰胺 **7-108** 在温和的条件下，能被阳极氧化成酰胺自由基，这些酰胺自由基可以与富电子的烯烃发生环化反应，生成有生物活性结构的 *γ*-和 *δ*-内酰胺化合物 **7-110**（图 7-22）。循环伏安曲线和密度泛函理论（DFT）计算表明，该环化反应经历了自由基过程，反应成功与否取决于控制与自由基环化途径相竞争的自由基二聚和氢离子攫取的能量，通过选择合适的含酰胺取代基的烯烃，可以调节这些反应途径的相对能量，从而有利于环化。研究表明，二硫代缩酮是该反应最有效的偶联底物。

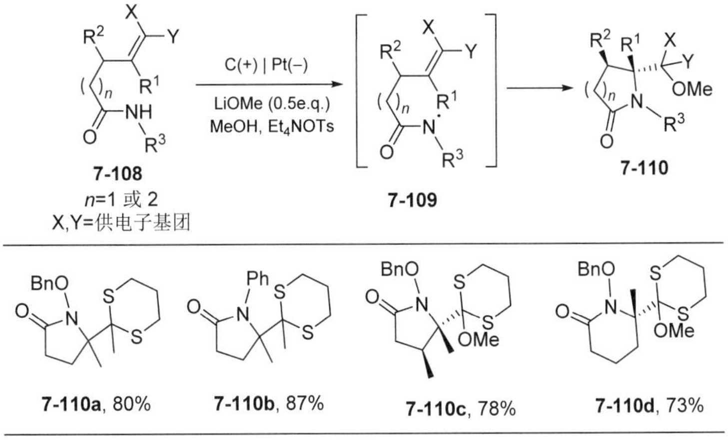

图 7-22　电化学介导 *N*-苯基酰胺烯烃合成 *γ*-和 *δ*-内酰胺化合物

随后，雷爱文课题组[22]报道了电催化 *N*-芳基烯胺 **7-111** 分子内脱氢环化反应合成吲哚化合物 **7-112** 的方法（图 7-23）。此外，当 *N*-吡啶烯胺用作底物时，还可以生成咪唑[1,2-*a*]吡啶化合物 **7-112e**。在无氧化剂的条件下，以碘化钾为电解质，反应效率高，官能团耐受性好。在机理上，碘化钾不仅充当电解质，而且还参与氧化环化的氧化还原过程。具体的反应路径是：碘离子经过两次阳极氧化生成碘正离子中间体，然后 *N*-芳基烯胺与碘正离子反应形成氮碘中间体，氮碘键均裂形成氮自由基中间体，随后进行分子内自由基加成、氧化和脱质子化合成吲哚化合物 **7-112**。

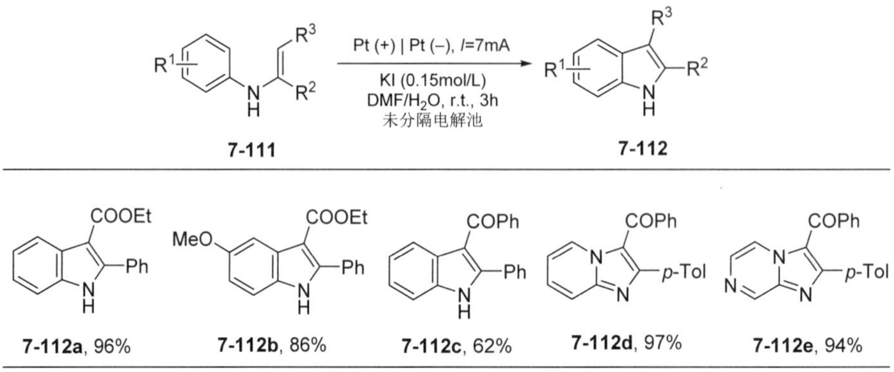

图 7-23 *N*-芳基烯胺的电催化分子内脱氢环化反应

2021 年，潘英明课题组[23]报道了电化学氧化促进丙烯酰胺 **7-113** 与二硒化合物 **7-114** 的串联环化反应，得到了一系列具有药理活性的硒代吲哚酮类化合物 **7-115**（图 7-24）。该策略为构建碳硒键提供了一种环境友好的方法，反应产率中等至优秀，官能团兼容性较好。他们还通过 MTT 法检测化合物的体外抗肿瘤活性，研究结果表明，硒代吲哚酮类化合物 **7-115c** 和 **7-115d** 比其他吲哚酮衍生物具有更好的抗肿瘤活性。

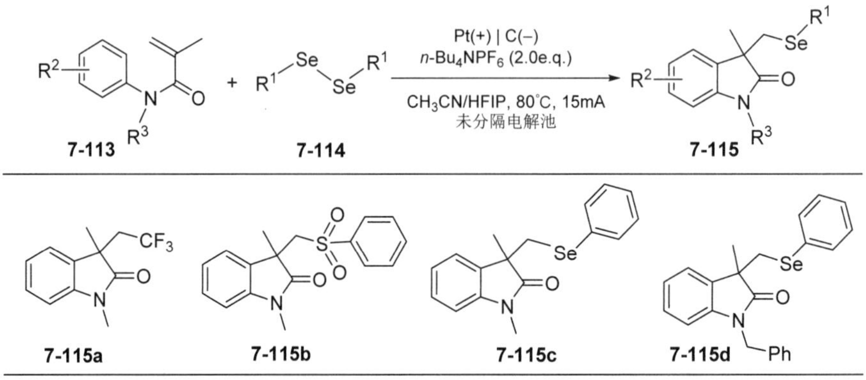

图 7-24 丙烯酰胺的串联环化反应合成硒代吲哚酮类化合物

从大自然或通过有机合成获得的一系列萘醌类化合物具有很好的生物活性，包括抗氧化、细胞毒性和抗菌作用。从这个意义上说，开发高效、可靠的萘醌官能团化方法是合成萘醌类药物努力的方向。2020 年，Júnior 课题组[24]报道了含萘醌取代基的烯烃化合物 **7-116** 通过电化学氧化硒化/环化反应合成多种含硒萘醌类化合物 **7-117** 的方法（图 7-25）。该反应简单，用途广泛，产率高且官能团兼容性好。用这种电化学方法制备的一些含硒萘醌类化合物表现出很好的抗癌活性和抗克氏锥虫活性，例如，化合物 **7-117a** 对克氏锥虫的 IC_{50} 值为 38.3μmol/L，对 HCT-116 和 B16F10 癌细胞的 IC_{50} 值分别为 0.95μmol/L 和 0.98μmol/L。

他们还对产物的衍生化进行了探索，当产物 **7-117b** 与盐酸羟胺、邻苯二胺和盐酸苯肼反应时，能够顺利得到产物 **7-118**、**7-119** 和 **7-120**。

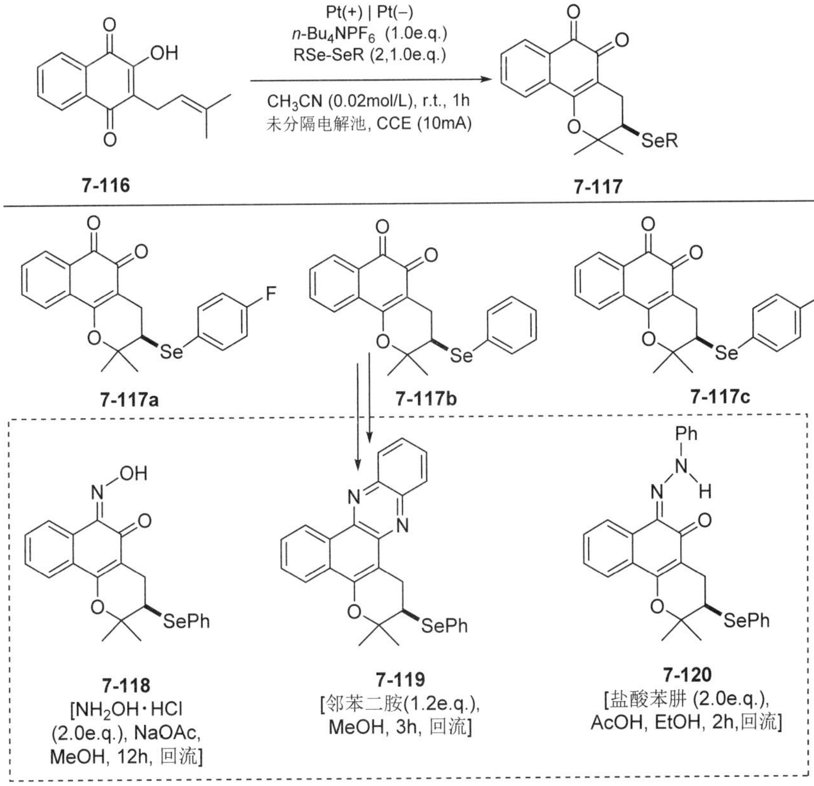

图 7-25　电化学介导烯烃分子内氧化硒化/环化反应合成含硒萘醌类化合物

林松课题组[25]对电催化剂介导的不饱和烃反应具有浓厚的兴趣，他们基于醋酸锰为催化剂介导的烯烃三氟氯甲基化这一基础，再次报道了锰电催化三氟甲磺酸钠和氯化镁与1,6-烯炔化合物 **7-121** 的反应，得到的主要产物为(*Z*)-三氟氯甲基吡咯烷衍生物(*Z*)-**7-122**（图 7-26）。该反应通过阳极偶合电解实现，三氟甲基自由基和氯自由基同时在阳极生成，

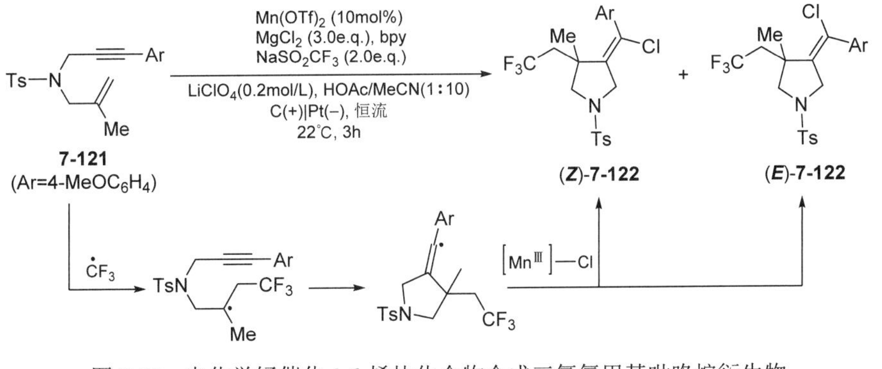

图 7-26　电化学锰催化 1,6-烯炔化合物合成三氟氯甲基吡咯烷衍生物

由氧化还原活性锰催化剂控制这些中间体与烯烃的反应，合成具有高立体选择性的含碳碳双键的吡咯烷化合物。此外，产物的烯氯官能团为进一步的后续转化提供了可能。

7.2.2 电化学介导的炔烃双官能团分子内环化

2017 年，徐海超课题组[26]报道了以二茂铁作为氧化还原催化剂，将脲二炔化合物 **7-123** 进行电化学环化反应，可以获得各种含氮多环芳烃化合物 **7-124**，而不会发生过度氧化（图 7-27）。脲二炔 **7-123** 中距离氮原子合适的位置有两个碳碳三键，可以很好地参与分子内串联环化反应，一步构建三个环。该反应具有广泛的底物范围和较好的官能团兼容性。携带复杂甾体雌酮或雌二醇取代基的二炔底物也适用于该反应，顺利合成产物 **7-124a** 和 **7-124b**。他们还探索了该电化学环化反应的实用性，5mmol 和 24mmol 脲二炔 **7-123** 分别在 187mA 和 900mA 电流作用下，分别以 69%和 57%的产率得到产物。

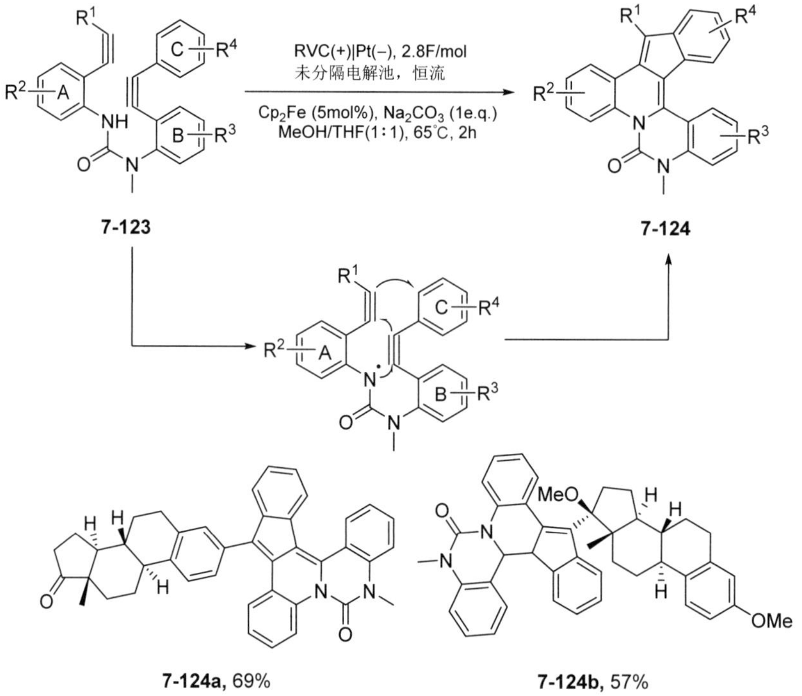

图 7-27 脲二炔电化学环化合成含氮多环芳烃化合物

随后，徐海超课题组[27]又以二茂铁作为氧化还原催化剂，利用二氟亚甲磺酰氯和氨基叔丁氧羰基亚胺经一步反应，制备了一种新的二氟甲基化试剂 **7-1**，它是一种稳定且易于处理的自由基前体，通过二茂铁介导的电化学氧化生成的二氟亚甲基自由基与炔烃 **7-125** 发生加成反应，得到各种氟化二苯并氮杂七元环 **7-126**（图 7-28）。此外，如果以丙烯酰胺类化合物作为底物，这种电化学二氟甲基化反应也可用于构建五元环化合物 **7-127** 和六元环化合物 **7-128**。他们还研究了反应的实用性，氟化二苯并氮杂七元环 **7-126a** 可以进一步脱去其三氟乙酰基，生成仲胺，并与苯甲酰氯反应生成酰胺化合物 **7-129**，或者，将仲胺氧化成亚胺化合物 **7-130**。

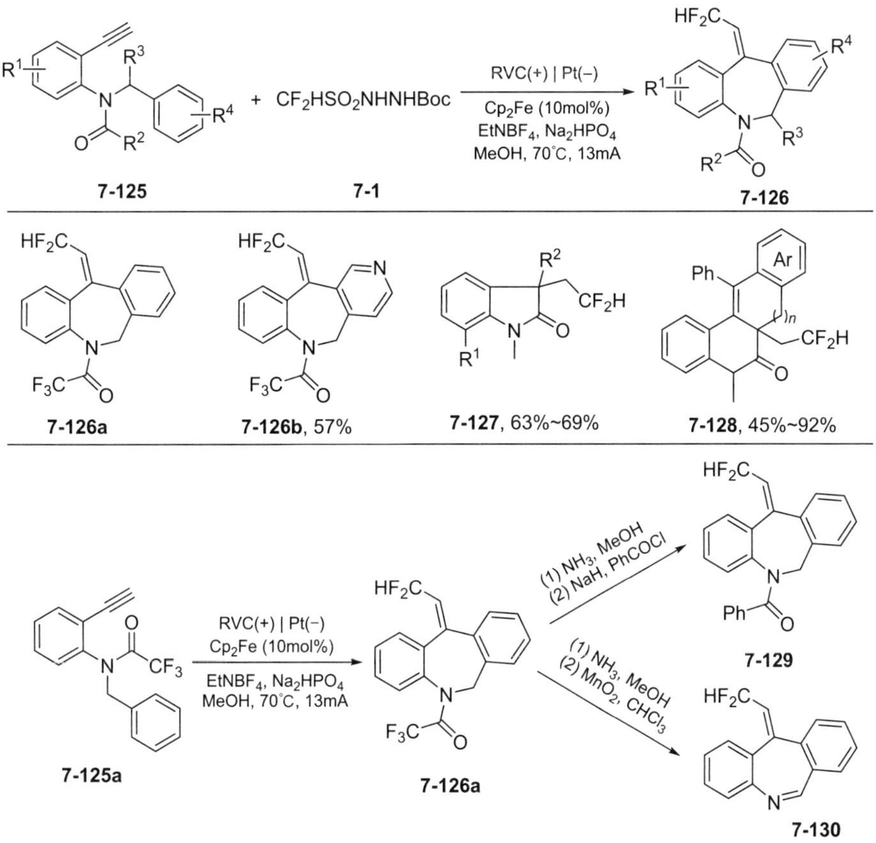

图 7-28　*N*-苄基-*N*-(2-乙基苯基)酰胺电化学合成氟化二苯并氮杂七元环

2018 年，徐海超课题组[28]采用四芳基肼作为催化剂，通过内炔杂芳胺 **7-131** 的区域特异性电化学[3+2]环化反应，合成了各种咪唑并 *N*-杂芳香化合物 **7-132**（图 7-29）以及具有重要药用价值的咪唑[2,1-*b*]并苯并噻唑化合物 **7-132c** 和 **7-132d**，反应具有广泛的底物范围。最新研究表明，咪唑[2,1-*b*]并苯并噻唑在抗细菌、抗癌、抗惊厥、消炎、抗阿尔茨海默病、抗精神病、抗糖尿病、利尿和抑制酪氨酸蛋白酶等多个方面具有较好的生物活性，通过对其基本骨架进行结构修饰，引入不同的活性药效基团，有望获得毒副作用低和药代动力学性质好的咪唑并苯并噻唑类药物。

该课题组提出了[3+2]环化反应的机理（图 7-30）：首先四芳基肼 **7-133** 在阳极被氧化，生成稳定的自由基阳离子中间体 **7-134**。然后，**7-135** 通过单电子转移形成氮自由基 **7-136**，**7-136** 发生五元环化反应生成乙烯基自由基 **7-137**，**7-137** 与吡啶氮原子发生区域选择性反应，生成碳自由基中间体 **7-138**，**7-138** 再进行单电子氧化、水解和脱羧，形成 **7-132**。

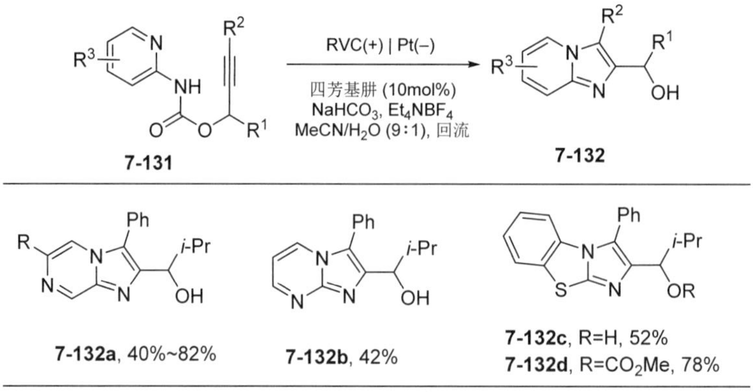

图 7-29 内炔杂芳胺电化学合成咪唑并 *N*-杂芳香化合物

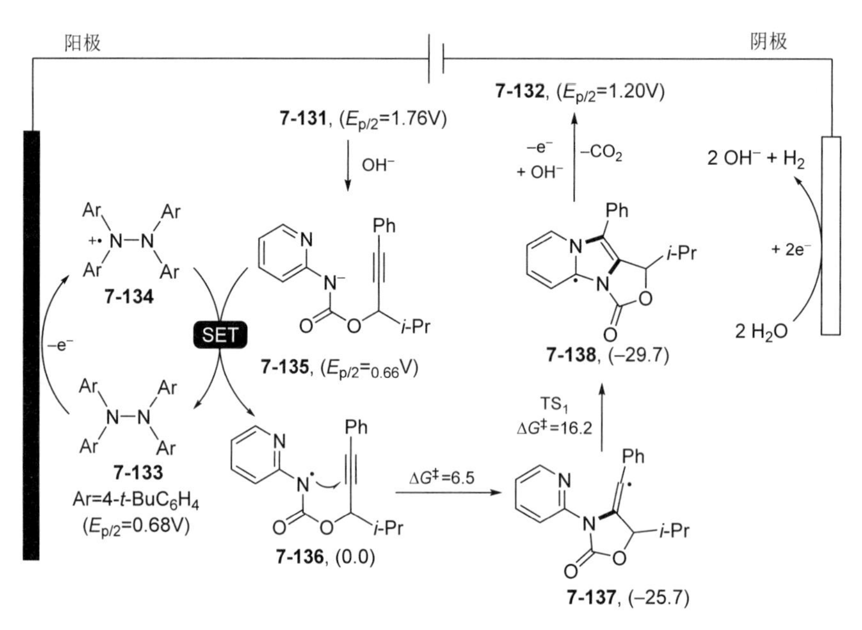

图 7-30 电化学杂芳胺内炔烃[3+2]环化合成咪唑并 *N*-杂芳香化合物机理

2017 年，雷爱文课题组[29]利用自由基串联环化策略，开发了炔酮 **7-139** 或烯酮 **7-140** 与亚磺酸 **7-141** 的电化学氧化芳基磺酰化反应，合成了一系列具有重要生物学意义的磺化茚酮化合物 **7-142** 或 **7-143**（图 7-31）。该串联反应由炔烃磺酰化、碳环化、脱芳构化和氧化过程组成，官能团兼容性好，底物来源广泛且易得。值得注意的是，该反应能以较高的反应效率进行放大，有工业化应用前景。

2021 年，潘英明课题组[30]报道了一种以邻硝基苯乙炔 **7-144** 为原料制备 2,1-苯并噁唑化合物 **7-146** 的电化学方法（图 7-32）。与传统的硝基电化学还原为亚硝基不同，在该反应中，硝基直接与被二苯基二硒醚中的硒阳离子活化的炔烃发生环化反应，最终生成苯并噁唑化合物。

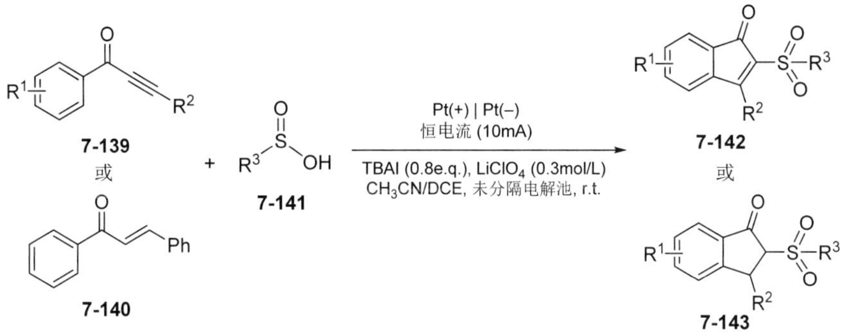

图 7-31 炔酮或烯酮与亚磺酸电氧化串联环化合成磺化茚酮化合物

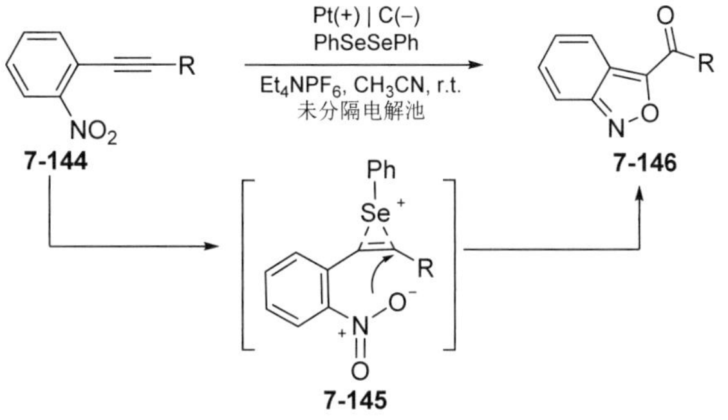

图 7-32 邻硝基苯乙炔电化学合成 2,1-苯并噁唑化合物

7.2.3 电化学介导的烯烃双官能团分子间环化

2015 年，曾程初课题组[31]以四丁基碘化铵为氧化还原催化剂，实现了 *N*-氨基邻苯二甲酰亚胺化合物 **7-147** 与烯烃 **7-148** 的电化学环化反应，合成了一系列氮丙啶化合物 **7-149**（图 7-33）。首先，碘负离子在阳极被氧化生成碘单质，碘单质与四丁基碘化铵反应生成四丁基三碘化铵（n-Bu_4NI_3），四丁基三碘化铵在可见光的照射下，生成碘自由基和激发态四丁基二碘化铵自由基。碘自由基从 **7-147** 中攫取氢原子形成氨基自由基 **7-150**，**7-150** 被烯烃 **7-148** 捕获形成自由基 **7-151**。四丁基二碘化铵自由基通过攫取氢原子使 **7-151** 的氮氢键发生均裂，然后进行分子内环化，得到氮丙啶化合物 **7-149**。

2018 年，程旭课题组[32]也开发了一种以氨基磺酸甲酯为氮源与多取代烯烃 **7-152** 合成氮丙啶化合物 **7-154** 的电化学方法（图 7-34）。三芳基取代烯烃和多取代苯乙烯作为底物时都能兼容。该课题组提出了一个涉及碳正离子中间体的反应途径，通过两步电子转移和氨基磺酸甲酯的亲核反应形成两个碳氮键。他们还研究了反应的实用性和适用性，将 1,1,2-三苯基乙烯 **7-152a** 与氨基磺酸盐进行克级反应，能以良好的产率获得相应产物 **7-154a**，**7-154a** 在可见光诱导下，以甲醇为亲核试剂能进行开环反应，得到化合物 **7-155**。此外，**7-154a** 在 NaOH 作用下易水解成氨基酸氮丙啶化合物 **7-156**。**7-156** 与氟化氢吡啶络合物反应可得到含氟化合物 **7-157**。**7-156** 经氢气还原可得到胺化合物 **7-159**。氮丙啶化合物 **7-156** 的氨基可以用醋酸酐保护，得到化合物 **7-158**。

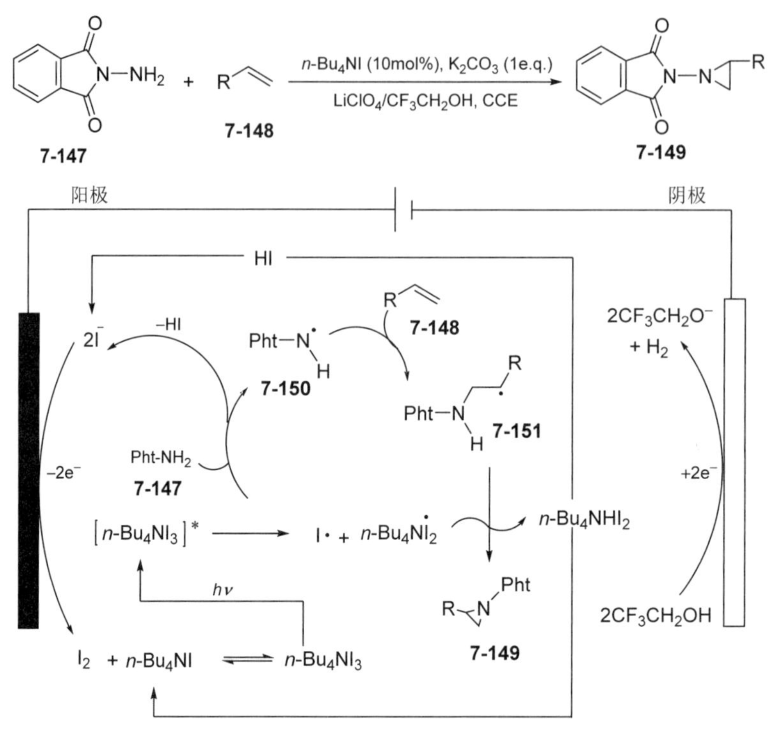

图 7-33 电化学介导苯胺与烯烃合成氮丙啶化合物

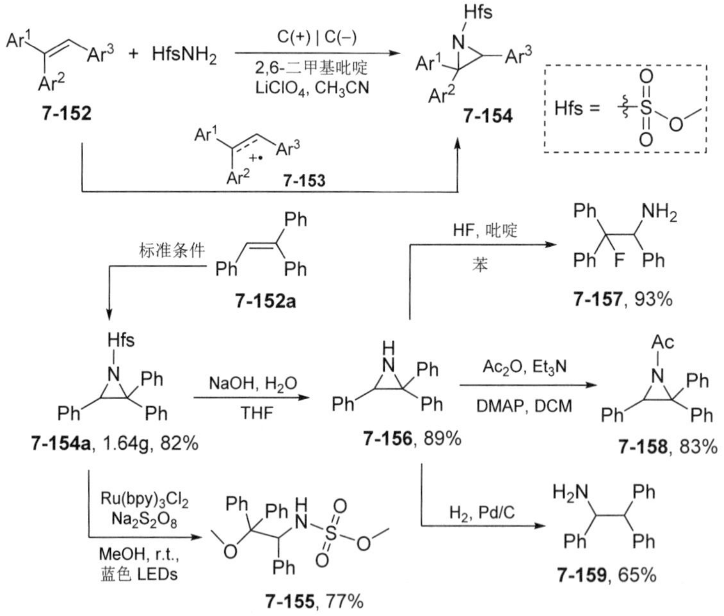

图 7-34 电化学介导三芳基取代烯烃与氨基磺酸甲酯合成氮丙啶化合物

2018 年，徐海超课题组[33]报道了三芳胺催化烯烃 **7-160** 与 1,2-或 1,3-二醇化合物 **7-161** 的电化学脱氢环化反应，合成 1,4-二噁烷或 1,4-二氧庚烷衍生物 **7-162**（图 7-35）。该反应能兼容多种官能团，并对二取代和三取代烯烃表现出良好的耐受性，易合成具有四取代碳中心的氧杂环化合物。该课题组还探索了反应的实用性，将 1,1-二苯基-4-对甲苯磺酸基丁烯与 1,2-二醇化合物进行克级反应，能以 80%的产率获得相应产物 **7-162a**（2.5 g）。将阳极电极体积扩大，增大电流，反应能以更快的速率进行，并获得相应的目标产物。

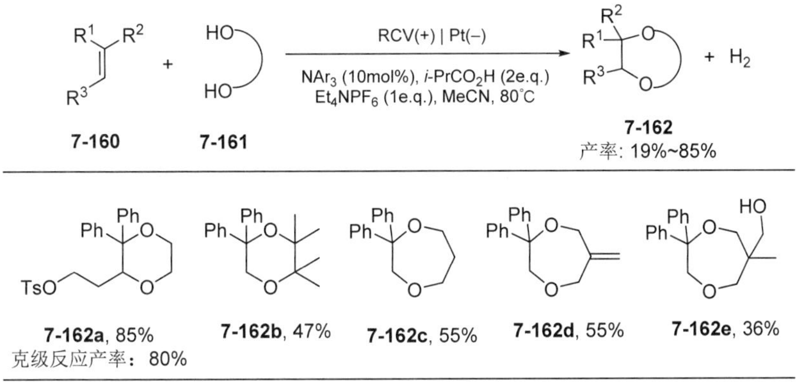

RCV(+) | Pt(−)；NAr_3 (10mol%), *i*-$PrCO_2H$ (2e.q.)，Et_4NPF_6 (1e.q.), MeCN, 80°C

7-160 + **7-161** → **7-162** + H_2　产率: 19%~85%

7-162a, 85%（克级反应产率：80%）；**7-162b**, 47%；**7-162c**, 55%；**7-162d**, 55%；**7-162e**, 36%

图 7-35　烯烃与 1,2-或 1,3-二醇的电化学脱氢环化反应

该课题组提出反应可能的机理如图 7-36 所示，首先，三芳胺 **7-163** 催化剂在阳极被氧化成自由基阳离子 **7-164**，其与烯烃底物 **7-160f** 进行单电子转移，烯烃被氧化成相应的自由基阳离子 **7-165**，乙二醇 **7-161a** 与 **7-165** 进行亲核反应，并脱质子产生碳中心自由基 **7-166**，**7-166** 再次被氧化得到碳正离子中间体 **7-167**，其最后进行环化反应生成 1,4-二噁烷产物 **7-162f**。

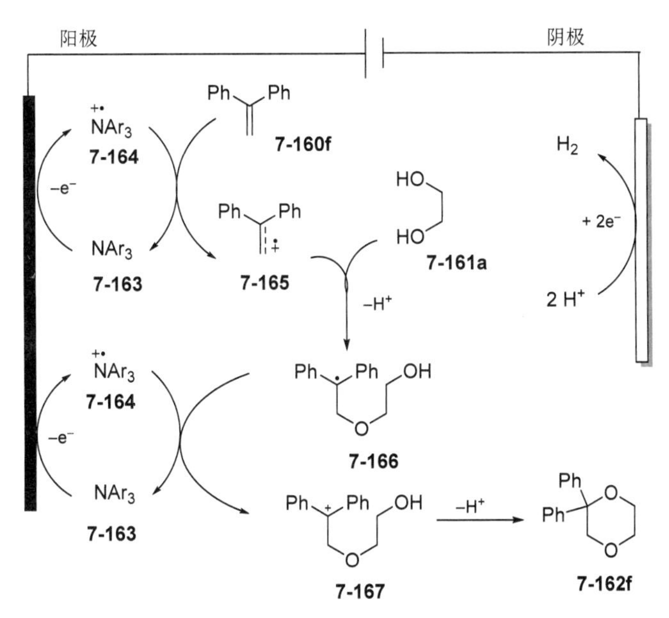

图 7-36　烯烃电化学脱氢环化反应的机理

乙烯和乙炔都是有机化学中最简单、易于官能团化且较廉价的二碳化合物。众所周知，乙烯或乙炔与氧气的混合物易引起爆炸，因此将乙烯或乙炔作为底物应用于氧化交叉偶联反应是一个很大的挑战。2018 年，雷爱文课题组[34]报道了乙烯/乙炔与芳基/乙烯基酰胺 **7-168** 的电化学环化反应，合成异喹啉酮类衍生物 **7-169** 或 **7-170**（图 7-37）。

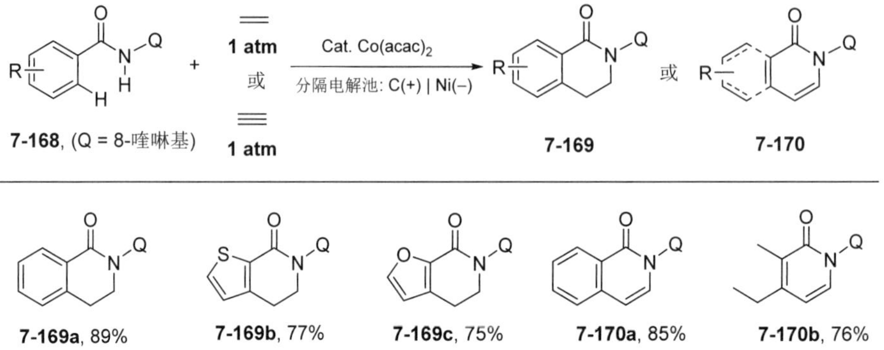

图 7-37　乙烯/乙炔与芳基/乙烯基酰胺电化学合成异喹啉酮类衍生物

他们认为可能的反应机理是（图 7-38）如下。首先，二价钴催化剂与芳基/乙烯基酰胺 **7-168** 络合，形成双齿氮配位钴配合物 **7-171**。接着，配合物 **7-171** 在阳极直接被氧化成三价钴配合物 **7-172**，配合物 **7-172** 发生分子内碳氢活化，生成环状三价钴配合物 **7-173**。然后，乙烯插入三价钴中形成中间体 **7-174**，其进行还原消除反应，生成最终产物 **7-169a**。

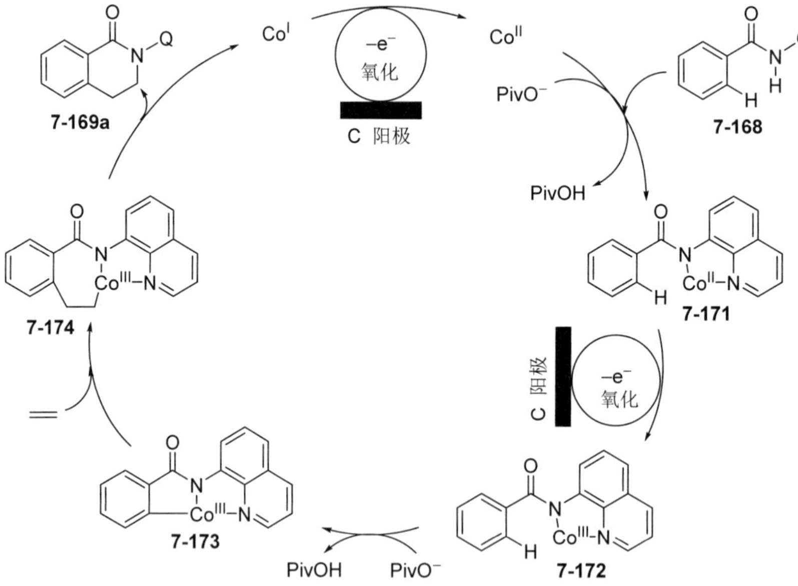

图 7-38　乙烯/乙炔与芳基/乙烯基酰胺电化学合成异喹啉酮类衍生物的反应机理

杂环化合物，尤其是氮杂环化合物，是医药和农药行业中最重要的一类化合物。氧化[4+2]环化反应是构建六元杂环化合物最常用的合成方法之一，Diels-Alder 反应也是构建六元环最重要的方法之一，但需要使用共轭二烯或异二烯作为起始原料，因此存在一定的局限性。近年来，合成化学家们也陆续开发了很多种方法来构建氮杂环化合物，但大多数反应需要过渡金属催化剂或化学氧化剂，给后处理增加了难度，并限制了化合物的进一步应用。

2018 年 10 月，雷爱文课题组[35]在电化学氧化条件下实现了烯烃 **7-175** 与叔苯胺 **7-176** 的[4+2]环化反应，合成了四氢喹啉衍生物 **7-177**（图 7-39）。反应无需金属催化剂和外部氧化剂，克服了上述传统反应的局限性，反应条件温和，在室温下即可发生，官能团兼容性好。控制实验表明，乙酸具有稳定自由基阳离子中间体的能力，是实现该反应的关键。具体的反应机理是：叔胺化合物 **7-176a** 在阳极上被氧化，生成可以被醋酸稳定的自由基阳离子 **7-178**。然后，自由基阳离子 **7-178** 共振为氮自由基阳离子 **7-179**，**7-179** 脱质子得到 **7-180**。接着，**7-180** 与烯烃 **7-175** 发生加成反应，得到中性碳自由基 **7-181**，其通过分子内环化反应得到 **7-182**，在阳极氧化生成最终产物 **7-177a**。

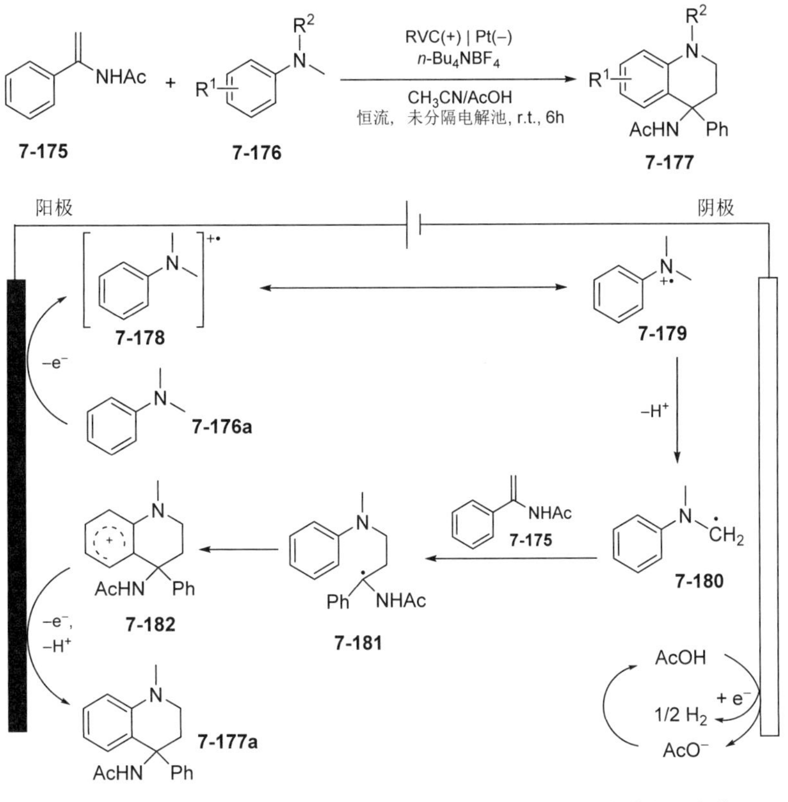

图 7-39　电化学介导烯烃与叔苯胺[4+2]环化合成四氢喹啉类化合物

喹唑啉酮是各种天然产物的重要骨架单元，具有多种生物活性，常用作抗菌、抗真菌、抗疟疾、抗癌、抗高血压、抗结核和抗惊厥药物。2019 年，潘英明课题组[36]报道了烯烃 **7-184** 与 2-氨基苯甲酰胺 **7-183** 通过阳极选择性氧化双官能团化合成喹唑啉酮类化合物 **7-185**（图 7-40）。含各种取代基的末端烯烃都适用于该反应，该课题组还探索了内烯烃对反应活性的影响，实验结果表明，内烯烃 **7-184a**、**7-184b** 和 **7-184c** 都适用于该反应；在不对称烯烃中，富电子芳烯烃比缺电子芳烯烃产率更高；相较于末端烯烃，内烯烃由于位阻增加，它们的反应速率较慢。

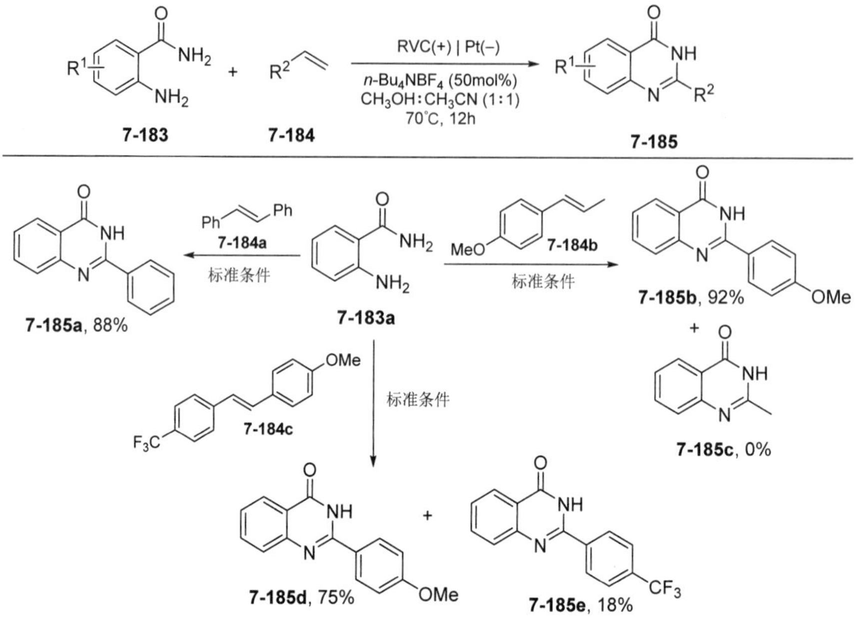

图 7-40　电化学介导烯烃与 2-氨基苯甲酰胺官能团化合成喹唑啉酮类化合物

该课题组提出了一个可能的反应机理（图 7-41）。首先，对甲氧基苯乙烯 **7-184d** 在阳极被氧化成自由基阳离子 **7-186**，**7-186** 与甲醇发生 1,2-加成反应得到 **7-187**，**7-187** 在阳极

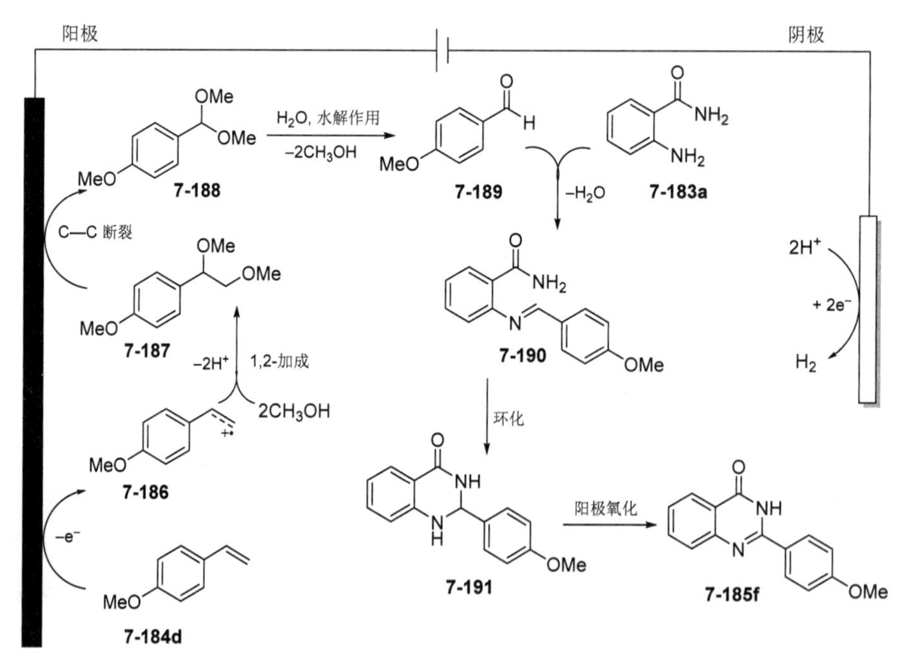

图 7-41　电化学介导烯烃与 2-氨基苯甲酰胺官能团化的反应机理

被氧化并发生碳碳键断裂得到 **7-188**，其被溶剂中微量的水水解，得到 4-甲氧基苯甲醛 **7-189**，**7-189** 与 2-氨基苯甲酰胺 **7-183a** 缩合生成亚胺 **7-190**，并释放出一分子水，随后发生分子内环化得到 **7-191**，其在阳极被氧化得到产物 **7-185f**。

7.2.4　电化学介导的炔烃双官能团分子间环化

2018 年，Ackermann 课题组[37]报道了在室温下，钴催化炔烃 **7-193** 与苯甲酰胺 **7-192** 的电化学环化反应，合成了异喹啉酮类化合物 **7-194**（图 7-42）。

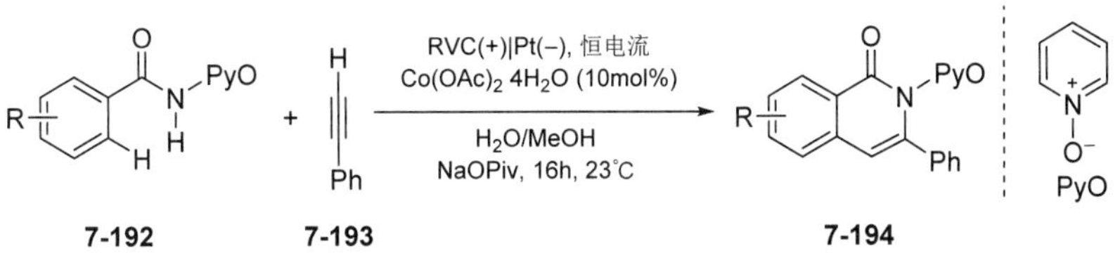

图 7-42　电化学介导的苯甲酰胺与末端炔烃的环化反应

接着，Ackermann 课题组[38]基于之前的研究基础，利用 *N*-2-吡啶酰肼 **7-195** 与内炔烃 **7-196** 反应，合成了含不同取代基的异喹啉酮类化合物 **7-197**，成功将电化学钴催化炔烃环化反应拓展到内炔烃。异喹啉酮类化合物 **7-197** 在碘化钐的催化下进行电化学还原反应，可以脱去氨基得到相应的产物 **7-198**（图 7-43）。他们还探索了反应的适用性，在标准条件下以良好的产率合成了厄罗替尼衍生物 **7-197c**。

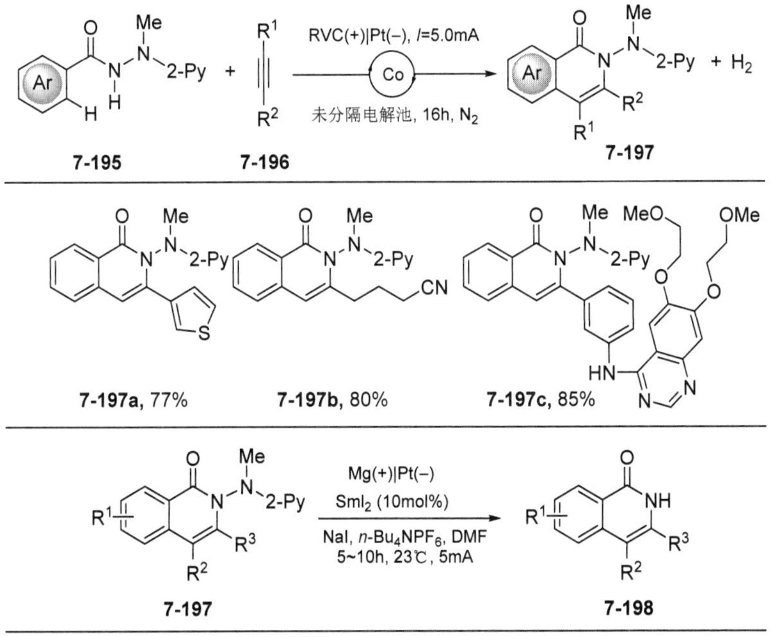

图 7-43　电化学介导的 *N*-2-吡啶酰肼与内炔烃的环化反应

2019 年，何德良课题组[39]以钌为催化剂，实现了芳基乙醛酸 **7-199** 与内炔烃 **7-200** 的脱羧[4+2]环化反应，通过脱羧、*O*-插入、碳氢官能团化和环化串联反应合成了 1*H*-异色烯-1-酮化合物 **7-201**（图 7-44）。该反应适用于含各种取代基的内炔烃，各种不对称烷基芳基炔烃也能有效地进行脱羧环化反应。并且，这种脱羧环化反应还可以用于修饰一些生物活性分子，如含雌酮单元、氨基酯和含有香料主链酯的炔，它们在标准条件下能分别合成化合物 **7-201a**、**7-201b** 和 **7-201c**。

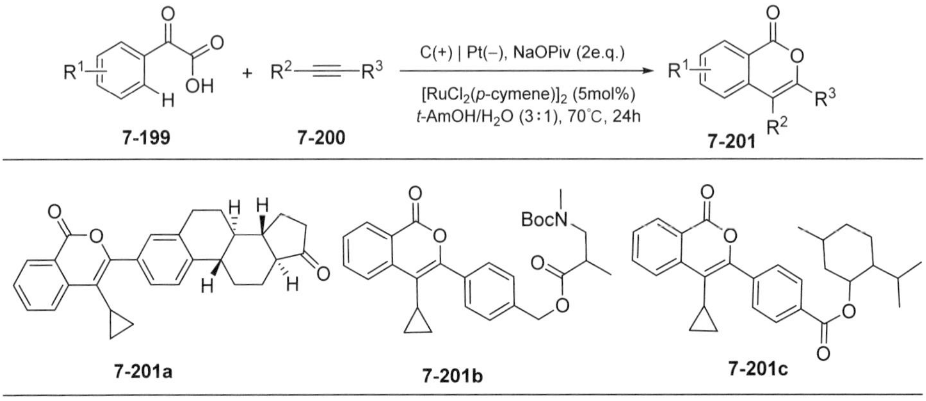
R1
H
OH
O
O
7-199
+ R2 R3
7-200
C(+) | Pt(–), NaOPiv (2e.q.)
[RuCl2(p-cymene)]2 (5mol%)
t-AmOH/H2O (3∶1), 70˚C, 24h
R1
O
O
R3
R2
7-201
7-201a
BocN
7-201b
7-201c

图 7-44　电化学介导的芳基乙醛酸与内炔烃的脱羧[4+2]环化反应

2020 年，潘英明课题组[40]以二茂铁为氧化还原催化剂，利用 1,3-二羰基化合物 **7-202** 和炔烃 **7-203** 为原料，通过碳中心自由基[4+2]环化的电化学反应，合成高度官能团化的 1-萘酚化合物 **7-204**（图 7-45）。含各种取代基的苯甲酰乙酸乙酯都适用于该反应，具有吸电子和给电子基团的苯乙炔也能顺利得到相应产物，但是，含链状和环状烷烃取代基的炔烃的产率较低，含对称酯基取代基的炔烃没有生成萘酚化合物，而是合成了未环化的二聚体 **7-205**。

1-萘酚类化合物具有抗病毒、抗菌、抗肿瘤等生物活性。该课题组以 5-氟尿嘧啶为阳性对照，采用 MTT 法筛选合成的化合物。实验结果表明，化合物 **7-204a** 对 T-24 细胞具有良好的抗肿瘤活性，IC_{50} 值为(9±1)μmol/L，进一步研究表明化合物 **7-204a** 能诱导肿瘤细胞凋亡；化合物 **7-204a** 对 HeLa 细胞的 IC_{50} 值为(9±2)μmol/L，对肿瘤细胞有明显的抑制作用。

芳香族化合物具有独特的电子性质和多种生物活性，对其进行区域选择性修饰在有机材料和药物科学领域具有重要意义。2020 年，雷爱文课题组[41]报道了烯烃/炔烃（**7-207/7-208**）与杂环芳基化合物 **7-206** 的电化学氧化[4+2]环化反应，合成了各种多环芳香化合物 **7-209**（图 7-46）。这种电合成方法提供了一种直接的杂环芳基化合物扩展 π 键的方法，避免了外源氧化剂的使用和底物的预官能团化。通过原位生成杂环芳基阳离子中间体，获得了各种具有良好产率和优良区域选择性的芳香族化合物。此外，含雌酮和布洛芬衍生物的炔烃也可以作为亲二烯体，合成了相应的雌酮衍生物 **7-209a** 和布洛芬衍生物 **7-209b**，表明该方法具有一定的应用价值。

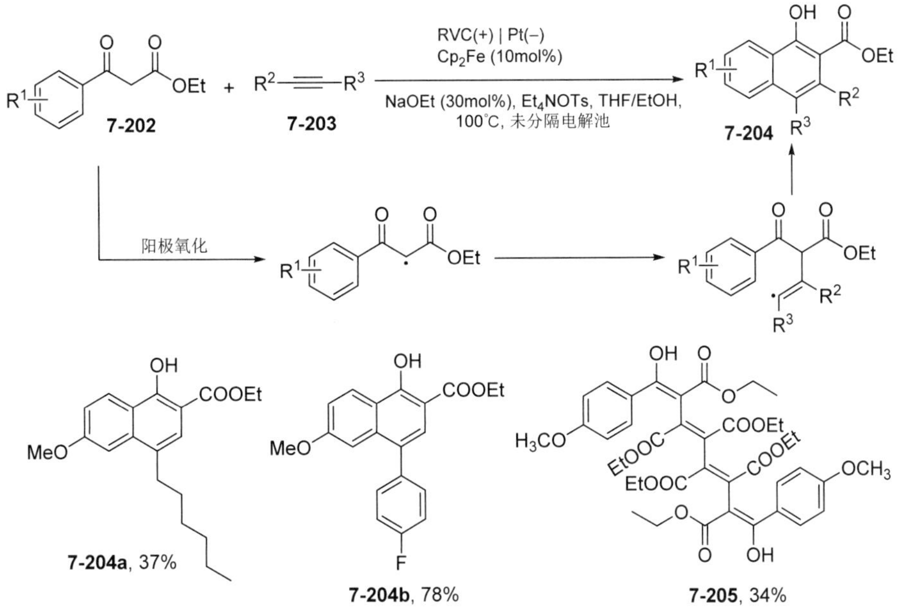

图 7-45 炔烃和 1,3-二羰基化合物[4+2]电化学环化合成 1-萘酚化合物

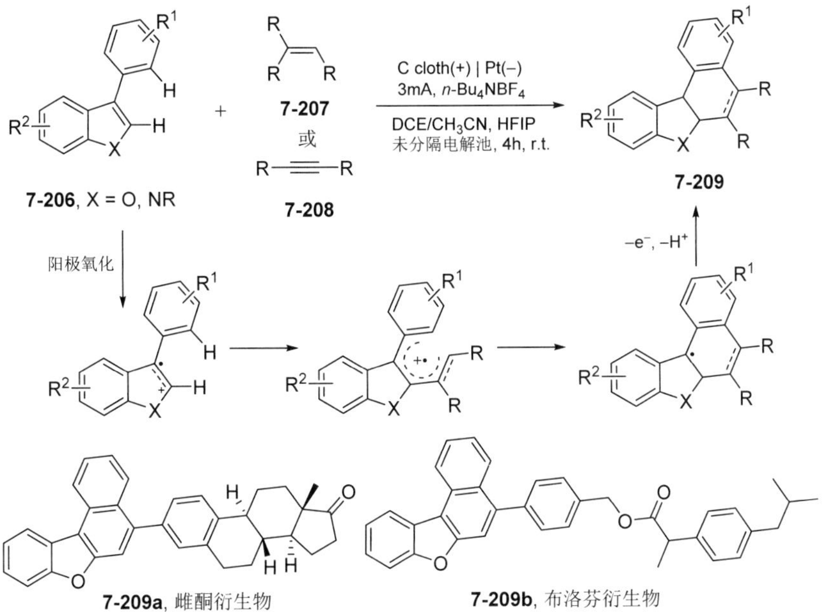

图 7-46 烯烃/炔烃电化学氧化[4+2]环化合成多环芳香化合物

7.3 总结与展望

电化学活化不饱和烃的双官能团化反应是有机合成中构建碳碳键、碳氢键和碳杂键等各种化学键的一种重要策略，主要包括：1,2-二碳官能团化、1,2-碳杂官能团化、1,2-二胺官能团化、1,2-二氧官能团化、1,2-氨杂官能团化、1,2-氧杂官能团化和1,2-二卤官能团化等。按机理可以分成以下四类：①直接活化亲核物质生成自由基中间体，从而引发不饱和烃加成，但在碳碳双键上加入亲电自由基后，碳中心自由基由于寿命较短，会发生二聚、聚合或从溶剂中攫取氢原子等反应；②在双官能团化之前，直接活化不饱和烃形成相应的自由基，但这种方法受到不饱和烃氧化电位的限制，通常只适用于富电子的不饱和烃，此外，自由基的二聚会影响反应的选择性；③活化氧化还原催化剂，并用其控制自由基中间体在不饱和烃上的加成，理想的催化剂可以选择性地靶向复杂底物中的特定官能团，并降低所需氧化还原转化的电位；④电还原不饱和烃双官能团化。

这些方法不仅能用于合成非环化合物（如叠氮化合物、醚类化合物、硫代化合物、砜基化合物和卤代化合物等），还能合成各种杂环化合物（如氮丙啶化合物、咪唑化合物、噁唑化合物、吲哚化合物、异喹啉酮衍生物和内酰胺衍生物等），合成的化合物不仅有天然产物衍生物（如琥珀酸化合物、丙磺舒衍生物和薄荷醇衍生物等），还有许多具有生物活性的化合物（如硒代吲哚酮类化合物、含硒萘醌类化合物和1-萘酚类化合物等）。但是目前合成的化合物种类有限，方法的适用性还有待提高。此外，详细的电化学氧化/还原反应机理，特别是过渡金属协助电化学催化反应的机理还需进一步研究。复杂天然产物和药物相关基序的合成仍然是当代合成有机化学的核心，需要不断开发新的、更高效的合成方法，期待电化学介导的不饱和烃的双官能团化反应在天然产物和生物活性化合物全合成领域取得更大的发展。

参考文献

[1] X Li, J G Han, A X Jones, et al Chiral Boron Complex-Promoted Asymmetric Diels-Alder Cycloaddition and Its Application in Natural Product Synthesis [J]. J Org Chem, 2016, 81(2): 458-468.

[2] (a) X W Lan, N X Wang, Y Xing. Recent Advances in Radical Difunctionalization of Simple Alkenes [J]. Eur J Org Chem, 2017, 2017, 5821-5851. (b) X Chen, F Xiao, W M He. Recent Developments in the Difunctionalization of Alkenes with C—N Bond Formation [J]. Org Chem Front, 2021, 8(18): 5206-5228.

[3] H Mei, Z Yin, J Liu, et al. Recent Advances on the Electrochemical Difunctionalization of Alkenes/Alkynes [J]. Chin J Chem, 2019, 37(3): 292-301.

[4] H H. Xu, J Song, H C Xu. Electrochemical Difluoromethylation of Electron-Deficient Alkenes [J]. ChemSusChem, 2019, 12(13): 3060-3063.

[5] Y Yuan, Y M Cao, Y P Lin, et al. Electrochemical Oxidative Alkoxysulfonylation of Alkenes Using Sulfonyl Hydrazines

and Alcohols with Hydrogen Evolution [J]. ACS Catal, 2018, 8(11): 10871-10875.

[6] X Kong, K Yu, Q Chen, et al. Electrochemical Oxidation-induced Difunctionalization of Alkynes and Alkenes with Sulfonyl Hydrazides: Facile Access to β-Selenovinyl Sulfones and β-Ketosulfones [J]. Asian J Org Chem 2020, 9(11): 1760-1764.

[7] M W. Zheng, X Yuan, Y S Cui, et al. Electrochemical Sulfonylation/Heteroarylation of Alkenes via Distal Heteroaryl ipso-Migration [J]. Org Lett, 2018, 20(24): 7784-7789.

[8] X Sun, H X Ma, T S Mei, et al. Electrochemical Radical Formyloxylation-Bromination, -Chlorination, and -Trifluoromethylation of Alkenes [J]. Org Lett,2019, 21(9): 3167-3171.

[9] P Xiong, H Long, J Song, et al. Electrochemically Enabled Carbohydroxylation of Alkenes with H_2O and Organotrifluoroborates [J]. J Am Chem Soc, 2018, 140(48): 16387-16391.

[10] S Zhang, L Li, P Wu, et al. Substrate-Dependent Electrochemical Dimethoxylation of Olefins [J]. Adv Synth Catal, 2019, 361(3): 485-489.

[11] X Zhang, T Cui, X Zhao, et al. Electrochemical Difunctionalization of Alkenes by a Four-Component Reaction Cascade Mumm Rearrangement: Rapid Access to Functionalized Imides [J]. Angew Chem Int Ed. 2020, 59(9): 3465-3469.

[12] G S Sauer, S Lin. An Electrocatalytic Approach to the Radical Difunctionalization of Alkenes [J]. ACS Catal, 2018, 8(6): 5175-5187.

[13] N Fu, G S Sauer, A Saha, et al. Metal-catalyzed Electrochemical Diazidation of Alkenes [J]. Science, 2017, 357(6351): 575-579.

[14] N Fu, G S Sauer, S Lin. Electrocatalytic Radical Dichlorination of Alkenes with Nucleophilic Chlorine Sources [J]. J Am Chem Soc, 2017, 139(43): 15548-15553.

[15] N Fu, Y Shen, A R Allen, et al. Mn-Catalyzed Electrochemical Chloroalkylation of Alkenes [J]. ACS Catal, 2019, 9(1): 746-754.

[16] S Doobary, A T Sedikides, H P Caldora, et al. Electrochemical Vicinal Difluorination of Alkenes: Scalable and Amenable to Electron-Rich Substrates [J]. Angew Chem Int Ed, 2020, 59(3): 1155-1160.

[17] Y Z Pan, X J Meng, S Y Cheng, et al. Electrocatalytic Synthesis of Gem-bisarylthio Enamines and α-Phenylthio Ketones via a Radical Process under Mild Conditions [J]. Synlett, 2021, 32(6): 593-600.

[18] H Senboku, H Komatsu, Y Fujimura, et al. Efficient Electrochemical Dicarboxylation of Phenyl-substituted Alkenes: Synthesis of 1-Phenylalkane-1,2-dicarboxylic Acids [J]. Synlett, 2001, 2001(3): 418-420.

[19] W Zhang, S Lin. Electroreductive Carbofunctionalization of Alkenes with Alkyl Bromides via a Radical-Polar Crossover Mechanism [J]. J Am Chem Soc, 2020, 142(49), 20661-20670.

[20] (a) A Shatskiy, H Lundberg, M D Kärkäs. Organic Electrosynthesis: Applications in Complex Molecule Synthesis [J]. Chem Electro Chem, 2019, 6(16): 4067-4092. (b) P Poizot, J Gaubicher, S Renault, et al. Opportunities and Challenges for Organic Electrodes in Electrochemical Energy Storage [J]. Chem Rev, 2020, 120(14): 6490-6557. (c) G M Martins, G C Zimmer, S R Mendes, et al. Electrifying Green Synthesis: Recent Advances in Electrochemical Annulation Reactions [J]. Green Chem, 2020, 22(15): 4849-4870.

[21] H C. Xu, J M Campbell, K D Moeller. Cyclization Reactions of Anode-Generated Amidyl Radicals [J]. J Org Chem, 2014, 79(1): 379-391.

[22] S Tang, X L Gao, A W Lei. Electrocatalytic Intramolecular Oxidative Annulation of *N*-aryl Enamines into Substituted Indoles Mediated by Iodides [J]. Chem Commun, 2017, 53(23): 3354-3356.

[23] X Y. Wang, Y F. Zhong, Z Y. Mo, et al. Synthesis of Seleno Oxindoles via Electrochemical Cyclization of *N*-arylacrylamides with Diorganyl Diselenides [J]. Adv Synth Catal, 2021, 363(1): 208-214.

[24] A Kharma, C. Jacob, Í A O Bozzi, et al. Front Cover: Electrochemical Selenation/Cyclization of Quinones: A Rapid, Green and Efficient Access to Functionalized Trypanocidal and Antitumor Compounds [J]. Eur J Org Chem, 2020, 2020(29): 4474-4486.

[25] K Y Ye, Z Song, G S Sauer, et al. Synthesis of Chlorotrifluoromethylated Pyrrolidines by Electrocatalytic Radical

Ene-Yne Cyclization [J]. Chem Eur J, 2018, 24(47): 12274-12279.

[26] Z W Hou, Z Y Mao, J Song, et al. Electrochemical Synthesis of Polycyclic *N*-Heteroaromatics through Cascade Radical Cyclization of Diynes [J]. ACS Catal, 2017, 7(9): 5810-5813.

[27] P Xiong, H H Xu, J Song, et al. Electrochemical Difluoromethylarylation of Alkynes [J]. J Am Chem Soc, 2018, 140(7): 2460-2464.

[28] Z W Hou, Z Y Mao, Y Y Melcamu, et al. Electrochemical Synthesis of Imidazo-Fused *N*-Heteroaromatic Compounds through a C—N Bond-Forming Radical Cascade [J]. Angew Chem Int Ed, 2018, 57(6): 1636-639.

[29] J W Wen, W Y Shi, F Zhang, et al. Electrooxidative Tandem Cyclization of Activated Alkynes with Sulfinic Acids to Access Sulfonated Indenones [J]. Org Lett, 2017, 19(12): 3131-3134.

[30] L W Wang, Y F Feng, H M Lin, et al. Electrochemically Enabled Selenium Catalytic Synthesis of 2,1-Benzoxazoles from *o*-Nitrophenylacetylenes [J]. J Org Chem, 2021, 86(22): 16121-16127.

[31] J Chen, W Q. Yan, C M Lam, et al. Electrocatalytic Aziridination of Alkenes Mediated by *n*-Bu_4NI:A Radical Pathway [J]. Org Lett, 2015, 17(4): 986-989.

[32] J Li, W Huang, J Chen, et al. Electrochemical Aziridination via Alkene Activation with a Sulfamate as Nitrogen Source [J]. Angew Chem Int Ed, 2018, 57(20): 5695-5698.

[33] C Y Cai, H C Xu. Dehydrogenative Reagent-Free Annulation of Alkenes with Diols for the Synthesis of Saturated *O*-Heterocycles [J]. Nat Commun, 2018, 9(1): 3551-3557.

[34] S Tang, D Wang, Y L Liu, et al. Cobalt-Catalyzed Electrooxidative C—H/N—H [4+2] Annulation with Ethylene or Ethyne [J]. Nat Commun, 2018, 9(1): 798-804.

[35] P F Huang, P Wang, S C Wang, et al. Electrochemical Oxidative [4+2] Annulation of Tertiary Anilines and Alkenes for the Synthesis of Tetrahydroquinolines [J]. Green Chem, 2018, 20(21): 4870-4874.

[36] Q H Teng, Y Sun, Y Yao, et al. Metal- and Catalyst-Free Electrochemical Synthesis of Quinazolinones from Alkenes and 2-Aminobenzamides [J]. Chem Electro Chem, 2019, 6(12): 3120-3124.

[37] C Tian, L Massignan, T H Meyer, et al. Electrochemical C—H/N—H Activation by Water-Tolerant Cobalt Catalysis at Room Temperature [J]. Angew Chem Int Ed, 2018, 57(9): 2383-2387.

[38] R Mei, N Sauermann, J C A Oliveira, et al. Electroremovable Traceless Hydrazides for Cobalt-Catalyzed Electro-Oxidative C—H/N—H Activation with Internal Alkynes [J]. J Am Chem Soc, 2018, 140(25): 7913-7921.

[39] M J Luo, T T Zhang, F J Cai, et al. Decarboxylative [4+2] Annulation of Arylglyoxylic Acids with Internal Alkynes Using the Anodic Ruthenium Catalysis [J]. Chem Commun, 2019, 55(50): 7251-7254.

[40] M X He, Z Y Mo, Z Q Wang, et al. Electrochemical Synthesis of 1-Naphthols by Intermolecular Annulation of Alkynes with 1,3-Dicarbonyl Compounds [J]. Org Lett, 2020, 22(2): 724-728.

[41] X Hu, L Nie, G T Zhang, et al. Electrochemical Oxidative [4+2] Annulation for the π-Extension of Unfunctionalized Hetero-biaryl Compounds [J]. Angew Chem Int Ed, 2020, 59(35): 15238-15243.

第八章

电化学合成含螺环骨架药物分子

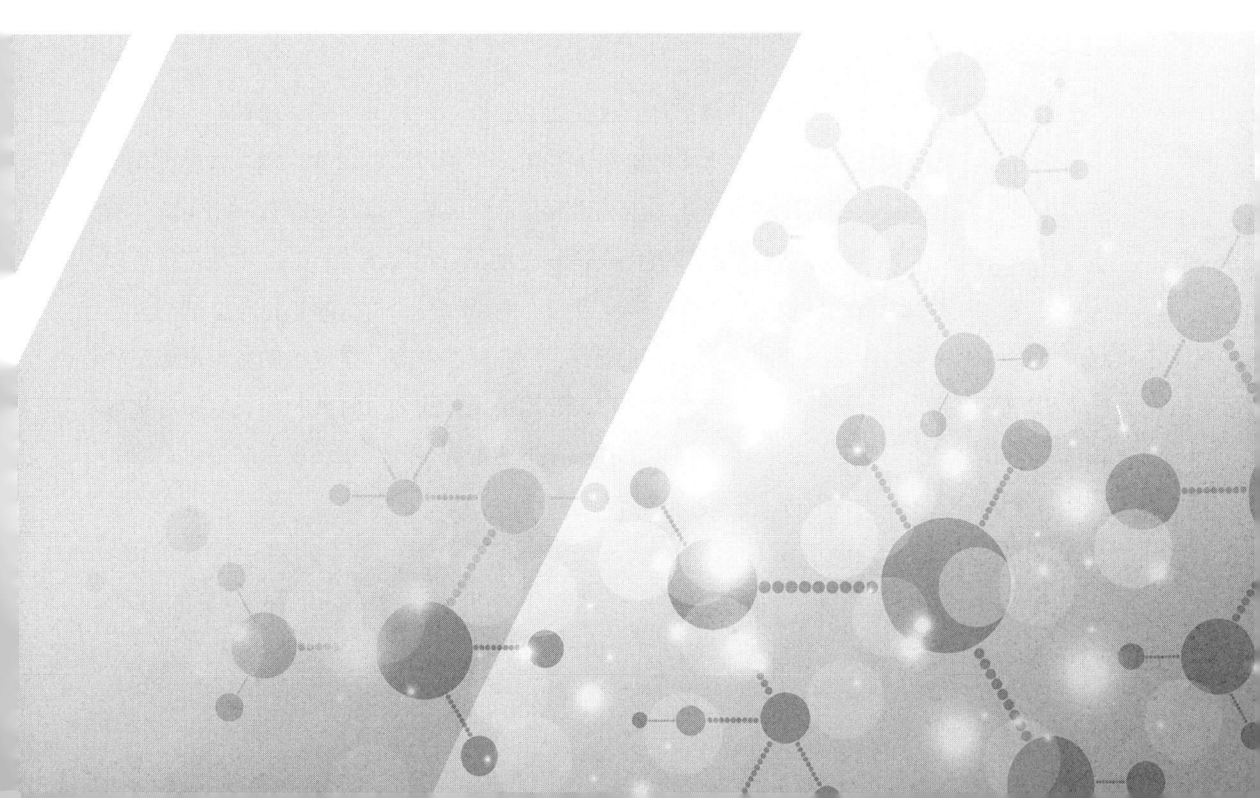

螺环化合物是两个单环共用一个碳原子的有机化合物[1]，按所含原子的种类可分为碳螺环化合物和杂螺环化合物，它们大多是从动植物中分离出来的[2]。大部分天然产物结构中都具有螺环骨架[3]，如(−)-**Sibirine**、**Nankakurine A**、**Acorenone B**、***β*-Vetivone** 和 **Shizucaacordienol** 等（图 8-1）。此外，大多数螺环化合物具有生物活性，如天然产物 **Aculeatins B** 和 **Aculeatins D** 具有抗原虫、抗菌、抗癌和细胞毒性活性[4]。许多含杂环（如吡喃、嘧啶、哌啶、喹唑啉、吡啶、哌嗪、喹啉、噻嗪等）的螺环化合物也具有多种生物和药物活性，例如，含吲哚单元的螺吡喃类化合物具有镇痛、抗菌和抗惊厥活性；螺嘧啶类化合物具有抗病毒和抗肿瘤活性；螺巴比妥类药物具有较高的镇静催眠活性；螺环氨基甲酸酯是高选择性的一氧化氮合酶抑制剂；而螺环哌啶衍生物芬司匹利（**Fenspiride**）是潜在的支气管扩张剂[5]。

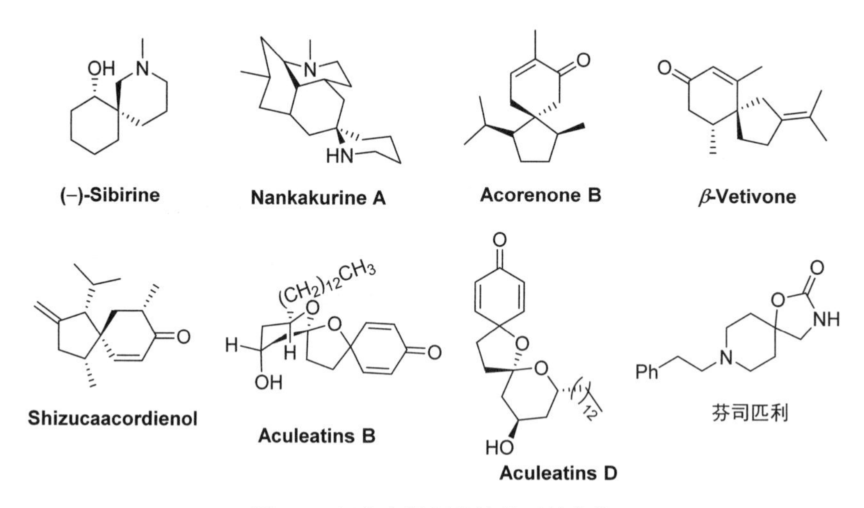

图 8-1　部分含螺环结构的天然产物

螺环化合物具有多种生物和药物活性，因此许多研究小组致力于研究螺环化合物的高效合成方法。文献调研表明，过去大多数合成方法需要使用过渡金属催化剂、各种卤化剂或苛刻的反应条件，合成过程通常经历多组分串联反应，易发生副反应导致产率下降。有机电化学合成技术为有机分子的选择性氧化或还原提供了一种简洁、有效的方法，也可以完成更复杂的多组分串联反应[6]。在电化学反应中，电流代替了传统的氧化还原试剂，不仅降低了反应成本，而且副产物的数量大大减少，反应环境友好。在复杂的多步反应过程中，也许电化学反应只是其中的一步，但其意义非同小可，因为有时其一步反应即可实现传统方法多步才能完成的反应。因此，电化学条件下通常更有利于实现复杂螺环化合物的构建与修饰。

8.1　电化学介导螺环丙烷化合物的合成

含螺环丙烷结构单元的化合物存在于许多合成和天然化合物中，大多数螺环丙烷化合物具有一定的抗肿瘤和抗病毒活性。例如，雷迪帕韦（**Ledipasvir**）是一种用于治疗丙型肝炎的药物[7]。

2000 年，Elinson 课题组[8]报道了丙二腈 **8-1** 与羰基化合物 **8-2** 在溴化钠为电解质、乙醇为溶剂的条件下，合成四氰基环丙烷化合物 **8-3** 的电化学 Wideqvist 反应。当羰基化合物为环己酮 **8-2a** 时，最终产物为吡咯啉螺环化合物 **8-4**（图 8-2）。溴化钠不仅作为上述过程的电解质，它还可以与丙二腈反应形成中间体溴甲腈，溴甲腈是比碘甲腈更强的碳氢酸，会加速质子攫取过程与卤代丙二腈阴离子的形成过程，并且溴化钠在反应过程中会再生。

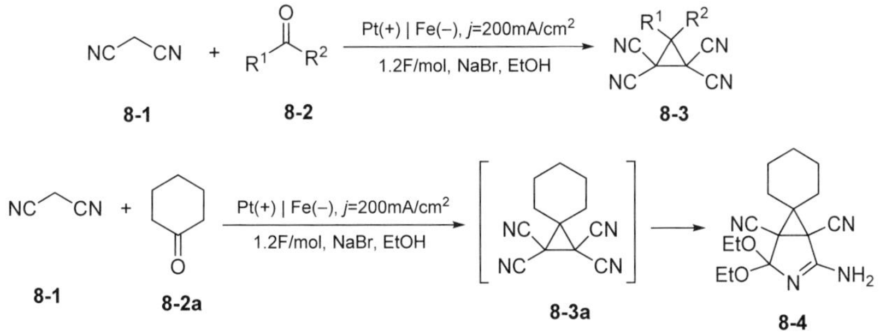

图 8-2　电化学合成四氰基螺环丙烷化合物和吡咯啉螺环化合物

Elinson 课题组对卤离子作为介质参与的有机电化学反应中的转化及其与底物的催化反应非常感兴趣，因此详细研究了相应的反应机理，如图 8-3 所示，卤素负离子（通常为氯离子、溴离子和碘离子）在阳极被氧化成卤单质、卤阳离子或卤自由基。这三种活性物质

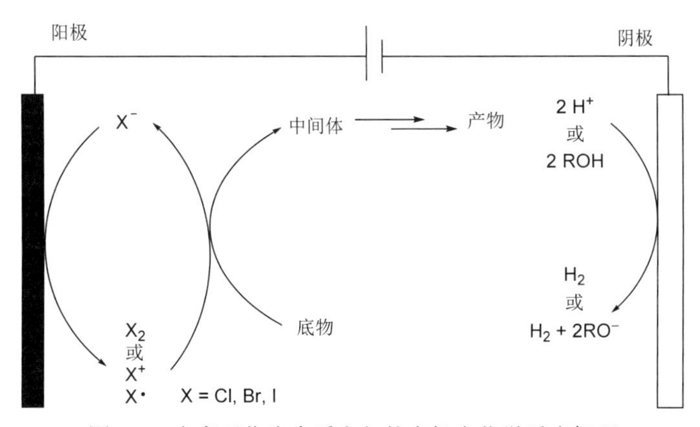

图 8-3　卤离子作为介质参与的有机电化学反应机理

随后与底物反应生成活性中间体，并进一步转化为产物。阴极一般是将氢离子或醇（通常为甲醇或乙醇）中的质子还原为氢气。

丙二腈是合成杂环化合物、药物、农药、杀菌剂和染料的最有用试剂之一。因其独特反应性而广泛应用于有机化学中，甚至超过其他碳氢酸（如丙二酸和氰基乙酸酯）。2003年，Elinson 课题组[9]将丙二腈 **8-1** 与 2-环烷基丙烯腈 **8-5** 进行电化学反应，在溴化钠为电解质的乙醇溶液中，合成含四氰基双环或三环螺环丙烷化合物 **8-6**（图 8-4）。

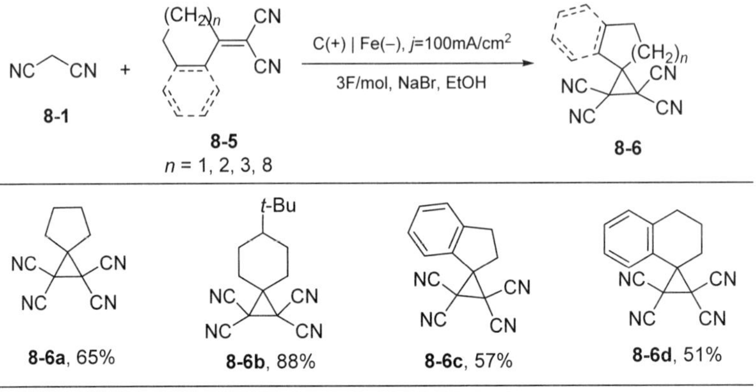
NC CN
8-1
(CH2)n CN
CN
8-5
n = 1, 2, 3, 8
C(+) | Fe(−), j=100mA/cm2
3F/mol, NaBr, EtOH
(CH2)n
NC CN CN NC
8-6
t-Bu
8-6a, 65%
8-6b, 88%
8-6c, 57%
8-6d, 51%

图 8-4 电化学合成含四氰基的双环或三环螺环丙烷化合物

吡咯啉存在于许多天然产物中，且大多数吡咯啉衍生物都具有抗炎、抗菌和抗肿瘤等生物活性，如血红素、叶绿素和生物碱等。含吡咯啉的碳螺环丙烷化合物也具有一定的生物活性和药理活性。鉴于四氰基螺环丙烷化合物的氰基在电化学条件下易被乙氧基阴离子进攻，可进一步转化为吡咯啉化合物。Elinson 课题组[10]将合成的含四氰基双环或三环螺环丙烷化合物 **8-6** 在溴化钠为电解质，醇为溶剂的条件下，进一步转化为含有环丙烷和吡咯啉片段的螺三环或螺四环化合物 **8-7**。进一步研究发现，向反应体系中添加 0.1e.q. 醇钠，可以实现丙二腈 **8-1** 与 2-环烷基丙烯腈 **8-5** 一锅法合成含有环丙烷和吡咯啉片段的螺三环或螺四环化合物 **8-7**（图 8-5），但产率低于分步反应。这种转化只需经历三步，首先是丙二腈的卤化，然后在环亚烷基丙烯腈的双键上添加卤代丙二腈，随后环化，最后是第二步中获得的螺环丙烷化合物中的氰基与醇离子反应。

巴比妥酸化合物（嘧啶-2,4,6-三酮）具有抗侵入、抗肿瘤、抗血管生成等作用，被广泛用作镇静、麻醉、抗惊厥和抗癫痫药物，而螺环丙基巴比妥酸酯具有神经药理作用，故螺环丙基巴比妥酸杂环化合物的合成引起了合成化学家们的广泛关注。由于巴比妥酸的分子结构中含有活泼的亚甲基，其可以被醇离子（甲醇或乙醇）拔氢形成碳负离子，从而引发一系列后续反应。2012 年，Elinson 课题组[11]利用巴比妥酸 **8-16**、苄亚基丙二腈 **8-17** 或苄亚基氰基乙酸酯 **8-19** 为底物，在溴化钠为电解质、甲醇为溶剂条件下进行电化学反应，合成了螺环丙基巴比妥酸化合物 **8-18** 或螺环丙基巴比妥酸酯化合物 **8-20**（图 8-6）。值得注意的是，巴比妥酸和亚苄基氰基乙酸酯的电化学迈克尔环化反应，能以高立体选择性生成芳基和烷氧基羧酸取代基的（*E*）-构型螺环丙烷化合物。

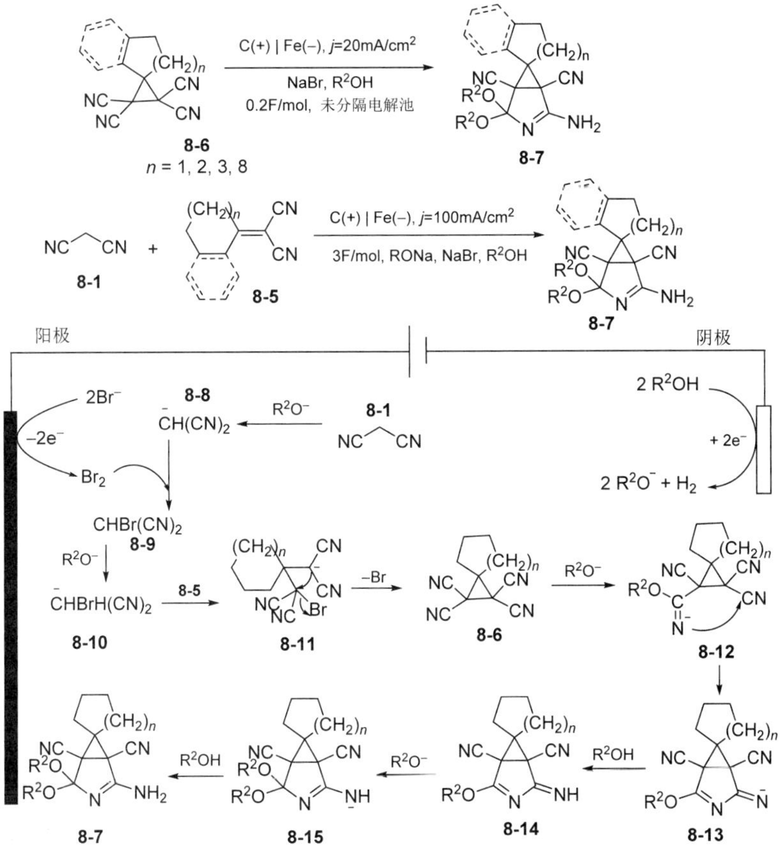

图 8-5　电化学一锅法合成含有环丙烷和吡咯啉片段的螺环化合物

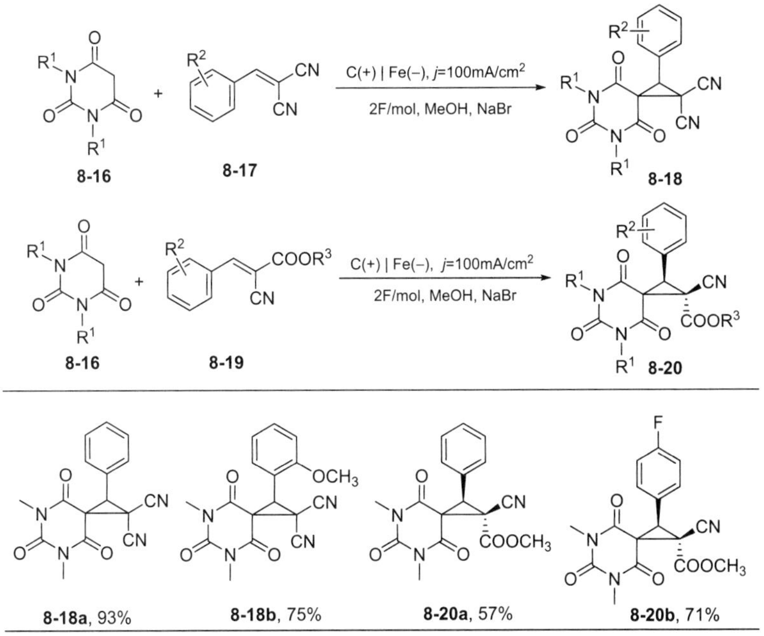

图 8-6　电化学合成螺环丙基巴比妥酸和螺环丙基巴比妥酸酯化合物

随后，Elinson 课题组[12]利用芳基醛与丙二腈在碱性条件下可以合成苄亚基丙二腈，而苄亚基丙二腈和巴比妥酸可以合成螺环丙基巴比妥酸杂环化合物这一思路，将合成螺环丙基巴比妥酸化合物的方法进行了进一步的改进，实现了电化学温和条件下直接将丙二腈 **8-1**、醛 **8-21** 和巴比妥酸 **8-22** 一锅法转化为螺环丙基巴比妥酸酯化合物 **8-23** 的反应，产物产率良好（图 8-7）。这种新方法为合成含各种取代基的螺环丙基巴比妥酸化合物提供了一种简便、高效的方法，为合成具有显著神经药理学作用、二氢乳清酸脱氢酶（DHODH）抑制剂以及基质金属蛋白酶（MMP）抑制剂的小分子前体奠定了基础。

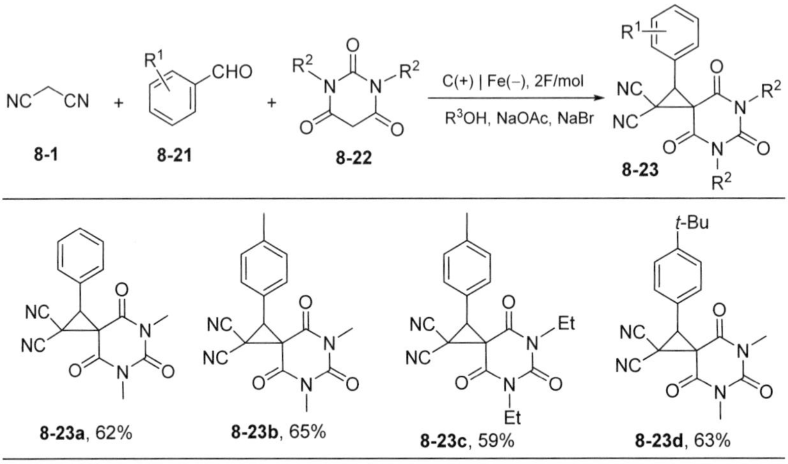

C(+) | Fe(–), 2F/mol
R^3OH, NaOAc, NaBr

8-1 **8-21** **8-22** **8-23**

8-23a, 62% **8-23b**, 65% **8-23c**, 59% **8-23d**, 63%

图 8-7 电化学合成螺环丙基巴比妥酸酯化合物

螺环丙基吡咯烷可作为 α-L-岩藻糖苷酶抑制剂，螺环丙基 *β*-内酰胺类药物可作为丝氨酸 *β*-内酰胺酶抑制剂，螺环丙基辛醇可作为抗 HIV-1 非核苷试剂和抗癌诊断标志物。螺环丙基吡唑啉酮杂环化合物对引起水稻作物病害的真菌 *P. oryzae* 和 *H. oryzae* 具有抑制作用，还能用于治疗人类精神分裂症。但传统合成方法通常需要过量的碘单质，或需要将吡唑啉酮进行预官能团化。2015 年，Elinson 课题组[13]将醛 **8-24** 和两分子的吡唑啉酮 **8-25** 在电化学条件下直接合成了(*R**,*R**)-双(螺-2,4-二氢-3*H*-吡唑-3-酮)环丙烷 **8-26**（图 8-8）。

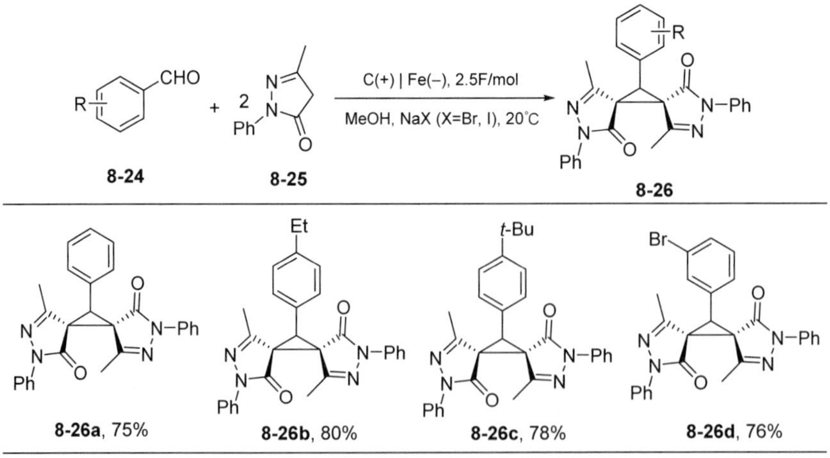

C(+) | Fe(–), 2.5F/mol
MeOH, NaX (X=Br, I), 20℃

8-24 **8-25** **8-26**

8-26a, 75% **8-26b**, 80% **8-26c**, 78% **8-26d**, 76%

图 8-8 电化学合成手性螺环丙烷吡唑啉酮化合物

安替比林（3-甲基-1-苯基-2-吡唑啉-5-酮的 *N*-甲基衍生物）是第一个人工合成的镇痛剂，它是经批准的具有镇痛和解热活性的非甾体抗炎药（NSAID）。不同类型的 4-取代-3-甲基-2-吡唑啉-5-酮（或其羟基互变异构体）可用作抗惊厥药、抗高血糖药、神经抑制剂、抗高脂血症药和胃分泌刺激剂，以及用于癌症和抗菌治疗的多药耐药调节剂[14]。Elinson 课题组[15]认为螺环丙基吡唑酮类化合物是一类非常有前途的生物活性分子，因此他们在未分隔电解池中以卤化钠为电解质，用羟基吡唑丙腈化合物 **8-27** 为底物高效合成了螺环丙基吡唑酮类化合物 **8-28**（图 8-9）。

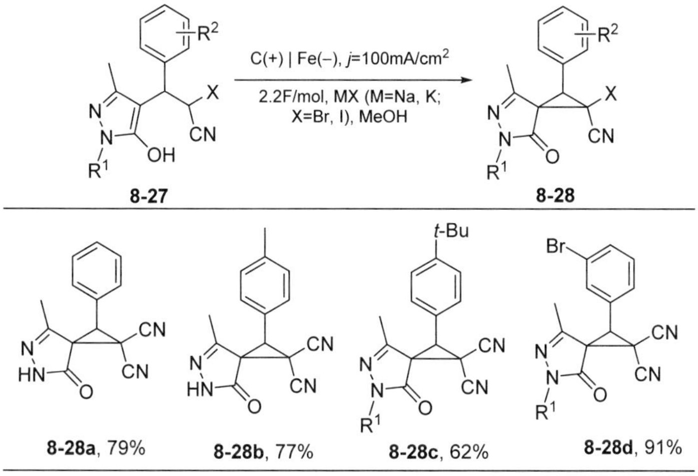

图 8-9　电化学合成螺环丙基吡唑酮类化合物

此外，该课题组[16]还开发了丙二腈 **8-1** 与杂环酮 **8-29** 的电化学串联反应，选择性合成了多取代杂螺四氰基环丙烷化合物 **8-30**（图 8-10）。

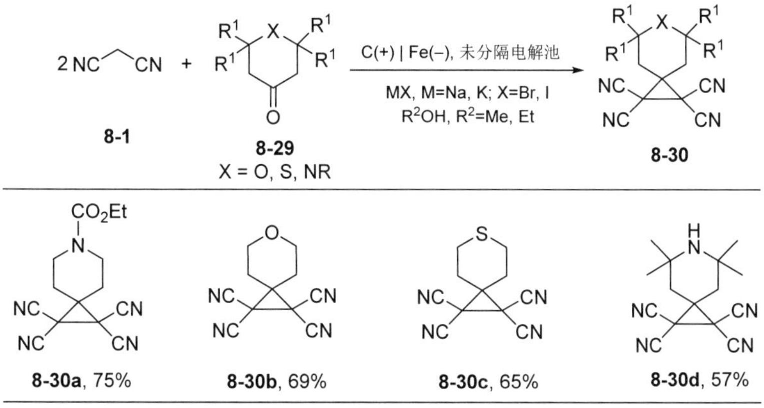

图 8-10　电化学合成多取代杂螺四氰基环丙烷化合物

2019 年，Mohammadi 课题组[17]报道了茚-1,3-二酮 **8-31** 与 2-苄基甲腈衍生物 **8-32** 或芳香醛 **8-34** 的电化学缩合反应，分别合成螺环丙烷茚-1,3-二酮化合物 **8-33** 和苯基双螺环丙烷茚酮化合物 **8-35**（图 8-11）。他们推测反应可能的机理如下：醇在阴极表面脱质子形成醇负离子，随后，醇负离子与茚-1,3-二酮 **8-31** 发生反应得到茚-1,3-二酮阴离子 **8-36**。然后，芳香醛 **8-34** 与茚-1,3-二酮阴离子 **8-36** 发生克脑文盖尔缩合反应，生成中间体 **8-37**，接着进行迈克尔加成，即另一分子茚-1,3-二酮阴离子 **8-36** 进攻 2-芳基茚-1,3-二酮的 *β*-碳位置形成中间体 **8-38**，**8-38** 与溴进行卤化反应生成中间体 **8-39**，然后去质子化得到中间体 **8-40**，**8-40** 直接进攻被卤化的碳原子 **8-41**，最终生成苯基双螺环丙烷茚酮化合物 **8-35**。

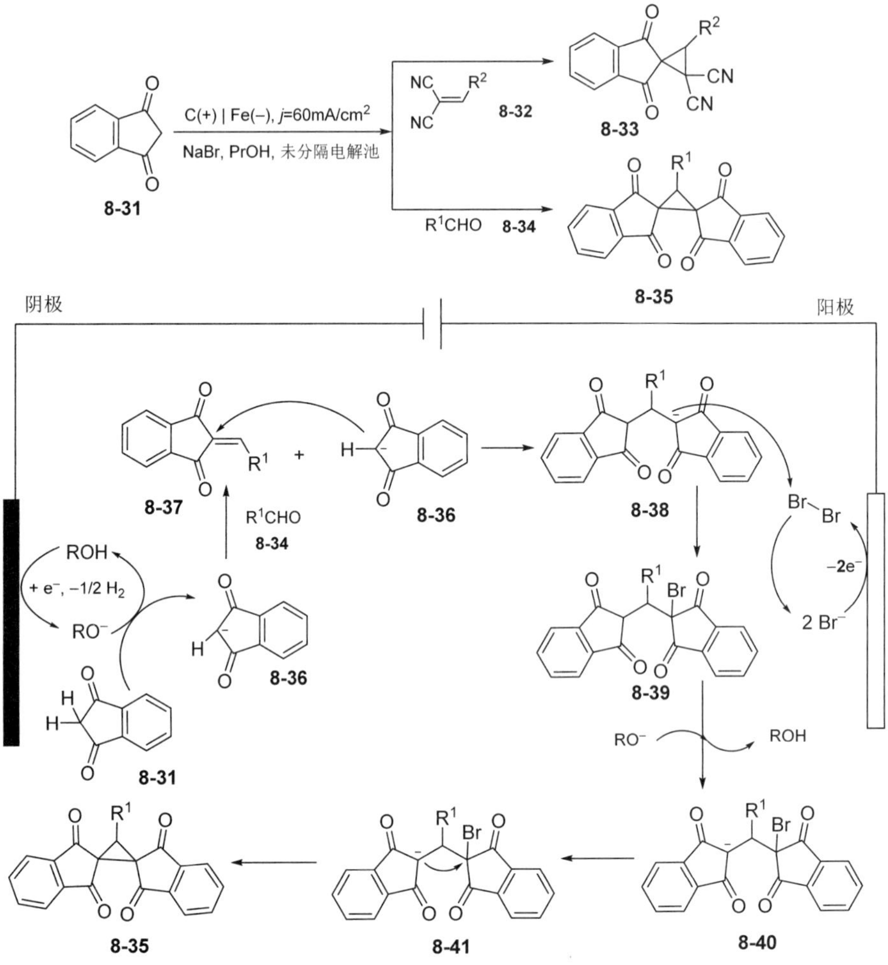

图 8-11　电化学合成螺环丙烷茚酮化合物

8.2　电化学介导螺吲哚酮化合物的合成

螺吲哚酮化合物存在于许多天然产物和药物中，例如：**Spirotryprostatin A**、**Spirotryprostatin B** 和 **Strychnophylline**。目前已知的氧杂螺环化合物多为含各种取代基的吡喃螺吲哚酮化合物，它们具有抗病毒、抗癌、抗 HIV、抗结核、抗疟疾等生物活性[18]，其独特的结构排列和显著的药理活性已成为吸引人的合成靶点。

2007 年，Elinson 课题组[19]报道了丙二腈 **8-1** 与 1,3-二酮 **8-42** 和靛红 **8-43** 的电化学反应，合成了氨基氰基吡喃螺吲哚酮化合物 **8-44**（图 8-12），产率良好至优秀，这类化合物可用于人类神经变性疾病的治疗。

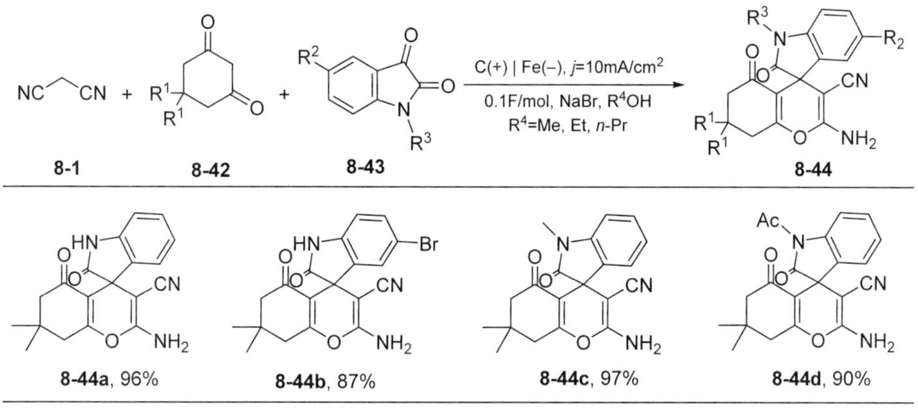

C(+) | Fe(−), *j*=10mA/cm²
0.1F/mol, NaBr, R⁴OH
R⁴=Me, Et, *n*-Pr

8-1 **8-42** **8-43** **8-44**

8-44a, 96% **8-44b**, 87% **8-44c**, 97% **8-44d**, 90%

图 8-12 电化学合成氨基氰基吡喃螺吲哚酮化合物

2017 年，Mirza 课题组[20]报道了丙二腈 **8-1**、二甲基酮 **8-45** 和靛红 **8-46** 在电化学条件下合成吡喃螺吲哚酮化合物 **8-47** 的方法（图 8-13）。以铁片为阴极，镁片或石墨棒为阳极都能促进吡喃螺吲哚酮化合物的合成。他们提出了相应的反应机理：醇在阴极上去质子化形成醇负离子，醇负离子和丙二腈 **8-1** 反应生成丙二腈阴离子 **8-48**，随后与靛红 **8-46** 进行克脑文盖尔缩合反应、消除反应，形成异亚苄基丙二腈 **8-50**，接着氢氧化物促进二甲基酮 **8-51** 与缺电子的克脑文盖尔加合物 **8-50** 进行迈克尔加成反应，最后进行分子内环化反应生成相应的吡喃螺吲哚酮化合物 **8-47**。

2019 年，Makarem 课题组[21]报道了以丙二腈 **8-1**、靛红 **8-55** 和 4,4,4-三氟-1-苯基丁烷 - 1,3-二酮 **8-56** 为原料，通过克脑文盖尔-迈克尔环化电化学反应合成三氟甲基吡喃螺吲哚酮衍生物 **8-57** 的方法（图 8-14）。

随后，该课题组[22]又报道了在正丙醇、恒温恒流条件下，以丙二腈 **8-1**、靛红 **8-58** 和可烯化的碳氢活化化合物 3-氧戊二酸二乙酯 **8-59** 为原料，一锅法合成酯基吡喃螺吲哚酮衍生物 **8-60**（图 8-15）。

在吡喃螺吲哚酮融合的杂环中，1,5-二氢-2*H*-吡喃[2,3-*d*]嘧啶-2,4(3*H*)-二酮化合物包含了吲哚酮、吡喃并嘧啶部分，它具有镇痛和抗惊厥作用，能增强戊巴比妥钠的催眠作用，是一个潜在的药物。2008 年，Elinson 课题组[23]在电化学条件下，将丙二腈 **8-1** 与靛红 **8-61** 和巴比妥酸或 *N*-烷基巴比妥酸盐 **8-62** 反应，合成了吡喃并嘧啶螺吲哚酮化合物 **8-63**（图 8-16）。

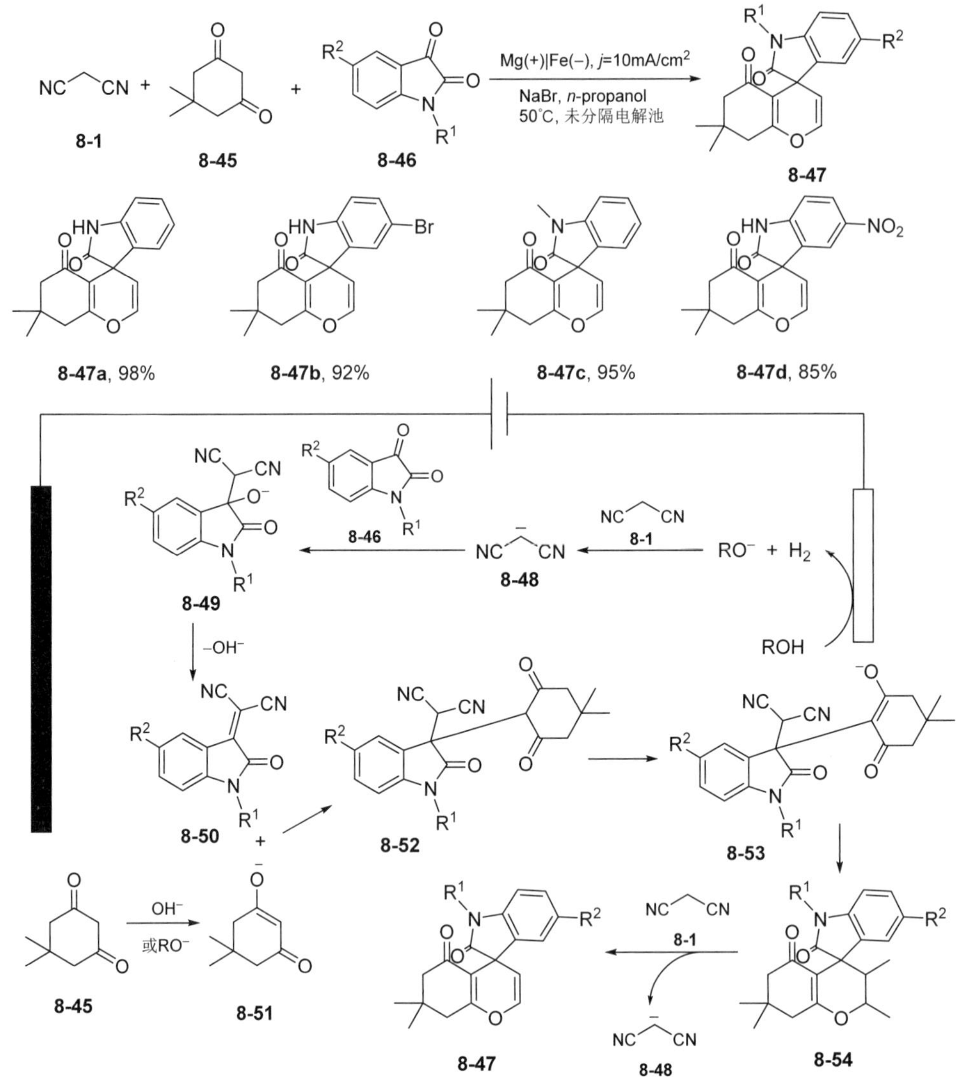
Mg(+)|Fe(–), j=10mA/cm2
NaBr, n-propanol
50°C, 未分隔电解池
8-1
8-45
8-46
8-47
8-47a, 98%
8-47b, 92%
8-47c, 95%
8-47d, 85%
8-49
8-48
8-50
8-52
8-53
8-54
8-45
8-51
8-47
8-48
RO⁻ + H2
ROH
–OH⁻
OH⁻
或RO⁻

图 8-13 电化学合成吡喃螺吲哚酮化合物

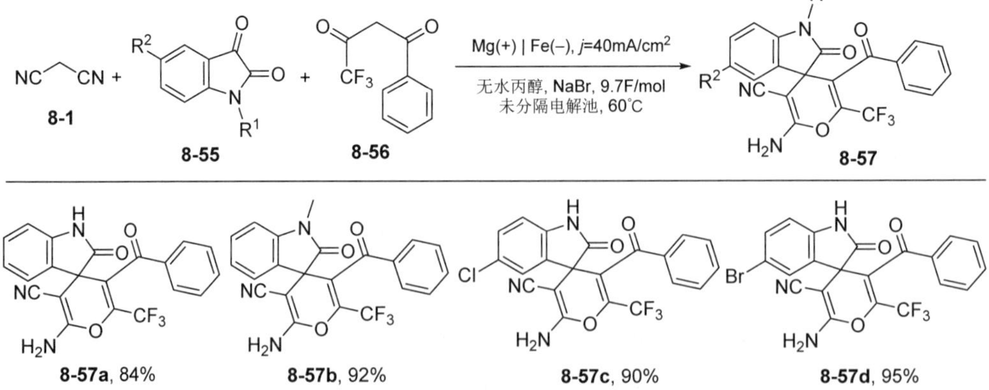
Mg(+) | Fe(–), j=40mA/cm2
无水丙醇, NaBr, 9.7F/mol
未分隔电解池, 60°C
8-1
8-55
8-56
8-57
8-57a, 84%
8-57b, 92%
8-57c, 90%
8-57d, 95%

图 8-14 电化学合成三氟甲基吡喃螺吲哚酮衍生物

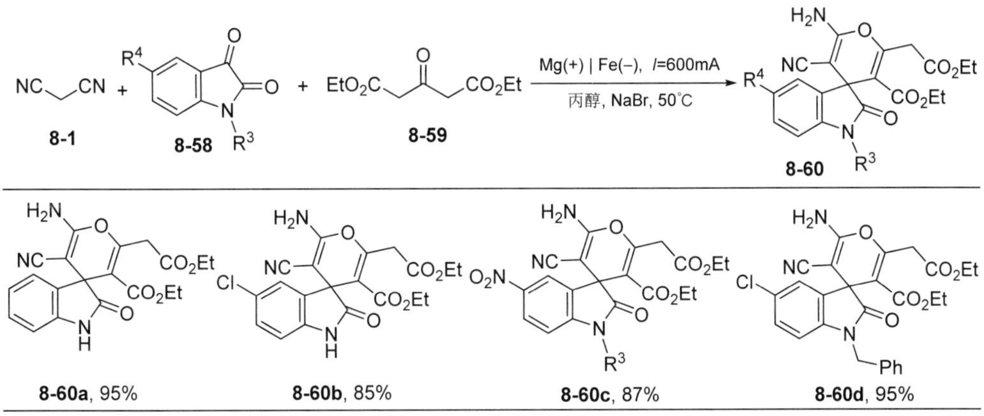

图 8-15 电化学合成酯基吡喃螺吲哚酮衍生物

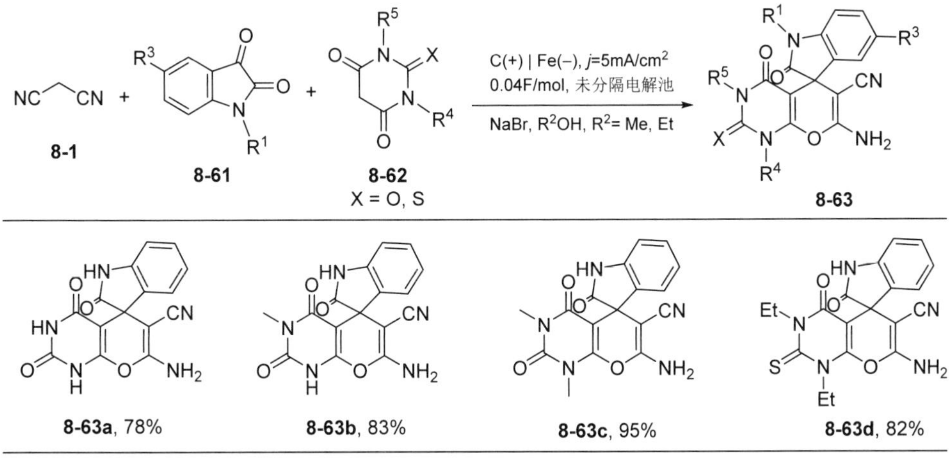

图 8-16 电化学合成吡喃并嘧啶螺吲哚酮化合物

研究发现 6-氨基-3-甲基-2-氧代-1,2-二氢-1*H*-螺环[吲哚-3,4-吡喃[2,3-*c*]吡唑]-5-碳腈是一种有效的抗菌和抗真菌药物。在吡喃并吡唑螺吲哚酮化合物中，吡喃[2,3-*c*]吡唑能够选择性抑制 Chk1 激酶，从而具有抗癌活性，Chk1 激酶在细胞周期 G2/M 的调控中起至关重要作用。Elinson 课题组[24]认为用螺吲哚酮片段选择性修饰 Chk1 抑制剂，将有助于从医学和生物学角度研究细胞 G2/M 期的调控。2009 年，他们用丙二腈 **8-1** 与靛红 **8-64** 和 3-甲基-2-吡唑啉-5-酮 **8-65** 进行多组分电化学转化，合成了吡喃并吡唑螺吲哚酮化合物 **8-66**（图 8-17）。

吡喃[3,2-*c*]喹啉存在于许多具有抗炎和抑制癌细胞生长活性的天然生物碱中。近年来，研究发现含有吡喃[3,2-*c*]喹啉骨架的化合物可诱导癌细胞凋亡，并可作为微管蛋白抑制剂。2010 年，Elinson 课题组[25]以丙二腈 **8-1**、靛红 **8-67** 和 4-羟基喹啉-2(1*H*)-酮 **8-68** 为原料，在溴化钠为电解质、乙醇为溶剂中进行了电化学诱导多组分转化反应，合成了吡喃并喹啉螺吲哚酮化合物 **8-69**（图 8-18）。

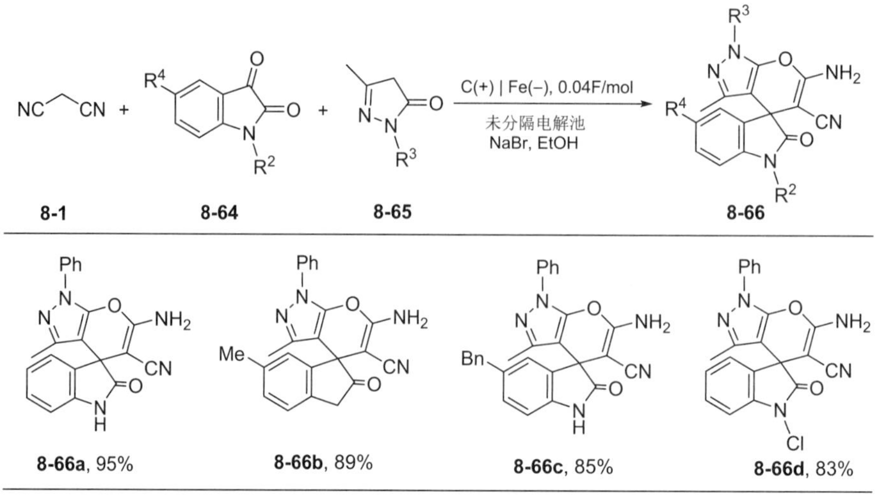

C(+) | Fe(−), 0.04F/mol
未分隔电解池
NaBr, EtOH

8-1 8-64 8-65 8-66

8-66a, 95% 8-66b, 89% 8-66c, 85% 8-66d, 83%

图 8-17 电化学合成吡喃并吡唑螺吲哚酮化合物

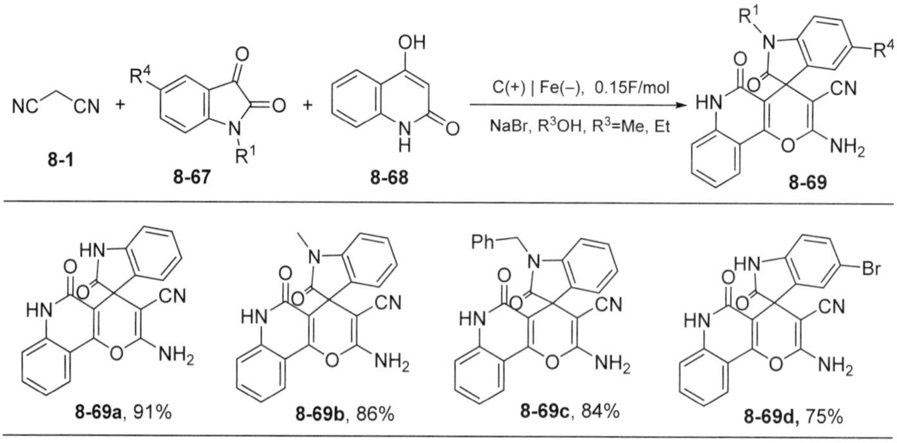

C(+) | Fe(−), 0.15F/mol
NaBr, R^3OH, R^3=Me, Et

8-1 8-67 8-68 8-69

8-69a, 91% 8-69b, 86% 8-69c, 84% 8-69d, 75%

图 8-18 电化学合成吡喃并喹啉螺吲哚酮化合物

苯并二氢吡喃酮类化合物是一类结构简单、具有良好医用活性和农用活性的植物次生代谢产物。近些年，国内外研究学者对其进行了大量的合成和活性研究，发现大多数苯并二氢吡喃酮衍生物及其类似物具有抗菌、抗癌、抗氧化、抗真菌等生物活性[26]。2012 年，Fakhari 课题组[27]开发了一种简便、高效的方法，在未分隔电解池中以丙二腈 **8-1**、1,3-二羰基化合物 **8-70** 和靛红 **8-71** 为原料，溴化钠作为电解质，“一锅法”电化学合成 2-氨基吡喃并苯并二氢吡喃酮螺吲哚酮化合物 **8-72**（图 8-19）。

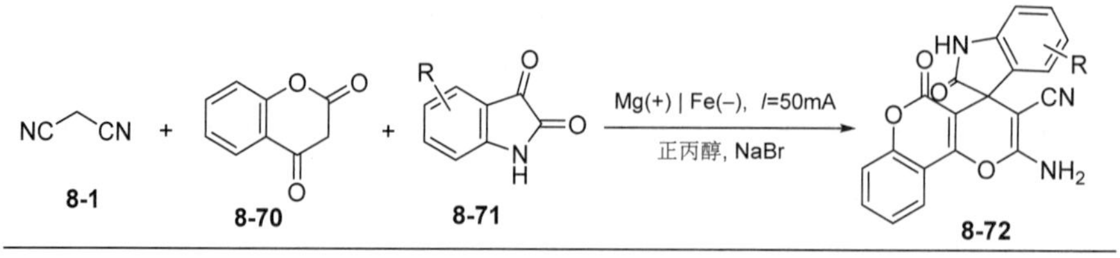

Mg(+) | Fe(−), I=50mA
正丙醇, NaBr

8-1 8-70 8-71 8-72

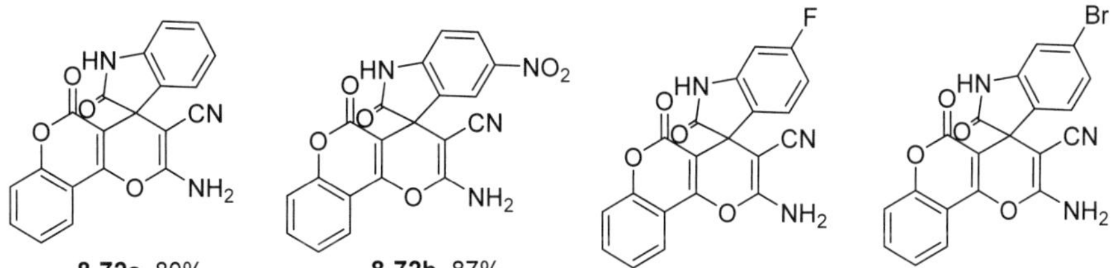

8-72a, 80%　8-72b, 87%　8-72c, 85%　8-72d, 92%

图 8-19　电化学合成 2-氨基吡喃并苯并二氢吡喃酮螺吲哚酮化合物

8.3　电化学介导螺环己二烯酮化合物的合成

螺环己二烯酮是广泛存在于许多天然产物和生物活性分子中的重要结构单元，它们还是有机合成中的关键砌块[28]。常用的螺环己二烯酮化合物合成策略是，由相关官能团化的酚和烷氧芳烃脱芳构化反应制备[29]。但这些方法通常需要昂贵的金属作为催化剂，反应条件苛刻，且大量使用氧化剂和碱易导致安全和环境污染等问题。

1994 年，Yamamura 课题组[30]对合成天然螺环化合物关键步骤进行了尝试，通过电化学阳极氧化溴酚衍生物 **8-75**［由 3-硝基-4,5-二甲氧基苯甲醛 **8-73** 与 4-(2-氨基乙基)-2,6-二溴苯酚 **8-74** 反应制得］，成功合成了 **Discorhabdin C**。他们推测反应机理是 **8-75** 在阳极经双电子氧化形成芳基正离子，然后发生分子内环化和去质子化反应，最终以 24%的产率得到 **Discorhabdin C**（图 8-20）。

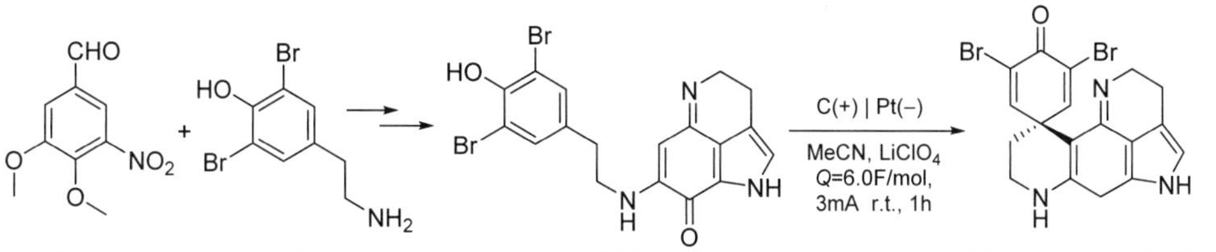

C(+) | Pt(−)　MeCN, $LiClO_4$　Q=6.0F/mol, 3mA r.t., 1h

8-73　8-74　8-75　Discorhabdin C, 24%

图 8-20　电化学环化反应合成 **Discorhabdin C**

2006 年，Nishiyama 课题组[31] 报道了化合物 **8-78**（由羧酸 **8-76** 和苯酚衍生物 **8-77** 反应制得）在室温、恒定电流，碳棒为阳极，铂片为阴极，乙酸为溶剂，醋酸钠为碱的条件下合成了非对映体螺二烯酮化合物 **8-79**，它是合成 **Gymstatin A** 的关键中间体（图 8-21）。

同年，Nishiyama 课题组[32]还报道了酰胺衍生物 **8-80** 的电化学分子内环化反应，通过氮离子对芳香环进行亲电反应，合成了吡咯酮螺环己二烯酮化合物 **8-81**（图 8-22）。环化位置主要通过苯环上的甲氧基来调控，当甲氧基在苯环的邻位且只有这一个取代基时，生成吡咯酮螺环己二烯酮化合物 **8-81a**；当苯环的间位和对位都有甲氧基时，则得到吡咯酮螺环己二烯酮化合物 **8-81b** 和喹啉酮衍生物 **8-82**。他们经过研究发现直接电解只得到中等产率的氧化产物，而利用间接电解（电氧化碘苯产生的活性物质作为氧化剂），产物产率较高。与[双(三氟乙酰氧基)碘]苯氧化剂相比，这种电化学方法获得的氧化剂更便宜且安全。

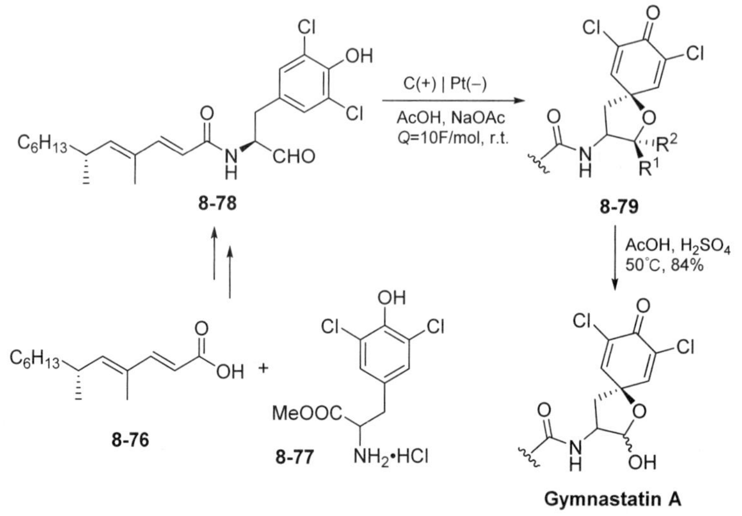

图 8-21　电化学环化反应合成 **Gymnastatin A** 前体

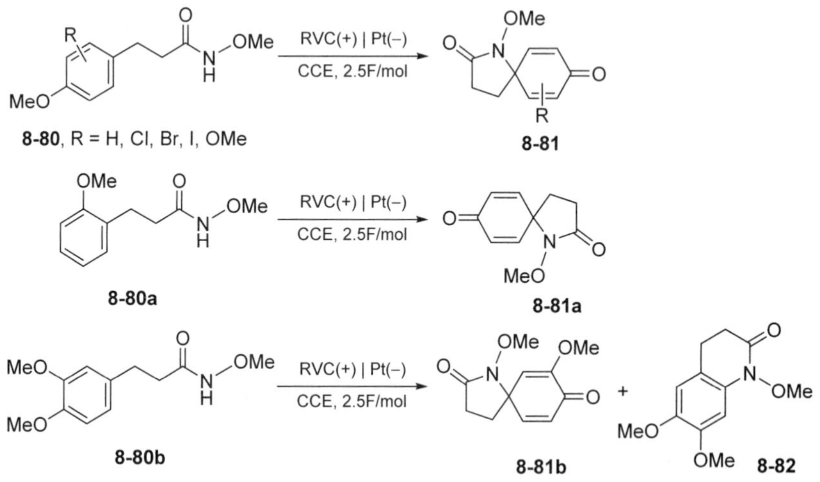

图 8-22　电化学合成吡咯酮螺环己二烯酮化合物

随后，陈前进课题组[33]开发了一种 *N*-芳基炔酰胺 **8-83** 的电化学氧化卤化反应，合成了卤代吡咯酮螺环己二烯酮化合物 **8-84**（图 8-23）。反应以氯化锂、溴化锂或碘化锂作为卤素源，并以良好至优异的产率获得了各种脱芳基卤代螺环化合物。

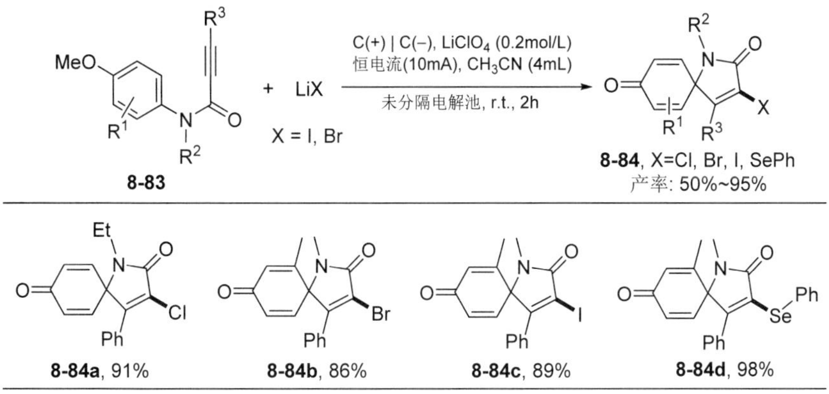

图 8-23　电化学去芳香化合成卤代吡咯酮螺环己二烯酮化合物

2020 年，郭凯课题组[34]报道了炔烃 **8-85** 与二硒醚 **8-86** 的脱芳基螺环化反应，发展了一种绿色的合成硒化氧/氮杂螺环己二烯酮化合物 **8-87** 的电化学方法（图 8-24）。产率中等至良好，底物具有广泛的适用范围和官能团耐受性。此外，利用流动电化学装置进行克级反应证实了该反应具有工业化应用潜力。随后还对产物 **8-87a** 进行了衍生化，在间氯过氧苯甲酸存在下其可被氧化成硒氧化物 **8-88**。

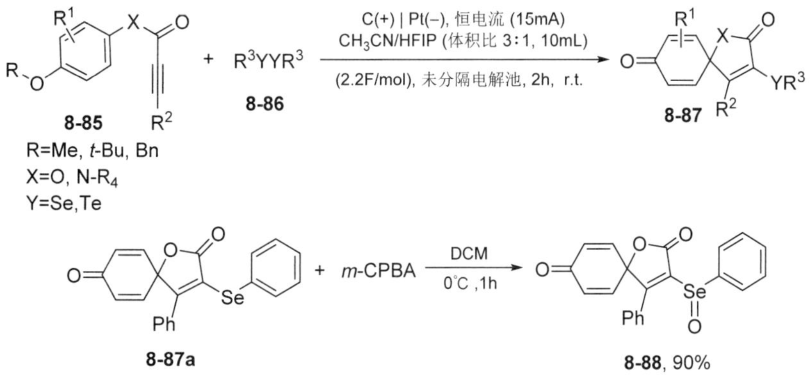

图 8-24　电化学合成硒化氧/氮杂螺环己二烯酮化合物

螺环己二烯酮化合物通常由芳香族化合物通过高价碘试剂氧化去芳构化合成。2021 年，雷爱文课题组[35]报道了在没有高价碘试剂条件下，通过阳极氧化脱芳构化碘试剂，开发了一种苯甲醚衍生物 **8-89** 的螺氨基化和 **8-91** 的螺内酯化反应，分别合成螺环己二烯酮吡咯烷 **8-90** 和螺环己二烯酮内酯化合物 **8-92** 的方法（图 8-25）。此外，具有吸电子基团的苯甲醚衍生物也适用于该电化学体系。在流动电化学装置中，电化学合成反应可以放大到百克级，证明了这种方法的实用性。基于循环伏安实验和密度泛函理论（DFT）计算，他们提出了芳核优先氧化的机理。

2020 年，胥波课题组[36]报道了 2-叠氮-*N*-(4-甲氧基苯基)-丙烯酰胺 **8-98** 与氟化磺酸钠试剂的电化学去芳构化反应，得到三氟化/二氟化咪唑螺环己二烯酮化合物 **8-99**（图 8-26）。

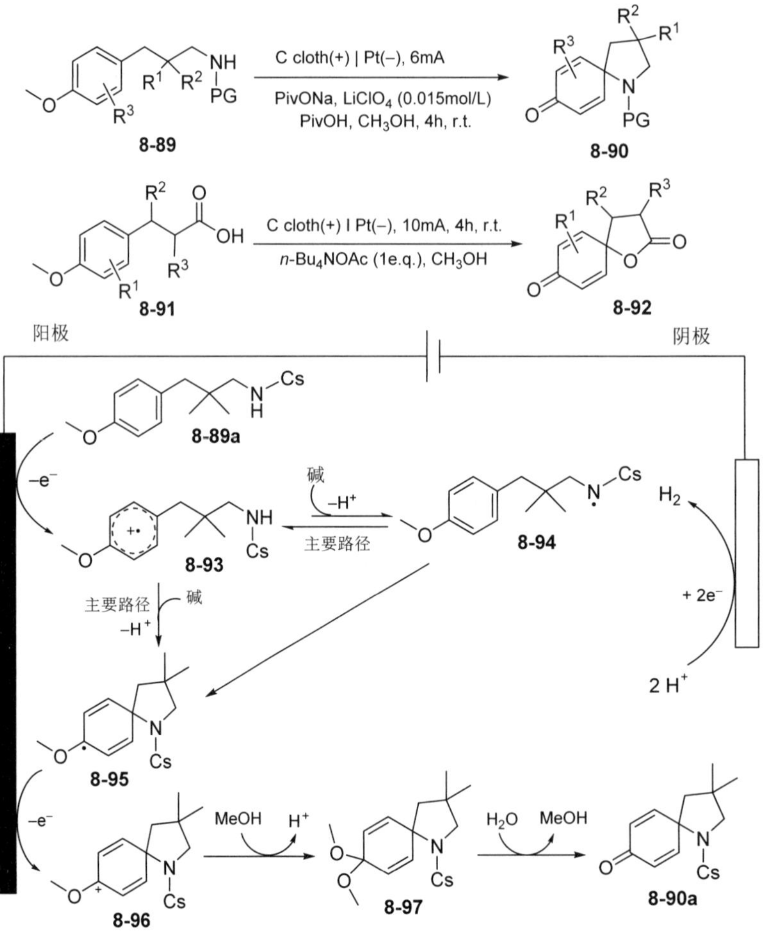

图 8-25 电化学氧化合成螺环己二烯酮吡咯烷和螺环己二烯酮内酯化合物

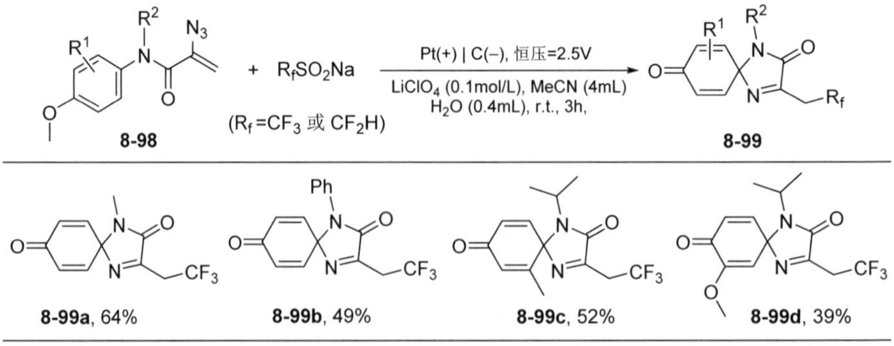

图 8-26 电化学合成氟化咪唑螺环己二烯酮化合物

8.4 电化学介导其他杂螺环化合物的合成

2008 年，Nishiyama 课题组发现电化学阳极氧化还可促进螺缩醛化反应，并应用于奥萨霉素的 C_{20}～C_{30} 片段的全合成中[37]。以羟基硫代缩醛 **8-101** 为原料，碳棒为阳极，铂片为阴极，三氟乙醇为溶剂，溴化锂为电解质，电流密度为 0.3mA/cm^2 的恒电流条件下电解得到螺缩醛片段 **8-102**（图 8-27）。

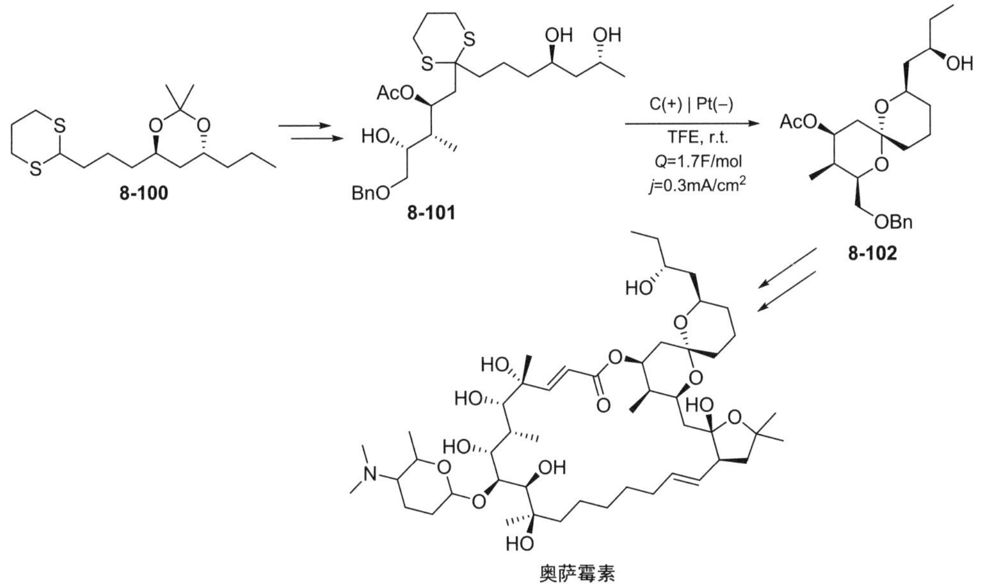

图 8-27　电化学介导奥萨霉素中间体的合成

嘧啶酮是生物活性化合物和天然产物的重要结构单元，许多嘧啶酮衍生物具有很好的抗癌、抗病毒和钙拮抗活性[38]。2012 年，Elinson 课题组[39]报道了醛类化合物 **8-103** 和 *N,N*-二烷基巴比妥酸 **8-104** 的电化学串联反应，一锅法合成了螺嘧啶酮衍生物 **8-105**（图 8-28）。

他们推测反应经历了以下过程（图 8-29）：醛 **8-103** 与 *N, N*-二烷基巴比妥酸 **8-104** 在碱性条件下快速进行克脑文盖尔缩合反应，形成苄基巴比妥酸 **8-106**。而另一分子的 *N,N*-二烷基巴比妥酸 **8-104** 与甲醇负离子反应形成碳负离子 **8-107**，随后与 **8-106** 反应形成中间体 **8-108**。溴阴离子在阳极被氧化成溴单质，再与 **8-108** 反应形成中间体 **8-109**，**8-109** 经过脱质子、分子内环化、脱溴等反应得到产物 **8-105**。

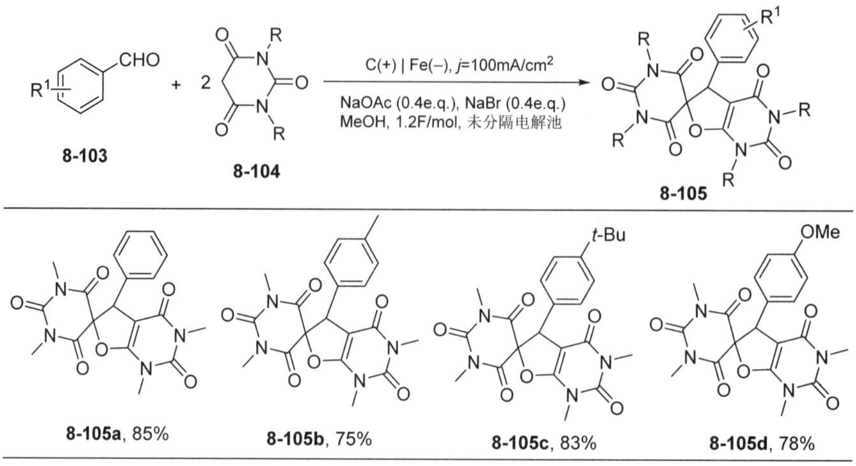

图 8-28 电化学合成螺嘧啶酮衍生物

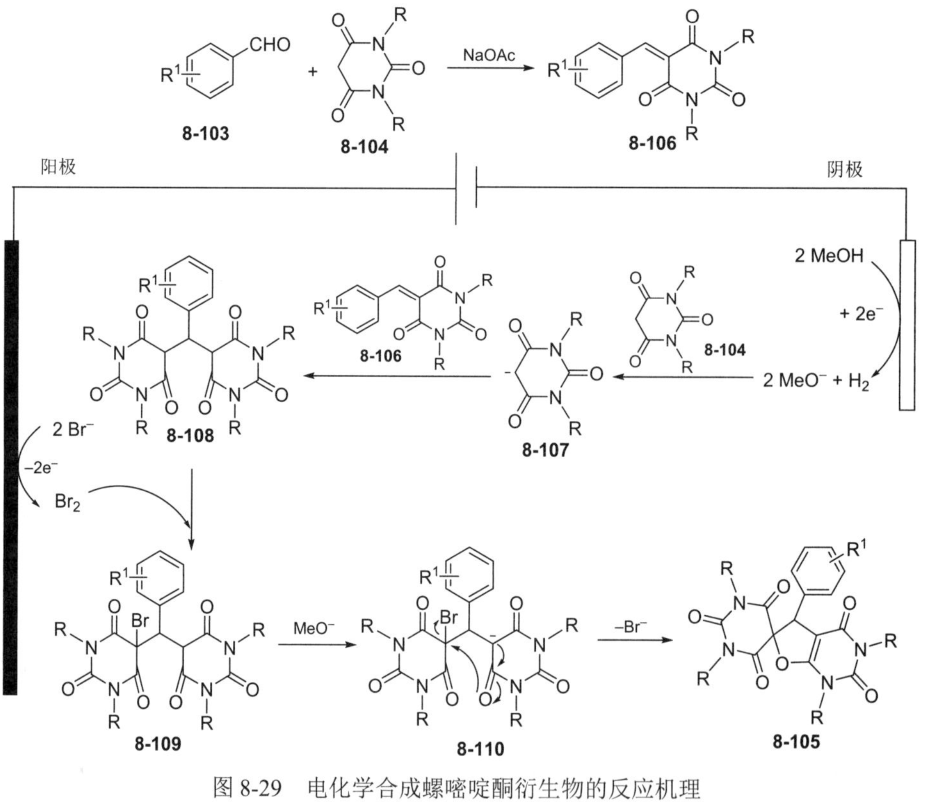

图 8-29 电化学合成螺嘧啶酮衍生物的反应机理

8.5 总结与展望

近二十年来，电化学技术已被广泛应用于合成各种碳/杂螺环化合物，并在螺环化合物的有机串联反应中取得了较大的进展。目前，在电化学条件下已经能够合成螺环三元化合物（如吡咯啉螺环丙烷化合物、螺环丙基巴比妥酸/酯化合物和螺环丙烷茚酮化合物等）、螺环五元化合物（如四氢呋喃螺环己二烯酮、吡咯酮螺环己二烯酮和咪唑螺环己二烯酮等）和螺环六元化合物（如吡喃螺吲哚酮化合物、吡喃并嘧啶螺吲哚酮化合物、吡喃并咪唑螺吲哚酮化合物和吡喃并喹啉螺吲哚酮化合物等），这些碳/杂螺环化合物（如含氰基官能团的吡喃螺吲哚酮化合物和螺环丙基巴比妥酸化合物等）大都具有较好的生物活性和药理活性。但目前报道的电化学合成螺环丙烷化合物主要通过丙二腈的转化来实现，更多合成螺杂三/四元环化合物的电化学方法还有待开发，以构建更多结构复杂且具有药理活性的螺环化合物，尤其是具有高选择性的螺环化合物。

参考文献

[1] G P Mos. Extention and Revision of Thenomenclature for Spiro Compounds [J]. Pure Appl Chem, 1999, 71(3): 531-558.

[2] P Saraswat, G Jeyabalan, M Z Hassan, et al. Review of Synthesis and Various Biological Activities of Spiro Heterocyclic Compounds Comprising Oxindole and Pyrrolidine Moieties [J]. Synth Commun, 2016, 46(20): 1643-1664.

[3] P Khanna, S S Panda, L Khanna, et al. Aqua Mediated Synthesis of Spirocyclic Compounds [J]. Mini-Rev Org Chem, 2014, 11(1): 73-86.

[4] Y W Chin, A A Salim, B N Su, et al. Potential Anticancer Activity of Naturally Occurring and Semisynthetic Derivatives of Aculeatins A and B from Amomum Aculeatum [J]. J Nat Prod, 2008, 71(3): 390-395.

[5] K Babar, A F Zahoor, S Ahmad, et al. Recent Synthetic Strategies Toward the Synthesis of Spirocyclic Compounds Comprising Six-Membered Carbocyclic/ Heterocyclic Ring Systems [J]. Mol Divers, 2021, 25(4): 2487-2532.

[6] (a) M N Elinson, A N Vereshchagin, F V Ryzkov. Electrochemical Synthesis of Heterocycles via Cascade Reactions [J]. Curr Org Chem, 2017, 21(15): 1427-1439. (b) H T Tang, J S Jia, Y M Pan. Halogen-mediated Electrochemical Organic Synthesis [J]. Org Biomol Chem, 2020, 18(28): 5215-5333. (c) M N Elinson, A N Vereshchagin, F V Ryzhkov. Catalysis of Cascade and Multicomponent Reactions of Carbonyl Compounds and C—H Acids by Electricity [J]. Chem Rec, 2016, 16(4): 1950-1964.

[7] Y Zheng, C M Tice, S B Singh. The Use of Spirocyclic Scaffolds in Drug Discovery [J]. Bioorg Med Chem Lett, 2014, 24(16): 3673-3682.

[8] M N Elinson, S K Feducovich, T L Lizunova, et al. Electrochemical Transformation of Malononitrile and Carbonyl Compounds into Functionally Substituted Cyclopropanes: Electrocatalytic Variant of the Wideqvist Reaction [J]. Tetrahedron, 2000, 56(19): 3063-3069.

[9] M N Elinson, S K Fedukovich, A N Vereshchagin, et al. Electrocatalytic Transformation of Malononitrile and Cycloalkylidenemalononitriles into Spirobicyclic and Spirotricyclic Compounds Containing 1,1,2,2-Tetracyanocyclopropane Fragment [J]. Russ Chem Bull Int Ed, 2003, 52(10): 2235-2240.

[10] M N Elinson, S K Fedukovich, T A Zaimovskaya, et al. Electrocatalytic Transformation of Malononitrile and Cycloalkylidenemal-ononitriles into Spirotricyclic and Spirotetracyclic Compounds Containing Cyclopropane and Pyrroline Fragments [J]. Russ Chem Bull Int Ed, 2003, 52(10): 2241-2246.

[11] E O Dorofeeva, M N Elinson, A N Vereshchagin, et al. Electrocatalysis in MIRC Reaction Strategy: Facile Stereoselective Approach to Medicinally Relevant Spirocyclopropylbarbiturates from Barbituric Acids and Activated Olefins [J]. RSC Adv, 2012, 2(10): 4444-4452.

[12] A N Vereshchagin, M N Elinson, E O Dorofeeva, et al. Electrocatalytic and Chemical Methods in MHIRC Reactions: the First Example of the Multicomponent Assembly of Medicinally Relevant Spirocyclopropylbarbiturates from Three Different Molecules [J]. Tetrahedron, 2013, 69(7): 1945-1952.

[13] M N Elinson, E O Dorofeeva, A. N. Vereshchagin, et al. Electrocatalytic Stereoselective Transformation of Aldehydes and Two Molecules of Pyrazolin-5-one into (*R**,*R**)-bis(spiro-2,4-dihydro-3*H*-pyrazol-3-one) cycloprop-anes [J]. Catal Sci Technol, 2015, 5(4): 2384-2387.

[14] N T Madhu, P K Radhakrishnan, M Grunert, et al. Antipyrine and Its Derivatives with First Row Transition Metals [J]. Rev Inorg Chem, 2003, 23(1): 1-23.

[15] A N Vereshchagin, M N Elinson, E O Dorofeeva, et al. Electrocatalytic Cyclization of 3-(5-hydroxy-3-methylpyrazol-4-yl)-3-arylpropionitriles: 'One-pot' Simple Fast and Effificient Way to Substituted Spirocyclopropylpyrazolones [J]. Electrochimica Acta, 2015, 165: 116-121.

[16] M N Elinson, A N Vereshchagin, A D Korshunov, et al. Electrochemical Cascade Assembling of Heterocyclic Ketones and Two Molecules of Malononitrile: Facile and Eefficient 'One-pot' Approach to 6-Heterospiro [2.5]octane-1,1,2,2-tetracarbonitrile scaffold [J]. Monatsh Chem, 2018, 149(6): 1069-1074.

[17] A A Mohammadi, S Makarem, R Ahdenov, et al. Green Pseudomulti-Component Synthesis of Some New Spirocyclopropane Derivatives via Electro-catalyzed Reaction [J]. Mol Divers, 2020, 24(3): 763-770.

[18] (a) Y K Xi, H Zhang, R X Li, et al. Total Synthesis of Spirotryprostatins through Organomediated Intramolecular Umpolung Cyclization [J]. Chem Eur J, 2019, 25(12): 3005-3010. (b) A Yadav, J Banerjee, S K Arupula, et al. Lewis-Base-Catalyzed Domino Reaction of Morita-Baylis-Hillman Carbonates of Isatins with Enolizable Cyclic Carbonyl Compounds: Stereoselective Access to Spirooxindole-pyrans [J]. Asian J Org Chem, 2018, 7(8): 1595-1599.

[19] M N Elinson, A I Ilovaisky, A S Dorofeev, et al. Electrocatalytic Multicomponent Transformation of Cyclic 1,3-Diketones, Isatins, and Malononitrile: Facile and Convenient Way to Functionalized Spirocyclic(5,6,7,8-tetrahydro-4*H*-chromene)-4,3′-oxindole System [J]. Tetrahedron, 2007, 63(42): 10543-10548.

[20] Z M Darvish, B Mirza, S Makarem. Electrocatalytic Multicomponent Reaction for Synthesis of Nanoparticles of Spirooxindole Derivatives from Isatins, Malononitrile, and Dimedone [J]. J Heterocyclic Chem, 2017, 54(3): 1763-1766.

[21] S Makarem, P Karimi. Electro Synthesis of Spirocyclic Oxindole and Computational Studies for Investigating the Relationship Between Molecular Properties and Stability [J]. Monatsh Chem, 2019, 150(12): 2053-2059.

[22] S Makarem. Three-component Electrosynthesis of Spirooxindole-pyran Derivatives through a Simple and Efficient Method [J]. J Heterocyclic Chem, 2020, 57(4): 1599-1604.

[23] M N Elinson, A I Ilovaisky, V M Merkulova, et al. The Electrocatalytic Cascade Assembling of Isatins, Malononitrile and *N*-alkyl Barbiturates: An Efficient Multicomponent Approach to the Spiro [indole-3,5′-pyrano[2,3-*d*]pyrimidine] Framework [J]. Electrochimica Acta, 2008, 53(28): 8346-8350.

[24] M N Elinson, A S Dorofeev, F M Miloserdov, et al. Electrocatalytic Multicomponent Assembling of Isatins, 3-Methyl-2-pyrazolin-5-ones and Malononitrile: Facile and Convenient Way to Functionalized Spirocyclic [indole-3,4′-pyrano[2,3-*c*] pyrazole] System [J]. Mol Divers, 2009, 13(1), 47-52.

[25] M N Elinson, V M Merkulova, A I Ilovaisky, et al. Electrochemically Induced Multicomponent Assembling of Isatins, 4-Hydroxyquinolin-2(1*H*)-one and Malononitrile: A Convenient and Efficient Way to Functionalized Spirocyclic [indole-3,4′-pyrano[3,2-*c*] quinoline] Scaffold [J]. Mol Divers, 2010, 14(4): 833-839.

[26] S Alam, Z Sarkar, A Islam. Synthesis and Studies of Antibacterial Activity of Pongaglabol[J]. J Chem Sci, 2004, 116(1): 29-32.

[27] S Makarem, A R Fakhari, A A Mohammadi. Electro-Organic Synthesis of Nanosized Particles of 2-Amino-pyranes [J]. Ind Eng Chem Res, 2012, 51(5): 2200-2204.

[28] X Zhang, R C Larock. Synthesis of Spiro-[4.5]-trienones by Intramolecular *ipso*-Halocyclization of 4-(*p*-Methoxyaryl)-1-alkynes [J]. J Am Chem Soc, 2005, 127(35): 12230-12231.

[29] (a) L Low-Beinart, X Sun, E Sidman, et al. Synthesis of Pyrrolo-[2,1-*j*]quinolone Framework via Intramolecular Electrophilic *ipso*-Cyclization [J]. Tetrahedron Lett, 2013, 54(11): 1344-1347. (b) Y Chen, X Liu, M Lee, et al. ICl-Induced Intramolecular Electrophilic Cyclization of 1-[4′-Methoxy-(1,1′-biphenyl)-2-yl]-alkynones-A Facile Approach to Spiroconjugated Molecules [J]. Chem Eur J, 2013, 19(30): 9795-9799.

[30] X Tao, J Cheng, S Nishiyama, et al. Synthetic Studies on Tetrahydropyrroloquinoline-Containing Natural Products: Syntheses of Discorhabdin C, Batzelline C and Isobatzelline C [J]. Tetrahedron, 1994, 50(7): 2017-2028.

[31] T Ogamino, S Ohnishi, Y Ishikawa, et al. Synthesis and Biological Assessment of Hemiacetal Spiro Derivatives Towards Development of Efficient Chemotherapeutic Agent [J]. Sci Technol Adv Mater, 2006, 7(2): 175-183.

[32] Y Amano, S Nishiyama. Oxidative Synthesis of Azacyclic Derivatives Through the Nitrenium Ion: Application of a Hypervalent Iodine Species Electrochemically Generated from Iodobenzene [J]. Tetrahedron Lett, 2006, 47(37): 6505-6507.

[33] K Yu, X Q Kong, J J Yang, et al. Electrochemical Oxidative Halogenation of *N*-Aryl Alkynamides for the Synthesis of Spiro-[4.5]-trienones [J]. J Org Chem, 2021, 86(1): 917-928.

[34] J Hua, Z Fang, M Bian, et al. Electrochemical Synthesis of Spiro-[4.5]-trienones Through Radicalinitiated Dearomative Spirocyclization [J]. Chem Sus Chem, 2020, 13(8): 2053-2059.

[35] C Zhang, F Bu, C L Zeng, et al. Electrochemical Oxidation Dearomatization of Anisol Derivatives toward Spiropyrrolidines and Spirolactones [J]. CCS Chem, 2021, 4(4): 1404-1412.

[36] L Lin, Q Liang, X Kong, et al. Electrochemical Tandem Fluoroalkylation-Cyclization of Vinyl Azides: Access to Trifluoroethylated and Difluoroethylated *N*-Heterocycles [J]. J Org Chem, 2020, 85(23): 15708-15716.

[37] E Honjo, N Kutsumura, Y Ishikawa, et al. Synthesis of a Spiroacetal Moiety of Antitumor Antibiotic Ossamycin by Anodic Oxidation [J]. Tetrahedron, 2008, 64(40): 9495-9506.

[38] H J Breyholz, S Wagner, A Faust, et al. Radiofluorinated Pyrimidine-2,4,6-triones as Molecular Probes for Noninvasive MMP-Targeted Imaging [J]. Chem Med Chem, 2010, 5(5): 777-789.

[39] A N Vereshchagin, M N Elinson, E O Dorofeeva, et al. Electrocatalytic and Chemical Assembling of *N*, *N'*-Dialkylbarbituric Acids and Aldehydes: Efficient Cascade Approach to the Spiro-[furo-[2,3-*d*]-pyrimidine-6,5′-pyrimidine]-2,2′,4,4′,6′-(1′*H*, 3*H*, 3′*H*)-pentone Framework [J]. Tetrahedron, 2012, 68(4): 1198-1206.

第九章

电化学合成含C—O键的药物分子

C—O 键具有丰富的生物活性，广泛存在于天然产物、农药以及药物中[1]，例如含有 3,7-二氧杂环[3,3,0]辛烷骨架的呋喃木脂素类化合物、鹅掌楸树脂酚 B 二甲醚、芝麻明和桉脂素均含有 C—O 键。鹅掌楸树脂酚 B 二甲醚是鹅掌楸树脂酚 B 的二甲基化衍生物，可以从中药厚朴中分离获得，具有抗过敏和镇痛等作用，而且对心血管衰竭也具有很好的缓解作用；芝麻明是芝麻种子中的主要成分，具有抗癌、抗氧化、抗高血压等作用；从狭叶南洋杉、马达加金丝桃和苦丁树树皮中分离得到的桉脂素，可以选择性地抑制血小板活化因子以及 T 细胞增殖，并具有抗氧化作用等。因此，构建含 C—O 键化合物是有机化学研究的重要内容（图 9-1）。

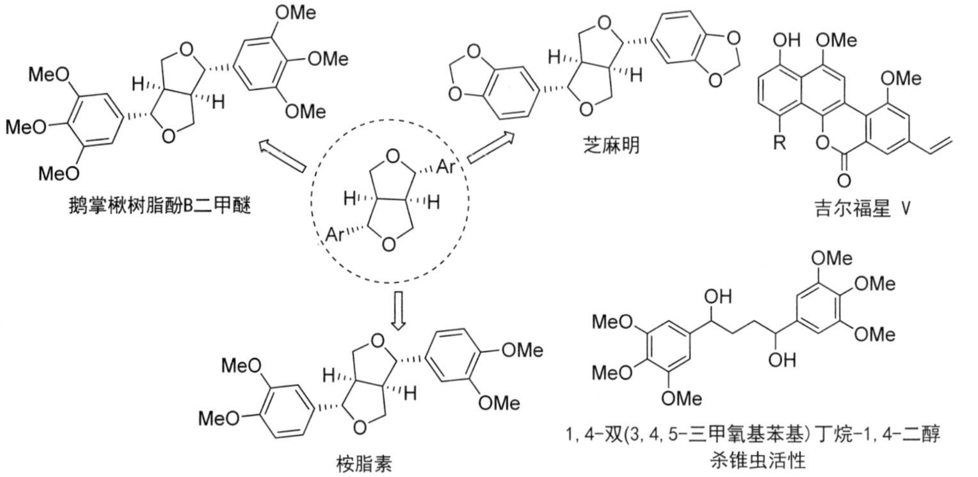

图 9-1　部分含 C—O 键的代表性药物分子

目前构建 C—O 键的有效方法有过渡金属催化、光催化以及强氧化剂氧化等[2]，但是由于过渡金属易残留、过量过氧酸腐蚀设备、反应成本昂贵、毒性大以及选择性差等问题制约了相关技术的发展。因此，绿色高效、原子经济性好、反应条件温和的电化学合成方法成为化学家研究的重点。

电化学条件下，C—O 键的构建通常需要阳极氧化，并实现相应的交叉脱氢偶联反应，得到相应的目标产物。根据反应底物的不同与反应条件的限制，有时也需要其他添加剂，如碱、氧化还原媒介等，或者使用导向基团来实现特殊化合物的选择性氧化。因此，目前电化学构建 C—O 键的方法比较有限，下面简要介绍近年来电化学介导烷烃、烯烃、炔烃、芳烃类化合物 C—O 单键和双键的构建方法。

9.1　电化学介导烷烃类化合物构建 C—O 键

电化学是一种比较温和的构建碳氧键的方法，氧化生成的碳正离子通过捕获反应介质中的亲核试剂，从而形成各种类型的电化学反应。

2011 年，Yoshida 课题组[3]报道了芳香酮类化合物的电化学合成过程，以 4,4′-二氟二苯基甲烷 **9-1** 为底物，氘代二氯甲烷为溶剂，四丁基四氟硼酸铵为电解质，−78℃下通过旋转圆盘电极（RDE）阳极氧化得到相应的碳正离子化合物 **9-2**，随后加入二甲基亚砜（DMSO）溶液，得到烷氧基磺酸正离子中间体化合物 **9-3**，随着三乙胺的加入，以 91%的产率得到二芳基酮类化合物 **9-4**（图 9-2）。

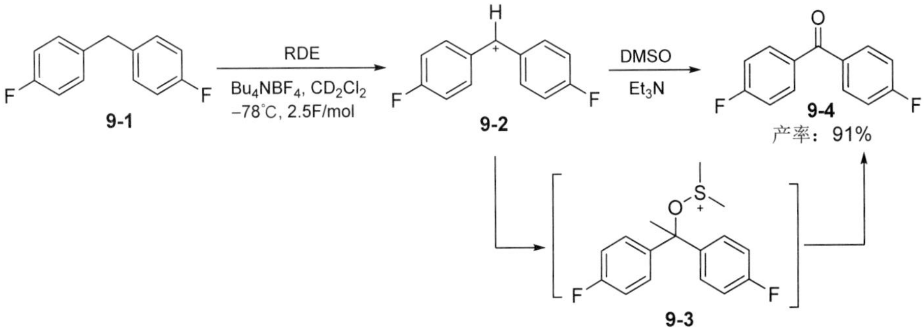

图 9-2　电化学介导二氟二苯基甲烷羰基化反应

研究发现，4,4′-二甲基二苯基甲烷也适应于此电化学反应，并以 62%的产率得到目标化合物 **9-5**。改变溶剂、电解质等反应条件，4-甲氧基甲苯、氧杂蒽类化合物以及含取代基团的芳基烯烃类化合物也适应于此电化学反应，得到单酮或双酮类目标化合物 **9-6**～**9-9**（图 9-3）。

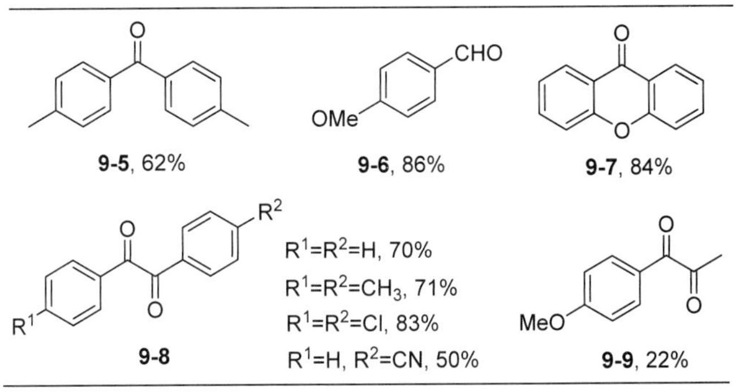

图 9-3　电化学介导羰基化反应合成的芳基酮类化合物

作者为了验证反应的实用性和多功能性，用亲核基团取代的芳基烯烃类化合物作为底物模板，改变电解质或溶剂的种类，可以发生电化学氧化环化反应，得到含有不同取代基团的环化芳基酮类化合物 **9-10**～**9-12**（图 9-4）。

2013 年，汪志勇课题组[4]也报道了类似的电化学反应。该反应以铂片为电极，乙腈作为反应溶剂，高氯酸锂为电解质，室温下，在未分隔电解池中以 20mA 的恒定电流进行电解，苄基类化合物 **9-13** 氧化得到一系列芳基酮类化合物 **9-14**。该反应条件温和，底物范围广，能兼容各类官能团（图 9-5）。

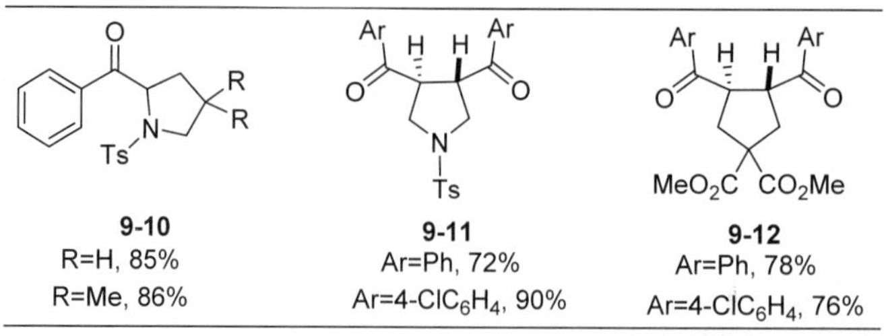

Ts
R
R
9-10
R=H, 85%
R=Me, 86%
Ar
Ar
Ts
9-11
Ar=Ph, 72%
Ar=4-ClC6H4, 90%
Ar
Ar
MeO2C
CO2Me
9-12
Ar=Ph, 78%
Ar=4-ClC6H4, 76%

图 9-4　电化学介导羰基化反应合成的环化芳基酮类化合物

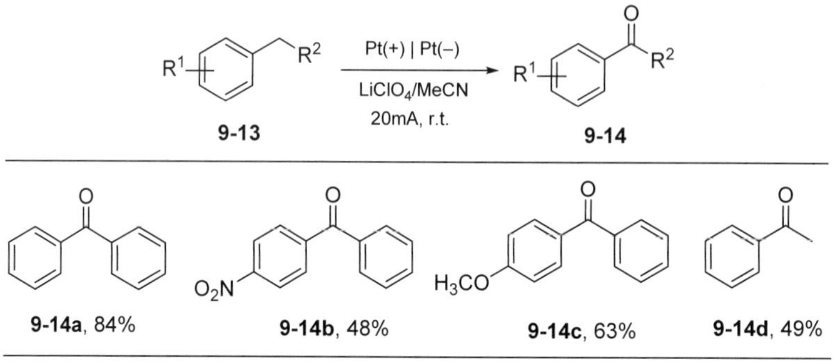

R1
R2
Pt(+) | Pt(−)
LiClO4/MeCN
20mA, r.t.
9-13
9-14
O2N
H3CO
9-14a, 84%
9-14b, 48%
9-14c, 63%
9-14d, 49%

图 9-5　电化学介导苄基羰基化反应

他们推测该反应可能的机理是：苄基反应物 **9-13** 在阳极氧化生成苄基阳离子中间体 **9-15**，接着氧化、脱质子得到苄基正离子中间体 **9-16**，随后与溶液中的水反应，并脱质子、氧化得到最终产物芳基酮 **9-14**（图 9-6）。

阳极
阴极
e−
e−
9-13
−e−
9-15
−H+, −e−
9-16
H2O
−H+, −e−
9-14
2OH− + H2
+ 2e−
2H2O

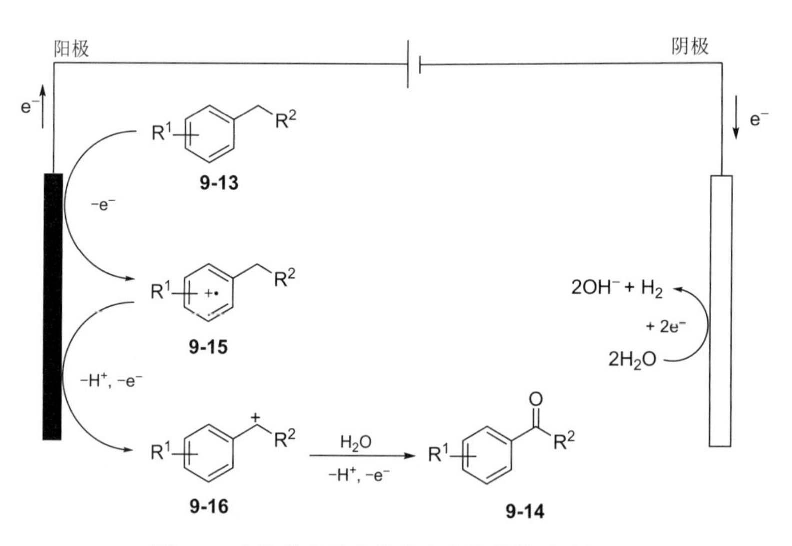

图 9-6　电化学介导苄基化合物羰基化反应机理

电化学反应中，电子作为一种氧化试剂参与反应。在直接电解过程中，电子是在电极与反应底物两者之间进行传递，完成相应的电子循环过程。在间接电解过程中，需要氧化还原催化剂来充当电子转移的媒介[5]，其首先在阳极氧化生成反应活性物质，通过转移电子促进底物氧化，使其在活化的状态下进行一系列的化学反应或进一步的电化学氧化，最后得到所需的目标产物，在此转化过程中，氧化还原催化剂活化之后被还原，在阳极再生，完成一个循环过程[6]。2,2,6,6-四甲基哌啶氧化物（TEMPO，**9-17**）及其类似物可以作为氧化还原催化剂，在阳极氧化，形成相应的阳离子化合物，可以进一步氧化醇类、糖类和萘酚类底物，得到醛酮类目标产物，也可以用作保护基团，进行下一步的化学反应[7]。

2013 年，Little 课题组[8] 报道了电化学介导四氢异喹啉类化合物 **9-18** 碳氢官能团化反应。该反应以 TEMPO 作为氧化还原催化剂，玻璃碳作为阳极，铁片作为阴极，二氯甲烷为溶剂，溴化钠为添加剂，pH 为 8，电流为 15mA，室温下，在未分隔电解池中以恒电流模式进行，合成了一系列的二氢异喹啉酮类化合物 **9-19**。该方法底物范围广、反应条件温和、反应速率快，不仅能够兼容各类官能团的喹啉酮底物，产率中等至良好，异色满和氧杂蒽也以较高的产率得到目标化合物 **9-20** 和 **9-21**（图 9-7）。

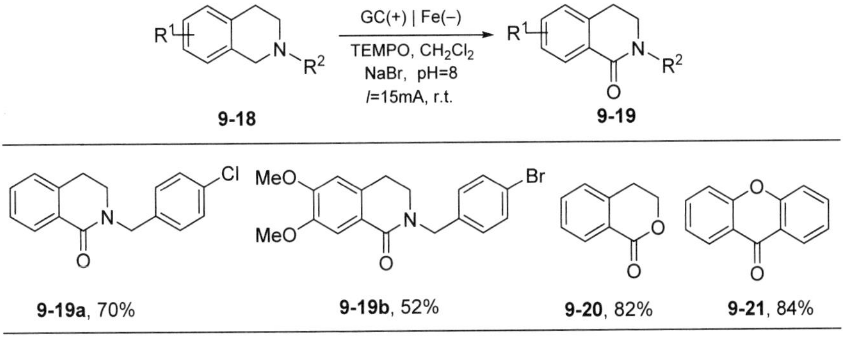

GC(+) | Fe(−)
TEMPO, CH_2Cl_2
NaBr, pH=8
I=15mA, r.t.
9-18 → **9-19**

9-19a, 70%　**9-19b**, 52%　**9-20**, 82%　**9-21**, 84%

图 9-7　电化学介导四氢异喹啉羰基化反应

他们认为该反应的机理是：溴负离子在阳极表面被氧化成氧溴负离子，随后将 **9-17** 氧化成阳离子中间体 **9-22**，接着氧化四氢喹啉类化合物 **9-18** 得到自由基中间体 **9-23**，进一步氧化、脱质子得到亚胺离子 **9-24**，再与水发生加成反应，进一步脱质子、氧化得到最终产物 **9-19**（图 9-8）。

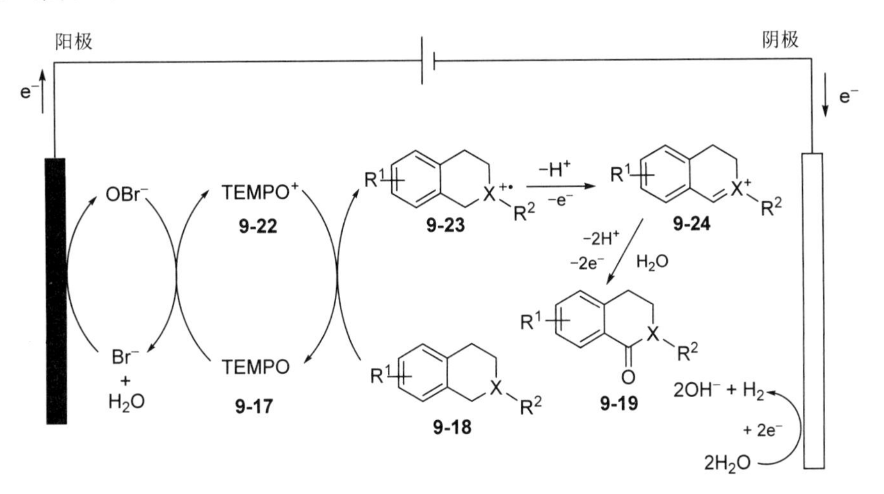

图 9-8　电化学介导四氢喹啉羰基化反应机理

在有机化合物中，未活化的亚甲基和次甲基作为最普通的结构单元之一，具有较高的氧化还原电势[9]，其碳氢键官能团活化是比较困难的，常常需要高活性、昂贵的试剂来进行活化[10]。

2017 年，Baran 课题组[11]发现在电化学条件下，链状、环状、杂环芳烃及天然产物衍生物 **9-25** 中的未活化的亚甲基或次甲基基团可以发生选择性羰基化或羟基化反应，生成各种酮类或醇类化合物 **9-26**。该方法用 RVC 为阳极，镍片为阴极，奎宁环为氧化还原催化剂，乙腈为溶剂，六氟异丙醇为添加剂，四甲基四氟硼酸铵为电解质，室温下，在未分隔电解池中以 25mA 的恒定电流进行反应，方法简单，具有良好的化学选择性和官能团兼容性，以中等至良好的产率得到各种含氧目标化合物 **9-26**（图 9-9）。

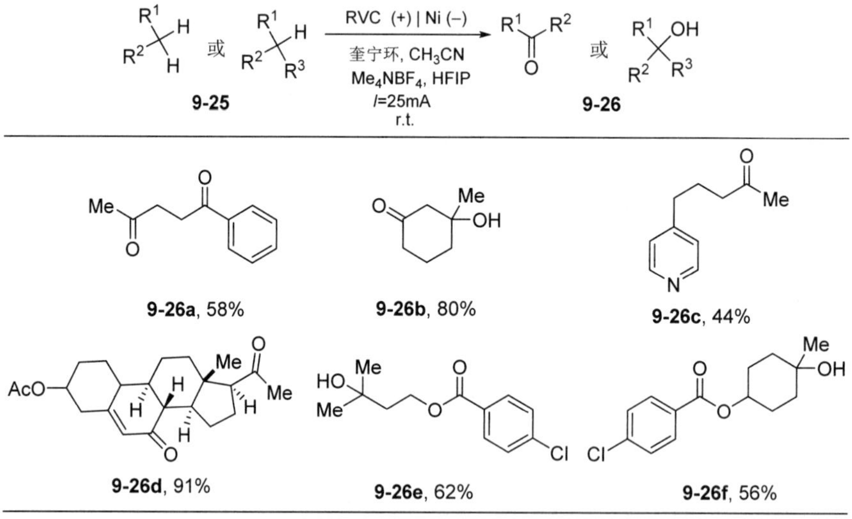

RVC (+) | Ni (−)；奎宁环, CH_3CN；Me_4NBF_4, HFIP；I=25mA；r.t.

9-25 → 9-26

9-26a, 58%　9-26b, 80%　9-26c, 44%

9-26d, 91%　9-26e, 62%　9-26f, 56%

图 9-9　电化学介导未活化亚甲基/次甲基发生羰基化/羟基化反应

此外，该课题组还进行了克级反应研究，实现了香紫苏内酯 **9-25g** 的克级反应，以 RVC 为阳极，不锈钢为阴极，投料量扩大一百倍，得到产率为 47%的羰基化产物 **9-26g**（图 9-10）。

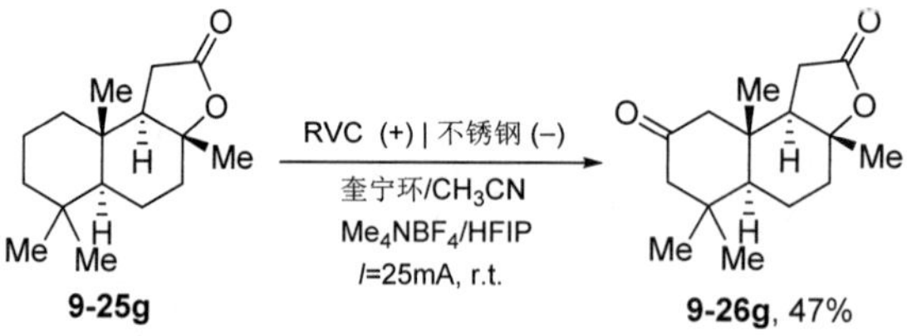

RVC (+) | 不锈钢 (−)；奎宁环/CH_3CN；Me_4NBF_4/HFIP；I=25mA, r.t.

9-25g → 9-26g, 47%

图 9-10　电化学介导香紫苏内酯羰基化克级反应

他们推测反应可能的机理是：奎宁环阳极氧化生成奎宁阳离子自由基中间体，接着氧化香紫苏内酯 **9-25g** 生成相应的碳自由基中间体 **9-27**，**9-27** 被氧气氧化得到不稳定过氧化烷基自由基中间体 **9-28**，随后得到产物 **9-26g**。六氟异丙醇作为电子受体，在阴极发生还原反应并析出氢气，完成电化学循环过程（图 9-11）。

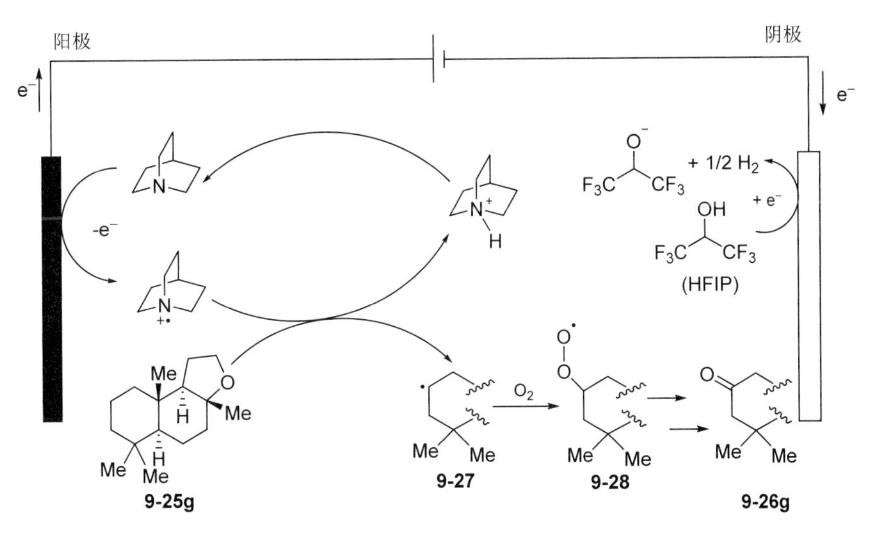

图 9-11　电化学介导香紫苏内酯羰基化反应机理

胺类化合物广泛存在于生物活性化合物中，也可以作为手性催化剂、手性配体等进行应用。在叔胺类化合物的 α 位点引入取代基团，有助于合成含各类取代基的含氮杂原子化合物，而电化学作为一种绿色简单的合成手段，有助于此类转化的实现。电化学条件下，叔胺类化合物在阳极氧化生成一种高活性的亚胺离子，随后被亲核试剂进攻，得到各种 α-胺类取代产物。如被亲核性氰化物进攻，得到 α-氰胺类化合物，用于合成各种氨基酸和生物碱[12]；如被亲核试剂醇类进攻，可以得到烷氧基化合物（图 9-12）。

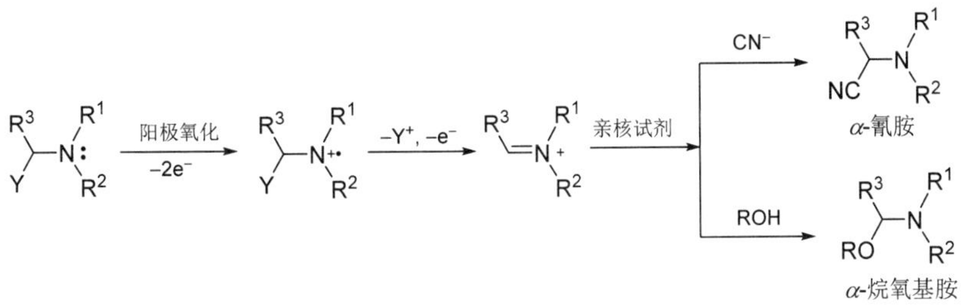

图 9-12　电化学介导胺类化合物烷基化反应机理

2005 年，Royer 课题组[13]发现了电化学介导的 *N*-亚磺酰哌啶类化合物 **9-29** 的烷基化反应。该反应以石墨作为电极，甲醇为溶剂，四乙基四氟硼酸铵为电解质，碳酸氢钾为添加剂，在 0℃下电流为 15mA 的未分隔电解池中进行，得到了四种 α-甲氧基取代的哌啶类化合物 **9-30**，具有良好的非对映选择性（图 9-13）。

该产物可以作为哌啶类中间体化合物，进一步与其他亲核试剂反应，得到多种类型的胺类化合物。如以 3-甲基硅氧基丙烯为亲核试剂，以三氟甲磺酸三甲基硅酯（TMSOTf）为添加剂，二氯甲烷为溶剂，−78℃下，以中等产率制备得到哌啶类衍生物 **9-31**，在酸性条件下，进一步脱去亚磺酰保护基团，不对称合成石榴碱（pelletierine），步骤简短，操作方便（图 9-14）。

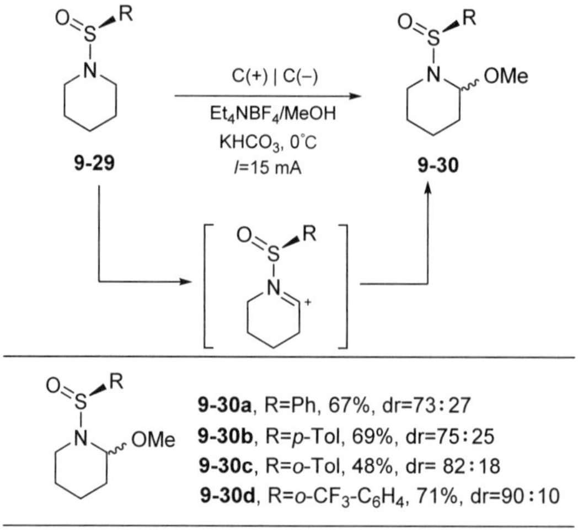

C(+) | C(−)

Et_4NBF_4/MeOH

$KHCO_3$, 0°C

I=15 mA

9-29 → **9-30**

9-30a, R=Ph, 67%, dr=73∶27

9-30b, R=*p*-Tol, 69%, dr=75∶25

9-30c, R=*o*-Tol, 48%, dr= 82∶18

9-30d, R=*o*-CF_3-C_6H_4, 71%, dr=90∶10

图 9-13　电化学介导 *N*-亚磺酰哌啶类化合物烷基化反应

OTMS

TMSOTf/CH_2Cl_2

−78°C

H_2SO_4

9-30

9-31a, R=Ph, 60%

9-31b, R=*p*-Tol, 64%

9-31c, R=*o*-Tol, 55%

9-31d, R=*o*-CF_3-C_6H_4, 62%

石榴碱

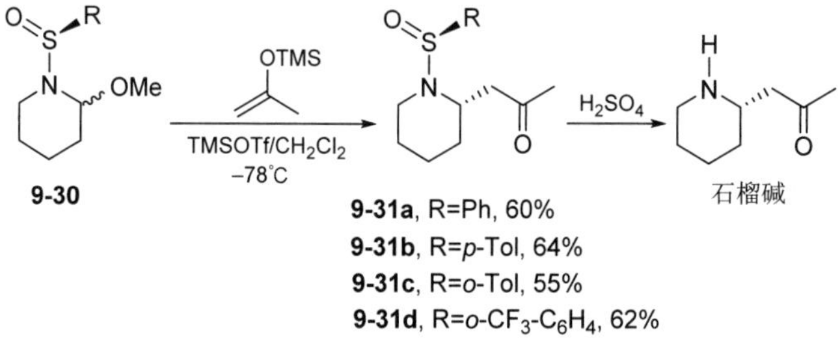

图 9-14　哌啶类衍生物的合成应用

2010 年，Royer 课题组[14]发现电化学也可以介导 *N*-磷酰基胺类化合物 **9-32** 发生烷基化反应，得到五种 *α*-甲氧基取代的 *N*-磷酰基胺类化合物 **9-33**。该反应条件与上述 *N*-亚磺酰哌啶类化合物烷基化反应相似，以碳为电极，甲醇为溶剂，四乙基四氟硼酸铵为电解质，在电流为 1mA 的未分隔电解池中进行电解，室温下得到高产率的烷基化产物 **9-33**（图 9-15）。

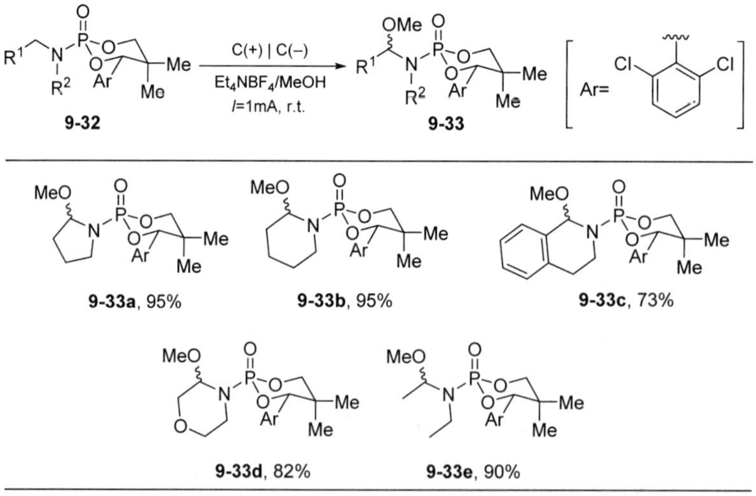

C(+) | C(−)

Et_4NBF_4/MeOH

I=1mA, r.t.

9-32 → **9-33**

Ar= 2,6-二氯苯基（Cl, Cl）

9-33a, 95%　**9-33b**, 95%　**9-33c**, 73%

9-33d, 82%　**9-33e**, 90%

图 9-15　电化学介导 *N*-磷酰基胺类化合物烷基化反应

目标化合物 **9-33** 也可进行进一步转化，引入其他亲核试剂，得到烷基化或烯丙基化产物 **9-34** 或 **9-35**，或者脱去磷酰基保护基团，合成多种氨基骨架的天然产物及其类似物和生物活性分子，可丰富胺类化合物的种类，扩大反应的应用范围（图 9-16）。

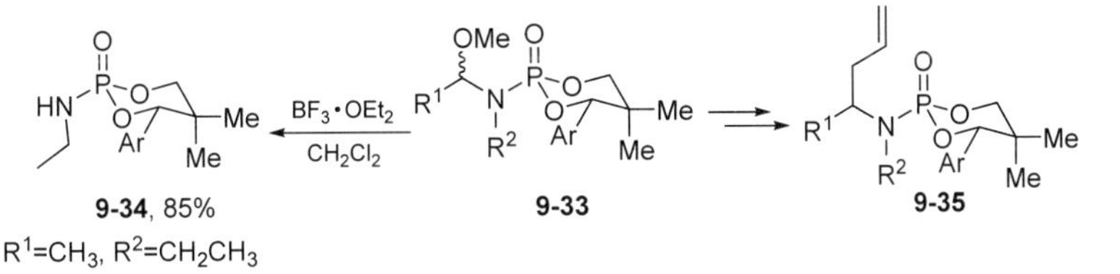

$BF_3 \cdot OEt_2$, CH_2Cl_2

9-34, 85%　　**9-33**　　**9-35**

$R^1=CH_3$, $R^2=CH_2CH_3$

图 9-16　*N*-磷酰基胺类衍生物的合成应用

2009 年，李东生课题组[15]根据叔胺类化合物阳极氧化可以生成亚胺离子的理论，通过改变叔胺类化合物中导向基团的种类，发现了含异龙脑取代基的 ω-羟基酰胺类化合物 **9-36** 分子内电化学氧化环化的方法。该反应以铂片为电极，甲醇和乙腈作为混合溶剂，四乙基四氟硼酸铵为电解质，在未分隔电解池中，电流为 100mA 进行电解，以良好产率得到四种烷基化产物 **9-37**。不同的胺类骨架，得到不同比例的非对映异构体，如在哌啶和吡咯烷类化合物的 α-碳位点上发生分子内氧化环化反应，得到单一的非对映异构体化合物 **9-37a** 和 **9-37b**。在此反应条件上，将 ω-羟基酰胺类化合物 **9-36** 分子中的异龙脑取代基换成不同链长的羟基取代基，并且通过改变电流、电荷或者反应物浓度等反应条件，均可以发生高度非对映选择性氧化反应得到不同的醚类产物 **9-38** 和 **9-39**（图 9-17）。

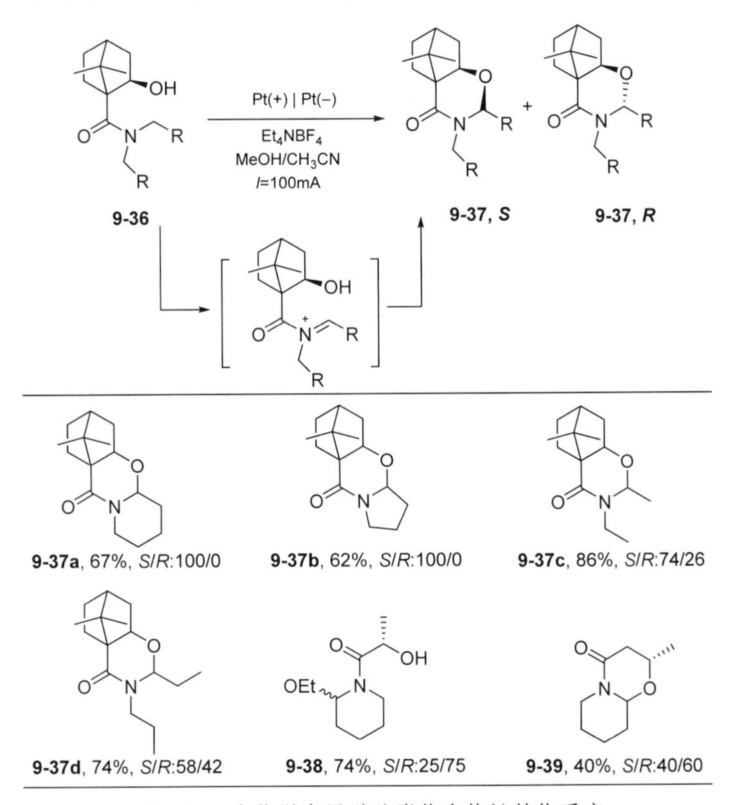

图 9-17　电化学介导酰胺类化合物烷基化反应

过渡金属催化是一种有效的碳氢官能团化途径，可以实现脂肪族化合物中碳氢键选择性地转化成碳氧键。钯（Ⅱ）作为一种常用的催化剂，在碳氢官能团化反应中，与强氧化剂结合使用，促使钯（Ⅱ）中间体快速转化成钯（Ⅲ）或钯（Ⅳ）中间体，再进行还原消除反应得到目标碳氧键化合物。但是由于原子效应和经济效应差，影响其在化学方面的应用，而随着技术的发展，电化学可以弥补其中的不足[16]。钯（Ⅱ）常用于电化学 C(sp^2)—H 官能团化反应中，并不用于介导 C(sp^3)—H 官能团化反应。

2017 年，梅天胜课题组[17]报道了电化学介导的钯（Ⅱ）催化频哪酮 *O*-3-苯丙基肟类化合物 **9-40** 与多种含氧离子亲核试剂发生 C(sp^3)—H 官能团化反应，得到不同种类的单取代烷基化产物 **9-41**。该反应以铂片为电极，在 H 型分隔电解池中，以 1.5mA 的恒定电流在 70℃下电解 12h，阳极室加入肟类反应底物 **9-40**、醋酸钯催化剂、醋酸和醋酸钠溶液，阴极室加入醋酸和醋酸钠溶液。以中等至优良的产率获得多种 *β*-单取代乙酰氧基化产物 **9-41**，双取代乙酰氧基化产物 **9-42** 作为副产物以微量的产率存在于该反应体系中。如果反应不通电并添加常见的化学氧化剂，可以同时得到单取代和双取代乙酰氧基化产物，但单取代产物产率低。该反应底物适用范围广，改变肟导向基团上的取代基种类或官能团种类，如含乙酰氧基、二甲基叔丁基硅醚基、氯基、氨基、氰基、噁唑啉等取代基的底物也能参与反应。此外，该反应具有工业实用性，能以 84%的产率得到克级反应产物 **9-41d**（图 9-18）。

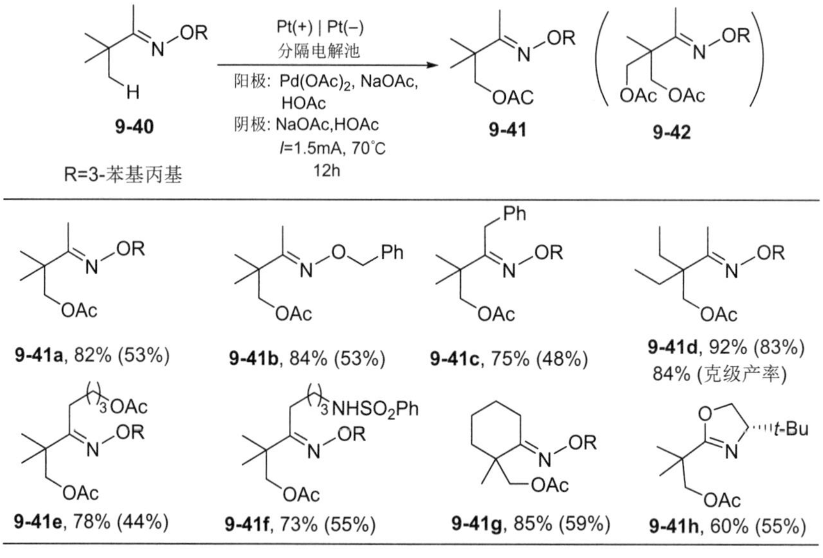

Pt(+) | Pt(−)
分隔电解池
阳极：$Pd(OAc)_2$, NaOAc, HOAc
阴极：NaOAc, HOAc
I=1.5mA, 70℃
12h
9-40　**9-41**　**9-42**
R=3-苯基丙基
9-41a, 82% (53%)　**9-41b**, 84% (53%)　**9-41c**, 75% (48%)　**9-41d**, 92% (83%) 84% (克级产率)
9-41e, 78% (44%)　**9-41f**, 73% (55%)　**9-41g**, 85% (59%)　**9-41h**, 60% (55%)

图 9-18　电化学介导钯（Ⅱ）催化肟类化合物乙酰氧基化反应（括号为传统方法产率）

该课题组进一步研究发现，频哪酮 *O*-3-苯丙基肟类化合物 **9-40** 作为反应底物，用其他含氧离子亲核试剂替换反应体系中的醋酸根离子也可以顺利进行，且得到的单取代目标产物 **9-43** 产率低，说明亲核试剂的种类会影响该电化学反应的进行（图 9-19）。

该课题组推测反应可能的机理是：催化剂醋酸钯与肟类化合物 **9-40** 加成，得到二价钯中间体 **9-44**，接着底物 **9-40** 中的 *β*-碳氢被活化，得到二价钯环状中间体 **9-45**，是整个循环反应的决速步骤，中间体 **9-45** 直接在阳极被氧化成四价钯高价态中间体 **9-46**，接着还原消除得到二价钯复合物 **9-47**，与底物 **9-40** 发生配体交换，释放出乙酰氧基肟类化合物 **9-41** 与醋酸钯，后者接着进入新的循环过程（图 9-20）。

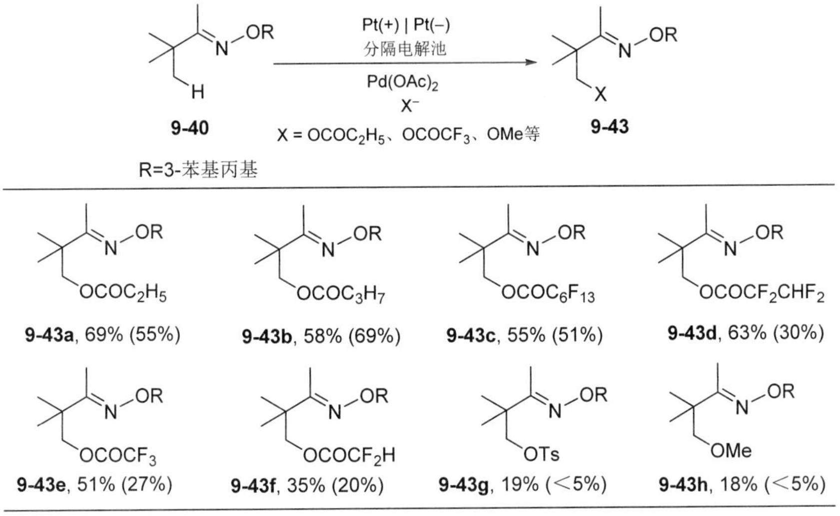

OR
N
H
9-40
Pt(+) | Pt(–)
分隔电解池
Pd(OAc)2
X⁻
X = OCOC2H5、OCOCF3、OMe等
9-43
R=3-苯基丙基
OCOC2H5
9-43a, 69% (55%)
OCOC3H7
9-43b, 58% (69%)
OCOC6F13
9-43c, 55% (51%)
OCOCF2CHF2
9-43d, 63% (30%)
OCOCF3
9-43e, 51% (27%)
OCOCF2H
9-43f, 35% (20%)
OTs
9-43g, 19% (＜5%)
OMe
9-43h, 18% (＜5%)

图 9-19　电化学介导钯（Ⅱ）催化肟类化合物酯化反应（括号为传统方法产率）

阳极
阴极
e⁻
H2
+ 2e⁻
2H⁺
9-40
Pd(OAc)2
HOAc
C—H 活化
9-45
9-44
–2e⁻
⁻OAc
配体交换
9-41
还原消除
9-46
9-47
9-40

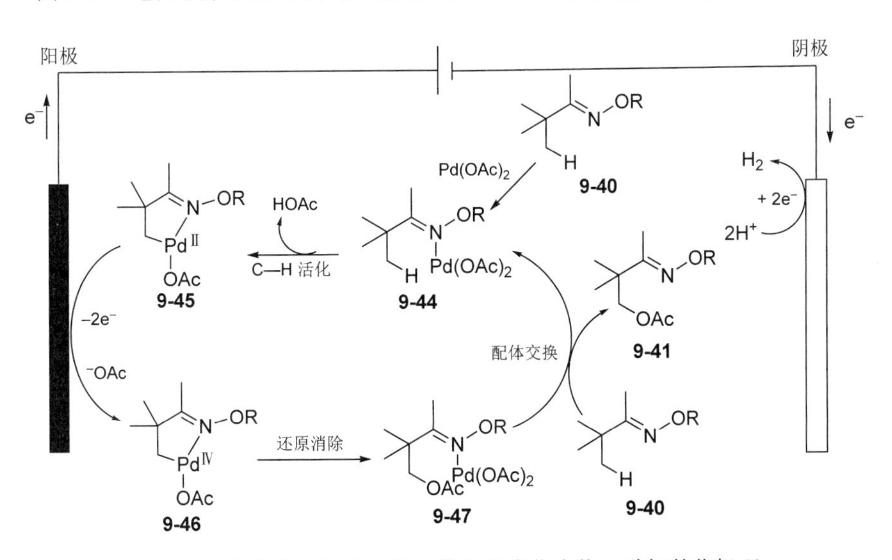

图 9-20　电化学介导钯（Ⅱ）催化肟类化合物乙酰氧基化机理

9.2　电化学介导不饱和烃的环化构建 C—O 键

环化反应作为构建含氧杂环化合物的常用方法，常需借助于金属或者路易斯酸催化[18]，具有较差的立体选择性，因此急需新的方法来合成含氧杂环化合物。四氢呋喃是一类五元

含氧杂环化合物，广泛存在于具有药理活性的天然产物中，也是药物中有效结构单元的组成部分，也可以作为前体化合物用于有机化学反应，因此在有机化学和医药研究中占有重要地位[19]。在电化学合成过程中，带有亲核位点的烯烃通过阳极氧化，可以形成自由基阳离子中间体，再发生分子内亲核环化反应，得到碳杂键偶联的环化产物，常用于合成五元或六元环等含氧杂环化合物，具有良好的化学选择性和立体选择性（图 9-21）。

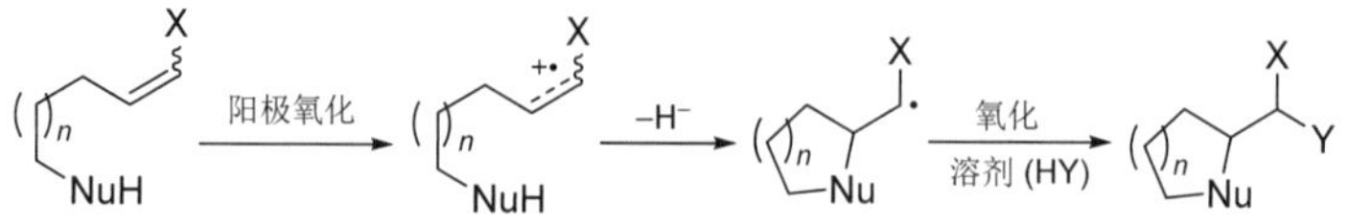

图 9-21　电化学介导烯烃类化合物分子内环化的反应机理

2000 年，Moeller 课题组[20] 发现在电化学条件下，阳极氧化生成的烯醇醚自由基阳离子可以捕获分子内羟基发生分子内环化反应，避免了反应位点的 α-碳被羰基化，并得到含四氢呋喃和四氢吡喃环的含氧杂环化合物 **9-49**。该反应以烯醇醚类化合物 **9-48** 为底物，RVC 作为阳极，铂作为阴极，四乙基对甲苯磺酸铵为电解质，甲醇和四氢呋喃作为混合溶剂，2,6-二甲基吡啶为添加剂（用于清除反应体系中的质子），在恒定电流为 8mA 的未分隔电解池中进行电解，以中等至优良的产率得到四种五元环或六元环含氧化合物 **9-49**。但产物的立体构型机理尚不明确，底物 **9-48** 中碳原子数越多，越不利于分子内羟基被烯醇醚自由基阳离子捕获，因此不能得到七元环产物 **9-49e**。课题组深入研究发现，四级碳类的烯醇醚类化合物也适用于该反应，获得四氢呋喃环化合物 **9-50** 和四氢吡喃环化合物 **9-51**，并通过 NOESY 实验确定产物的立体构型（图 9-22）。

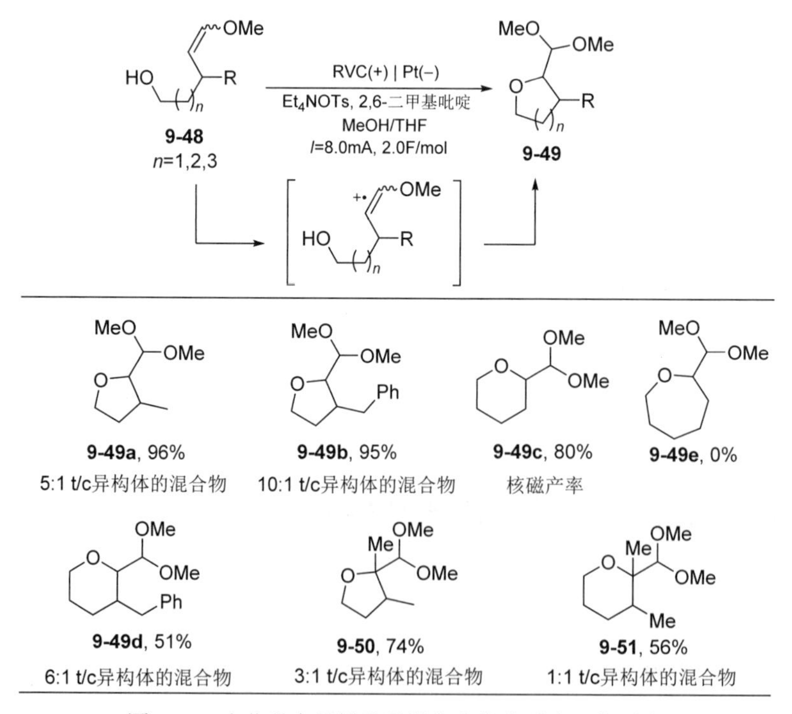

图 9-22　电化学介导烯醇醚类化合物分子内环化反应

他们发现该反应也可以用于乙烯酮缩醛类化合物的氧化，以含四甲基硅烷（TMS）取代基团的烯醇醚 **9-52** 为底物时，得到产物 **9-53**（74%），将产物 **9-53** 分离出来，在相同的电化学条件下继续氧化，以 64%的产率得到反式甲酯化产物 **9-54a** 和顺式甲酯化产物 **9-54b**。如果底物 **9-52** 在相同的反应条件下，升高电流，并加入盐酸，可以 69%的产率得到单一的反式甲酯化产物 **9-54a**（图 9-23）。

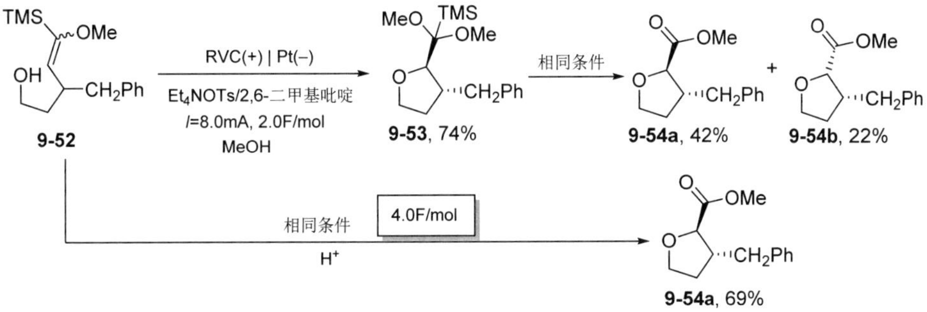

RVC(+) | Pt(−)
Et_4NOTs/2,6-二甲基吡啶
I=8.0mA, 2.0F/mol
MeOH

9-52　**9-53**, 74%　相同条件　**9-54a**, 42%　+　**9-54b**, 22%

相同条件　4.0F/mol　H^+　**9-54a**, 69%

图 9-23　电化学介导乙烯酮缩醛类化合物分子内环化反应

2001 年，Moeller 课题组[21]发现将烯醇醚类化合物中的乙烯甲氧基导向基团改为二硫代乙烯酮缩醛基也可以得到分子内环化产物，即报道了电化学介导二硫代乙烯酮缩醛基取代的烯醇醚类化合物 **9-55** 与亲核试剂醇的分子内偶联反应。电量提升到 2.2F/mol，并以优异的产率得到两种单一化学异构体的环化产物 **9-56**（图 9-24）。根据核磁共振 NOESY 实验数据，证明了产物 **9-56** 的单一立体选择性与化合物 **9-55** 中的二硫代乙烯酮缩醛基导向基团有关，不同于上述五元环或六元环产物 **9-49**～**9-51** 的立体化学选择性。

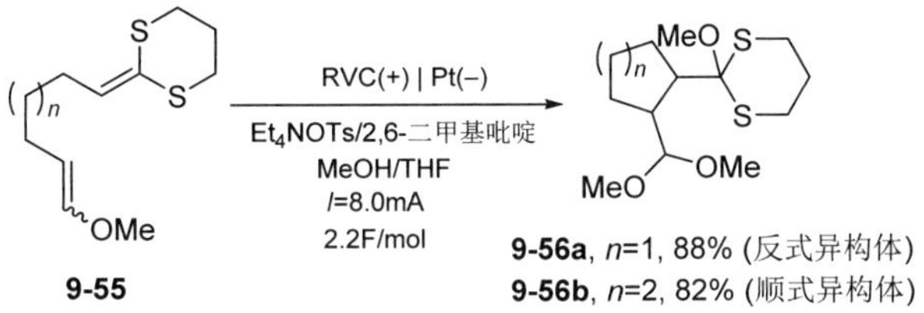

RVC(+) | Pt(−)
Et_4NOTs/2,6-二甲基吡啶
MeOH/THF
I=8.0mA
2.2F/mol

9-55
9-56a, n=1, 88% (反式异构体)
9-56b, n=2, 82% (顺式异构体)

图 9-24　电化学介导烯醇醚类化合物分子内偶联反应

在此基础上，Moeller 课题组[22]又研究发现，阳极环化反应可以高选择性合成四氢呋喃核心骨架，并用于合成天然产物**(+)-Nemorensic acid** 和**(−)-Crobarbatic acid**。在电化学条件下，不同取代基团的烯醇醚衍生物 **9-57** 分子内环化，分别以 71%和 72%的产率得到四氢呋喃骨架化合物 **9-58a** 和 **9-58b**（图 9-25），并可以进一步合成天然产物**(+)-Nemorensic acid** 和**(−)-Crobarbatic acid**（图 9-25），解决了传统方法存在的立体选择性问题。

木脂素是广泛存在于植物（如丹参、百部、西洋参、鸡血藤等）的木部和树脂中的天然有机化合物，这类天然产物具有多种生物活性，如杀虫抗菌、降血脂、抗风湿、抗肿瘤等[23]。木脂素和新木脂素的分子骨架都是由苯基丙烷（C_6-C_3）结构单元连接而成，显示出巨大的结构多样性，也可用作新药开发的先导化合物，其衍生物的合成和构效关系等在药物化学中引起广泛关注[24]。

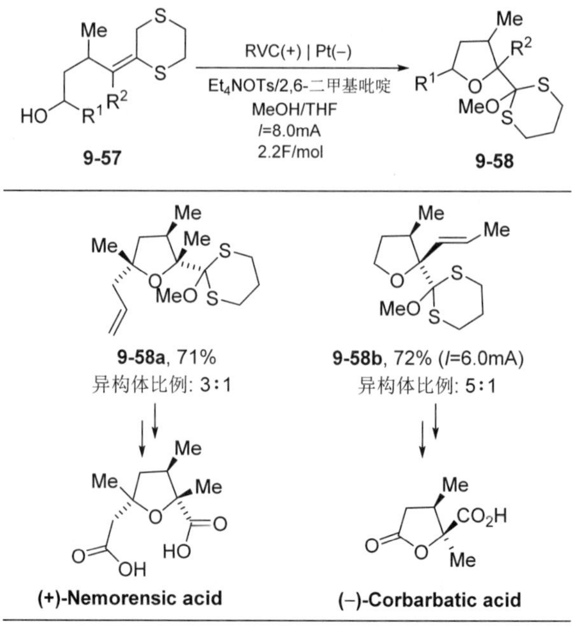

图 9-25 电化学合成四氢呋喃类衍生物

含有 3,7-二氧杂环[3,3,0]辛烷骨架的呋喃木脂素类化合物合成引起了不少化学家的关注[25]。2016 年，Watanabe 课题组[26]报道了电化学介导肉桂酸衍生物 **9-59** 不对称氧化二聚得到四种 3,7-二氧杂环[3,3,0]辛烷骨架的化合物 **9-60**。该反应以铂片为电极，二氯甲烷和三氟乙酸以 5∶1 的比例作为混合溶剂，四丁基四氟硼酸铵为电解质，在不同的温度下进行电解，得到四种高对映体过量百分数（ee 值）的双内酯类产物 **9-60**，且没有醛类副产物生成。底物 **9-59** 在四种不同温度下进行反应（室温、0℃、−20℃、−40℃），较低的温度利于反应进行；当反应温度是−20℃时，有利于产物 **9-60b** 的生成；当反应温度是 0℃时，有利于产物 **9-60c** 的生成；温度不影响产物 **9-60d** 的生成（图 9-26）。

此外，该电化学方法还可以用来合成天然木脂素类化合物。以化合物 **9-60a**～**9-60c** 为底物，随后通过多步化学转化，得到鹅掌楸树脂酚 B 二甲醚、芝麻明和桉脂素。而化合物 **9-60** 传统的制备方法需要金属催化剂二氧化钯的参与，产率较低，且有副产物芳醛的生成，不利于反应进行后处理（图 9-27）。

2022 年，唐海涛课题组[27]报道了羰基化合物 **9-62** 和联烯类化合物 **9-63** 合成四取代呋喃类化合物 **9-64** 的电化学环化反应。在电化学环化过程中，避免使用化学计量氧化剂和贵金属催化剂，以二茂铁作为氧化还原催化剂，促进分子间环化反应，以 RVC 为阳极，铂片为阴极，四乙基对甲苯磺酸胺为电解质，乙酸钠为添加剂，乙腈为溶剂，在 100℃下，恒定电流为 10mA 的未分隔电解池中电解 2h，以中等至优良的产率得到多种呋喃类产物 **9-64**。该电化学反应具有良好的官能团兼容性，羰基类化合物 **9-62** 上取代基团的电负性和联烯类化合物 **9-63** 上取代基团的空间位阻影响产物的产率。该课题组用 MTT 法研究了呋喃类化合物 **9-64** 的细胞毒性，化合物 **9-64b** 表现出良好的体外抗肿瘤活性（图 9-28）。

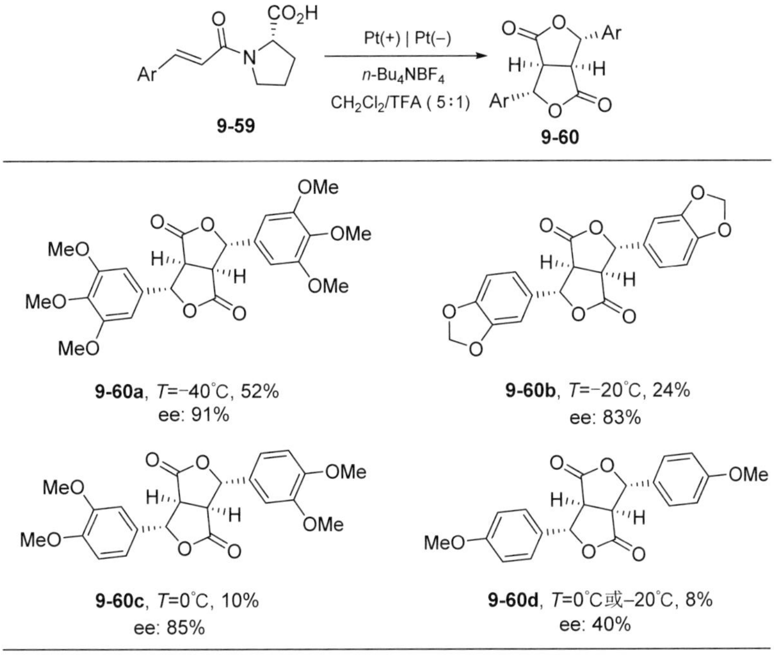

Pt(+) | Pt(–)
n-Bu_4NBF_4
CH_2Cl_2/TFA (5∶1)

9-59 → 9-60

9-60a, T=–40℃, 52%
ee: 91%

9-60b, T=–20℃, 24%
ee: 83%

9-60c, T=0℃, 10%
ee: 85%

9-60d, T=0℃或–20℃, 8%
ee: 40%

图 9-26 电化学介导肉桂酸衍生物不对称氧化二聚反应

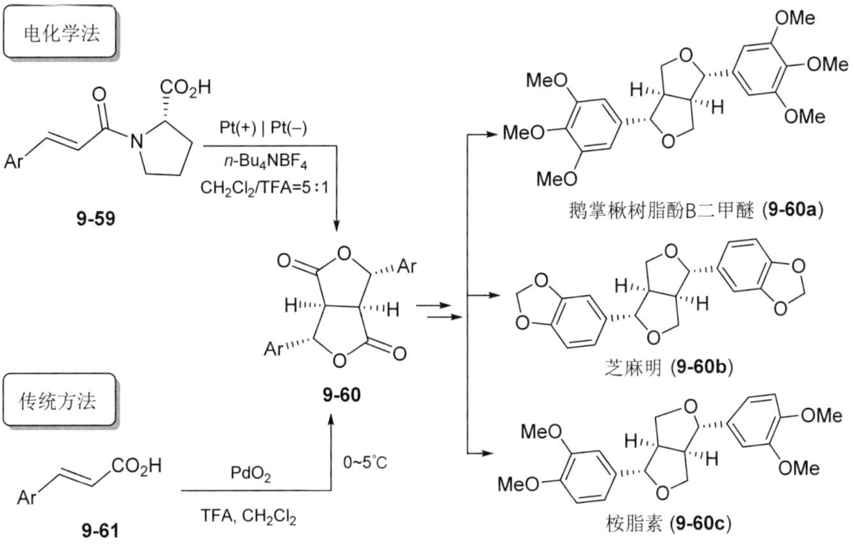

电化学法

9-59
Pt(+) | Pt(–)
n-Bu_4NBF_4
CH_2Cl_2/TFA=5∶1

9-60

传统方法

9-61
PdO_2
TFA, CH_2Cl_2
0~5℃

鹅掌楸树脂酚B二甲醚 (9-60a)

芝麻明 (9-60b)

桉脂素 (9-60c)

图 9-27 天然木脂素类化合物的合成方法比较

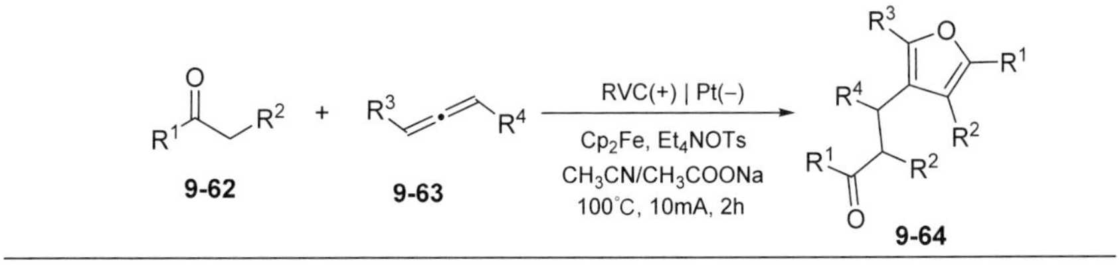

9-62 + 9-63
RVC(+) | Pt(–)
Cp_2Fe, Et_4NOTs
CH_3CN/CH_3COONa
100℃, 10mA, 2h
→ 9-64

图 9-28

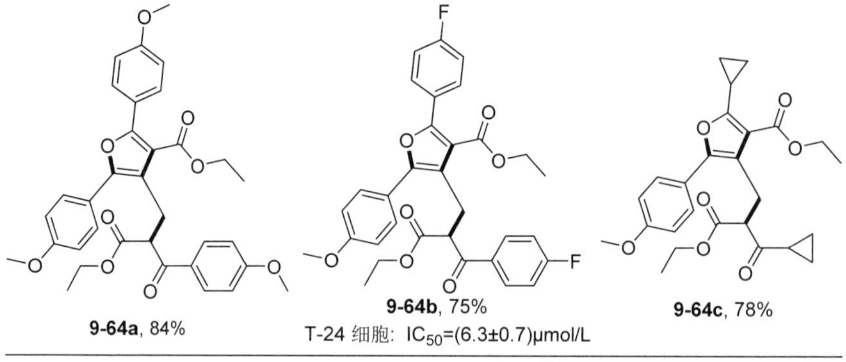

9-64a, 84%　**9-64b**, 75%　T-24 细胞：IC_{50}=(6.3±0.7)μmol/L　**9-64c**, 78%

图 9-28　电化学介导联烯和羰基化合物合成四取代呋喃类化合物

在有机合成中，氮中心自由基（NCR）是一种多用途的自由基中间体，如可以转移氢原子并添加到π系统中，或者通过加成反应来构建含氮化合物，而含氮中心自由基的炔烃类化合物的加成反应比较少见。

2020 年，徐海超课题组[28]报道了 TEMPO 介导炔酰胺类化合物 **9-65** 的分子内环化反应，实现了噁唑-2-酮和咪唑-2-酮类化合物 **9-67** 的电化学合成。以 RVC 为阳极，铂片为阴极，TEMPO 为添加剂，四丁基四氟硼酸铵为电解质，三氟乙酸钠为碱，乙腈和水为混合溶剂，在恒定电流为 5mA 的未分隔电解池中，室温下进行电解，以中等至优良的产率得到噁唑-2-酮类产物 **9-67**；以碳酸钾为碱，恒定电流为 10mA 进行电解，则得到咪唑-2-酮类化合物 **9-68**（图 9-29）。该反应具有良好的官能团耐受性，反应条件温和，且依赖于 TEMPO 的双重功能，即作为氧化还原介质生成酰胺基自由基和作为氧原子供体。

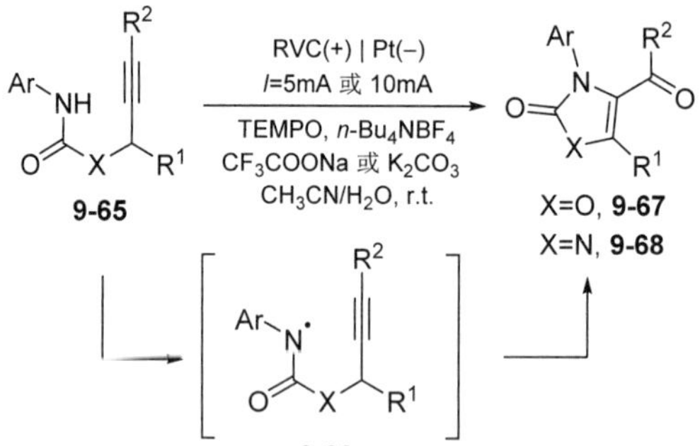

RVC(+) | Pt(−)
I=5mA 或 10mA
TEMPO, n-Bu_4NBF_4
CF_3COONa 或 K_2CO_3
CH_3CN/H_2O, r.t.

9-65　**9-66**　X=O, **9-67**　X=N, **9-68**

图 9-29　电化学介导炔酰胺类化合物分子内环化反应

他们通过控制实验、循环伏安法证明了该反应是自由基路径与 TEMPO 的双重作用，并且用炔酰胺类化合物 **9-66** 为底物，推测反应可能发生的机理。在阳极，TEMPO 被氧化生成阳离子中间体 **9-69**，同时，水在阴极还原生成氢氧根负离子，使底物 **9-66** 脱去质子得到酰胺阴离子中间体 **9-70**，被阳离子中间体 **9-69** 氧化生成酰胺基自由基中间体 **9-71**，分子内环化得到烯基自由基中间体 **9-72**，并捕获一分子 TEMPO，得到四取代烯烃化合物 **9-73**，随后氮氧键断裂，得到 2,2,6,6-四甲基哌啶和亚胺阳离子化合物 **9-74**，最后 **9-74** 脱去质子得到噁唑-2-酮产物 **9-67**（图 9-30）。

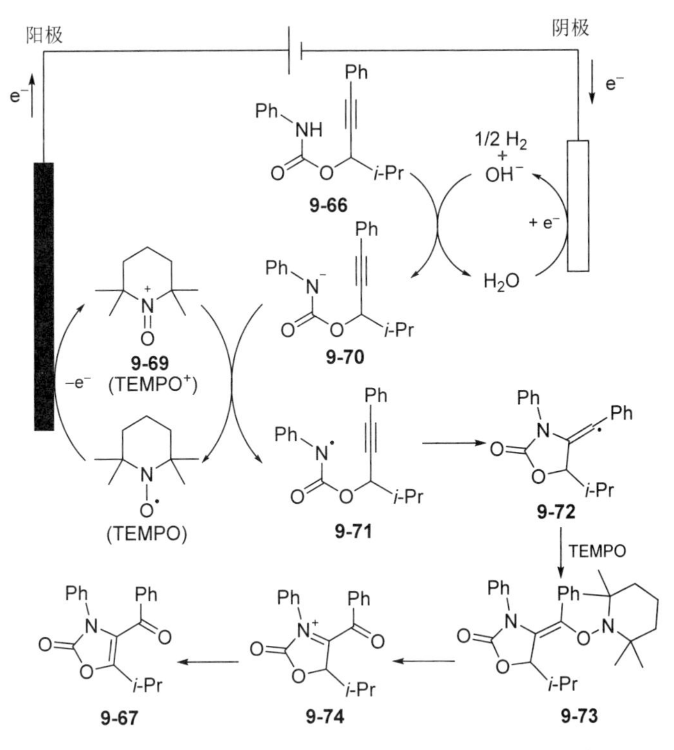

图 9-30 电化学介导炔酰胺类化合物分子内环化反应机理

9.3 电化学介导芳烃化合物构建 C—O 键

芳烃化合物中碳氧键的构建，用于得到含氧杂环分子化合物，进一步生成天然产物或生物活性物质。因此，芳烃化合物碳氧键的构建在化学反应中非常重要。

金属催化剂常用来构建不同类型的化学键如碳氧键、碳氮键、碳硫键等[29]，常用的钯（Ⅱ）催化剂主要是通过形成相应的钯类配体化合物进行碳氢键的官能团化，然后得到理想的目标产物[30]。在钯（Ⅱ）介导的芳基 C(sp^2)—H 官能团化过程中，在电化学条件下以间接电子转移和直接电子转移两种形式参与反应过程。在间接电子转移过程中，阴离子（例如卤素）在阳极氧化生成阳离子，进一步将芳基钯（Ⅱ）化合物氧化为高价的芳基钯（Ⅲ）或钯（Ⅳ）中间体，再通过还原消除得到产物［图 9-31（a)］。在直接电子转移过程中，芳基钯（Ⅱ）化合物直接在阳极氧化生成芳基钯（Ⅲ）或钯（Ⅳ）中间体，与反应介质中的阴离子发生还原消除反应得到产物［图 9-31（b)］。

2013 年，Budnikova 课题组[31]报道了钯（Ⅱ）催化 2-苯基吡啶 **9-75** 电化学合成含氟碳酰化吡啶衍生物 **9-76**。以铂片作为电极，醋酸钯或三氟乙酸钯为钯（Ⅱ）催化剂，以不同链长的全氟烷基羧酸为配体，以四乙基四氟硼酸铵或四丁基四氟硼酸铵为电解质，乙腈或二氯甲烷为溶剂，在分隔电解池中氩气氛围下进行电解，得到不同链长的含氟碳酰化产物 **9-76** 和含氟烷基化副产物 **9-77**（图 9-32）。在此反应过程中，钯（Ⅱ）催化剂和全氟羧酸配体在不同溶剂条件下，形成不同类型的钯配体中间体。如在乙腈溶液中，可以形成单核含氟配体；而在二氯甲烷溶液中则形成双核含氟配体化合物，从而发生催化作用。以长链全氟羧酸作为配体时，随着反应电流和电量的增加，倾向于生成副产物 **9-77**。

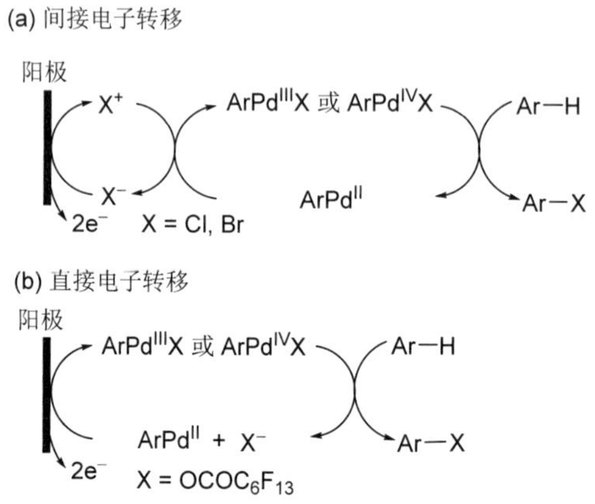

图 9-31　钯（Ⅱ）介导的芳基 C（sp^2）—H 电化学官能团化过程

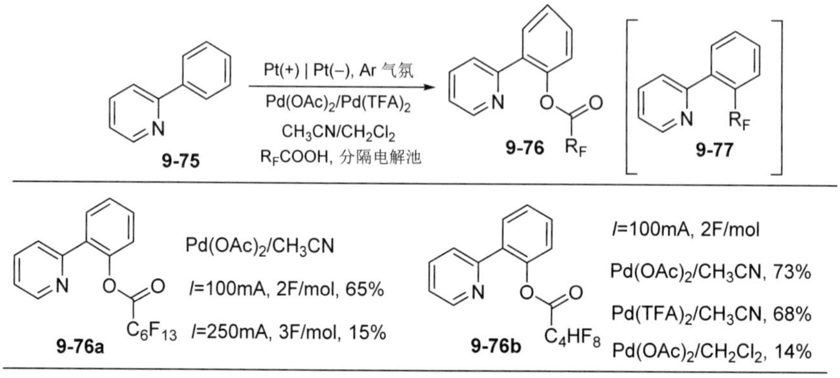

图 9-32　电化学介导 2-苯基吡啶羰基化反应

2017 年，梅天胜课题组[32]报道了钯（Ⅱ）催化含有肟导向基团的芳基化合物 **9-78** 乙酰氧基化，电化学条件下得到单取代产物 **9-79**。该反应以铂片为电极，在 H 型分隔电解池中，以 1mA 的恒定电流在 40℃下进行电解，阳极室加入肟类底物 **9-78**、醋酸钯催化剂、四丁基醋酸铵和醋酸，阴极室加入四丁基醋酸铵和醋酸，以中等至优良的产率获得多种单取代乙酰氧基化产物 **9-79**。该反应具有良好的官能团耐受性，适用范围广，反应条件温和，克服了化学氧化剂带来的环境问题（图 9-33）。

该课题组推测反应可能的机理是：催化剂醋酸钯与肟类芳基化合物 **9-78a** 加成，得到二价钯中间体 **9-80**，接着底物 **9-78a** 芳环中的碳氢键被活化得到二价钯环状中间体 **9-81**

（整个循环反应的决速步），中间体 **9-81** 直接在阳极被氧化成四价钯高价态中间体 **9-82**，接着还原消除得到产物 **9-79a** 与醋酸钯，后者接着进入电化学循环过程（图 9-34）。

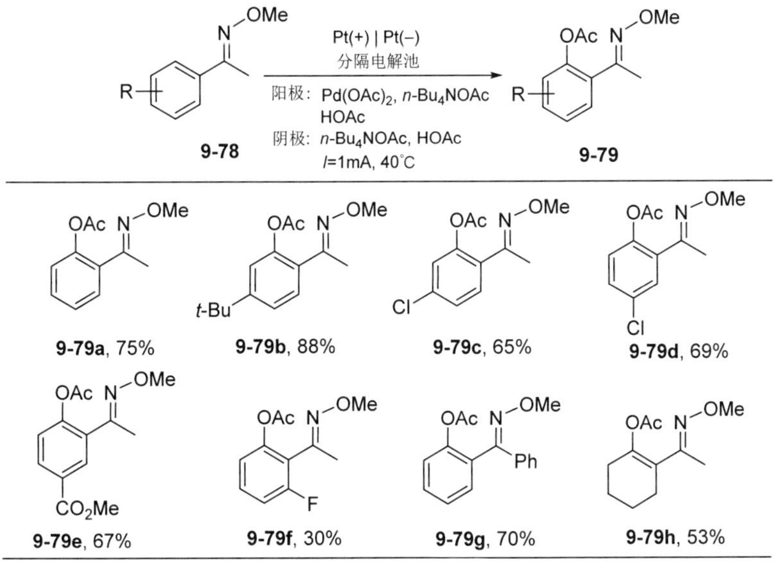

图 9-33 电化学介导钯（Ⅱ）催化肟类芳基化合物乙酰氧基化反应

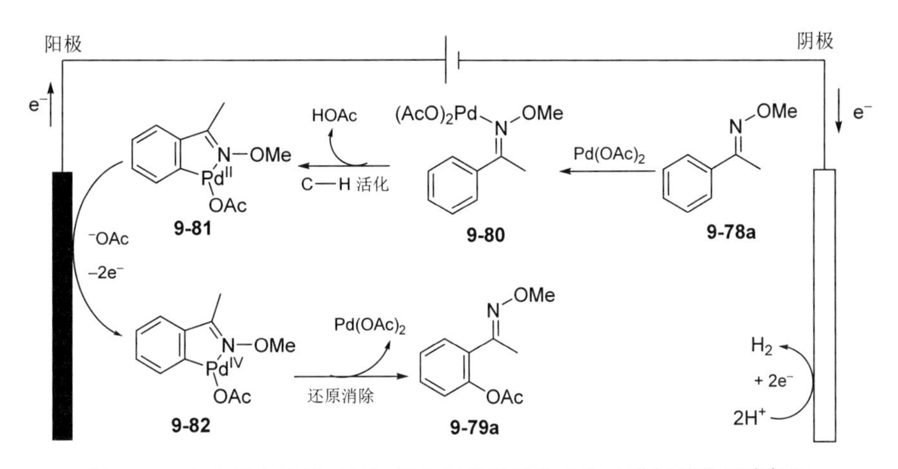

图 9-34 电化学介导钯（Ⅱ）催化肟类芳基化合物乙酰氧基化反应机理

在电化学反应中，除了常用的钯（Ⅱ）催化剂，其他的廉价金属催化剂也可用于碳氢官能团化。2017 年，Ackermann 课题组[33]发现电化学介导的钴（Ⅱ）催化芳基甲酰胺类化合物 **9-83** 和醇 **9-84** 发生碳氢键烷氧基化反应，得到不同种类的醚类产物 **9-85**。以 RVC 为阳极，铂片为阴极，四水合乙酸钴（Ⅱ）为催化剂，特戊酸钠为添加剂，醇 **9-84** 为溶剂，在恒定电流为 8mA 的分隔电解池中，23℃下进行电解得到各种芳基醚类化合物 **9-85**（图 9-35）。该反应成功的关键在于 *N*-氧吡啶基结构的引入，反应条件温和，具有良好官能团耐受性，同时也避免了昂贵配体和电解质的使用，有利于环境保护。

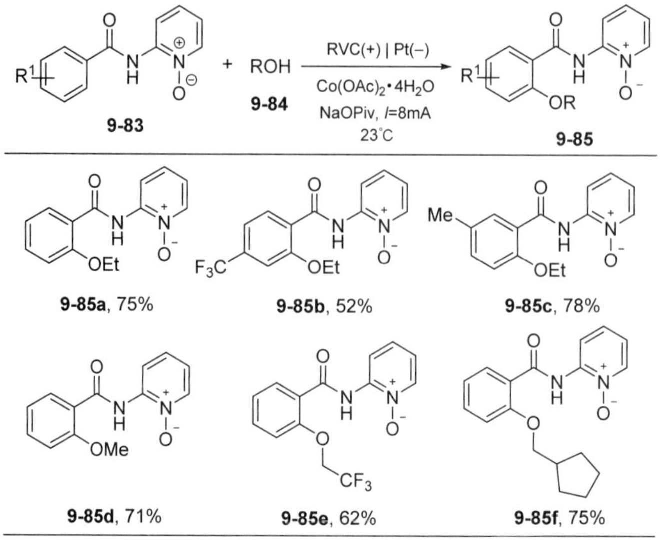

图 9-35 电化学介导钴（Ⅱ）催化芳基甲酰胺类化合物烷氧基化反应

苯并噁唑和苯并噻嗪是天然产物和生物活性分子中重要的杂环分子骨架[34]。2017 年，Waldvogel 课题组[35]报道了电化学介导苯胺类化合物 **9-86** 生成苯并噁唑类产物 **9-87** 的方法。该电化学反应通常对电流密度和电极形状等比较敏感，因此，在两种装置中进行电解。第一种装置是在三颈瓶中，以 RVC 为阳极，铂片为阴极，以四丁基六氟磷酸铵（$TBAPF_6$）为电解质，六氟异丙醇为溶剂，电量为 2F（方法 A）；第二种装置是在烧杯式电池中，以石墨片为阳极，铂片为阴极，以四丁基六氟磷酸铵为电解质，六氟异丙醇为溶剂，电量为 2F（方法 B）。该反应底物简单易得，电极材料廉价，阳极氧化生成的酰胺自由基可以进行重排反应，也可进行其他方面的延伸应用[36]。反应产率优异，含各种吸电子或供电子基团的底物都能使反应顺利进行（图 9-36）。

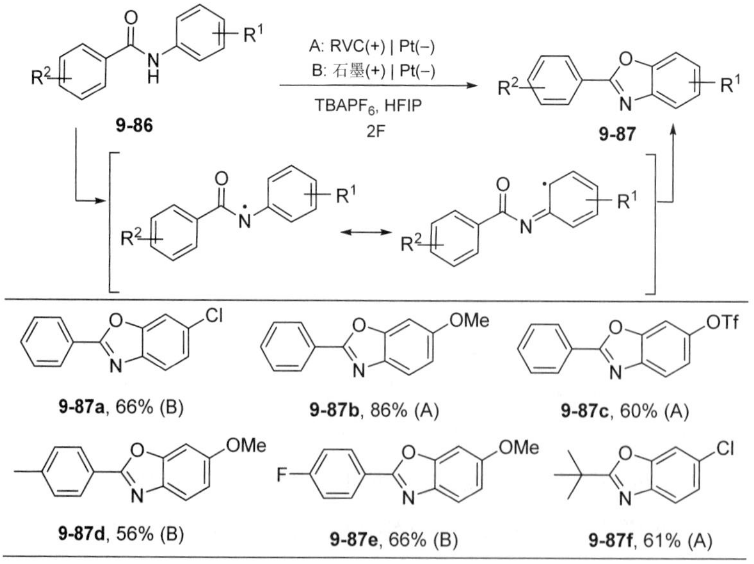

图 9-36 电化学介导苯胺类化合物合成苯并噁唑衍生物

同年，徐海超课题组[37]报道了电化学介导 *N*-苄酰胺类化合物 **9-88** 氧化环化，得到苯并噁嗪类化合物 **9-89** 的方法。以 RVC 为阳极，铂片为阴极，四乙基六氟硼酸铵为电解质，乙腈和四氢呋喃为混合溶剂，在氩气氛围下，恒定电流为 10mA 的未分隔电解池中进行回流电解，以中等至优良的产率得到苯并噁嗪类化合物 **9-89**。该反应具有良好的官能团兼容性，烷基、芳基、噻吩等取代基化合物都能使反应顺利进行，并且在室温条件下，流动电解池可以进行简单的反应扩大，从而减少了电解质的用量。产物 **9-89a** 在金属镍的催化下，苯环上的甲氧基被取代得到三甲基硅基取代的苯并噁嗪类化合物 **9-90**（图 9-37）。

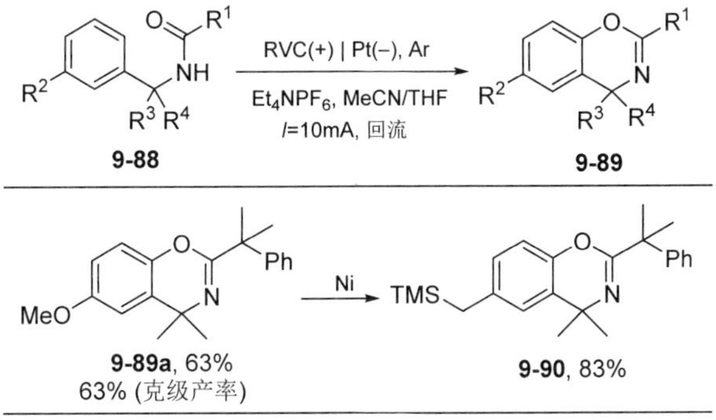

RVC(+) | Pt(−), Ar

Et_4NPF_6, MeCN/THF

I=10mA, 回流

9-88　**9-89**

Ni

9-89a, 63%

63% (克级产率)

9-90, 83%

图 9-37　电化学合成苯并噁嗪类化合物

该课题组推测反应可能的机理是：在阳极，*N*-苄酰胺类化合物 **9-88a** 被氧化得到自由基阳离子中间体 **9-91**，接着区域选择性环化，去质子得到环己二烯基自由基中间体 **9-92**，随后失去一个电子和一个质子，得到产物 **9-89a**，同时，氢气作为唯一的副产物在阴极析出（图 9-38）。

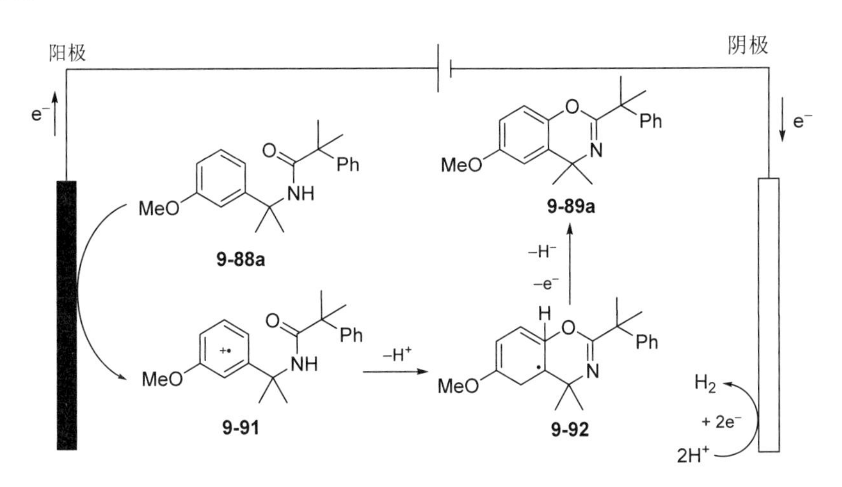

图 9-38　电化学合成苯并噁嗪类化合物的反应机理

2-芳基苯甲酸分子内氧化环化反应的进行，通常需要过渡金属催化或光催化，或者强氧化剂参与[38]，方可得到相应的含氧杂环化合物。含氧杂环化合物广泛存在于天然产物、药物和有机材料中，传统化学方法合成该类化合物通常需要昂贵催化剂，反应条件较为苛刻，且转化率不高。2018 年，莫凡洋课题组[39]开发了一种电化学介导联苯甲酸类化合物 **9-93** 的氧化环化方法。该方法使用铂片为电极，在未分隔电解池中，以甲醇和水为混合溶剂，氢氧化钠作为碱，电流密度为 23mA/cm^2 进行反应。反应过程中，氢气作为唯一的副产物，无须氧化剂或电解质的使用，在室温下以良好至优异的产率获得各种取代二苯并吡喃酮类化合物 **9-94**。该反应具有广泛的官能团耐受性，当底物中的两个苯环含有供电子基或吸电子基时，都可以顺利反应。该课题组还用 2-苯基苯甲酸作为底物进行了克级反应，以 75% 产率得到相应的目标化合物 **9-94a**（图 9-39）。

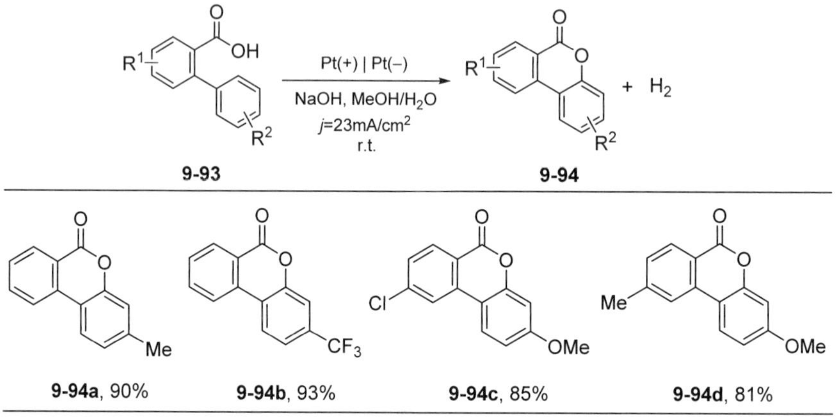

图 9-39 电化学介导联苯甲酸环化反应

此外，该电化学方法还可以用来合成尿石素类化合物的关键合成中间体，以联苯甲酸类化合物 **9-93** 为底物，在该电化学条件下氧化环化可得到中间体 **9-94e**～**9-94g**，随后通过多步化学转化，合成了尿石素类化合物 **A**、**B**、**C**。而化合物 **9-94e**～**9-94g** 传统的制备方法条件非常苛刻，需要金属催化剂即 2-噻吩羧酸铜（Ⅰ）与 *N,N,N',N'*-四甲基乙二胺配体的参与、微波的辅助，反应温度较高，而且 **9-94f** 的最终产率只有 36% [40]（图 9-40）。

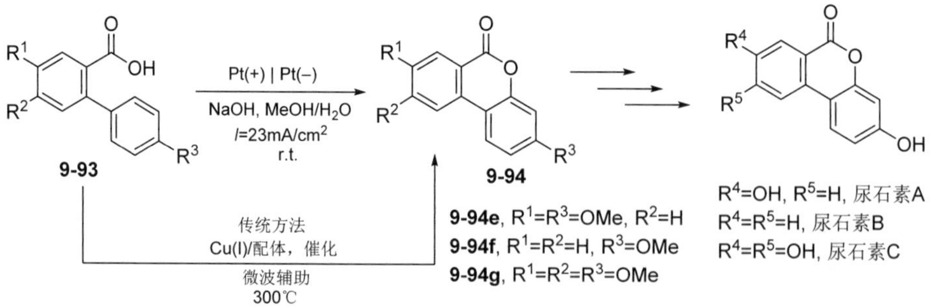

图 9-40 尿石素类化合物的关键中间体合成方法比较

他们提出了以下反应机理：联苯甲酸化合物 **9-93a** 在阳极被氧化成自由基中间体 **9-95**，随后发生分子内环化得到自由基中间体 **9-96**，最后在阳极氧化得到目标化合物 **9-94a**，并伴随着阴极析氢反应的发生（图 9-41）。

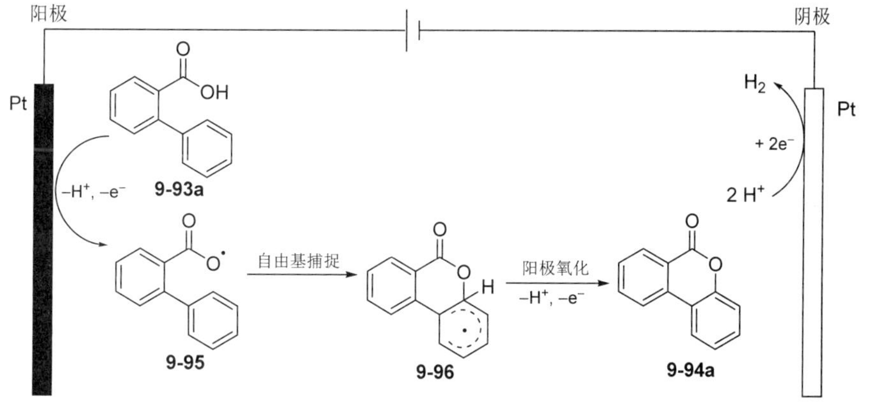

图 9-41　电化学介导 2-苯基苯甲酸环化的反应机理

同年，雷爱文课题组[41]也报道了类似的电化学反应，即联苯甲酸类化合物 **9-97** 分子内脱氢偶联得到苯并香豆素类化合物 **9-98**。以石墨棒作为阳极，铂片作为阴极，在未分隔电解池中，以乙腈和羧酸为混合溶剂，硫酸钠作为电解质，室温下在恒定电流为 6mA 的氮气氛围中进行反应。该方法反应条件温和，底物适用性良好，能够兼容萘、噻吩、吡啶、吲哚等官能团，无需催化剂和外源氧化剂，在简单的未分隔电解池中进行，借助阳极氧化和阴极析氢，即可实现底物 **9-97** 分子内酯化反应。该课题组开发的苯并香豆素衍生物电合成方法，有助于天然产物的合成、药物研究以及材料化学的应用，如合成圆柏内酯（存在于沙地柏种子或表皮中），为具有生物活性的天然产物合成提出了一种新的合成方案（图 9-42）。

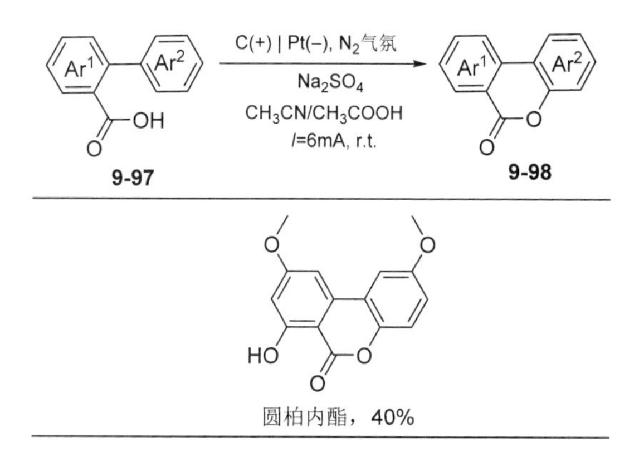

图 9-42　电化学介导联苯甲酸类化合物交叉偶联反应

他们提出了两种反应途径。途径一（适用于某些含甲氧基官能团的底物）：底物 **9-97a** 在阳极氧化成阳离子自由基 **9-99**，随后被亲核性羧基进攻，发生分子内环化得到自由基中间体 **9-100**，最后在阳极氧化得到目标化合物 **9-98a**，并伴随着阴极析氢反应的发生。途径二：底物 **9-97b** 的羧酸根在阴极脱氢或通过电生成的乙酸阴离子脱质子得到羧酸阴离子中间体 **9-101**，阳极氧化生成羧酸自由基中间体 **9-102**，羧酸自由基进攻苯环，发生分子内环化得到自由基中间体 **9-103**，最后在阳极氧化得到目标化合物 **9-98b**（图 9-43）。

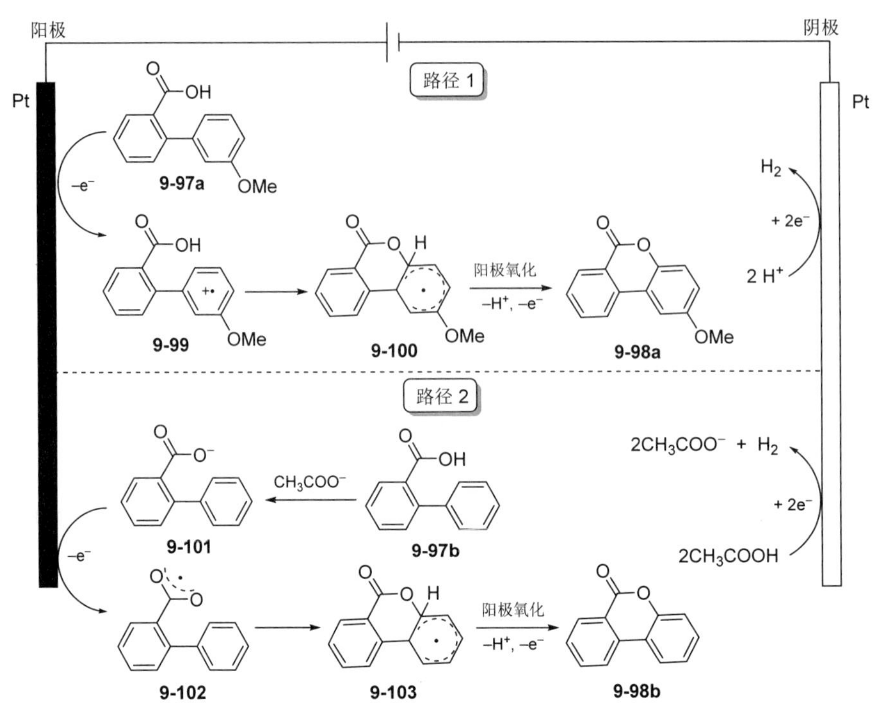

图 9-43 电化学介导联苯甲酸类化合物分子内脱氢偶联反应机理

2018 年，曾程初课题组[42]也报道了类似的苯基羧酸类化合物 **9-104** 的电化学脱氢内酯化反应。以石墨或铂片作为电极，在未分隔电解池中，乙腈和甲醇以 7∶1 的比例为混合溶剂，四丁基四氟硼酸铵或四丁基高氯酸铵为电解质，在室温下以电流密度 13.3mA/cm^2 进行电解，得到各种内酯类化合物 **9-105**。此电化学反应操作简单，底物范围较广，不仅适用于苯基羧酸类化合物 **9-104**，也适用于苯基丙烯酸化合物 **9-106**，并以中等的产率得到三种香豆素类化合物 **9-107**（图 9-44）。

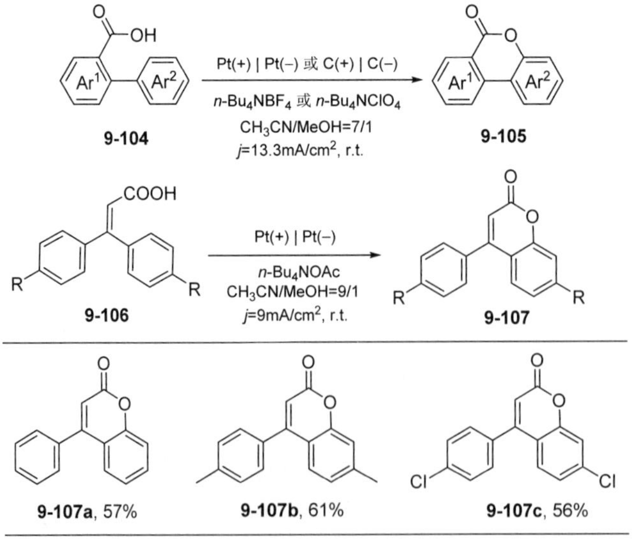

图 9-44 电化学介导苯基羧酸类化合物脱氢内酯化

该电化学反应不仅可以实现 C(sp^2)—H 内酯化，也可以实现 C(sp^3)—H 内酯化。在电化学条件下，2-苄基苯甲酸 **9-108** 发生分子内脱氢内酯化反应，得到多种内酯化产物 **9-109**，该反应能够兼容烷基和环烷基以及含各类官能团的芳基羧酸底物，产率中等至良好（图 9-45）。

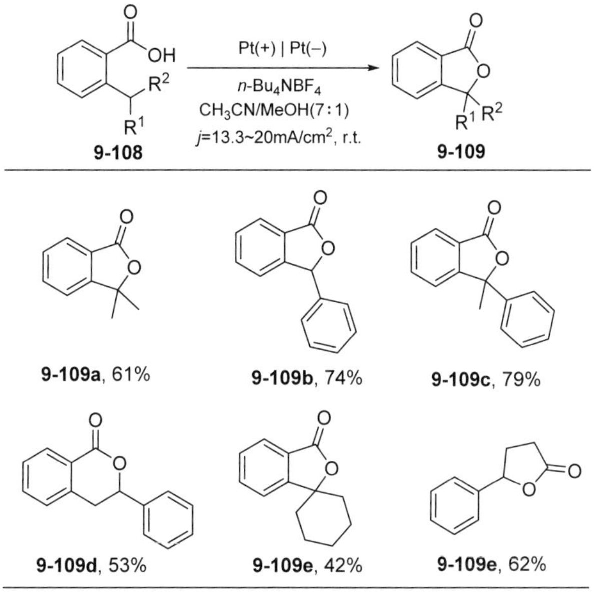

9-108 → 9-109

Pt(+) | Pt(–)

n-Bu_4NBF_4

CH_3CN/MeOH(7∶1)

j=13.3~20mA/cm^2, r.t.

9-109a, 61%　**9-109b**, 74%　**9-109c**, 79%

9-109d, 53%　**9-109e**, 42%　**9-109e**, 62%

图 9-45　电化学介导 C(sp^3)—H 内酯化反应

此外，该课题组还进行了克级反应研究，实现了联苯甲酸 **9-104a** 的克级反应。以廉价的石墨为电极，投料量为 40g，得到产率为 84%的内酯化合物 **9-105a**（图 9-46）。

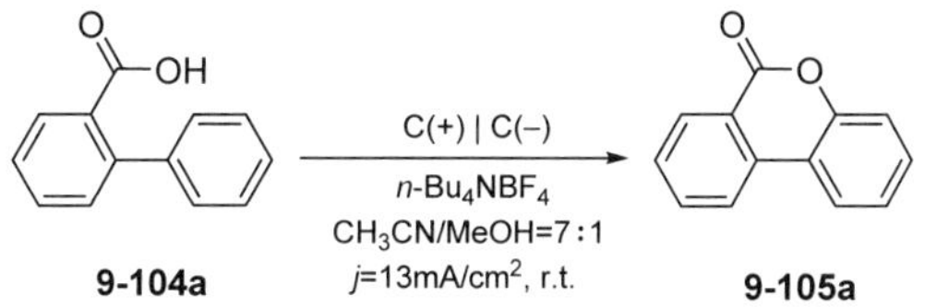

9-104a → 9-105a

C(+) | C(–)

n-Bu_4NBF_4

CH_3CN/MeOH=7∶1

j=13mA/cm^2, r.t.

图 9-46　电化学介导联苯甲酸内酯化克级反应

此外，该电化学方法还可以用来合成天然产物大麻酚，以苯基羧酸类化合物 **9-104b** 为底物，在该电化学条件下氧化环化可得到中间体 **9-105b**，随后通过多步反应得到目标产物大麻酚。而化合物 **9-105b** 的传统制备方法需要二价钯为催化剂，过量的醋酸碘苯为氧化剂，醋酸钾为碱，反应温度高且反应时间长[43]（图 9-47）。

他们推测反应可能的机理是：苯基羧酸类底物 **9-104** 或 **9-108** 的羧酸根在阴极脱氢或通过电生成的甲氧基阴离子脱质子得到羧酸阴离子中间体 **9-110**，阳极氧化生成羧酸自由基中间体 **9-111**，发生分子内环化得到自由基中间体 **9-112**［C(sp^2)—H 内酯化］或 1,5-氢迁移得到稳定的苄基自由基中间体 **9-113**［C(sp^3)—H 内酯化］，最后在阳极氧化分别得到目标产物 **9-105** 和 **9-109**（图 9-48）。

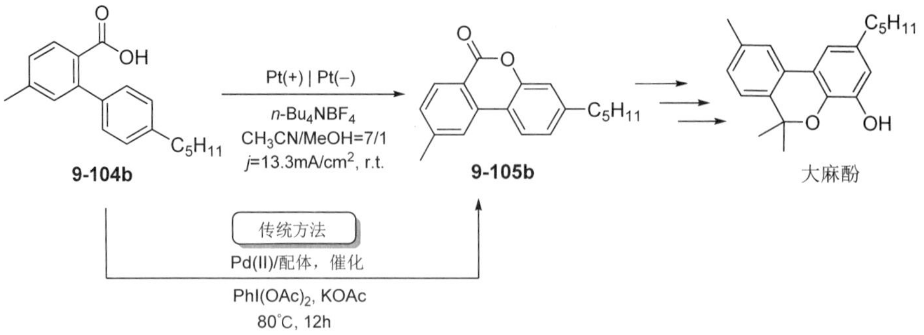

图 9-47　天然产物大麻酚合成方法比较

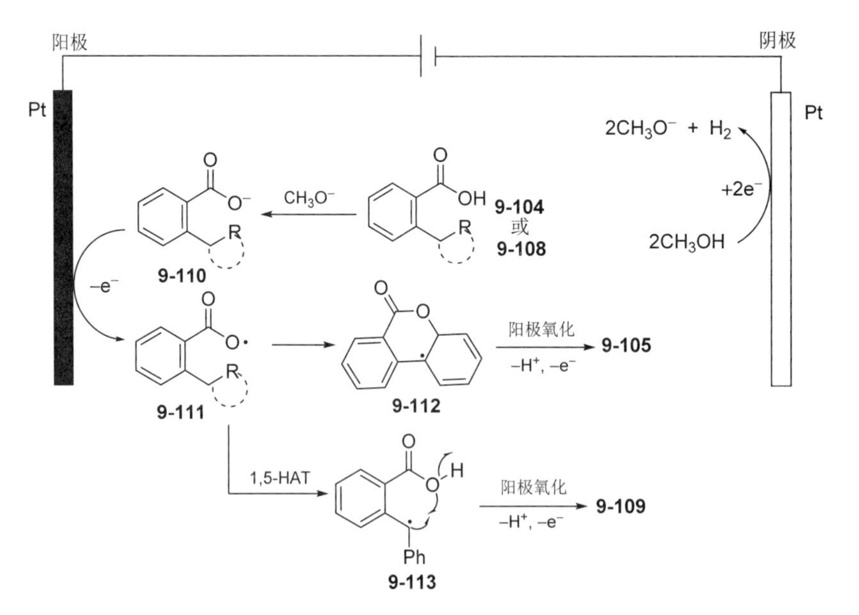

图 9-48　电化学介导苯基羧酸类化合物脱氢内酯化反应机理

9.4　总结与展望

综上所述，电化学构建碳氧键是一种绿色、环保的合成手段，可以通过改变电流、电量、反应电极等反应条件，实现不同取代基团含氧化合物的合成。喹啉类、酰胺类、芳基酸类、烯醚类等化合物在电化学条件下，可以发生取代反应、交叉偶联反应、分子内环化反应等，合成了各种喹啉酮类、芳基酯类、烯醇醚类、苯并噁唑类、咪唑类等含氧化合物，也实现了天然产物香紫苏内酯和肉桂酸衍生物的结构修饰。电化学反应得到的产物进一步衍生，可以得到石榴碱、**(+)-Nemorensic acid**、**(−)-Crobarbatic acid**、尿石素类化合物（A、

B、C）、大麻酚、香豆素类和木脂素类天然产物。但是，电化学构建碳氧键只能适用于一些含特殊官能团或特定反应位点的化合物，底物范围有限。因此，需要探索新的反应条件，拓展底物适用范围，解决化学选择性和立体选择性等问题，从而焕发电化学构建碳氧键的生机与活力。

参考文献

[1] (a) B Hausott, H Greger, B Marian. Naturally Occurring Lignans Efficiently Induce Apoptosis in Colorectal Tumor Cells [J]. J Cancer Res Clin Oncol, 2003, 129(10): 569-576. (b) L S C Bernardes, M J Kato, S Albuquerque, et al. Synthesis and Trypanocidal Activity of 1,4-Bis-(3,4,5-Trimethoxy-Phenyl)-1,4-Butanediol and 1,4-Bis-(3,4-Dimethoxyphenyl)-1,4-Butanediol [J]. Bioorg Med Chem, 2006, 14(21): 7075-7082.

[2] (a) N P Ramirez, I Bosque, J C Gonzalez-Gomez. Photocatalytic Dehydrogenative Lactonization of 2-Arylbenzoic Acids [J]. Org Lett, 2015, 17(18): 4550-4553. (b) J B Metternich, R Gilmour, One Photocatalyst, *n* Activation Modes Strategy for Cascade Catalysis: Emulating Coumarin Biosynthesis with (−)-Riboflavin [J]. J Am Chem Soc, 2016, 138(3): 1040-1045.

[3] Y Ashikari, T Nokami, J I Yoshida. Integrated Electrochemical-Chemical Oxidation Mediated by Alkoxysulfonium Ions [J]. J Am Chem Soc, 2011, 133(31): 11840-11843.

[4] L Meng, J Su, Z Zha, et al. Direct Electrosynthesis of Ketones from Benzylic Methylenes by Electrooxidative C—H Activation [J]. Chem Eur J, 2013, 19(18): 5542-5545.

[5] Y N Ogibin, M N Elinson, G I Nikishin. Mediator Oxidation Systems in Organic Electrosynthesis [J]. Russ Chem Rev, 2009, 78(2): 89 140.

[6] C C Zeng, N T Zhang, C M Lam, et al. Novel Triarylimidazole Redox Catalysts: Synthesis, Electrochemical Properties, and Applicability to Electrooxidative C—H Activation [J]. Org Lett, 2012, 14(5): 1314-1317.

[7] (a) M Schämann, H J Schafer. TEMPO-Mediated Anodic Oxidation of Methyl Glycosides and 1-Methyl and 1-Azido Disaccharides [J]. Eur J Org Chem, 2003, (2): 351-358. (b) P P Pradhan, J M Bobbitt, W F Bailey. Oxidative Cleavage of Benzylic and Related Ethers, Using an Oxoammonium Salt [J]. J Org Chem, 2009, 74(24): 9524-9527.

[8] C Li, C C Zeng, L M Hu, et al. Electrochemically Induced C—H Functionalization Using Bromide Ion/2,2,6,6-Tetramethylpiperidinyl-*N*-Oxyl Dual Redox Catalysts in a Two-Phase Electrolytic System [J]. Electrochim Acta, 2013, 114: 560-566.

[9] (a) O R Luca, J L Gustafson, S M Maddox, et al. Catalysis by Electrons and Holes: Formal Potential Scales and Preparative Organic Electrochemistry [J]. Org Chem Front, 2015, 2(7): 823-848. (b) H G Roth, N A Romero, D A Nicewicz. Experimental and Calculated Electrochemical Potentials of Common Organic Molecules for Applications to Single-Electron Redox Chemistry [J]. Synlett, 2016, 27(5): 714-723.

[10] (a) X Huang, J T Groves. Beyond Ferryl-Mediated Hydroxylation: 40 Years of The Rebound Mechanism and C—H Activation [J]. J Biol Inorg Chem, 2017, 22: 185-207. (b) G Olivo, O Cussó, M Costas. Biologically Inspired C—H and C═C Oxidations with Hydrogen Peroxide Catalyzed by Iron Coordination Complexes [J].Chem Asian J, 2016, 11(22): 3148-3158.

[11] Y Kawamata, M Yan, Z Liu, et al. Scalable, Electrochemical Oxidation of Unactivated C—H Bonds [J]. J Am Chem Soc, 2017, 139(22): 7448- 7451.

[12] (a) A Konho, T Fuchigami, Y Fujita, et al. Electrolytic Transformation of Fluoroorganic Compounds.5.Anodic Cyanation of 2,2,2-Trifluoroethylamines [J]. J Org Chem, 1990, 55(6): 1952-1954. (b) P Zhao, Y W Yin. Synthesis α-Aminonitrile through Anodic Cyanation of *N*-benzylpi- peridine [J]. Heterocycl Chem, 2004, 41(2): 157-160.

[13] S Turcaud, T Martens, E Sierecki, et al. Anodic Oxidation of Chiral Sulfinylamines: A New Route to Highly Diastereoselective α-Alkylation of Piperidine [J]. Tetrahedron Lett, 2005, 46(31): 5131-5134.

[14] E Sierecki, G Errasti, T Martens, et al. Diastereoselective α-Allylation of Secondary Amines [J]. Tetrahedron, 2010, 66(52): 10002-10007.

[15] D S Lee. Highly Diastereoselective Synthesis of Pyrido[2,1-*b*][1,3]xazin-4(6*H*)-One by Intramolecular Anodic Oxidation [J]. Tetrahedron: Asymmetry, 2009, 20(17): 2014-2020.

[16] (a) A. J. Hickman, M. S. Sanford, High-Valent Organometallic Copper and Palladium in Catalysis [J]. Nature, 2012, 484: 177-185. (b) N M Camasso, M H Pérez-Temprano, M S Sanford. C(sp^3)—O Bond-Forming Reductive Elimination from Pd(Ⅳ) with Diverse Oxygen Nucleophiles [J]. J Am Chem Soc, 2014, 136(36): 12771-12775.

[17] Q L Yang, Y Q Li, C Ma, et al. Palladium-Catalyzed C(sp^3)—H Oxygenation via Electrochemical Oxidation [J]. J Am Chem Soc, 2017, 139(8): 3293-3298.

[18] J A Joule, K E Mills. Heterocyclic Chemistry[M]. Wiley-Blackwell: Hoboken, 2010.

[19] (a) D P Jang, J W Chang, B J Uang. Highly Diastereoselective Michael Addition of α-Hydroxy Acid Derivatives and Enantioselective Synthesis of (+)-Crobarbatic Acid [J]. Org Lett, 2001, 3(7): 983-985. (b) P R Adona, C L V Leal. Meiotic Inhibition with Different Cyclin-Dependent Kinase Inhibitors in Bovine Oocytes and Its Effects on Maturation and Embryo Development [J]. Zygote, 2004, 12(3): 197-204.

[20] A Sutterer，K D Moeller. Reversing the Polarity of Enol Ethers: An Anodic Route to Tetrahydrofuran and Tetrahydropyran Rings [J]. J Am Chem Soc, 2000, 122(23): 5636-5637.

[21] Y Sun, B Liu, J Kao, et al. Anodic Cyclization Reactions: Reversing the Polarity of Ketene Dithioacetal Groups [J]. Org Lett, 2001, 3(11): 1729-1732.

[22] (a) B Liu, K D Moeller. Anodic Oxidation Reactions: the Total Synthesis of (+)-Nemorensic Acid [J]. Tetrahedron Lett, 2001, 42, 7163-7165. (b) H C Xu, J D Brandt, K D Moeller. Anodic Cyclization Reactions and the Synthesis of (−)-Crobarbatic Acid [J]. Tetrahedron Lett, 2008, 49(24): 3868-3871.

[23] (a) C L Kao, J W Chern. A Novel Strategy for the Synthesis of Benzofuran Skeleton Neolignans: Application to Ailanthoidol, XH-14, and Obovaten [J]. J Org Chem, 2002, 67(19): 6772-6787. (b) H Lütjens, P J Scammells. Synthesis of Natural Products Possessing A Benzo[*b*]Furan Skeleton [J]. Tetrahedron Lett, 1998, 39(36): 6581-6584.

[24] S Apers, A Vlietinck, L Pieters. Lignans and Neolignans as Lead Compounds [J]. Phytochem Rev, 2003, 2: 201-207.

[25] (a) M K Syed, C Murray, M Casey. Stereoselective Synthesis of Lignans of Three Structural Types from a Common Intermediate, Enantioselective Synthesis of (+)-Yangambin [J]. Eur J Org Chem, 2014, 2014(25): 5549-5556. (b) A K F Albertson, J P Lumb. A Bio-Inspired Total Synthesis of Tetrahydrofuran Lignans [J]. Angew Chem Int Ed, 2015, 54(7): 2204-2208.

[26] N Mori, A Furuta, H Watanabe. Electochemical Asymmetric Dimerization of Cinnamic Acid Derivatives and Application to the Enantioselective Syntheses of Furofuran Lignans [J]. Tetrahedron, 2016, 72(51): 8393-8399.

[27] M X He, Y Yao, C Z Ai, et al. Electrochemically-Mediated C—H Functionalization of Allenes and 1,3-Dicarbonyl Compounds to Construct Tetrasubstituted Furans [J]. Org Chem Front, 2022, 9(3):781-787.

[28] Z W Hou, H C Xu. Electrochemically Enabled Intramolecular Aminooxygenation of Alkynes via Amidyl Radical Cyclization [J]. Chin J Chem, 2020, 38(4): 394-398.

[29] T W Lyons, M S Sanford. Palladium-Catalyzed Ligand-Directed C—H Functionalization Reactions [J]. Chem Rev, 2010, 110(2): 1147-1169.

[30] (a) X Wang, L Truesdale, J Q Yu. Pd(Ⅱ)-Catalyzed Ortho-Trifluoromethylation of Arenes Using TFA as a Promoter [J]. J Am Chem Soc, 2010, 132(11): 3648-3649. (b) N Sakai, A Ridder, J F Hartwig. Tropene Derivatives by Sequential Intermolecular and Transannular, Intramolecular Palladium-Catalyzed Hydroamination of Cycloheptatriene [J]. J Am Chem Soc, 2006, 128(25): 8134- 8135.

[31] Y B Dudkina, D Y Mikhaylov, T V Gryaznova, et al. Electrochemical Ortho Functionalization of 2-Phenylpyridine with Perfluorocarboxylic Acids Catalyzed by Palladium in Higher Oxidation States [J]. Organometallics, 2013, 32(17): 4785-4792.

[32] Y Q Li, Q L Yang, P Fang, et al. Palladium-Catalyzed C(sp^2)—H Acetoxylation via Electrochemical Oxidation [J]. Org Lett, 2017, 19(11): 2905-2908.

[33] N Sauermann, T H Meyer, C Tian, et al. Electrochemical Cobalt-Catalyzed C—H Oxygenation at Room Temperature [J]. J

Am Chem Soc, 2017, 139(51): 18452-18455.

[34] (a) L Leventhal, M R Brandt, T A Cummons, et al. An Estrogen Receptor-β Agonist is Active in Models of Inflammatory and Chemical-Induced Pain [J]. Eur J Pharmacol, 2006, 553(1-3): 146-148. (b) R D Taylor, M MacCoss, A D G Lawson. Rings in Drugs [J]. J Med Chem, 2014, 57(14): 5845-5859.

[35] T Gieshoff, A Kehl, D Schollmeyer, et al. Electrochemical Synthesis of Benzoxazoles from Anilides—A New Approach to Employ Amidyl Radical Intermediates [J]. Chem Commun, 2017, 53(20): 2974-2977.

[36] (a) L Zhu, P Xiong, Z Y Mao, et al. Electrocatalytic Generation of Amidyl Radicals for Olefin Hydroamidation: Use of Solvent Effects to Enable Anilide Oxidation [J]. Angew Chem Int Ed, 2016, 55(6): 2226-2229. (b) N Fuentes, W Kong, L Fernandez-Sanchez, et al. Cyclization Cascades via *N*-Amidyl Radicals toward Highly Functionalized Heterocyclic Scaffolds [J]. J Am Chem Soc, 2015, 137(2): 964-973.

[37] F Xu, X Y Qian, Y J Li, et al. Synthesis of 4*H*-1,3-Benzoxazines via Metal- and Oxidizing Reagent-Free Aromatic C—H Oxygenation [J]. Org Lett, 2017, 19(23): 6332-6335.

[38] (a) J Gallardo-Donaire, R Martin. Cu-Catalyzed Mild C(sp^2)—H Functionalization Assisted by Carboxylic Acids en Route to Hydroxylated Arenes [J]. J Am Chem Soc, 2013, 135(25): 9350-9353. (b) J J Dai, W T Xu, Y D Wu, et al. Silver-Catalyzed C(sp^2)—H Functionalization/C—O Cyclization Reaction at Room Temperature [J]. J Org Chem, 2015, 80(2): 911-919.

[39] L Zhang, Z X Zhang, J T Hong, et al. Oxidant-Free C(sp^2)—H Functionalization/C—O Bond Formation: A Kolbe Oxidative Cyclization Process [J]. J Org Chem, 2018, 83(6): 3200-3207.

[40] P Nealmongkol, K Tangdenpaisal, S Sitthimonchai, et al. Cu(I)—Mediated Lactone Formation in Subcritical Water: A Benign Synthesis of Benzopyranones and Urolithins A-C [J]. Tetrahedron, 2013, 69(44): 9277−9283.

[41] A Shao, N Li, Y Gao, et al. Electrochemical Intramolecular C—H/O—H Cross-Coupling of 2-Arylbenzoic Acids [J]. Chin J Chem, 2018, 36(7): 619-624.

[42] S Zhang, L J Li, H Q Wang, et al. Scalable Electrochemical Dehydrogenative Lactonization of C(sp^2/sp^3)—H Bonds [J]. Org Lett, 2018, 20(1): 252-255.

[43] Y Li, Y J Ding, J Y Wang, et al. Pd-Catalyzed C—H Lactonization for Expedient Synthesis of Biaryl Lactones and Total Synthesis of Cannabinol [J]. Org Lett, 2013, 15(11): 2574-2577.

第十章

电化学合成含C—Se/P键、杂杂键的药物分子

电化学作为一种特殊的氧化还原手段，除了可以合成上述几章中描述的杂原子有机化合物外，也可以合成含有其他碳杂和杂杂键的药物活性分子。本章将主要从电化学构建碳硒键、碳磷键以及少量杂杂键（硫硫键和氮氮键）方面的内容进行简要说明。

10.1 电化学构建 C—Se 键

硒元素是生命体中必不可少的微量元素之一[1]，并与人体中的多个代谢路径有关。研究发现，有机硒类化合物具有显著的生物活性，例如抗癌、抗氧化、保护心脑血管、抗炎等[2]，并且广泛存在于生物活性分子或药物活性分子中，例如依布硒（2-苯基苯并异硒唑-3-酮）具有抗氧化活性，可以清除体内氧自由基，并且还具有良好的抗炎活性，可以用于治疗各种炎症，如类风湿性关节炎、骨关节炎等[3]；乙烷硒啉，是一种抗癌新药，在临床上可以用于治疗肺癌、结肠癌、胃癌等多种恶性肿瘤[4]；硒化福沙坦，可以作用于血管紧张素 AT_1 亚型受体，通过舒张外周血管，达到降低血压的效果[5]。另外，含有咪唑并吡啶基团结构的有机硒类化合物，具有广泛的抗菌活性，当与抗生素类药物联用时，可以增强其抗菌活性[6]（图 10-1）。因此，有机硒类化合物由于其特殊的生物活性和化学性质成为研究热点[7]。

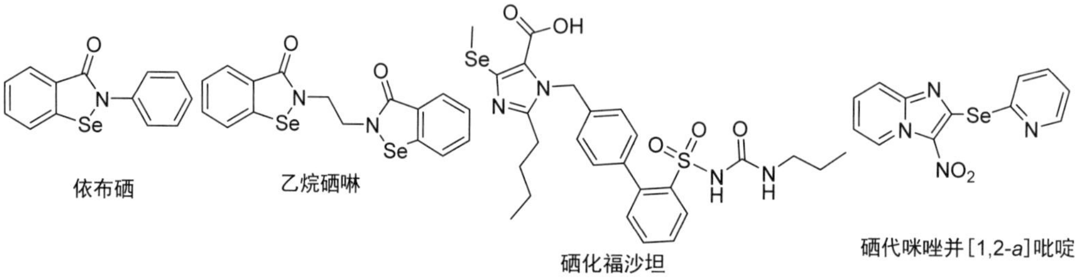

依布硒　乙烷硒啉　硒化福沙坦　硒代咪唑并[1,2-*a*]吡啶

图 10-1　具有代表性的有机硒类活性分子

目前构建含有碳硒键化合物的方法主要有金属催化/环化、光催化以及强氧化剂氧化[8]，但由于这些方法存在金属残留、酸腐蚀、成本高、毒性强等问题，因此寻求一种绿色高效的合成方法显得尤为重要。电化学合成方法是一种比较温和、绿色的合成工具，以下将简要介绍电化学构建含碳硒键化合物的研究成果。

烯烃作为重要的反应中间体，可以有效地合成生物活性化合物和天然药物[9]，但目前常用的方法大多需要过渡金属、光催化剂或强氧化剂[10]。2020 年，潘英明课题组[11]发现在电化学条件下，末端烯类化合物 **10-1** 与硒醚化合物 **10-2** 发生烯烃的双官能团化反应，得到硒基取代的环醚或内酯类化合物 **10-3**。该方法用铂片为阳极，RVC 为阴极，乙腈为溶剂，碘化铵为电解质，室温下，在未分隔电解池中以 10mA 的恒定电流进行反应，方法简单，具有良好的化学选择性和官能团兼容性，以中等至优良的产率得到各种环醚或内酯类化合物 **10-3**。在此反应过程中，改变烯醇类化合物的链长或硒醚化合物的取代基，可以以良好的产率得到相应的环状醚类化合物；将烯醇换成烯酸时，反应也可以顺利进行并得到环状内酯化合物（图 10-2）。

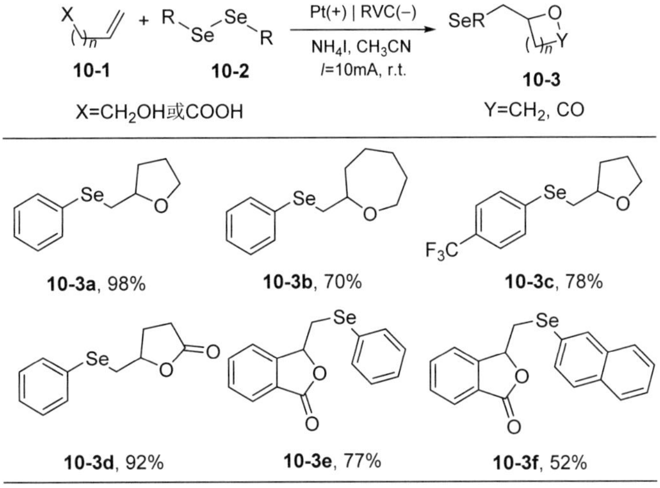

Pt(+) | RVC(−)
NH4I, CH3CN
I=10mA, r.t.
10-1
10-2
10-3
X=CH2OH或COOH
Y=CH2, CO
10-3a, 98%
10-3b, 70%
10-3c, 78%
10-3d, 92%
10-3e, 77%
10-3f, 52%

图 10-2 电化学介导末端烯发生双官能团硒化反应

该课题组提出反应可能的机理为：碘化铵中的碘负离子在阳极氧化，失去两个电子得到碘正离子，随后与末端烯类化合物 **10-1** 反应得到碘正离子中间体 **10-4**，随后发生分子内环化并释放质子得到中间体 **10-5**，其与硒醚化合物 **10-2** 发生快速硒化反应得到了产物 **10-3**，在阴极发生还原反应并析出氢气，完成电化学循环过程（图 10-3）。

阳极
阴极
1/2 H2
+ e−
H+
+ e−
−2e−
1/2 RSeSeR
1/2 I2
10-1
−H+
10-2
10-4
10-5
10-3

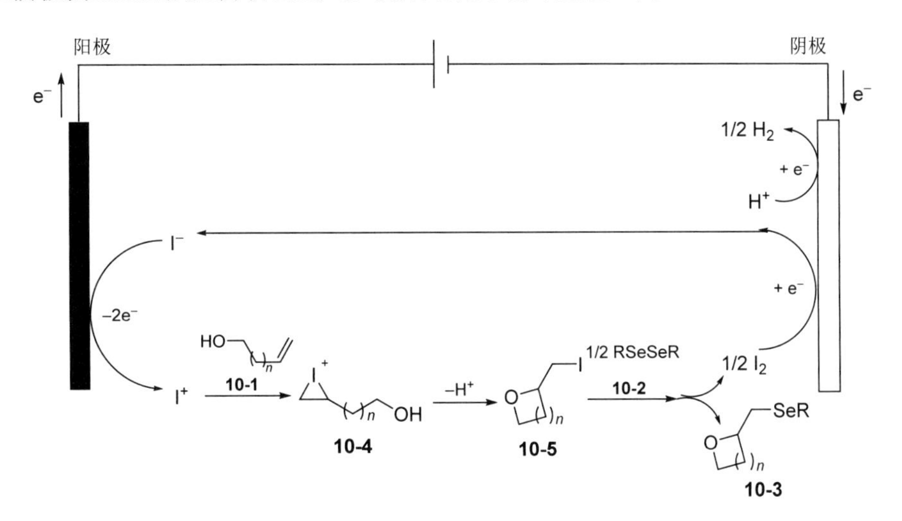

图 10-3 电化学介导末端烯发生双官能团硒化反应机理

活化的炔烃如炔酸盐或炔酰胺，可以作为偶联剂，通过自由基串联反应，得到取代杂环化合物如香豆素或喹啉酮等，从而实现炔烃的双官能团化[12]。香豆素或喹啉酮作为特殊的结构骨架，广泛存在于天然产物和药物分子中，具有抗癌、抗炎、抗抑郁等生物活性[13]，而炔烃与硒醚反应得到此类环化物（香豆素或喹啉酮）的传统方法通常需要金属或过量强氧化剂的参与[14]。

2019 年，郭凯课题组[15]发现炔烃类化合物（炔酸盐或炔酰胺）**10-6** 可以与硒醚化合物 **10-7** 发生电化学环化反应，得到硒基取代的香豆素或喹啉酮类化合物 **10-8**。该反应以石墨碳为阳极，铂片为阴极，乙腈和六氟异丙醇以 4∶1 的比例为混合溶剂，四丁基六氟磷酸铵为电解质，在室温下恒定电流为 15mA 的未分隔电解池中进行反应，得到多种环化产物 **10-8**。该反应无须金属和氧化剂的参与，具有良好的底物适应性，不仅适用于各种硒醚类底物，硫醚类底物也能顺利进行，得到硫化产物 **10-9**。此外，该反应具有工业实用性，能以 58%的产率得到克级反应产物 **10-8a**（图 10-4）。

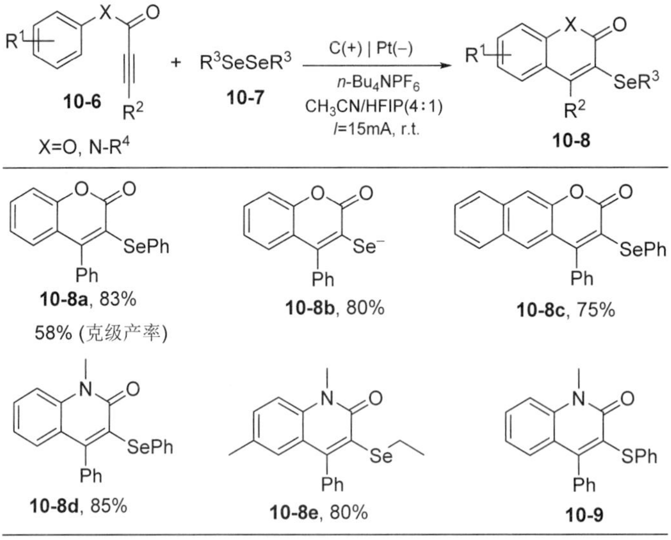

图 10-4 电化学介导炔烃发生自由基串联环化反应

该课题组通过控制实验和循环伏安法研究，提出了反应的可能机理：二苯基二硒醚 **10-7a** 在阳极氧化生成阳离子自由基中间体 **10-10**，随后裂解成苯硒基自由基 **10-11** 和苯硒基阳离子 **10-12**，**10-11** 加成到炔烃的三键上得到乙烯基自由基 **10-13**，接着发生分子内环化、阳极氧化、失去质子得到化合物 **10-8a**，在阴极，苯硒基阳离子 **10-12** 还原生成底物 **10-7a**，进入下一个催化循环（图 10-5）。

含氮或氧原子的芳基硒类化合物，经常存在于生物活性分子中[16]，用于治疗一些常见疾病[17]，通过芳烃化合物 C(sp^2)—H 的活化，在金属催化或过氧化物的氧化下，可以得到相应的芳基硒类化合物[18]。

2019 年，Mendes 课题组[19]报道了电化学介导的芳烃化合物 **10-16** 与硒醚化合物 **10-17** 发生 C(sp^2)—H 官能团化反应，得到硒基取代的芳烃化合物 **10-18**。该反应以铂片为电极，乙腈为溶剂，碘化钾为电解质，室温下，在恒定电流为 20mA 的未分隔电解池中进行电解，

得到多种硒化产物 **10-18**。在反应过程中，芳烃底物 **10-16** 的苯环上可以被含氧基团取代，也可以被含氮基团取代，该方法区域选择性良好，反应条件温和，产率优良，适用范围广，可以用来合成具有生物活性的芳基硒类化合物（图 10-6）。

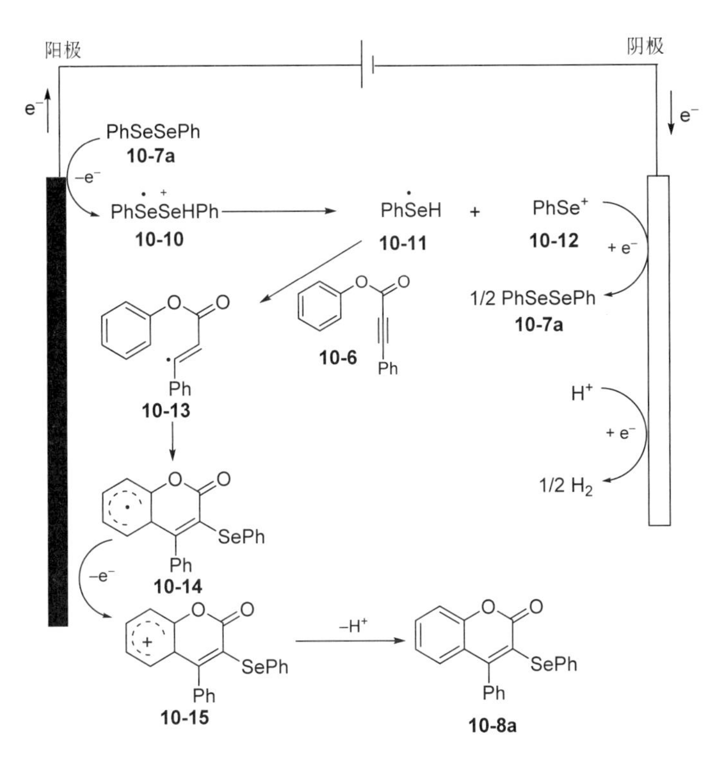

图 10-5　电化学介导炔烃发生自由基串联环化反应机理

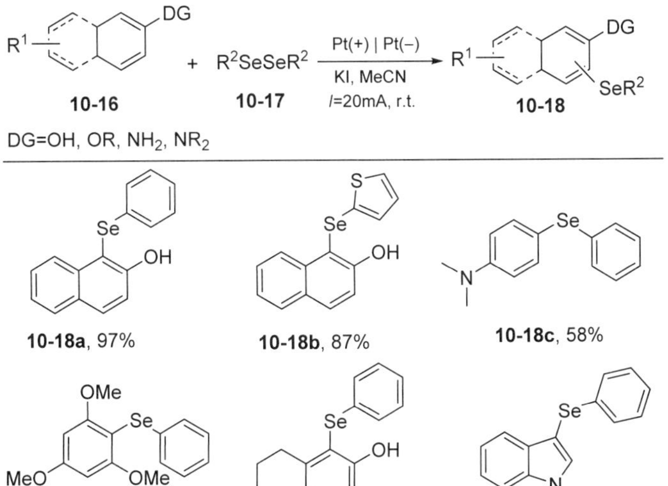

R¹ 10-16 + R²SeSeR² 10-17 —Pt(+) | Pt(–), KI, MeCN, *I*=20mA, r.t.→ 10-18

DG=OH, OR, NH_2, NR_2

10-18a, 97%　**10-18b**, 87%　**10-18c**, 58%

10-18d, 41%　**10-18e**, 44%　**10-18f**, 87%

图 10-6　电化学介导芳烃化合物硒化反应

他们提出了两种反应路径。路径 1：碘负离子在阳极氧化生成的碘正离子与 2-萘酚化合物 **10-16a** 发生亲电取代反应，得到中间体 **10-19**，随后迅速与二苯基二硒醚 **10-17a** 发生硒化反应，得到硒化产物 **10-18a**，并伴随着阴极碘单质的还原与氢气的释放。路径 2：碘负离子在阳极氧化生成的碘单质与二苯基二硒醚 **10-17a** 反应，生成中间体化合物 **10-20**，随后与 2-萘酚化合物 **10-16a** 发生取代反应，得到目标产物 **10-18a**，并伴随着阴极析氢反应的发生（图 10-7）。

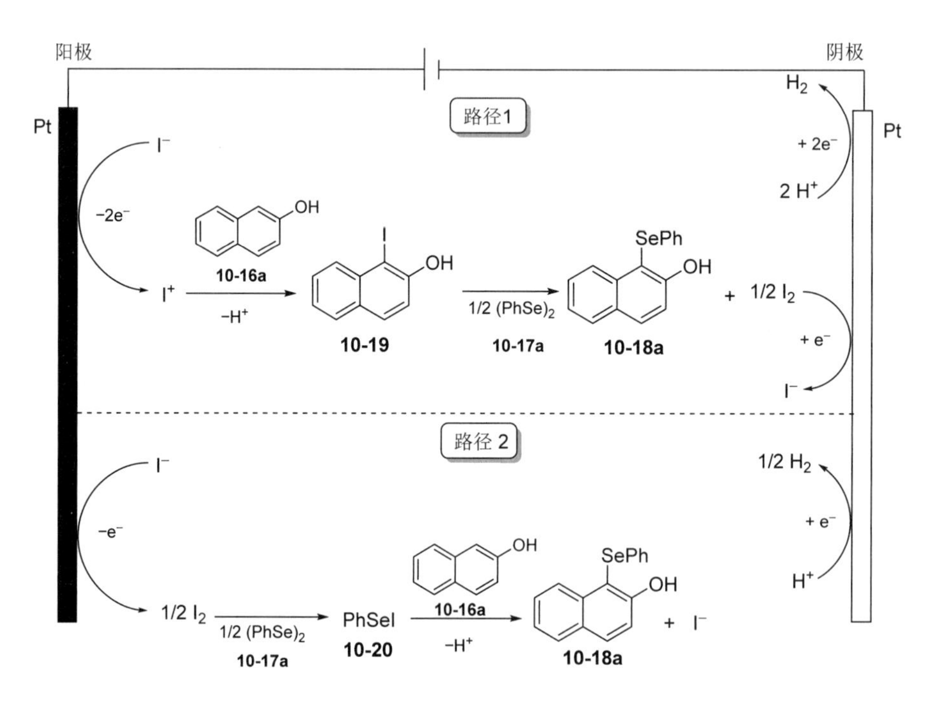

图 10-7　电化学介导芳烃化合物硒化反应的机理

2018 年，孙林浩课题组[20]报道了吲哚类化合物 **10-21** 与硒醚化合物 **10-22** 的电化学硒化反应。该反应以石墨为阳极，铂片为阴极，乙腈为溶剂，碘化钾为电解质，在室温下恒定电流为 18mA 的不分隔电解池中进行，以中等至优良的产率得到多种硒基取代产物 **10-23**。该反应具有较好的官能团耐受性，当吲哚类化合物 **10-21** 上的氮原子被甲基取代或氮杂环上被甲基、酯基、苯环取代时，反应可以顺利进行，并且二苄基二硒醚或二甲基二硒醚也能参与该反应。吲哚 **10-21a** 为底物进行克级反应时（扩大 20 倍），以 95%的产率得到产物 **10-23a**（图 10-8）。

该课题组提出了两种反应路径，路径 1：碘负离子在阳极氧化生成碘正离子，接着与吲哚 **10-21a** 发生亲电取代反应，得到中间体 **10-24**，随后与溶液中的二苯基二硒醚 **10-22a** 发生快速硒化反应，得到硒化产物 **10-23a**，并伴随着阴极碘单质的还原与氢气的释放，完成了相应的催化循环。路径 2：碘负离子在阳极氧化生成碘单质，随后氧化二苯基二硒醚 **10-22a** 得到碘代硒化物 **10-25**，接着与吲哚 **10-21a** 发生取代反应，得到目标化合物 **10-23a**（图 10-9）。

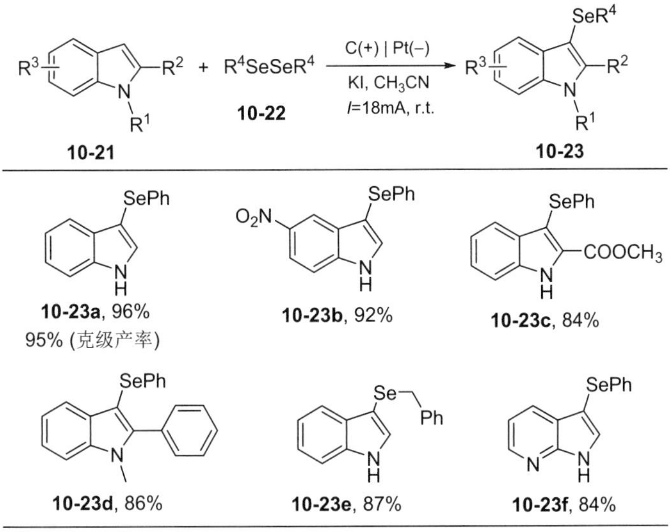

10-21 + R^4SeSeR^4 **10-22** $\xrightarrow[\text{KI, CH}_3\text{CN, } I\text{=18mA, r.t.}]{\text{C(+) | Pt(−)}}$ **10-23**

10-23a, 96%
95% (克级产率)
10-23b, 92%
10-23c, 84%
10-23d, 86%
10-23e, 87%
10-23f, 84%

图 10-8　电化学介导吲哚类化合物硒化反应

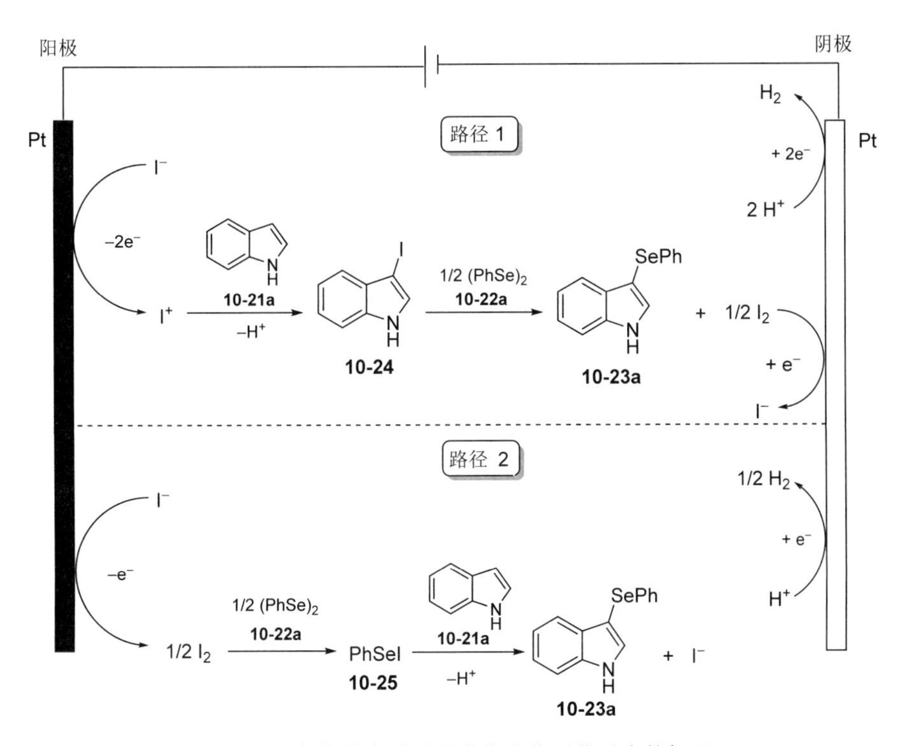

图 10-9　电化学介导吲哚类化合物硒化反应的机理

尿嘧啶，作为核酸碱基对的组成部分[21]，不仅是天然产物、农药和药物中的有效结构单元[22]，也广泛应用于生物分析、分子遗传学、材料科学等领域[23]。5-硒尿嘧啶类化合物是尿嘧啶 5 位上的氢被硒基取代的产物，由于其重要的生物活性，引起了广大化学工作者的研究兴趣。尿嘧啶硒化产物的合成大多需要金属催化剂的参与或者氧化剂的氧化，硒化试剂大多为苯硒酰氯，并且尿嘧啶大多以带有先导基团或者预官能团化的嘧啶类化合物为底物[8]。为了减少重金属残留，扩大底物范围、减少试剂用量、探索绿色环保的合成方法至关重要。

2020 年，徐燕丽课题组[24]发现尿嘧啶类化合物 **10-26** 在电化学条件下可以合成 5-硒尿嘧啶类化合物 **10-28**。该反应以石墨为阳极，铂片为阴极，*N*,*N*-二甲基甲酰胺为溶剂，碘化铵为电解质，在 50℃下恒定电流为 3mA 的未分隔电解池中电解，以优良的产率得到多种硒基尿嘧啶类产物 **10-28**。在反应过程中，改变硒醚底物 **10-27** 的官能团，即苯环上的取代基为供电子基如甲基、甲氧基时，或为吸电子基如氟、氯和溴时，都可以以良好的产率得到目标化合物 **10-28**，此外，当硒醚底物 **10-27** 被萘基、苄基、烷基、吡啶基或噻唑基取代时，反应也可顺利进行（图 10-10）。

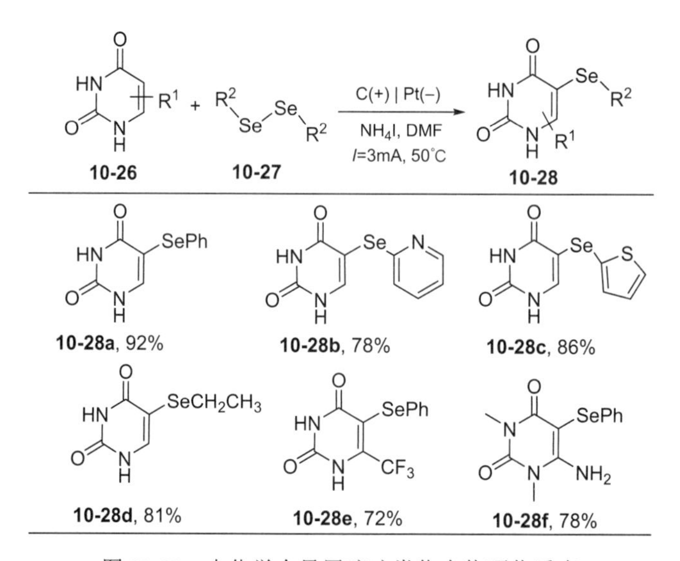

图 10-10　电化学介导尿嘧啶类化合物硒化反应

该课题组提出了两种反应路径。路径 1：碘负离子阳极氧化生成碘正离子，接着与尿嘧啶 **10-26a** 发生亲电取代反应，并失去质子得到 5-碘尿嘧啶 **10-29**，随后与二苯基二硒醚 **10-27a** 发生硒化反应，得到目标产物 **10-28a**。路径 2：碘负离子在阳极氧化生成碘单质，随后氧化二苯基二硒醚 **10-27a** 得到碘代硒化物 **10-30**，随后异裂并与尿嘧啶 **10-26a** 发生反应，得到目标产物 **10-28a**，并伴随着阴极析氢反应的发生（图 10-11）。

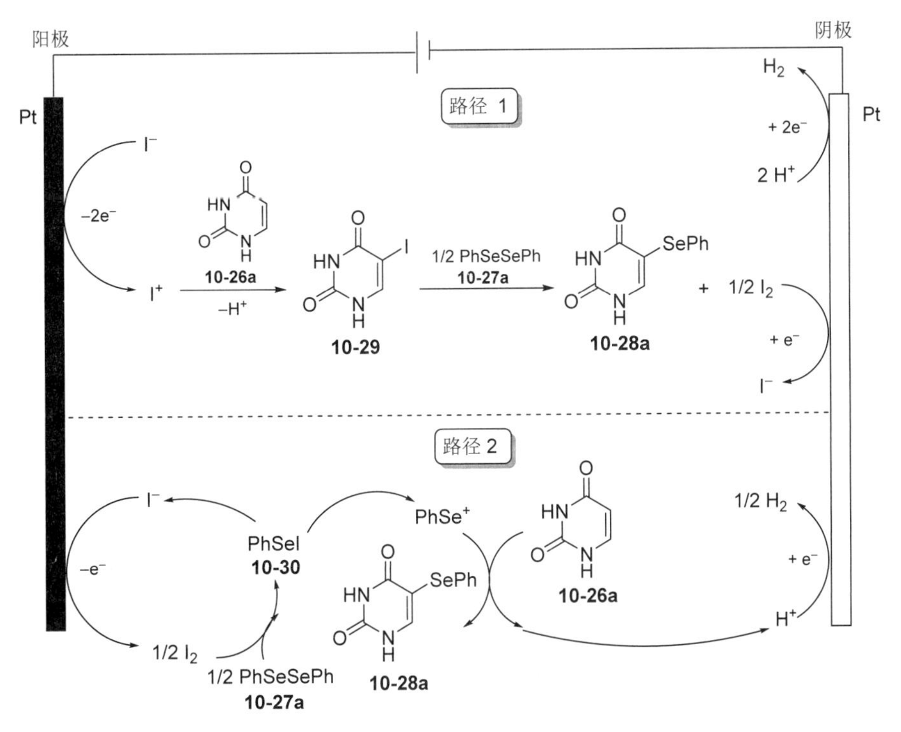

图 10-11　电化学介导尿嘧啶类化合物硒化反应的机理

10.2 电化学构建 C—P 键

磷作为生物体内的必要元素之一，应用于农业、生物化学、药物化学、材料和有机合成领域[25]。有机磷化合物广泛存在于有机体内，参与构成生命体中 DNA、RNA、蛋白质、生物膜等基本物质，也参与了许多重要的生化反应，是维持生命活动的基本物质。有机磷酸化合物是一类重要的天然产物，不仅与微生物具有密切的关系，而且具有生物活性，如抗菌、抗炎、抗肿瘤、杀虫等[26]，也可作为金属催化中的配体或者反应底物,广泛应用于有机合成、催化化学、生物化学和材料科学等领域[27]。有机磷化合物能够抑制生物体内乙酰胆碱酯酶的活性，因此在农业生产中作为重要的一种除草剂被广泛应用[28]。此外含磷有机物在化学治疗剂、增塑剂、抗氧化剂、表面活性剂、络合剂、有机磷萃取剂等方面的应用也十分广泛。对于微生物而言，具有生物活性的有机磷化合物酶促降解的驱动力即为化合物中碳磷键的存在[29]。生物活性物质如磷霉素,是最早用作治疗尿路感染的试剂[30]；草丁膦和草甘膦在农药中用作除草剂[31]；替诺福韦被世界贸易组织列为治疗艾滋病和乙型肝炎的基本药物[32]；唑来膦酸，作为一种焦磷酸盐类似物，可以用于治疗骨质疏松症，并且具有抗癌活性[33]（图 10-12）。

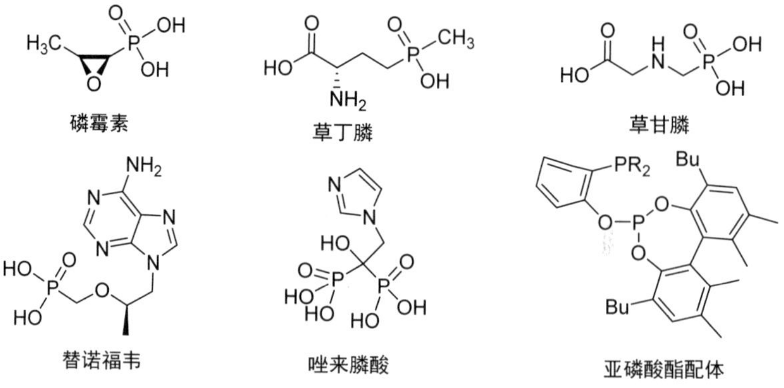

磷霉素　草丁膦　草甘膦

替诺福韦　唑来膦酸　亚磷酸酯配体

图 10-12　具有代表性的活性有机磷类化合物

目前合成磷酸盐的策略主要包括经典的米歇尔-阿尔布佐夫反应和 Atherton-Todd 反应[34]，直接酯化磷酸化[35]，醇化磷酸化[36]和碳磷键偶联反应[37]。这些方法都需要预先官能团化的有机卤化物或伪卤化物作为反应底物[38]，或需要过渡金属催化[39]，因此，发展一种简便、快捷、高效、对环境友好的构建碳磷键的方法，对于含磷化合物的研究具有重要意义。非活泼化学键（如碳氢键）的直接官能团化可以省去一步甚至多步的过程，来制备含目标官能团的化合物，因此，非活泼化学键活化方法的开发是提高有机合成反应效率的一个重要发展方向[40]。有机电化学合成直接利用电子作为反应催化剂，引起旧化学键的断裂和新化学键的形成[41]，通过反应底物在电极上直接得失电子实现的，符合绿色可持续发展的要求[42]。下面将简要介绍几种在电化学条件下有机磷化合物的合成方法，碳磷键的形成不仅是药物合成过程中的重要研究内容，也对现代药物分子合成产生重要的影响。高效率、高选择性地构建碳磷键的新反应、新途径将会大大提高目标化合物的合成效率，进而也具有重大的应用价值和理论意义。

电化学合成是一种实现烯烃双官能团化反应的有效方法[43]，有两种可能的反应机理来实现烯烃的双官能团化过程：第一种通过阳极氧化反应，直接激活烯烃并生成相应的阳离子自由基，这种方法通常用于富电子底物，并与烯烃的氧化电势有关[44]；第二种则是氧化反应中的其他反应试剂，然后加成到烯烃的碳碳双键上，而不是发生烯烃的自身氧化[45]，这种方法要求产生的自由基中间体能够有序地加成到烯烃底物上。然而在实际反应过程中，会产生多种反应中间体，形成多种转化途径，因此在加成过程中会带来化学和区域选择性的问题。

林松课题组[46]开发了一种将电化学与过渡金属催化相结合的方法，解决烯烃反应过程中出现的选择性问题。通过阳极氧化生成两种不同的亲核试剂，在过渡金属的催化下，分别进行两次有序加成来实现烯烃的双官能团化，从而解决了化学与区域选择性问题[47]。在此基础之上，2019 年，该课题组[48]发现电化学条件下，在金属锰的催化下烯烃类化合物 **10-31**、氧磷类化合物 **10-32**、氯化锂 **10-33** 可以发生烯烃氯/磷酰化双官能团化反应，得到了多种有机磷类化合物 **10-34**。该反应以石墨碳为阳极，铂片为阴极，三氟甲磺酸锰为催化剂，联吡啶为配体，高氯酸锂为电解质，乙腈为溶剂，醋酸作为添加剂，恒定电压为 2.3V

进行电解，得到磷酰化产物 **10-34**。该反应不仅适应于苯乙烯类底物，环状烯烃和链状的脂肪烯烃都能使反应顺利进行，由于反应条件温和，羟基、羰基、含氮杂环（吡啶、苯并咪唑）的敏感官能团都能耐受，各种取代基团的氧磷类化合物以及磷酸酯等都能作为亲核试剂参与该反应，当用叠氮基三甲基硅烷替代氯化锂时，也可得到相应的叠氮磷酰化产物（图 10-13）。在此反应过程中，通过调节外加电压从而精确地控制反应体系中的氧化还原过程，确保烯烃发生氧化的同时不破坏其他官能团，并在锰催化剂的作用下，使该三组分偶联反应具有较高的化学选择性和区域选择性。

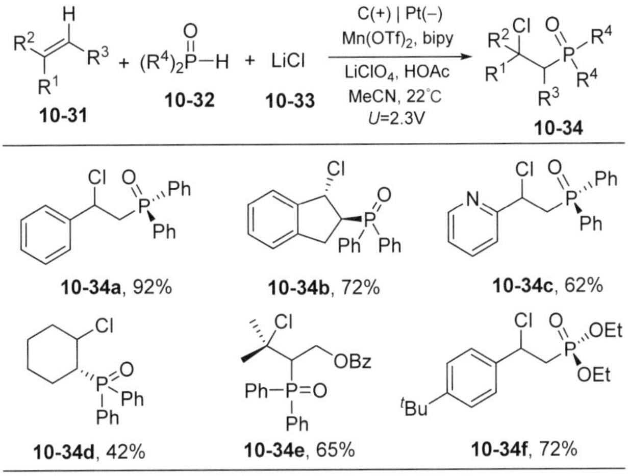

10-31 + $(R^4)_2P(O)H$ 10-32 + LiCl 10-33 → [C(+) | Pt(−), $Mn(OTf)_2$, bipy, $LiClO_4$, HOAc, MeCN, 22℃, U=2.3V] → 10-34

10-34a, 92%　**10-34b**, 72%　**10-34c**, 62%

10-34d, 42%　**10-34e**, 65%　**10-34f**, 72%

图 10-13　电化学介导烯烃氯/磷酰化双官能团化反应

该课题组推测可能的反应机理是：氯化锂 **10-33** 和二价锰催化剂在溶液中生成的复合物 **10-35** 在阳极氧化生成高价态复合物 **10-36**，进一步氧化氧磷化合物 **10-32**，得到氧磷自由基中间体 **10-37**，接着进攻烯烃类化合物 **10-31** 双键富电子部分，得到自由基中间体 **10-38**，被高价态复合物 **10-36** 氧化得到产物 **10-34**，同时阴极释放出氢气（图 10-14）。

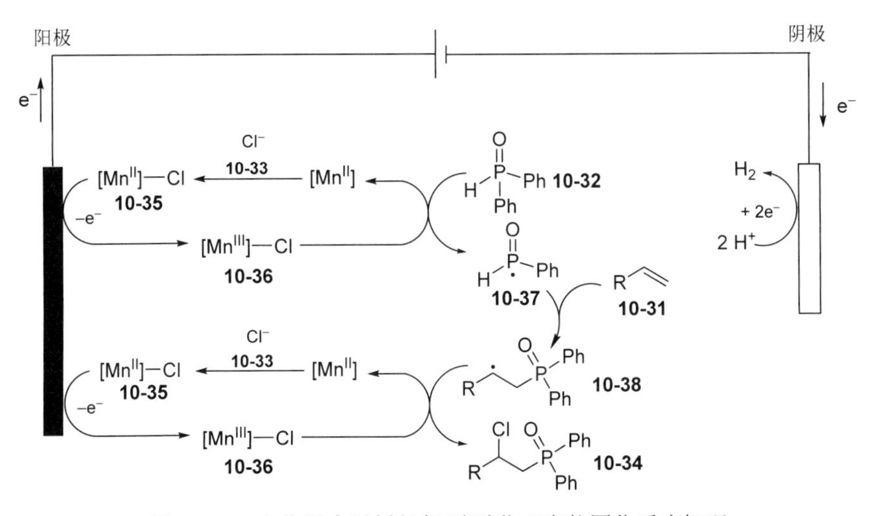

图 10-14　电化学介导烯烃氯/磷酰化双官能团化反应机理

同年，该课题组[49]又发现在电化学条件下，金属铜催化剂可以促使芳基烯烃类化合物 **10-39** 与氧磷类化合物 **10-40**、三甲基氰基硅烷 **10-41** 发生氰/磷酰化双官能团化反应，得到多种有机磷类化合物 **10-42**。该反应以石墨碳为阳极，铂片为阴极，三氟甲磺酸铜为催化剂，双噁唑啉为配体，四丁基四氟硼酸铵（$TBABF_4$）为电解质，*N*,*N*-二甲基甲酰胺为溶剂，2,2,2-三氟乙醇作为添加剂，在 0℃下恒定电流为 3mA 的电解池中进行反应得到产物 **10-42**（图 10-15）。该课题组通过优化反应条件和设计合理的配体，在具有氧化还原活性的催化剂的调控下，从而协调该电化学体系中发生多种氧化还原过程，实现烯烃的不对称选择性双官能团化反应。

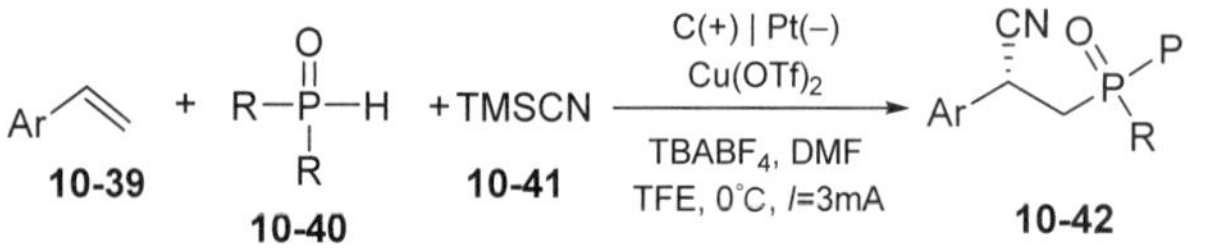

10-39 + 10-40 + TMSCN 10-41 → 10-42

C(+) | Pt(−), $Cu(OTf)_2$, $TBABF_4$, DMF, TFE, 0℃, *I*=3mA

图 10-15　电化学介导芳基烯烃氰/磷酰化双官能团化反应

该课题组推测可能的反应机理是：三甲基氰基硅烷 **10-41** 和铜催化剂在溶液中生成复合物 **10-43**，**10-43** 在阳极氧化生成二价铜复合物 **10-44**，进一步氧化氧磷化合物 **10-40**，得到氧磷自由基中间体 **10-45**，接着进攻芳基烯烃 **10-39** 双键的富电子位点，得到自由基中间体 **10-46**，然后被复合物 **10-44** 氧化得到产物 **10-42**，同时阴极释放出氢气（图 10-16）。

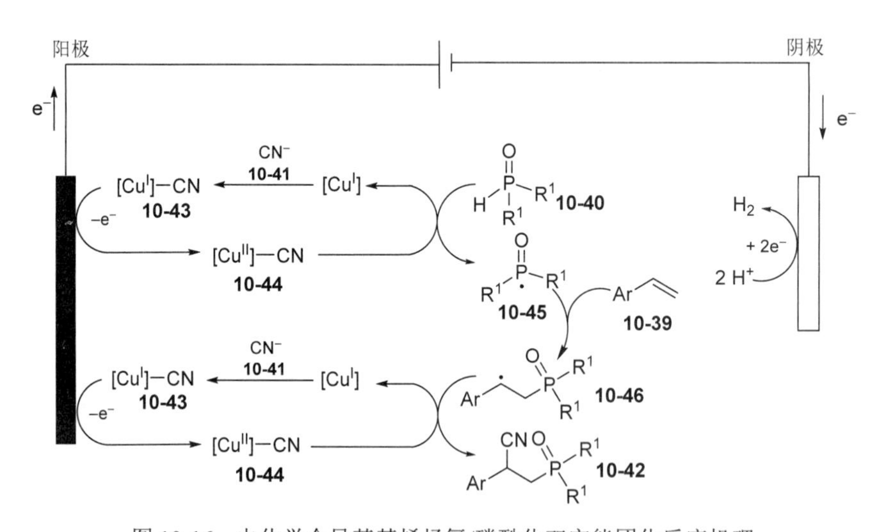

图 10-16　电化学介导芳基烯烃氰/磷酰化双官能团化反应机理

2020 年，孙平华课题组[50]发现醛腙类化合物 **10-47** 在电化学条件下可以发生磷酸化反应，得到多种 *α*-亚氨基磷氧化合物 **10-49**。该反应以石墨为阳极，铂片为阴极，四水合溴化锰作为催化剂，四乙基高氯酸铵为电解质，乙腈为溶剂，在恒定电流为 4mA 的电解池中电

解得到产物 **10-49**。该反应具有良好的官能团耐受性，含有不同取代基团的醛腙类衍生物 **10-47** 和氧磷类化合物 **10-48** 都能使反应顺利进行（图 10-17）。

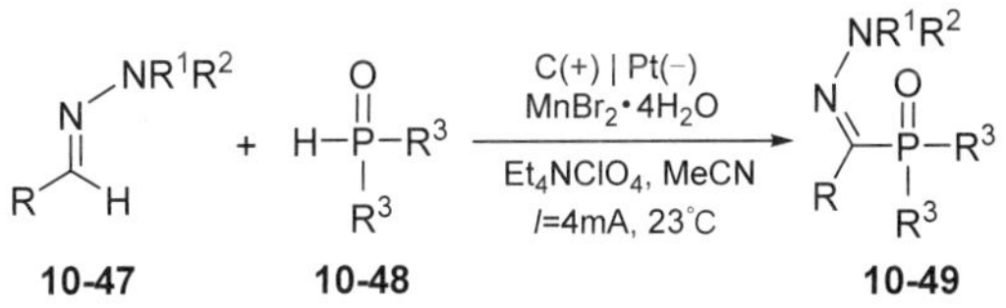

NR^1R^2 ... + H—P(=O)(R^3)—R^3 → (C(+) | Pt(−), $MnBr_2 \cdot 4H_2O$, Et_4NClO_4, MeCN, I=4mA, 23℃)

10-47　**10-48**　**10-49**

图 10-17　电化学介导醛腙类化合物磷酸化反应

该课题组通过控制实验和循环伏安法实验，提出了反应可能的机理：醛腙类化合物 **10-47a** 在阳极氧化生成碳正离子自由基中间体 **10-50**，与氧磷化合物 **10-48a** 的共振体 **10-51** 发生反应，得到氨基自由基中间体 **10-52**，接着发生氧化反应并脱去质子，得到目标产物 **10-49a**，并伴随着阴极析氢反应的发生（图 10-18）。

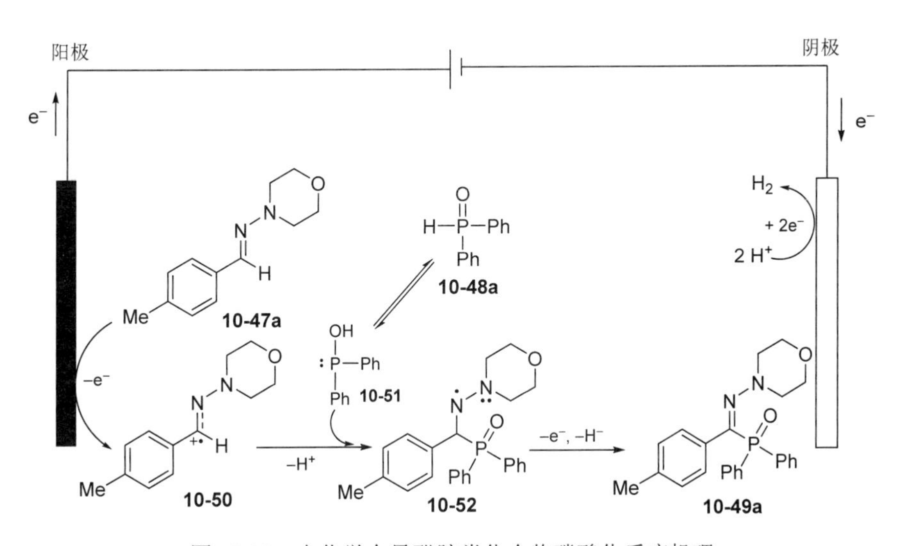

图 10-18　电化学介导醛腙类化合物磷酸化反应机理

2015 年，Budnikova 课题组[51]报道了电化学介导 2-苯基吡啶 **10-53** 与二乙基磷酸酯类化合物 **10-54** 发生磷酸化反应，得到磷酸酯类含氮杂环化合物 **10-55**。该反应以铂片为电极，醋酸钯为催化剂，1,4-苯醌（BQ）为配体，乙腈为溶剂，醋酸钠为碱，以 78%产率得到产物 **10-55**（图 10-19）。

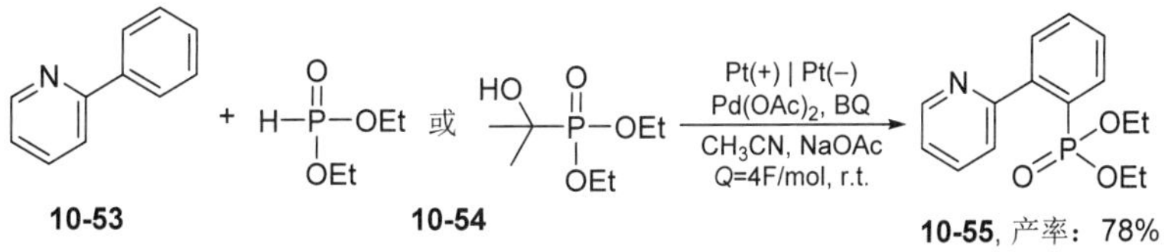

Pt(+) | Pt(−)，$Pd(OAc)_2$, BQ，CH_3CN, NaOAc，Q=4F/mol, r.t.

10-53　**10-54**　**10-55**, 产率：78%

图 10-19　电化学介导 2-苯基吡啶氧化磷酸化反应

2019 年，徐海超课题组[52]发现带有吸电子基团的芳基化合物 **10-56** 在电化学条件下，与氧磷化合物 **10-57** 发生磷酰化反应，得到多种氧磷化合物 **10-58**。该反应以 RVC 为阳极，铂片为阴极，醋酸铑为催化剂，六氟磷酸钾为电解质，甲醇为溶剂，在 65℃下恒定电流为 3mA 的电解池中进行电解，得到芳基氧磷产物 **10-58**。该反应具有良好的底物普适性，芳基化合物 **10-56** 可以是苯环上带有各种取代基的芳烃，也可以是各种杂环化合物如嘧啶、噻吩、苯并呋喃环、吡唑、嘌呤、哒嗪等；氧磷化合物 **10-57** 的取代基团可以是苯环，也可以是酯基、醚基、烷基。克级反应以 62%产率得到 87.7g 产物 **10-58a**，说明该反应具有工业适用性（图 10-20）。

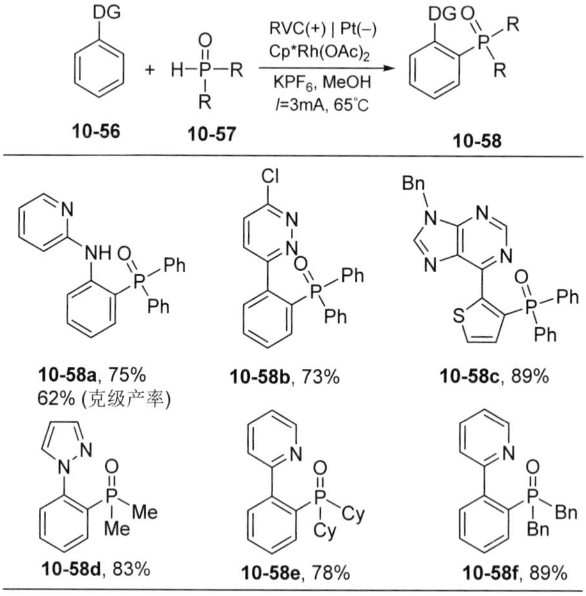

图 10-20 电化学介导芳基化合物发生磷酰化反应

2019 年，曾程初课题组[53]报道了电化学介导的喹啉酮类化合物 **10-59** 与氧磷化物 **10-60** 发生分子间交叉偶联反应，得到多种 3-磷酰基喹啉-2(1*H*)-酮类化合物 **10-61**。该反应以石墨碳为阳极，铂片为阴极，高氯酸锂为电解质，乙腈为溶剂，在 40℃下电流密度为 3mA/cm^2 的电解池中进行反应，得到喹啉酮类目标化合物 **10-61**。该反应具有良好的官能团适用性，各种官能团的喹啉酮类化合物和芳基氧磷化合物都能使反应顺利进行，并且以氧杂蒽为底物时，也能参与该反应（图 10-21）。该方法操作简单，不需要外源氧化剂、金属催化剂、添加剂，提供了一种绿色环保、高效构建碳磷键的方法。

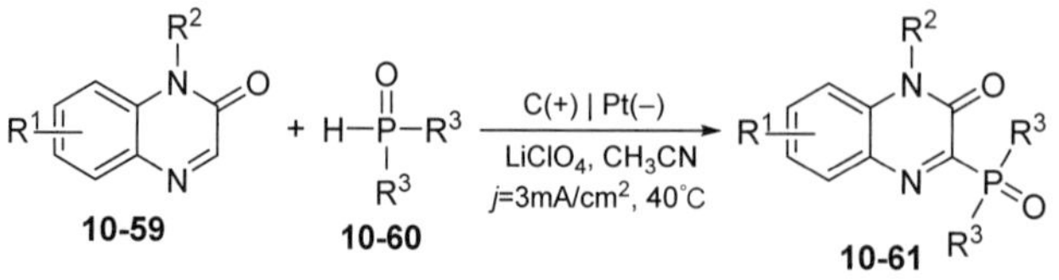

图 10-21 电化学介导喹啉酮类化合物发生分子间交叉偶联反应

该课题组推测反应可能的机理是：在阳极，喹啉酮类化合物 **10-59** 氧化得到正离子自由基中间体 **10-62**，随后与氧磷化合物 **10-60** 的共振体 **10-63** 发生反应，得到磷自由基中间体 **10-64**，接着与喹啉酮类化合物 **10-59** 的共振体 **10-65** 发生加成反应，得到中间体 **10-66**，随后进一步氧化脱氢得到日标产物 **10-61**（图 10-22）。

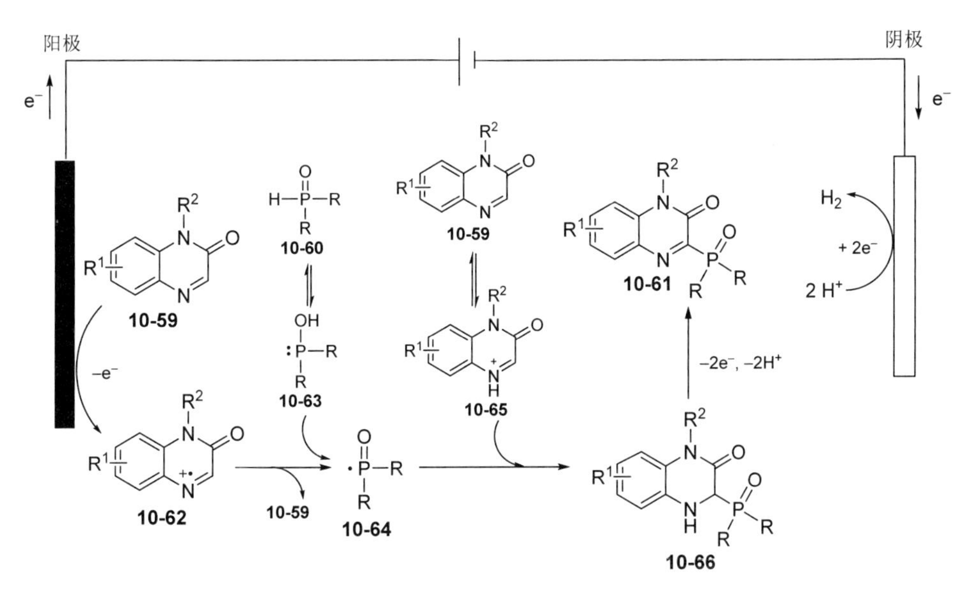

图 10-22　电化学介导喹啉酮类化合物发生分子间交叉偶联反应机理

同年，王利民课题组[54]也报道了类似的电化学反应，即喹啉-2(1*H*)-酮类化合物 **10-67** 与芳基氧磷类化合物 **10-68** 的电化学脱氢偶联反应。该反应以铂片为阳极，石墨碳为阴极，四丁基六氟磷酸铵为电解质，乙腈为溶剂，在 50℃下恒定电流为 10mA 的未分隔电解池中进行电解，得到喹啉酮类目标化合物 **10-69**。在反应过程中发现，芳基氧磷类化合物 **10-68** 的苯环上被单取代或双取代时，反应能顺利进行，当被三取代时，无目标产物 **10-69** 生成，说明氧磷类化合物 **10-68** 的空间位阻影响反应（图 10-23）。

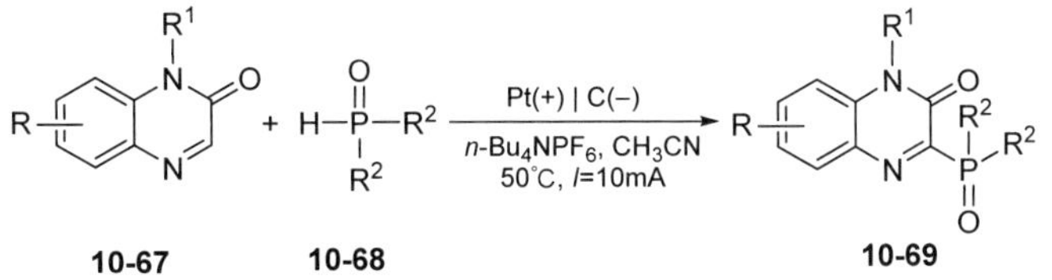

Pt(+) | C(−)；n-Bu_4NPF_6, CH_3CN；50℃, I=10mA

10-67　**10-68**　**10-69**

图 10-23　电化学介导喹啉酮类化合物与氧磷类化合物发生脱氢偶联反应

2019 年，雷爱文课题组[55]报道了电化学条件下杂环芳烃类化合物 **10-70** 的磷酰化反应。该反应以石墨碳为阳极，铂片为阴极，四丁基六氟磷酸铵为电解质，乙腈为溶剂，在 50℃下恒定电流为 4mA 的未分隔电解池中进行反应，得到磷酰化含氮杂环化合物 **10-72**（图 10-24）。

该反应无须添加外源氧化剂，底物范围广，不仅适用于 C(sp^2)—H 键的磷酰化反应，也适用于 C(sp^3)—H 键的磷酰化反应。

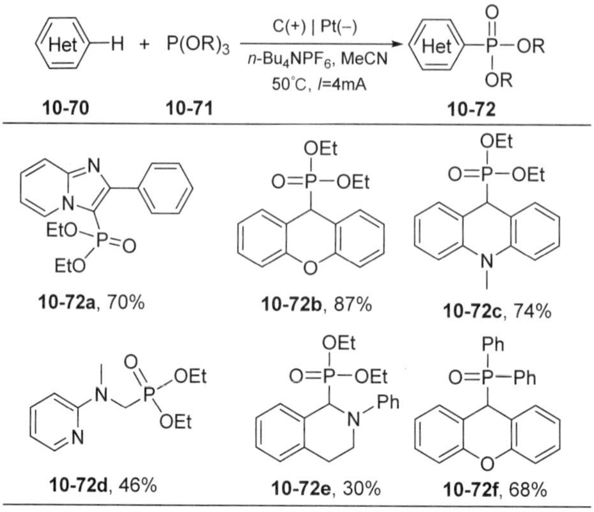

Het—H + $P(OR)_3$ $\xrightarrow[\text{50°C, } I\text{=4mA}]{\text{C(+) | Pt(−), } n\text{-}Bu_4NPF_6\text{, MeCN}}$ Het—P(O)(OR)OR

10-70　10-71　10-72

10-72a, 70%　10-72b, 87%　10-72c, 74%

10-72d, 46%　10-72e, 30%　10-72f, 68%

图 10-24　电化学介导杂环芳烃类化合物发生磷酰化反应

该课题组推测反应可能的机理是：2-苯基咪唑并[1,2-*a*]吡啶 **10-70a** 阳极氧化生成阳离子自由基中间体 **10-73**，被亚磷酸三乙酯 **10-71a** 捕获，得到中间体 **10-74**，接着进一步氧化，脱氢得到正离子中间体 **10-76**，随后脱烷基得到目标产物 **10-72a**，并伴随着阴极析氢反应的发生（图 10-25）。

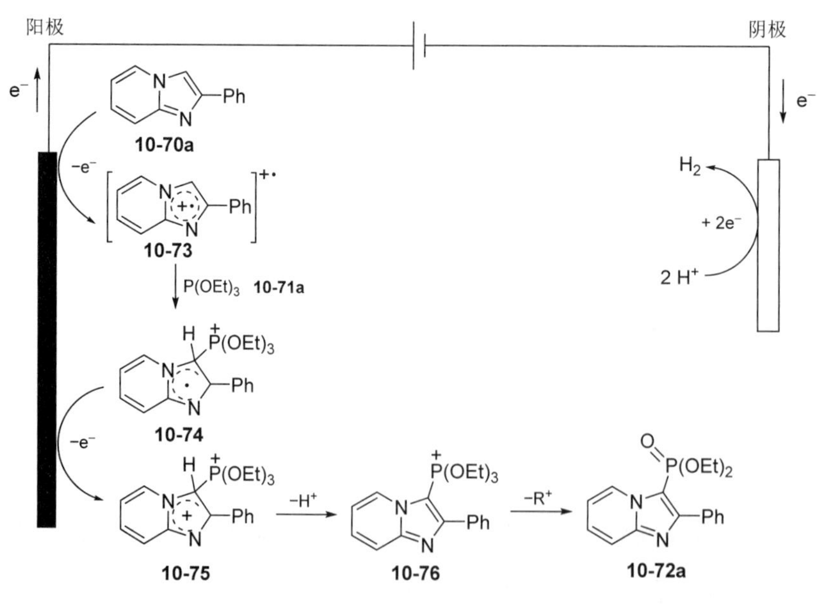

图 10-25　电化学介导杂环芳烃类化合物发生磷酰化反应的机理

含有π-共轭结构的氧磷化合物，由于其具有高电子密度、热稳定性和化学稳定性，常用作有机功能材料的基本骨架[56]。多芳基氧磷化合物是合成磷有机材料的重要组成部分[57]。目前报道的多芳基氧磷化合物的合成方法有2,2′-二卤代二芳基衍生物在苯基氯化磷的参与下，发生二锂化反应，该反应过程需要多步反应，底物范围比较狭窄[58]，因此，二芳基氧磷化合物的自身环化反应是生成多元环状氧磷化合物最直接、最简便的方法，然而这些过程需要金属催化剂、强酸或过量酸的参与[59]，因此需要发展绿色环保的合成路线。在电化学形成碳磷键的研究过程中发现，间接电解比直接电解的反应条件温和，底物范围广，且更易发生反应。

2021年，Suga课题组[60]发现在电化学条件下，二芳基氧磷化合物 **10-77** 在DABCO的介导下发生分子内环化反应，得到五元或六元环氧磷杂环化合物 **10-78**。该反应以铂片为电极，四丁基四氟硼酸铵为电解质，乙腈和水以99∶1的比例为混合溶剂，DABCO为添加剂，在25℃下恒定电流为2.5mA的未分隔电解池中进行电解，得到氧磷杂环化合物 **10-78**。反应过程中，二芳基氧磷化合物 **10-77** 苯环上取代基团的种类不影响反应的进行，将苯环变为其他杂环化合物时，反应也能顺利进行，不仅能合成五元杂环化合物，而且可以合成六元杂环化合物（图10-26）。

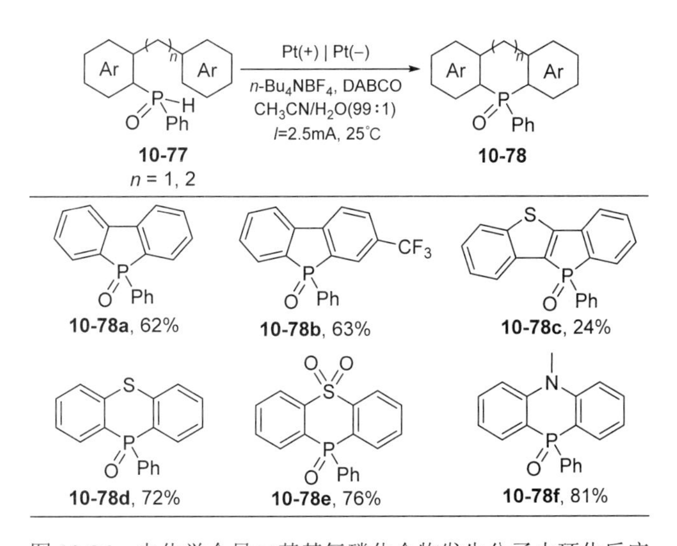

图10-26 电化学介导二芳基氧磷化合物发生分子内环化反应

该课题组推测反应可能的机理是：DABCO在阳极氧化生成DABCO正离子自由基中间体，与二芳基氧磷化合物 **10-77a** 发生分子间氢迁移，前者变成DABCO正离子，后者变成二芳基氧磷自由基中间体 **10-79**，随后发生分子内环化反应，得到环化中间体 **10-80**，经过阳极氧化或氢迁移得到目标产物 **10-78a**，同时DABCO正离子和水在阴极发生还原反应（图10-27）。

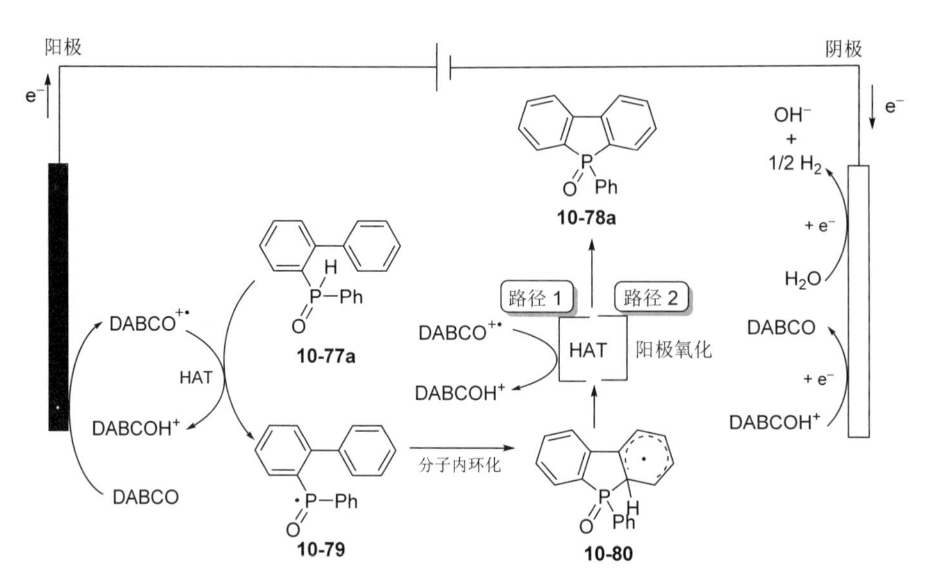

图 10-27　电化学介导二芳基氧磷化合物发生分子内环化反应的机理

10.3　电化学构建杂杂键

硫，作为一种重要的生命元素，广泛存在于蛋白质中。有机硫化合物是一种具有重要应用价值的有机化合物，广泛存在于自然界中，由于其良好的生物活性，广泛应用于医药和农药等行业中[61]，也可作为重要的化学反应中间体，广泛应用于化学合成[62]。而二硫键广泛存在于各种功能化合物的结构骨架中，并表现出良好的生物活性[63]，如抗菌、杀虫、抗 HIV 等（图 10-28）。目前，对称性二硫化合物的合成方法已经比较完善，不对称二硫化合物的合成方法由于化学选择性问题而引起广泛的关注，下面将简要介绍目前电化学构建二硫键化合物的研究进展。

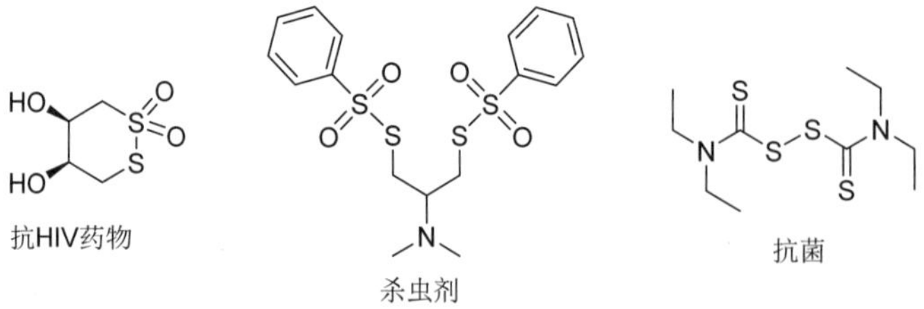

抗HIV药物　　杀虫剂　　抗菌

图 10-28　具有代表性的含二硫键的活性化合物

不对称二硫化合物的合成方法多为硫氢键的亲核取代或二硫化合物之间的交叉偶联[64]，需要两步或多步的预处理过程，并且氧化偶联过程中需要添加金属催化剂或强氧化剂[65]，而硫原子对金属有较强的配位能力，因此需要大量的金属催化剂，强氧化剂往往会使硫醇过度氧化，而且也会限制底物的种类，因此需要简单有效的合成方法来构建二硫键。

2018 年，雷爱文课题组[66]报道了电化学介导芳基硫醇 **10-81** 和烷基硫醇 **10-82** 发生交叉偶联反应，得到了不对称二硫化合物 **10-83**。以铂片为电极，四丁基四氟硼酸铵为电解质，*N*,*N*-二甲基甲酰胺为溶剂，在室温下恒定电流为 6mA 的未分隔电解池中进行反应，得到多种不对称二硫化合物 **10-83**。该反应无须金属催化剂和氧化剂的参与，具有良好的官能团兼容性，并且通过一系列的研究，提出了相应的反应机理，即 2-巯基苯并噻唑 **10-81a** 和四丁基硫醇 **10-82a** 在阳极氧化生成自由基中间体 **10-84** 和 **10-85**，随后发生二聚反应，分别得到二聚产物 **10-86** 和 **10-87**，芳基硫醇化合物 **10-81a** 的二聚反应影响整个反应过程，其二聚产物 **10-86** 在阴极还原生成阴离子自由基中间体 **10-88**，随后裂解成自由基中间体 **10-84** 和阴离子中间体 **10-89**，前者与叔丁硫自由基 **10-85** 发生自由基偶联反应得到目标产物 **10-83a**，后者得到溶液中的质子变成 2-巯基苯并噻唑 **10-81a**，实现了原料的循环，同时伴随着阴极析氢反应的发生（图 10-29）。

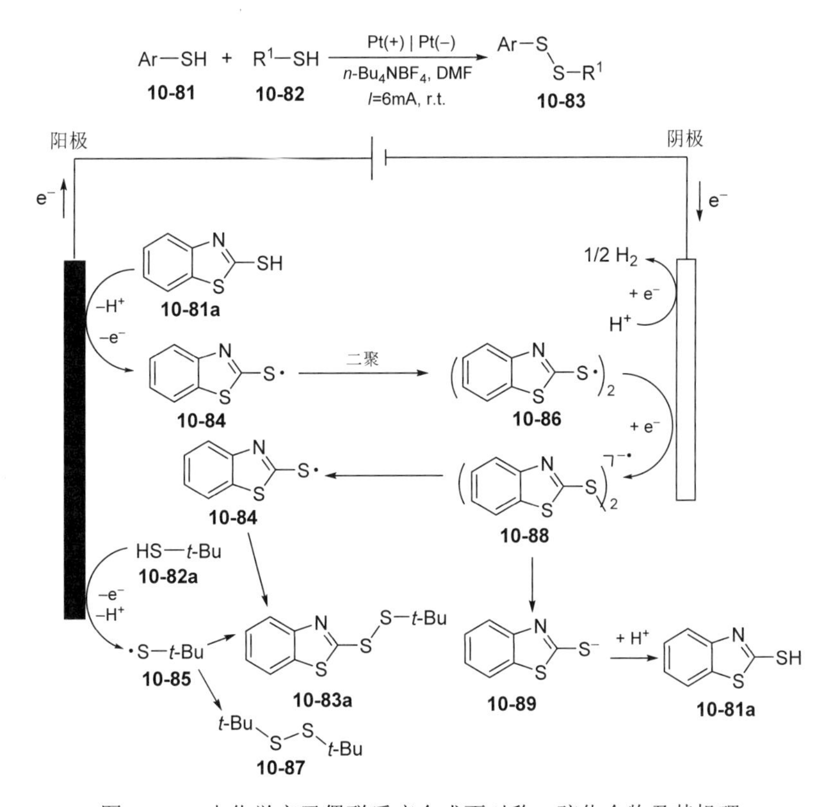

图 10-29 电化学交叉偶联反应合成不对称二硫化合物及其机理

2018 年，潘英明课题组[67]报道了电化学介导磺酰肼类化合物 **10-90** 与硫醇化合物 **10-91** 发生交叉偶联反应，合成了不对称硫代磺酸类化合物 **10-92**。该反应以 RVC 为阳极，铂片为阴极，碘化铵为电解质，乙腈为溶剂，在室温下恒定电流为 10mA 的电解池中进行反应，以优良的产率得到硫代磺酸类化合物 **10-92**。该课题组用 MTT 法测定了产物 **10-92** 的药理活性，其中产物 **10-92a** 和 **10-92b** 显现出良好的体外抗肿瘤活性，甚至比抗癌药 5-氟尿嘧啶显示出更好的细胞毒活性（图 10-30）。

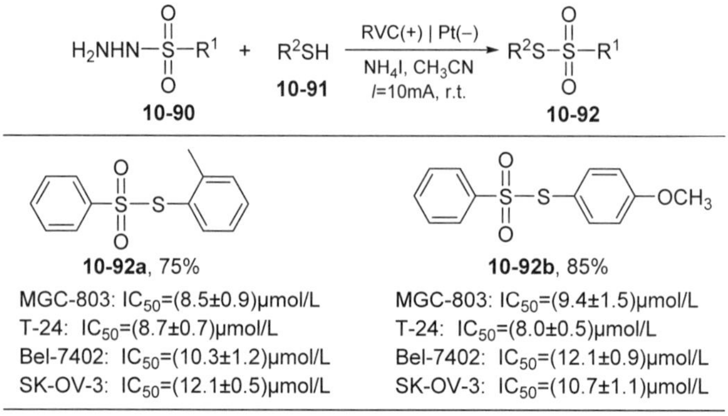

$H_2NHN-SO_2-R^1$ + R^2SH (**10-91**) —RVC(+) | Pt(−), NH_4I, CH_3CN, I=10mA, r.t.→ $R^2S-SO_2-R^1$ (**10-92**)

10-90

10-92a, 75%

MGC-803: IC_{50}=(8.5±0.9)μmol/L
T-24: IC_{50}=(8.7±0.7)μmol/L
Bel-7402: IC_{50}=(10.3±1.2)μmol/L
SK-OV-3: IC_{50}=(12.1±0.5)μmol/L

10-92b, 85%

MGC-803: IC_{50}=(9.4±1.5)μmol/L
T-24: IC_{50}=(8.0±0.5)μmol/L
Bel-7402: IC_{50}=(12.1±0.9)μmol/L
SK-OV-3: IC_{50}=(10.7±1.1)μmol/L

图 10-30　电化学合成不对称硫代磺酸类化合物

该课题组推测反应可能的机理是：碘负离子在阳极氧化生成碘单质，碘单质与碘自由基在溶液中处于动态平衡的转化过程，碘自由基氧化硫醇化合物 **10-91** 生成硫自由基中间体 **10-93**，并伴随着碘化氢的生成。同时，磺酰肼类化合物 **10-90** 在阳极氧化生成磺酰肼自由基中间体 **10-94**，经过碘自由基和硫自由基中间体 **10-93** 的连续氧化，得到自由基中间体 **10-95**，失去一分子氮气得到磺酰自由基中间体 **10-96**，随后与硫自由基中间体 **10-94** 结合生成目标化合物 **10-92**（图 10-31）。

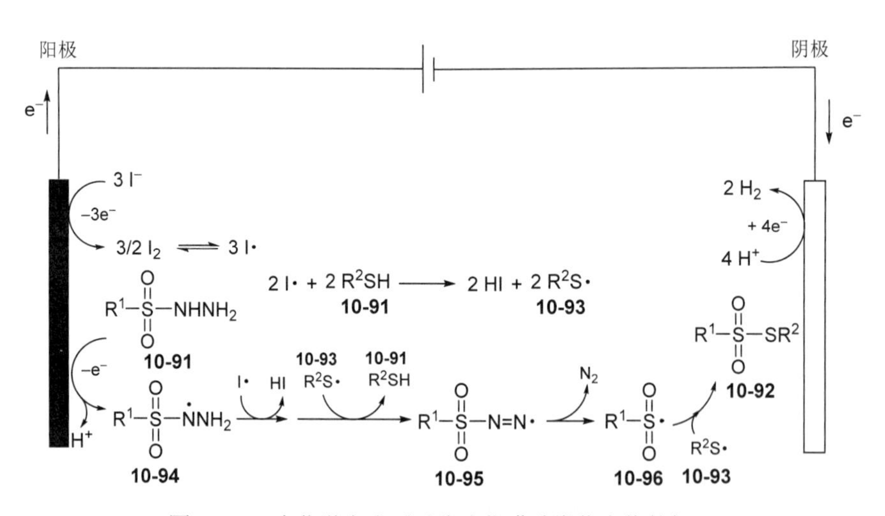

图 10-31　电化学合成不对称硫代磺酸类化合物的机理

有机氮杂环化合物[68]可以用作农药（除草剂、杀虫剂等）、材料（感光材料、耐腐蚀耐高温材料、许多功能材料等）、染料等领域。许多有机氮杂环化合物具有药理活性[69]，如抗敏（氯雷他定）、止痛（哌替啶、瑞芬太尼、芬太尼等）、抗癫痫（非尔氨酯、加巴喷丁、拉莫三嗪等）、抗癌、抗病毒[70]以及催眠镇静作用[71]等（图 10-32）。

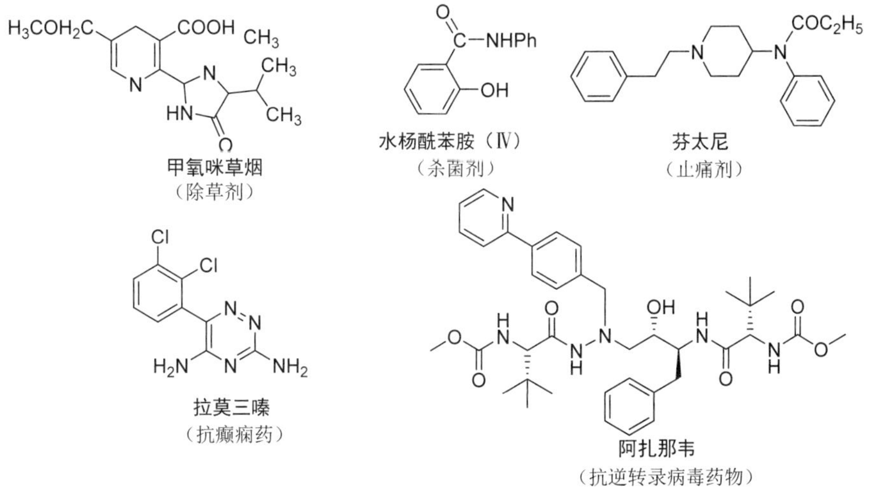

甲氧咪草烟
（除草剂）

水杨酰苯胺（Ⅳ）
（杀菌剂）

芬太尼
（止痛剂）

拉莫三嗪
（抗癫痫药）

阿扎那韦
（抗逆转录病毒药物）

图 10-32 具有代表性的活性有机氮杂环化合物

与含有碳氮键的有机氮杂环化合物相比，*N*-杂原子化合物，包括氮氮键，广泛存在于天然产物和合成化合物中[72]。目前构建氮氮键骨架化合物的方法主要是基于对氮氮单键或氮氮双键前体化合物（例如肼和重氮化合物）的结构修饰[73]。由于氮原子的电负性较大，氮氮键的键能较弱，很难实现氮氮键的偶联反应，特别是分子间的偶联[74]。胺类化合物的亲核取代可以实现分子间氮氮键的偶联，但这方面的研究比较少，不仅需要金属催化剂的参与，而且底物范围有限[75]，因此，发展一种简便高效的方法来构建氮氮键，对于含氮化合物的研究具有重要的意义。本书其他章节已经详细介绍了电化学构建碳氮键的合成过程，下面将介绍首例电化学条件下通过分子间氮氮键偶联构建含氮杂环化合物的方法。

2014 年，Baran 课题组[76]报道了电化学介导咔唑或 β-咔啉类衍生物 **10-97** 发生阳极氧化，得到分子间二聚产物 **10-98** 的反应。该反应以石墨为电极，银/氯化银为参比电极，四乙基高氯酸铵为电解质，*N*,*N*-二甲基甲酰胺和甲醇为混合溶剂，以中等的产率得到九种二聚产物 **10-98**。以咔唑类衍生物 **10-97** 为底物时，改变其苯环上官能团的种类，如酯基、烷基、砜基、三氟甲基，反应均能顺利进行，说明二聚反应的化学位点不受化合物空间位阻的影响，并具有较好的区域选择性。当进行克级反应时，以 61%产率得到产物 **10-98a**（图 10-33）。**10-98a** 对酸、碱、光和温度都有较好的稳定性，显示了其应用于制药业、农业以及材料化工等方面的潜力。

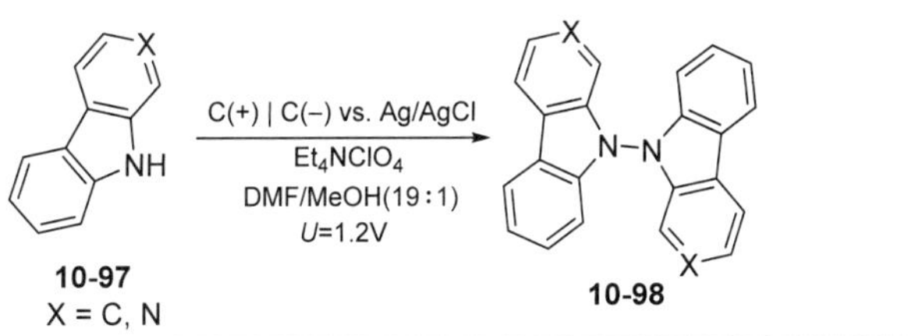

C(+) | C(−) vs. Ag/AgCl
Et_4NClO_4
DMF/MeOH(19∶1)
U=1.2V

10-97
X = C, N

10-98

图 10-33

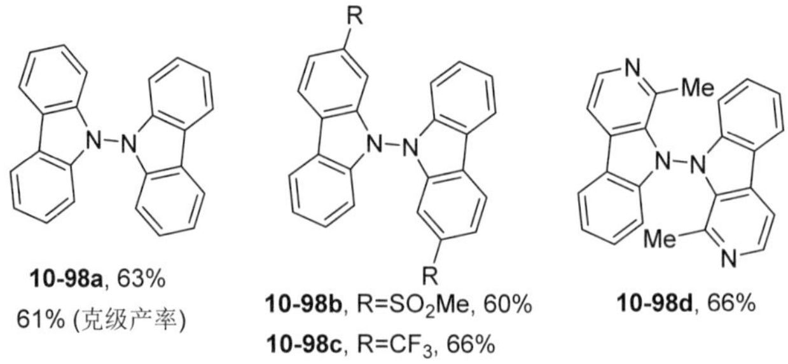

10-98a, 63%
61% (克级产率)

10-98b, R=SO_2Me, 60%
10-98c, R=CF_3, 66%

10-98d, 66%

图 10-33　电化学介导咔唑或β-咔啉类衍生物合成氮氮键偶联产物

该课题组为了验证反应的实用性，用天然产物 **Xiamycin A** 进行电化学二聚反应，成功地合成了天然产物 **Dixiamycin B** 和 **Bromoxiamycin**（图 10-34）。

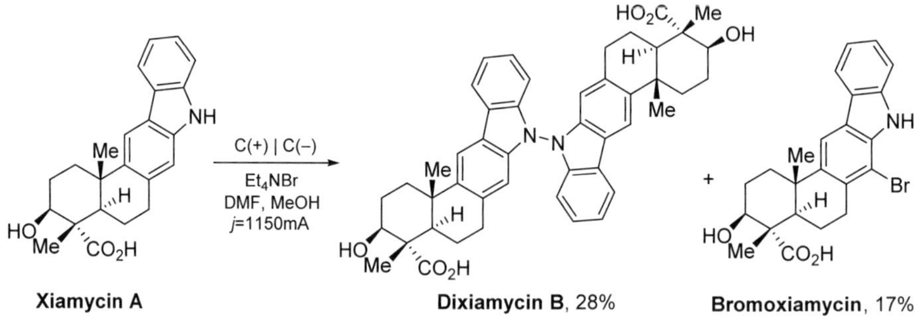

C(+) | C(−)
Et_4NBr
DMF, MeOH
j=1150mA

Xiamycin A　**Dixiamycin B**, 28%　**Bromoxiamycin**, 17%

图 10-34　电化学介导咔唑类化合物发生分子间二聚反应

10.4　总结与展望

综上所述，电化学构建碳硒键、碳磷键以及少量杂杂键是一种简便高效的合成手段，通过改变溶剂、温度、电流、配体的种类等，合成了多种杂环化合物，丰富了电化学在天然产物及药物分子方面的合成与应用。电化学条件下，烯烃类、炔烃类、芳烃类、含氮杂环类化合物（吲哚、尿嘧啶、喹啉酮、苯并噻唑、咔唑等）发生取代反应、环化反应（分子内/分子间）、交叉偶联反应得到硒化产物、磷酰化产物和二聚产物（含二硫键/氮氮键），也可得到天然产物 **Dixiamycin B** 和 **Bromoxiamycin**，为杂环化合物的合成提供了一条绿色、环保的合成道路，扩展了电化学的应用范围，为广大化学工作者提供了解决问题的新方法、新途径。

尽管电化学合成在当前取得了令人满意的成绩，但也面临着不小的挑战，例如在催化不对称合成方面具有局限性，复杂化合物的电化学合成报道比较少，底物范围有限，普适性比较薄弱，容易发生过度氧化或还原问题等。因此，利用电化学的优势（流动反应和选择性氧化还原），与其他方法相融合（如光化学、流动化学、材料化学等），克服电化学反应的缺陷，使其以后的发展充满生机与活力。

参考文献

[1] 李方正, 吴方, 徐进宜. 有机硒化合物及其生物学活性的研究进展[J]. 药学与临床研究, 2016, 24(2): 139-144.

[2] C W Nogueira, G Zeni, J B T Rocha. Organoselenium and Organotellurium Compounds: Toxicology and Pharmacology [J]. Chem Rev, 2004, 104(2): 6255-6286.

[3] M J Parnham, H Sies. The Early Research and Development of Ebselen [J]. Biochem Pharm, 2013, 86(9): 1248-1253.

[4] P K Sahu, T Umme, J Yu, et al. Selenoacyclovir and Selenoganciclovir: Discovery of a New Template for Antiviral Agents [J]. J Med Chem, 2015, 58(21): 8734-8738.

[5] R L Grange, J Ziogas, J A Angus, et al. Selenofonsartan Analogues: Novel Selenium-Containing Antihypertensive Compounds [J]. Tetrahedron Lett, 2007, 48(36): 6301-6303.

[6] S Kumar, N Sharma, I K Maurya, et al. Facile Synthesis, Structural Evaluation, Antimicrobial Activity and Synergistic Effects of Novel Imidazo[1,2-*a*]pyridine Based Organoselenium Compounds [J]. Eur J Med Chem, 2016, 123: 916-924.

[7] J Li, X Liu, J Deng, et al. Electrochemical Diselenylation of Indolizines via Intermolecular C—Se Formation with 2-Methylpyridines, α-Bromoketones and Diselenides [J]. Chem Commun, 2020, 56(5): 735-738.

[8] X D Li, Y T Gao, Y J Sun, et al. A NaI/H_2O_2-Mediated Sulfenylation and Selenylation of Unprotected Uracil and Its Derivatives [J]. Org Lett, 2019, 21(17): 6643-6647.

[9] R I McDonald, G Liu, S S Stahl. Palladium(Ⅱ)-Catalyzed Alkene Functionalization via Nucleopalladation: Stereochemical Pathways and Enantioselective Catalytic Applications [J]. Chem Rev, 2011, 111(4): 2981-3019.

[10] S Tang, D Wang, Y Liu, et al. Cobalt-Catalyzed Electrooxidative C—H/N—H [4+2] Annulation with Ethylene or Ethyne [J]. Nat Commun, 2018, 9(1): 798-805.

[11] X J Meng, P F Zhong, L M Wang, et al. Electrochemical Difunctionalization of Olefines: Access to Selenomethyl-Substituted Cyclic Ethers or Lactones [J]. Adv Synth Catal, 2020, 362(3): 506-511.

[12] D Zheng, J Yu, J Wu. Generation of Sulfonyl Radicals from Aryldiazonium Tetrafluoroborates and Sulfur Dioxide: The Synthesis of 3-Sulfonated Coumarins [J]. Angew Chem Int Ed, 2016, 55(39): 11925-11929.

[13] K V Sashidhara, A Kumar, M Chatterjee, et al. Discovery and Synthesis of Novel 3-Phenylcoumarin Derivatives as Antidepressant Agents [J]. Bioorg Med Chem Lett, 2011, 21(7): 1937-1941.

[14] J D Fang, X B Yan, L Zhou, et al. Synthesis of 3-Organoselenyl-2*H*-coumarins from Propargylic Aryl Ethers via Oxidative Radical Cyclization [J]. Adv Synth Catal, 2019, 361(9): 1985-1990.

[15] J Hua, Z Fang, J Xu, et al. Electrochemical Oxidative Cyclization of Activated Alkynes with Diselenides or Disulfifides: Access to Functionalized Coumarins or Quinolinones [J]. Green Chem, 2019, 21(17): 4706-4711.

[16] S Kumar, J Yan, J F Poon, et al. Multifunctional Antioxidants: Regenerable Radical-Trapping and Hydroperoxide-Decomposing Ebselenols [J]. Angew Chem Int Ed, 2016, 55(11): 3729-3733.

[17] J M Roldán-Peña, D Alejandre-Ramos, Ó López, et al. New Tacrine Dimers with Antioxidant Linkers as Dual Drugs: Anti-Alzheimer's and Antiproliferative Agents [J]. Eur J Med Chem, 2017, 138: 761-773.

[18] J Rodrigues, S Saba, A C Joussef, et al. KIO_3-Catalyzed C(sp^2)—H Bond Selenylation/Sulfenylation of (Hetero)arenes: Synthesis of Chalcogenated (Hetero)arenes and their Evaluation for Anti-Alzheimer Activity [J]. Asian J Org Chem, 2018, 7(9): 1819-1824.

[19] A G Meirinho, V F Pereira, G M Martins, et al. Electrochemical Oxidative C(sp^2)—H Bond Selenylation of Activated Arenes [J]. Eur J Org Chem, 2019, 2019(38): 6465-6469.

[20] X Zhang, C G Wang, H Jiang, et al. Convenient Synthesis of Selenyl-Indoles via Iodide Ion-Catalyzed Electrochemical C—H Selenation [J]. Chem Commun, 2018, 54(63): 8781-8784.

[21] A Pałasz, D Cież. In Search of Uracil Derivatives as Bioactive Agents. Uracils and Fused Uracils: Synthesis, Biological

Activity and Applications [J]. Eur J Med Chem, 2015, 97: 582-611.

[22] H Cahová, L Havran, P Brázdilová, et al. Aminophenyl- and Nitrophenyl-Labeled Nucleoside Triphosphates: Synthesis, Enzymatic Incorporation, and Electrochemical Detection [J]. Angew Chem Int Ed, 2008, 47(11): 2059-2062.

[23] W B Parker. Enzymology of Purine and Pyrimidine Antimetabolites Used in the Treatment of Cancer [J]. Chem Rev, 2009, 109(7): 2880-2893.

[24] Q Wang, X L Ma, Y Y Chen, et al. Electrochemical Synthesis of 5-Selenouracil Derivatives by Selenylation of Uracils [J]. Eur J Org Chem, 2020, 2020(28): 4384-4388.

[25] A George, A Veis. Phosphorylated Proteins and Control over Apatite Nucleation, Crystal Growth, and Inhibition [J]. Chem Rev, 2008, 108(11): 4670-4693.

[26] C S Demmer, N Krogsgaard-Larsen, L Bunch. Review on Modern Advances of Chemical Methods for the Introduction of a Phosphonic Acid Group [J]. Chem Rev, 2011, 111(12): 7981-8006.

[27] J L Methot, W R Roush. Nucleophilic Phosphine Organocatalysis [J]. Adv Synth Catal, 2004, 346(9/10): 1035-1050.

[28] A K Bhattacharya, G Thyagarajan. The Michaelis-Arbuzov Rearrangement [J]. Chem Rev, 1981, 81(4): 415-430.

[29] G P Horsman, D L Zechel. Phosphonate Biochemistry [J]. Chem Rev, 2017, 117(8): 5704-5783.

[30] D M Karl. Phosphorus, the Staff of Life [J]. Nature, 2000, 406,(6791): 31-33.

[31] B J Mccranor, C A Hofstetter, M A Olert, et al. Targeting of Organophosphorus Compound Bioscavengers to the Surface of Red Blood Cells [J]. Chem Biol Interact, 2016, 259: 205-210.

[32] E D Clercq, A Holy. Acyclic Nucleoside Phosphonates: A Key Class of Antiviral Drugs [J]. Nat Rev Drug Discov, 2005, 4(11): 928-940.

[33] E Oldfield, F Y Lin. Terpene Biosynthesis: Modularity Rules [J]. Angew Chem Int Ed, 2012, 51(5): 1124-1137.

[34] B A Arbuzov. Michaelis-Arbusow- Und Perkow-Reaktionen [J]. Pure Appl Chem, 1964, 9(2): 307-336.

[35] B Xiong, X Feng, L Zhu, et al. Direct Aerobic Oxidative Esterification and Arylation of P(O)—OH Compounds with Alcohols and Diaryliodonium Triflates [J]. ACS Catal, 2015, 5(2): 537-543.

[36] J Dhineshkumar, K R Prabhu. Cross-Hetero-Dehydrogenative Coupling Reaction of Phosphites: a Catalytic Metal-Free Phosphorylation of Amines and Alcohols [J]. Org Lett, 2013, 15(23): 6062-6065.

[37] C Liu, M Szostak. Decarbonylative Phosphorylation of Amides by Palladium and Nickel Catalysis: The Hirao Cross-Coupling of Amide Derivatives [J]. Angew Chem Int Ed, 2017, 56(41): 12718-12722.

[38] B Q Xiong, G Wang, C Zhou, et al. Bu_4NI-Catalyzed Dehydrogenative Coupling of Diaryl Phosphinic Acids with $C(sp^3)$—H Bonds of Arene [J]. J Org Chem, 2018, 83(2): 993-999.

[39] Z Lian, B N Bhawal, P Yu, et al. Palladium-Catalyzed Carbon-Sulfur or Carbon-Phosphorus Bond Metathesis by Reversible Arylation [J]. Science, 2017, 356(6342): 1059-1063.

[40] 郭兴伟, 李志平, 李朝军. 交叉脱氢偶联反应[J]. 化学进展, 2010, 22(7): 1434-1441.

[41] 金永峰, 钱慧娟, 索强. 绿色有机电合成的研究进展[J]. 化工时刊, 2006, 20(11): 52-54.

[42] 卢星河. 有机电合成的理论与应用[J]. 精细化工, 2000, 17(S1): 123-124.

[43] H Mei, Z Yin, J Liu, et al. Recent Advances on The Electrochemical Difunctionalization of Alkenes/Alkynes [J]. Chin J Chem, 2019, 37(3): 292-301.

[44] J Wu, Y Dou, R Guillot, et al. Electrochemical Dearomative 2,3-Difunctionalization of Indoles [J]. J Am Chem Soc, 2019, 141(7): 2832-2837.

[45] L Zhang, G Zhang, P Wang, et al. Electrochemical Oxidation with Lewis-Acid Catalysis Leads to Trifluoro- methylative Difunctionalization of Alkenes Using CF_3SO_2Na [J]. Org Lett, 2018, 20(23): 7396-7399.

[46] N Fu, G S. Sauer, A Saha, et al. Metal-Catalyzed Electrochemical Diazidation of Alkenes [J]. Science, 2017, 357(6351): 575-579.

[47] G S Sauer, S Lin. An Electrocatalytic Approach to the Radical Difunctionalization of Alkenes [J]. ACS Catal, 2018, 8(6): 5175-5187.

[48] L Lu, N Fu, S Lin. Three-Component Chlorophosphinoylation of Alkenes via Anodically Coupled Electrolysis [J]. Synlett,

2019, 30(10): 1199-1203.

[49] N Fu, L Song, J Liu, et al. New Bisoxazoline Ligands Enable Enantioselective Electrocatalytic Cyanofunctionalization of Vinylarenes [J]. J Am Chem Soc, 2019, 141(37): 14480-14485.

[50] Z Xu, Y Li, G Mo, et al. Electrochemical Oxidative Phosphorylation of Aldehyde Hydrazones [J]. Org Lett, 2020, 22(10): 4016-4020.

[51] T V Grayaznova, Y B Dudkina, D R Islamov, et al. Pyridine-Directed Palladium-Catalyzed Electrochemical Phosphonation of C(sp^2)—H Bond [J]. J Organomet Chem, 2015, 785: 68-71.

[52] Z J Wu, F Su, W Lin, et al. Scalable Rhodium(Ⅲ)-Catalyzed Aryl C—H Phos- phorylation Enabled by Anodic Oxidation Induced Reductive Elimination [J]. Angew Chem Int Ed, 2019, 58(47): 16770-16774.

[53] K J Li, Y Y Jiang, K Xu, et al. Electrochemically Dehydrogenative C—H/P—H Cross-Coupling: Effective Synthesis of Phosphonated Quinoxalin-2(1*H*)-Ones and Xanthenes [J]. Green Chem, 2019, 21(16): 4412-4421.

[54] C Hu, G Hong, C Zhou, et al. Electrochemically Facilitated Oxidative Coupling of Quinoxalin-2(1*H*)-Ones with Diarylphosphine Oxides and Pyrroles: A Green Protocol for C—P, C—C(sp^2) Bond Formation [J]. Asian J Org Chem, 2019, 8(11): 2092-2096.

[55] Y Yuan, J Qiao, Y M Cao, et al. Exogenous-Oxidant-Free Electrochemical Oxidative C—H Phosphonylation with Hydrogen Evolution [J]. Chem Commun, 2019, 55(29): 4230-4233.

[56] C Wang, M Taki, Y Sato, et al. A Photostable Fluorescent Marker for the Superresolution Live Imaging of the Dynamic Structure of the Mitochondrial Cristae [J]. Proc Natl Acad Sci U S A, 2019, 116(32): 15817-15822.

[57] F Riobé, R Szűcs, P A Bouit, et al. Synthesis, Electronic Properties and Woled Devices of Planar Phosphorus-Containing Polycyclic Aromatic Hydrocarbons [J]. Chem-Eur J 2015, 21(17): 6547-6556.

[58] R F Chen, Q L Fan, C Zheng, et al. A General Strategy for the Facile Synthesis of 2,7-Dibromo-9-heterofluorenes [J]. Org Lett, 2006, 8(2): 203-205.

[59] K Nishimura, K Hirano, M Miura. Synthesis of Dibenzophospholes by Tf_2O-Mediated Intramolecular Phospha-Friedel-Crafts-Type Reaction [J]. Org Lett, 2019, 21(5): 1467-1470.

[60] Y Kurimoto, J Yamashita, K Mitsudo, et al. Electrosynthesis of Phosphacycles via Dehydrogenative C—P Bond Formation Using DABCO as a Mediator [J]. Org Lett, 2021, 23(8): 3120-3124.

[61] H K Cui, Y Guo, Y He, et al. Diaminodiacid-Based Solid-Phase Synthesis of Peptide Disulfide Bond Mimics [J]. Angew Chem Int Ed, 2013, 52(36): 9558-9562.

[62] W Wang, X Peng, F Wei, et al. Copper(I)-Catalyzed Interrupted Click Reaction: Synthesis of Diverse 5-Hetero-Functionalized Triazoles [J]. Angew Chem Int Ed, 2016, 55(2): 649-653.

[63] P Chankhamjon, D Boettger-Schmidt, K Scherlach, et al. Biosynthesis of the Halogenated Mycotoxin Aspirochlorine in Koji Mold Involves a Cryptic Amino Acid Conversion [J]. Angew Chem Int Ed, 2014, 53(49): 13409-13413.

[64] K R Viswanatharaju, Z D Parsons, C D Lewis, et al. Allylation and Alkylation of Biologically Relevant Nucleophiles by Diallyl Sulfides [J]. J Org Chem, 2017, 82(1): 776-780.

[65] Y Dou, X Huang, H Wang, et al. Reusable Cobalt-Phthalocyanine in Water: Efficient Catalytic Aerobic Oxidative Coupling of Thiols to Construct S—N/S—S bonds [J]. Green Chem, 2017, 19(11): 2491-2495.

[66] P F Huang, P Wang, S Tang, et al. Electro-Oxidative S—H/S—H Cross-Coupling with Hydrogen Evolution: Facile Access to Unsymmetrical Disulfides [J]. Angew Chem Int Ed, 2018, 57(27): 8115-8119.

[67] Z Y Mo, T R Swaroop, W Tong, et al. Electrochemical Sulfonylation of Thiols with Sulfonyl Hydrazides: A Metal- and Oxidant-Free Protocol for the Synthesis of Thiosulfonates [J]. Green Chem, 2018, 20(19): 4428-4432.

[68] (a) N K Boaen, M A Hillmyer. Post-Polymerization Functionalization of Polyolefins [J]. Chem Soc Rev, 2005, 34(3): 267-275. (b) 袁德凯，李正名，赵卫光，等. 2-取代氨基-5-吡唑基-1,3,4-噁二唑的合成及生物活性[J]. 应用化学, 2003, 20(7): 624-627.

[69] J S Bradshaw, R E Asay, G E Maas, et al. The Synthesis of Macrocyclic Polyether-Diester Compounds with a Pyridine Subcyclic Unit [J]. J Heterocycl Chem, 1978, 15(5): 825-831.

[70] 张亮仁, 于宏武, 张礼和. 核酸的药物化学[J]. 北京: 北京医科大学、中国协和医科大学联合出版社, 1997, 55: 62.

[71] 左代姝, 吕达. 新型催眠镇静药佐匹克隆类似物的合成[J]. 中国药学英文版, 1997, 6(1): 28-31.

[72] A J Waldman, T L Ng, P Wang, et al. Heteroatom-Heteroatom Bond Formation in Natural Product Biosynthesis [J]. Chem Rev, 2017, 117(8): 5784-5863.

[73] M Wolter, A Klapars, S L Buchwald. Synthesis of *N*-Aryl Hydrazides by Copper-Catalyzed Coupling of Hydrazides with Aryl Iodides [J]. Org Lett, 2001, 3(23): 3803-3805.

[74] M C Ryan, Y J Kim, J B Gerken, et al. Mechanistic Insights into Copper-Catalyzed Aerobic Oxidative Coupling of N—N Bonds [J]. Chem Sci, 2020, 11(4): 1170-1175.

[75] J Vidal, J C Hannachi, G Hourdin, et al. *N*-Boc-3-Trichloromethyloxaziridine: A New, Powerful Reagent for Electrophilic Amination [J]. Tetrahedron Lett, 1998, 39(48): 8845-8848.

[76] B R Rosen, E W Werner, A G O'Brien, et al. Total Synthesis of Dixiamycin B by Electrochemical Oxidation [J]. J Am Chem Soc, 2014, 136(15): 5571-5574.